福建省海洋资源与环境基本现状

吴耀建　主编

海洋出版社

2012年·北京

图书在版编目(CIP)数据

福建省海洋资源与环境基本现状/吴耀建主编.—北京:海洋出版社,2012.12
ISBN 978-7-5027-8421-8

Ⅰ.①福… Ⅱ.①吴… Ⅲ.①海洋资源-现状-福建省 ②海洋环境-现状-福建省 Ⅳ.①P74 ②X145

中国版本图书馆 CIP 数据核字(2012)第 274272 号

责任编辑:白 燕 朱 瑾
责任印制:赵麟苏
海洋出版社 **出版发行**

http://www.oceanpress.com.cn
北京市海淀区大慧寺路 8 号 邮编:100081
北京旺都印务有限公司印刷 新华书店北京发行所经销
2012 年 12 月第 1 版 2012 年 12 月第 1 次印刷
开本:889mm×1194mm 1/16 印张:18.5
字数:473 千字 定价:130.00 元
发行部:62132549 邮购部:68038093 总编室:62114335

#《福建省海洋资源与环境基本现状》

专业编委会

主　　编　吴耀建

副 主 编　王金坑　陈斯婷　陈凤桂

委　　员　陈　彬　陈　坚　郭小钢　暨卫东　林　忠　潘伟然　杨顺良　赵　彬　郑国富

编写人员　（按姓氏拼音排序）

陈宝红　陈　彬　陈凤桂　陈　坚　陈斯婷　杜建国　方建勇
方民杰　郭小钢　胡灯进　暨卫东　蒋淞卿　邝伟明　赖志坤
雷　刚　李东义　李　晓　李云海　廖荣天　林　彩　林　辉
林毅辉　林　忠　罗冬莲　罗美雪　骆智斌　马　丽　潘伟然
任岳森　沈长春　孙秀武　汤三钦　唐森铭　涂振顺　万小芳
汪卫国　王爱军　王炳坤　王金坑　王寿景　翁宇斌　吴耀建
肖　晖　徐勇航　许翠娅　许金电　薛国勇　杨顺良　叶　翔
尹希杰　于小龙　曾庆民　张澄茂　张国荣　张　军　赵　彬
赵东波　赵智杰　郑国富　郑惠东　周沿海　朱　昱　卓祖航

前 言
Foreword

21世纪是海洋的世纪。海洋是人类生存和发展的基本环境和重要资源，是人类可持续发展的重要支撑。当前，陆地资源逐渐匮乏、环境承载力不断受到挑战，海洋经济已然成为国民经济新的增长点。合理开发利用海洋，首先要了解海洋，充分认识海洋资源和环境状况，掌握海洋的发展变化规律，才能在适应大自然客观规律的基础上进行科学规划，实现海洋资源的可持续开发利用和保护。因此，开展海洋资源环境调查与评价，是海洋资源管理的重要基础性工作，且对实现海洋资源合理开发利用和保护、促进海洋经济发展具有重要作用。

福建省位于23°31′~28°18′N，115°50′~120°43′E之间，北接浙江省，南接广东省，福建海域处于东海和南海的交界处，扼东北亚和东南亚航运通道的要冲，也位于我国南方航线的中段，地理位置十分优越与特殊。全省海域总面积13.6×10^4 km^2，海岸线长3 486 km（不包括厦门岛和东山岛），海域滩涂面积为2 575.7 km^2，岛屿共2 215个，其中大于500 m^2的岛屿有1 321个。福建省具有丰富的滩涂、港口航运、矿产、生物与水产、滨海旅游、清洁能源等资源，它们是支撑福建省社会、经济、文化等各项事业全面和谐发展的重要自然资源基础和战略性资源基地。

本专著由国家海洋局第三海洋研究所、福建海洋研究所、福建省水产研究所、厦门大学、福建师范大学、福建省政府发展研究中心6家单位共同编撰完成。本书在福建省“908专项”调查资料及一级集成成果的基础上，结合福建省海域历史资料，综合、凝练和集成福建省“908专项”中相关资料和成果，综合分析了海洋资源现状，阐述海洋资源的分布特点和蕴藏量；汇总分析近岸海域和重点海湾环境状况，阐述近岸海域生态与环境现状特征，基本摸清福建省海洋资源家底，为海洋资源的持续利用与海洋环境保护、制定福建省海洋经济发展规划、调整产业结构提供了基础资料。全书由5大部分组成，包括海洋环境、海洋资源、海洋灾害、沿海经济与海洋产业、海洋管理等内容。第1章是关于海洋环境方面的内容，从气候、水文、地形地貌、海洋沉积物、海洋化学等方面阐述福建省近岸海域生态与环境现状。第2章海洋资源部分根据福建省岸线、港口航道、渔业、滨海旅游、滩涂和滨海湿地、海砂及海洋能等重要资源的分布与状况，对全省海洋资源进行综合分析，描述福建省海洋资源的分布特点和蕴藏状况。第3章具体阐述了环境灾害、地质灾害和生态灾害三个方面的内容。第4章主要描述了福建省海洋经济的概括及主要海洋产业的发展状态。第5章从海洋管理的角度介绍了相关的法律法规及海洋管理体制。

由于时间紧迫，数据和资料有限，加之我们的水平有限，本书内容难免有疏漏之处，敬请读者批评、指正。

编　者

2012年3月23日于厦门

目 次

福建省海洋资源与环境基本现状

0 绪 论

福建省地处我国东南沿海，位于23°31′～28°18′N，115°50′～120°43′E之间，北接“长三角”，南接“珠三角”，是我国重要的沿海省份之一。

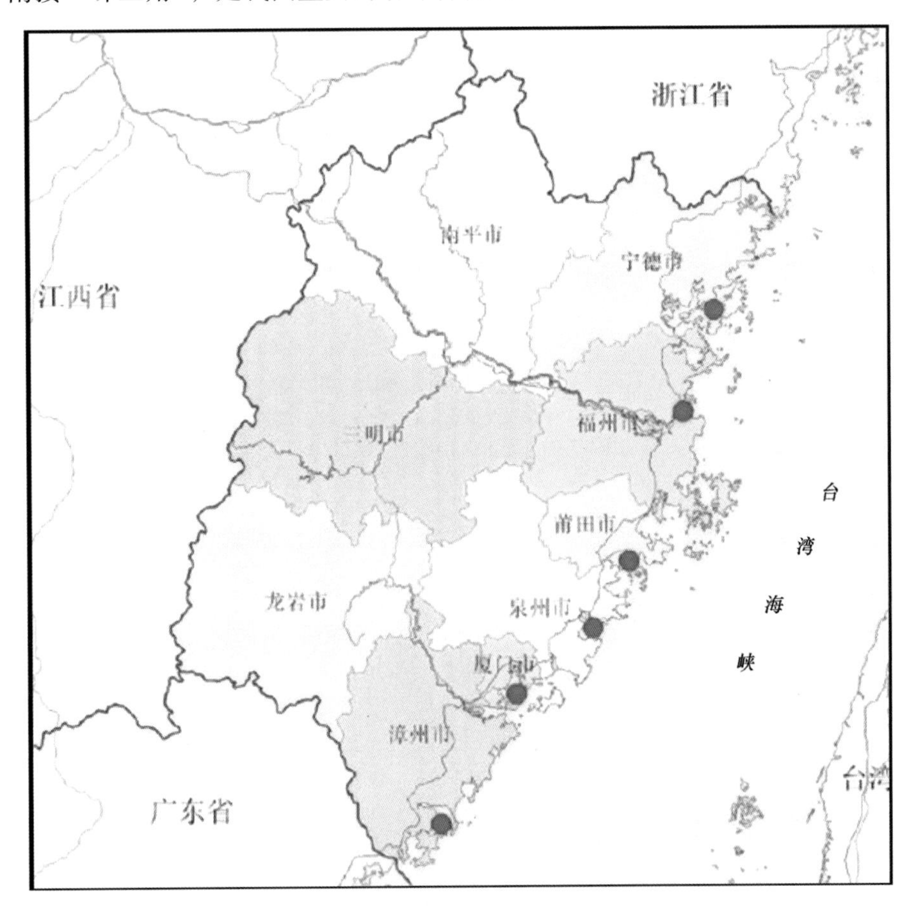

图0.1 福建省行政区图

福建省大陆海岸线长3 486 km（不包括厦门岛和东山岛），位居全国第二位，直线距离535 km，海岸线曲折率1∶6.52，曲折率居全国首位。大陆海岸线之外，分布着大量的海岛，全省海岛总数2 215个，其中有居民海岛98个，无居民海岛2 117个；大潮高潮时面积大于500 m^2的海岛1 321个，面积小于500 m^2的海岛894个。海岛总面积为1 155.83 km^2，其中有居民海岛总面积为1 107.83 km^2，无居民海岛总面积为47.99 km^2。海岛岸线总长为2 502.8 km，分为基岩岸线、砂质岸线、淤泥质岸线、生物岸线、红土岸线和人工岸线6种类型。

福建海岸为构造断层海岸，北北东转向北东向的主干断裂控制了海岸带的基本走向，而东西向的张性断裂则控制了多港湾的发育。全省有海湾125个，其中大型海湾（面积大于100 km^2）有9个，中型海湾（面积30 ~ 100 km^2）4个。

福建省土地总面积12.14 × 10^4 km^2，共有9个设区市及平潭综合实验区。其中，9个设区市下辖26个市辖区、14个县级市、45个县（2009年）。沿海共有宁德市、福州市、莆田市、泉州市、厦门市和漳州市6个设区市及平潭综合实验区。

2009年，福建省总人口3 616万人，生产总值（GDP）11 949.53亿元，其中沿海6个设区市及平潭综合实验区的人口为2 795万人，GDP为9 558.31亿元，分别占全省的77.30%、79.99%。沿海地区人均GDP为34 198元，是全省人均GDP的1.03倍。

2009年，福建省海洋生产增加值2 989亿元，其中海洋一产增加值284.6亿元，海洋二产增加值1 227.3亿元，海洋三产增加值1 477.1亿元。海洋主导产业初步形成，海洋交通运输业、滨海旅游业、海洋渔业、海洋工程建筑业、海洋船舶工业5大主导海洋产业增加值之和达1 030.03亿元，占全省海洋经济总量的75.1%，其中海洋渔业、滨海旅游业分别占全省海洋经济总量的33.5%和24.3%。

1 海洋环境

福建省沿海地区是人口、经济和消费活动集中的区域。全省超过3/4的人口、70%的经济活动和消费活动集中在面积不到全省面积45%的沿海地区。而且这里海陆交通发达，房地产业发展迅速。高密度的人口和高强度的经济活动给海洋环境带来了巨大的挑战。

1.1 区域气候①

1.1.1 区域气候一般特征

福建沿海地处亚热带，其中闽江口以北为中亚热带，闽江口及以南地区为南亚热带，气候受台湾海峡两侧山脉的影响和季风环流的制约，同时受海洋的调节，具有典型的亚热带海洋性季风气候特征。

春季（3—5月），太阳辐射逐渐加强，大陆冷气团势力减弱，海洋暖气团开始活跃，气温逐渐回升。但由于受海洋的影响，气温回升速度缓慢。初春，雨日较多但雨量一般不大，常有局部暴雨，强风，冰雹等强对流天气出现，较强冷空气南下时会出现“倒春寒”，沿海尚可出现寒潮天气。5—6月份为梅雨期，降水集中，暴雨频繁，易出现洪涝。5月份，由于空气湿度大，且沿岸冷水势力尚强，暖空气活动时有利于平流雾的生成，成为本区的多雾季节。

夏季（6—8月），太阳辐射最强，福建受海洋暖气团影响。副热带高压在本区气候形成中占有重要地位，主要天气是副高控制下的晴热干旱天气。此外，夏季为台风活动盛期，台风降雨为夏季降水的主要来源。但由于台风降水强度大，分布不均，常出现局部洪涝和短期干旱。

秋季（9—11月），太阳辐射渐弱，大陆冷气团渐强，海洋暖气团势力减退，气温日趋下降。由于海洋的调节作用，本区气温下降缓慢，秋季气温高于春季气温。由于降水少，蒸发强，气候干燥，时有干旱发生。北方冷空气的南下已具有周期性，冷空气虽不太强，但由于南北气压梯度大，往往可以出现明显的降温和大风天气。

冬季（12月至翌年2月），太阳辐射最弱，西太平洋副高已远离本区，福建上空盛行西风，地面完全置于大陆冷高气的控制之下，沿海地区处于冷高气的东南边缘，冷高气南侵时常出现东北大风天气，气温低，降水少。冬季本区的一个重要天气是寒潮，它是由于乌拉尔山阻塞高压崩溃东移，推动前部冷空气大举爆发南侵所致。寒潮出现时，沿海地区会出现强劲的东北风，北、中部可出现霜，偶有下雪，南部也可引起较强降温。沿海地区受海洋的影

① 本节所列数据，如未作特别说明，均来自于福建省气候中心提供的2000—2008年统计结果。

响，极少出现严寒天气。

1.1.2 主要气象要素基本特征

1.1.2.1 海平面气压

气压的变化和分布将影响天气系统的演变和分布，因此气压的变化有明显的季节变化。

福建沿海气压的年变化主要决定于大陆高压的位置、强度和影响福建的低压数量、强度及副热带高压的强度和位置。气压的年变化趋势是冬季高、夏季低。最高值出现在冬季的1月；最低值出现在夏季的7月或8月（见图1.1）。

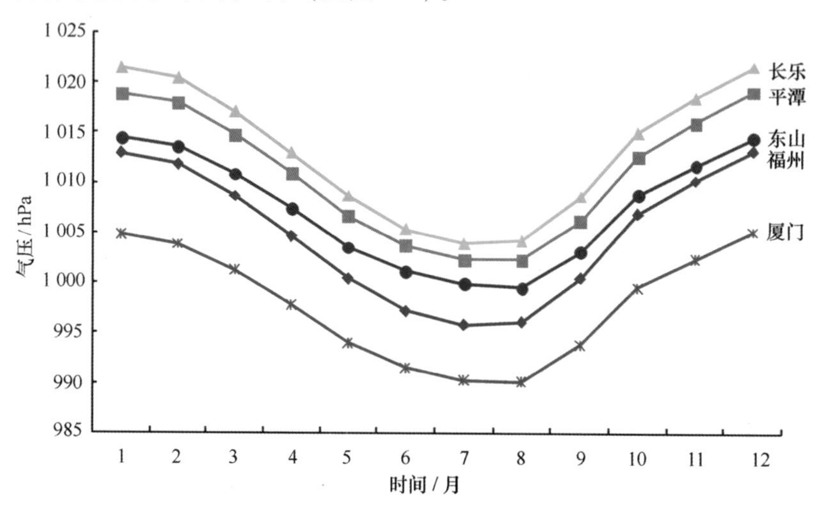

图1.1 福建沿海气压年变化

1.1.2.2 气温

福建平均气温的水平分布受纬度、季风和海陆的影响。年平均气温自北而南递增，南、北温差4℃，其中闽江口以北地区为17～19℃，闽江口及其以南地区为20～21℃。沿海地区年平均气温最低为台山17.3℃；最高是诏安22.1℃。

福建沿海气温的年变化是冬季低、夏季高。多年平均气温在17～21℃之间，南部地区高于北部。海区气温的年变化呈单峰型。冬季气温最低，最冷月出现在1月、2月，南北温差大。夏季气温最高，最热月份出现在7月、8月，南北温差几乎消失（图1.2）。

1.1.2.3 相对湿度

相对湿度反映出大气中水汽含量的多少，它和天气的瞬息万变、云、雾、降水有着密切的关系。

福建沿海相对湿度有明显的季节变化，春、夏季主要受太平洋热带海洋气团控制，空气湿润，相对湿度多在80%～90%，全年以雨季中的6月达到最高值。6月正好是海区锋面活动最频繁的季节。秋、冬季海区为大陆气团控制，空气干冷，相对湿度趋于减小，但因为气温降低，平均相对湿度仍在70%以上，全年以11月为最小（图1.3）。

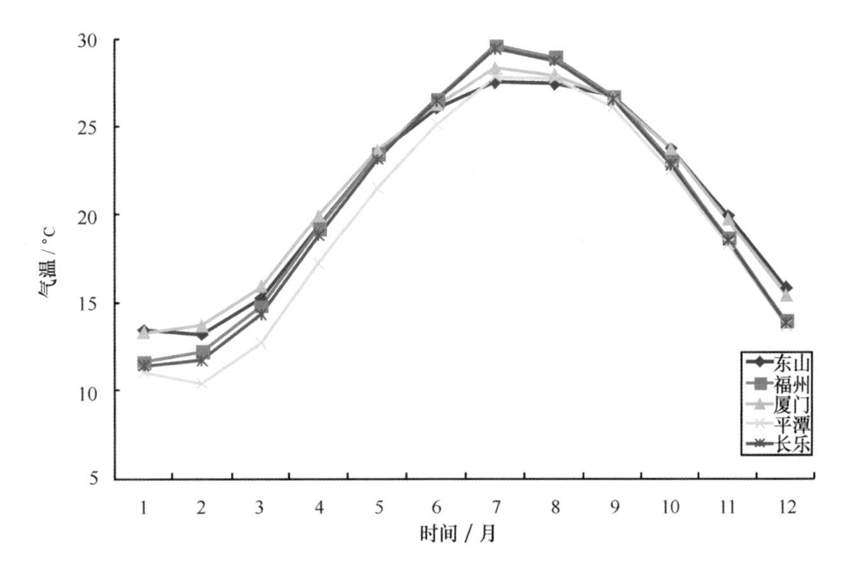

图 1.2 福建沿海气温年变化

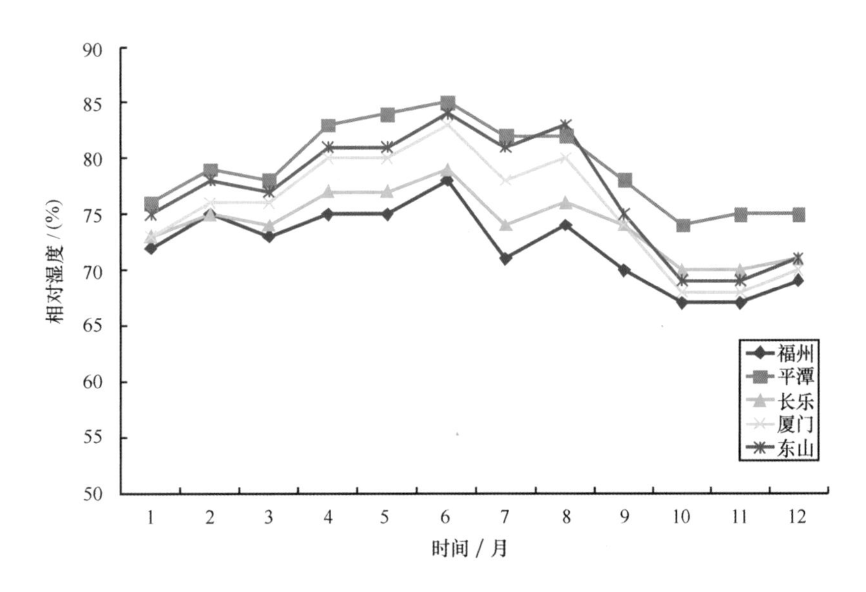

图 1. 3 福建沿海相对湿度年变化

1. 1. 2. 4 风况

1）风向风速

福建沿海风的主要特征是季风交替明显，东北风日数多。

风向主要表现为季风特征。10 月至翌年 4 月为东北季风盛行期，尤其 11 月至翌年 2 月东北季风最为盛行。6—8 月为西南季风盛行期。5 月和 9 月是两种盛行风向的过渡期。

福建沿海地区受季风和台湾海峡走向影响，年最多风向 NE—ENE。由于地形影响，宁德全年盛行东南风；罗源在一年中只有 9—12 月盛行东北风，其他各月都盛行东风；诏安除 6—7 月外，其余各月盛行东风。

福建沿海秋、冬季风盛行期间月平均风速大，且变化幅度较小，风向稳定，基本上为东北风或东北偏北。春、夏两季月平均风速，相对秋、冬季而言，其值较小；风速日变化显著，海陆风表现突出，海陆风在各季节的表现不同。冬、秋季风盛行季节，由于东北风向或东北偏北占主导地位，风速大，风速的日变化不大，风向稳定而十分清楚（图 1.4）。

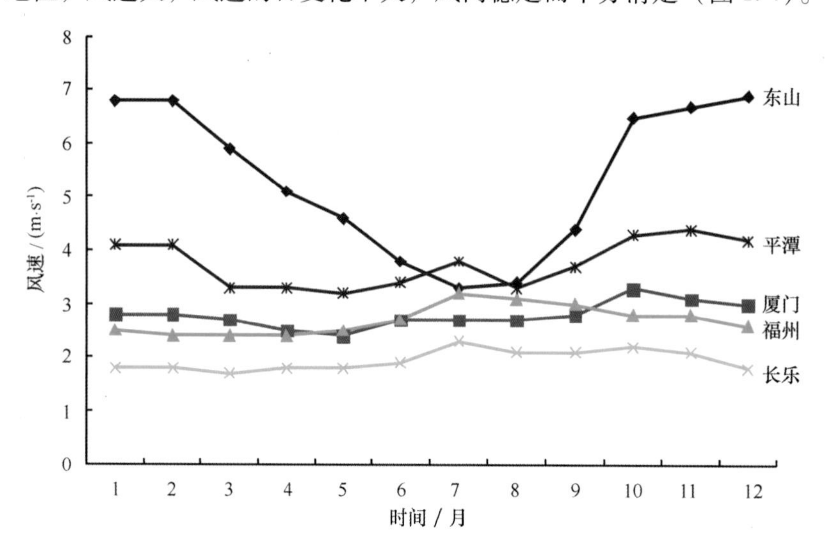

图 1. 4　福建沿海风速年变化

2）大风

大风（指瞬时风速大于等于 17.0 m/s 或风力大于等于 8 级的风）是福建灾害性天气之一。寒潮、台风、雷暴及龙卷都可带来大风。由于台湾海峡的峡管作用，福建沿海地区大风居中国沿岸之首。

大风随地域变化很大，福建地形复杂，各地大风出现日数相差悬殊。沿海的大陆突出部和海湾外面的岛屿全年的大风日数可达 90 ~ 100 d，自海岛或沿海向内陆深入，大风现象锐减。沿海各县的大风日数，多的地方可超过 20 d，少的不足 10 d。

福建秋、冬大风多，风力弱，灾害小；春、夏的大风少，风力强，灾害大。福建春季的大风虽不如秋、冬季频繁，但往往是出现突然，破坏性强。夏季大风主要是热带气旋造成。在沿海一带的热带气旋大风，风力最强，达到 12 级的台风也不少见，破坏性也最大。

3）台风

台风是影响福建省夏、秋季的重要天气系统之一。台风带来的大量降水，可供农田灌溉，解除旱情，并有利于盛夏降温。但台风又是主要灾害性天气之一，当台风经过台湾海峡或者在海峡两岸登陆时，常有 10 级以上的大风和暴雨出现，台风带来的狂风暴雨常破坏陆上的农作物和建筑物，并造成严重的灾难。

对福建有影响的热带气旋路径有 4 条（图 1.5）。

第一条路径，热带气旋在菲律宾以东洋面上，向西北运行，经过南海，多半在广东沿海与海南之间登陆，该路径的热带气旋占对福建有影响的热带气旋的总次数的 28%。

第二条路径，热带气旋从菲律宾以东向西北运行，进入南海中部，在广东东部沿海登陆，

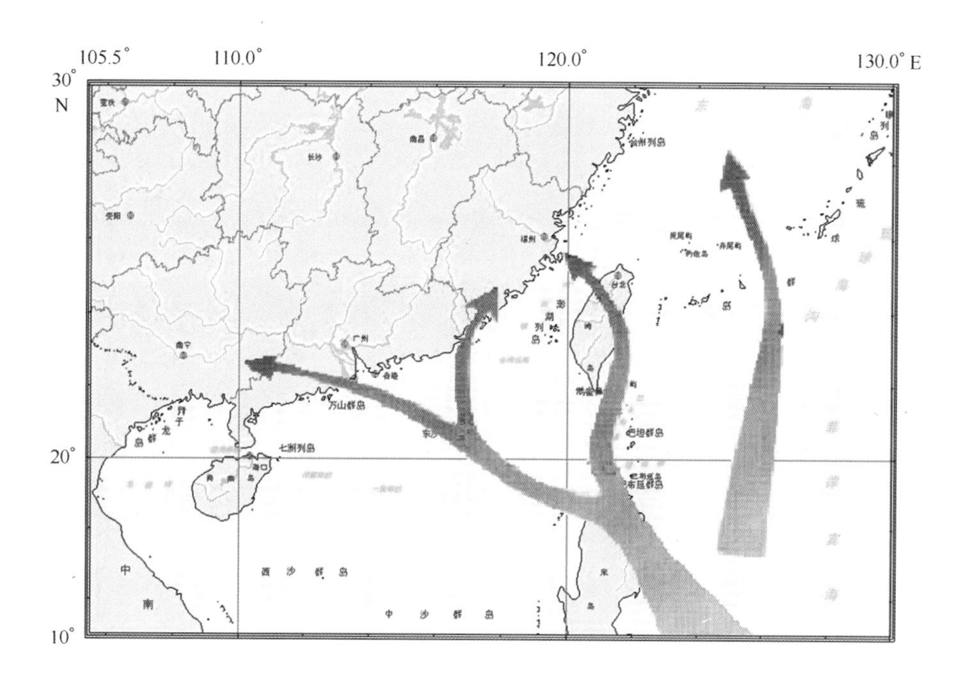

图 1.5 影响福建省的台风路径

（引自《福建省普通地图集 1999》）

然后进入福建，或直接在福建南部登陆，该路径的热带气旋占对福建有影响的热带气旋总次数的 19% 以上。

第三条路径，热带气旋从菲律宾以东海面北上，在台湾登陆后，穿过台湾海峡在福建与浙江沿岸登陆，或直接在福建沿岸登陆，该路径的热带气旋占对福建有影响的热带气旋总次数的 25%。

第四条路径，热带气旋经过台湾以东海面北上，进入东海和黄海，该路径的热带气旋占对福建有影响的热带气旋总次数的 28%。

1.1.2.5 降水

福建省属多雨区，绝大部分地区年降水量在 1 000 ~ 2 000 mm 之间。其分布特点是西北向东南递减，中南部沿海地区是本省雨量最少的地方，介于 1 000 ~ 1 400 mm 之间。

福建降水量主要集中在 4—9 月，一年之中可出现两个高峰，一个出现在雨季的 6 月，另一个出现在台风季节的 8—9 月。上半年的降水量是随暖空气的加强而逐月增加，3 月份降水量开始明显增大，到了春夏之交（5 月、6 月），由于冷暖空气在华南一带交汇并形成锋面，影响到福建地区，雨量增多，强度加大，持续时间长。盛夏（7—9 月）雨量的多寡主要决定于台风的路径和强度上，在台风影响时，雨量大，常出现阵雨和雷暴，形成大量降水。秋季和冬季受冷空气影响，盛行东北气流，天气晴朗，雨日少，此时福建降水量达到低值（图 1.6）。

1.1.2.6 雾

福建沿海及岛屿雾日较多，全年雾日在 20 d 以上。这是福建海区冬春季受自北向南的沿岸流（冷洋流）影响的结果。沿岸流使海水及沿岸近地面温度降低，气层稳定，南来的暖湿气流容易达到饱和状态而有利于雾的形成。厦门年雾日最多，达 36.6 d。长乐最少，为 5 d（图 1.7）。

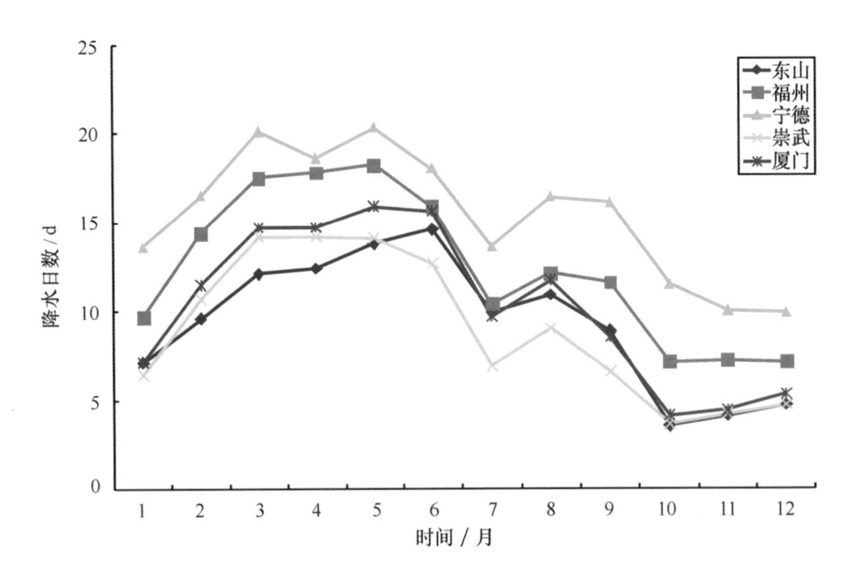

图 1.6　福建降水日数年变化

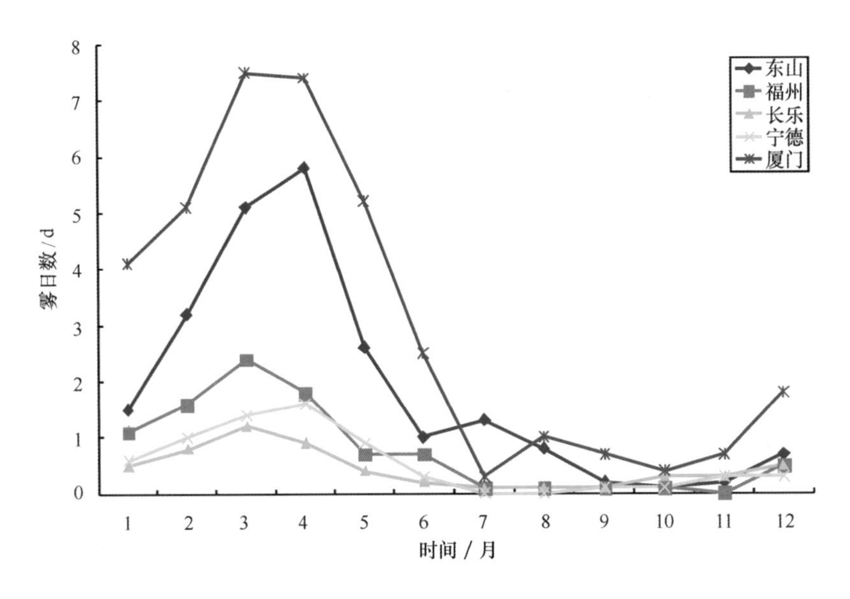

图 1.7　福建沿海雾日数年变化

1.2　陆地水文

1.2.1　主要入海河流的分布及特征

福建省河流除交溪发源于浙江省，汀江流经广东入海外，其余都在本省发源，并从本省入海。省内河流属山地型，源短流急，上中游比降较大，且多峡谷滩礁，河流下游河床宽阔，河道曲折，两岸阶地发育。全省流域面积 50 km^2 以上的水系 48 条，合计河长 3 137.9 km，流域面积 111 953.2 km^2。不含汀江，主要水系有闽江、九龙江、晋江、交溪、鳌江、霍童溪、木兰溪、诏安东溪、漳江、荻芦溪、鹿溪和龙江 12 条水系（表 1.1）。

表 1.1 福建主要河流特征

河流名称	发源地	流经地	入海处	主流长度/km	流域面积/km²
闽江	建宁县均口乡	南平、福州	闽江口	581	60 992
九龙江	龙岩市孟头村	漳州	九龙江口	285	14 741
晋江	永春县一都	泉州	泉州湾	182	5 629
交溪	浙江省景宁县、庆元县	寿宁、柘荣、福安	三都澳	162	5 549
鳌江	古田县杉洋乡	连江	镇海湾	137	2 655
霍童溪	政和县鹫峰山脉北段	宁德	三都澳	126	2 244
木兰溪	德化县石斛山	仙游、莆田	兴化湾	105	1 732
诏安东溪	平和县大溪	诏安	宫口港	89	1 127
漳江	平和县砚山大垱后	云霄	东山湾	58	961
萩芦溪	仙游县游洋乡	莆田	湄洲湾	60	709
鹿溪	平和县	漳州	旧镇湾	54	643
龙江	一源莆田瑞云山；一源永泰楼梯山	福清	福清湾	62	538

1.2.2 入海河流的年径流量

降水是福建省河川径流主要的补给来源。因此，径流的时空分布与降水的时空分布有着密切的关系（表 1.2）。

表 1.2 福建主要河流入海水量

河流	水文站	资料年限	年入海水量/（$\times10^8$ m³）			多年平均流量/（m³·s⁻¹）	CV
			平均	最大	最小		
闽江	竹歧	1950—2006	538	864	268	1 708.3	—
	竹歧	1950—1979	536	804	268	1 700	0.26
	长门	1950—1979	600	903	309	1 900	0.25
闽江大樟溪	永泰	1951—1979	40.3	62.7	23.6	128	0.24
九龙江	郑店	1951—1979	37	61.3	20.7	117	0.29
	浦南	1950—1979	82.7	139	50.7	262	0.26
	草埔头	1950—1979	148	238	99.6	469	0.27
晋江	石砻	1950—1979	48.8	84.1	28.1	155	0.32
	前埔	1950—1979	50.9	87.7	29.3	161	0.29
交溪	白塔	1951—1979	40.4	58.3	22	128	0.25
	白马门	1951—1979	65.7	101	37.9	221	0.25
鳌江	塘坂	1958—1979	19	27.9	10.3	60.2	0.26
	东岱	1958—1979	30.2	44.4	16.4	95.8	0.26
霍童溪	洋中坂	1958—1979	25.2	40.1	13	79.9	0.27
	岙村	1958—1979	27.2	43.2	14	86.3	0.27

续表 1.2

河流	水文站	资料年限	年入海水量/（$\times10^8$ m^3）			多年平均流量/（m^3·s^{-1}）	CV
			平均	最大	最小		
木兰溪	濑溪	1950—1979	9.68	16.8	4.57	30.6	0.36
	三江口	1950—1979	15.6	27.2	7.4	49.5	0.36
诏安东溪	诏安	1956—1979	9.85	15.5	4.69	31.2	0.28
	宫口	1956—1979	11.9	18.7	5.65	37.7	0.28
漳江	上河	1956—1979	4.62	7.79	2.7	14.6	0.27
	濠潭	1956—1979	10.3	17.4	6.03	32.7	0.27

年径流深分布趋势基本上与年降水量分布趋势相似。闽东岸段径流比较丰富，年径流深大部分在 1 140 ~ 1 240 mm 之间，最低也接近 1 000 mm；闽南岸段其次，年径流深在 974 ~ 1 080 mm 之间；闽中岸段径流最低，年径流深 901 ~ 964 mm 之间。各测站以下至出海口连同岛屿等地区，年径流深更小，一般 450 ~ 700 mm。

沿海径流年际变化比较大，最大年径流量与最小年径流量的比值大都在 2 ~ 3 之间。一年中，最大月径流量出现在 6 月，最小月径流量出现在 12 月或 1 月。

1.2.3 入海河流的输沙量

河流泥沙的形成与土壤植被、降水强度、风力大小、人类活动等有密切关系，河流输沙对河流变迁、污染物迁移、水产养殖、港口航道等有着巨大的影响。沿海地区河流含沙量分布总趋势是：闽中岸段最大，闽南岸段居次，闽东岸段最小。沿海地区河流输沙量年际变化比较大，最大年输沙量与最小年输沙量一般相差 7 ~ 8 倍，最高达到 12 倍。沿海地区输沙量年内分配无明显地区规律，最大输沙量出现在 6—9 月，最小输沙量出现在 12 月或 1 月（表 1.3）。

表 1.3　福建主要河流入海泥沙量

河流	水文站	资料年限	年入海泥沙量/（$\times10^4$ t）			多年平均含沙量/（kg·m^{-3}）	多年平均侵蚀模数/（t·km^{-2}）
			平均	最大	最小		
闽江	竹岐	1951—2006	518	2 000	40	0.096	—
	竹岐	1951—1979	740	2 000	272	0.138	136
	长门	1951—1979	829	2 131	319	0.138	136
闽江大樟溪	永泰	1951—1979	55.6	192	18.9	0.138	138
九龙江	郑店	1952—1968 1970—1979	77.7	183	21.3	0.21	227
	浦南	1952—1968 1970—1979	170	464	61.6	0.206	200
	草埔头	1952—1968 1970—1979	307	748	114	0.207	208

续表 1.3

河流	水文站	资料年限	年入海泥沙量/（$\times10^4$ t）			多年平均含沙量/（$kg\cdot m^{-3}$）	多年平均侵蚀模数/（$t\cdot km^{-2}$）
			平均	最大	最小		
晋江	石砻	1951—1966 974—1979	214	429	76.6	0.438	423
	前埔	1951—1966 1974—1979	223	447	79.9	0.438	423
交溪	白塔	1955—1979	61.9	144	11.7	0.153	189
	白马门	1955—1979	107	248	20.2	0.153	189
鳌江	塘坂	1959—1966 1973—1979	28.1	44.5	9.04	0.148	168
	东岱	1959—1966 1973—1979	34.5	65.1	7.19	0.148	168
霍童溪	洋中坂	1959—1960 1962—1972	32	60.4	6.67	0.127	154
	岙村	1959—1960 1962—1972	34.5	65.1	7.19	0.127	154
木兰溪	濑溪	1959—1979	28.9	90.6	8.31	0.3	270
	三江口	1959—1979	46.8	147	13.5	0.3	270
诏安东溪	诏安	1965—1966 1973—1979	32.7	54.9	16.5	0.331	342
	官口	1965—1966 1973—1979	39.4	66.1	19.9	0.331	342
漳江	上河	1960、 1962—1979	17.5	35.3	4.67	0.38	407
	濠潭	1960、 1962—1979	39.1	78.9	10.4	0.38	407

1.3 近岸海域地形与地貌

1.3.1 海岸带地形与地貌

福建省海岸带地貌以基岩海岸线曲折、多港湾、半岛、岛屿为特点。主要港湾有沙埕港、三沙湾、罗源湾、福清湾、兴化湾、湄洲湾、泉州湾、深沪湾、厦门湾、旧镇湾、东山湾、诏安湾 13 个。福建省 500 m^2 以上的岛屿主要分布在港湾内及近岸海域，具有北部、中北部多，南部少的分布特征。主要半岛有东冲、龙高、笏石、东周、崇武、围头、古雷、梅岭半岛等。

地质构造是福建海岸地貌发育的基础，大致以闽江 NW 向断裂为界，以北的连江—福鼎海岸（以下简称闽东北海岸）属下降为主的海岸；以南的长乐—诏安海岸（以下简称闽东南海岸）属上升为主的海岸。闽东北中、低山丘陵基岩海岸区：由低山丘陵组成的半岛、岬角与沙埕港、晴川湾、牙城湾、福宁湾、三沙湾、罗源湾、定海湾及其湾内平原等相间排列。本区低山、丘陵直逼海岸，海岸以基岩岸为主，约占本区岸线总长的80%以上。现代海蚀崖、海蚀洞、海蚀沟等较为发育。岸线曲折，港湾众多，且多为天然深水良港。海积平原狭小，高程3~5 m。闽东南丘陵、台地海岸区：多由丘陵基岩海岸和红土台地及河口平原相间排列。台地地势平缓，波状起伏，浅坳谷及冲沟发育，其间零散分布有花岗岩类组成的残丘，岩石上常有海蚀痕迹。台地约占本区面积的40%，多由较厚的风化残积土组成，高程一般20~50 m，坡度多在10°~20°。福建沿海三大平原均分布于本区。河口平原多为冲海积一级阶地，其下为更新统冲积埋藏阶地，台地半岛海岸附近，也常分布有二级海积、风积阶地，高程一般10~20 m。本区砂质海岸颇为发育，福建滨海沙滩、海水浴场多聚集在区内。此外还有海岸沙丘、沙堤、连岛沙坝、潟湖及第四纪火山地貌等。

1.3.2 近岸海域地形与地貌

福建近岸海域地形由西北向东南倾斜，等深线呈NE—SW走向，与岸线近似平行，10 m等深线逼近岸线。闽江口以北海域，海底地形较为平坦，但20~30 m等深线之间，分布有许多NE—SW排列的岛礁。闽江口以南，海底地形较为复杂，海坛岛东侧海域至南日岛东侧海域之间，海底坡度较大，10 m、20 m、30 m三条等深线的间距甚近，海坛岛以北至马祖列岛和南日岛以南至湄州湾口海域的海底较平坦。厦门以南海域20 m等深线内，多岛屿、暗礁、浅滩，20 m等深线以外，较为平坦。福建港湾内外水深变化较大，海底地形复杂，由于潮流冲刷，许多港湾形成深槽。港湾中央潮汐通道较深，三沙湾的官井洋和东冲口，冲刷槽水深40~60 m，深槽最深点达100 m以上。

近岸海域地貌主要有水下浅滩、水下三角洲、拦门沙坝、潮流脊系和潮流三角洲等。水下浅滩（亦称水下岸坡）：大致平行海岸，呈带状展布，分布于0~20 m等深线间，宽度4~20 km不等，坡度一般为1，陡者可达4。水下三角洲主要分布于闽江口和九龙江口。闽江口水下三角洲略呈扇形向东南展布，长约35 km、宽28~60 km。九龙江口水下三角洲呈指状向东部湾口展开，长达8 km。拦门沙坝：主要见于泉州湾口大坠岛外，呈扇形向东南展布，横亘于口门水道之中，长约3 km、宽4 km，相对高度2~3 m，分布水深1~4 m，由砂质粉砂组成。潮流脊系主要分布于兴化湾、福清湾、三沙湾、沙埕港等湾内外海底中。潮流三角洲主要分布于三沙湾和罗源湾口外海底，呈喇叭状向东南方向展布，长50 km、宽10~35 km。其上发育冲刷深槽，平均水深45~60 m。

1.4 海洋沉积物

1.4.1 潮间带沉积物基本特征

1.4.1.1 沉积物类型

福建省潮间带沉积物共有19种类型：砂质黏土（SY）、黏土质粉砂（YT）、粉砂（T）、砂质粉砂（ST）、含砾石粉砂（GT）、粉砂质砂（TS）、黏土质砂（YS）、砂（S）、砾砂

（GS）、砂砾（SG）、含粉砂砾石（TG）、粗砂（CS）、中粗砂（MCS）、细粗砂（FCS）、细中砂（FMS）、中细砂（MFS）、细砂（FS）、粗中砂（CMS）、中砂（MS）。

1）宁德市潮间带

宁德市潮间带沉积物共有11种类型，即砂质黏土（SY）、黏土质粉砂（YT）、粉砂（T）、砂质粉砂（ST）、含砾石粉砂（GT）、粉砂质砂（TS）、黏土质砂（YS）、砂（S）、砾砂（GS）、砂砾（SG）及含粉砂砾石（TG）。各类型分布及粒度特征分述如下：

（1）砂质黏土（SY）：分布有限，仅在三都澳内北部及东北部的南板村与霞塘村附近潮间带中潮位附近分布；沉积物中砂、粉砂及黏土含量分别为20.5%～21.3%、56.7%～57.3%及22.0%～22.3%，中值粒径与平均粒径分别约为6.5Φ和6.1Φ，分选系数为2.5～2.6，为负偏（偏态为－2.1～－1.7），峰值类型很窄（峰态值为3.1～3.3）。沉积物频率分布曲线呈双峰，细颗粒部分的峰值出现在6Φ～8Φ之间，粗颗粒部分的峰值多出现在1Φ～3Φ之间。

（2）黏土质粉砂（YT）：为宁德市潮间带的主要沉积物类型，主要分布在宁德沿岸各大小港湾顶部整个潮间带及港湾中部潮间带中下部地区；沉积物中砂、粉砂及黏土含量分别为0.2%～17.2%、59.1%～78.1%及20.1%～32.1%，中值粒径与平均粒径分别约为6.4Φ～7.3Φ和6.4Φ～7.5Φ，分选系数为1.4～2.4，偏态为－2.1～－1.2，峰态值为1.8～3.1；沉积物由高潮位向低潮位逐渐变粗；沙埕港及三都澳顶部的沉积物最细，港湾中部及小港湾的潮间带沉积物相对较粗。沉积物频率分布曲线呈单峰，主要峰值出现在6Φ～8Φ之间。

（3）粉砂（T）：分布有限，仅在三都澳西溪河口白马港东侧潮间带下部及三都澳西侧官井附近潮间带中上部地区分布；沉积物中砂、粉砂及黏土含量分别为12.8%～15.0%、65.3%～67.8%及19.2%～19.7%，中值粒径与平均粒径分别约为6.4Φ和6.3Φ，分选系数约为2.0，偏态为－1.1～0.9，峰态值为2.5～2.6；西溪河口东侧潮间带下部的粉砂质沉积物平均粒径较官井附近潮间带中上部的大。沉积物频率分布曲线呈单峰，峰值集中在6Φ～8Φ之间。

（4）砂质粉砂（ST）：在宁德地区潮间带的分布相对较少，主要分布在沙埕港湾口的高潮位、福宁湾北部潮间带下部、三都澳溪南镇北部海岸潮间带中部及下白石镇渔江附近潮间带中上部地区；沉积物中砾石、砂、粉砂及黏土含量分别为0～15.0%、20.5%～41.4%、38.3%～51.1%及11.8%～19.6%，中值粒径与平均粒径分别为4.8Φ～6.1Φ和4.0Φ～5.6Φ，分选系数为2.5～3.9，偏态为－3.3～1.6，峰态值为3.1～4.7，峰态类型为很窄到极窄；该类型沉积物平均粒径的空间分布表现为由北向南总体减小的趋势。沉积物频率分布曲线呈双峰，细颗粒部分的峰值出现在6Φ～8Φ之间，粗颗粒部分的峰值多出现在1Φ～3Φ和－2Φ～0Φ之间。

（5）含砾石粉砂（GT）：在宁德地区潮间带的分布相对较少，主要分布在沙埕港安仁附近海岸潮间带中部、三都澳溪南镇南部海岸潮间带高潮位附近与北部海岸潮间带高潮位和低潮位及浒屿海岸潮间带上部地区；沉积物中砾石、砂、粉砂及黏土含量分别为21.2%～46.3%、12.1%～38.3%、23.4%～40.7%及7.7%～17.9%，中值粒径与平均粒径分别为－0.7Φ～5.6Φ和1.3Φ～3.7Φ，分选系数为4.0～4.6，分选很差，偏态为－3.1～3.5，峰态值为4.5～5.1，峰态类型极窄；该类型沉积物平均粒径的空间分布表现为由北向南总体减小的趋势。沉积物频率分布曲线呈多峰，峰值多出现在6Φ~8Φ、-1.5Φ~0.5Φ及-3.5Φ~-2Φ之间，其中-3.5Φ~-2Φ之间的峰值最高。

（6）粉砂质砂（TS）：在宁德地区潮间带的分布相对较少，主要分布在福宁湾北部海岸潮间带中上部以及三都澳沙江镇、溪尾镇浮溪村及下白石镇莱尾村的高潮位地区；沉积物中砾石、砂、粉砂及黏土含量分别为0~11.6%、38.6%~68.5%、20.4%~41.9%及4.7%~16.4%，中值粒径与平均粒径分别为2.1Φ~4.9Φ和2.5Φ~4.9Φ，分选系数为2.6~3.6，分选差，偏态为-2.3~2.6，峰态值为3.3~4.4，峰态类型由很窄到极窄；该类型沉积物平均粒径在空间上以沙江镇附近最小。沉积物频率分布曲线呈双峰，主要峰值出现在1Φ~3Φ之间，次要峰值出现在6Φ~8Φ之间。

（7）黏土质砂（YS）：分布有限，仅在沙埕港前岐镇双屿村海岸潮间带高潮位及沙埕港外川石村海岸潮间带下部地区分布；沉积物中砂、粉砂及黏土含量分别为24.5%~25.3%、51.0%~55.2%及20.2%~23.7%，中值粒径与平均粒径分别为6.4Φ~6.5Φ和5.8Φ~5.9Φ，分选系数为2.8~2.9，沉积物为负偏（偏态为-2.3~-2.2），峰值类型很窄（峰态值为3.4~3.6）。沉积物频率分布曲线呈双峰，主要峰值出现在6Φ~8Φ之间，次要峰值出现在0Φ~2Φ之间。

（8）砂（S）：为宁德潮间带主要沉积物类型之一，主要分布在沙埕港至三都澳之间的开敞海岸地区潮间带中上部以及三都澳南板村、七都镇河墘村的潮间带上部地区；沉积物中砾石、砂、粉砂及黏土含量分别为0~19.6%、0~100%、0~10.8%及0~3.4%；沉积物中值粒径和平均粒径分别为-0.4Φ~2.7Φ和-0.1Φ~2.7Φ，分选系数为0.4~2.8，偏态为-0.8~2.9，峰态值为0.6~4.0。沉积物频率分布曲线呈单峰，峰值出现集中在多出现在-1Φ~0.5Φ之间，部分站位出现在2Φ~4Φ。

（9）砾砂（GS）：为宁德潮间带主要沉积物类型之一，主要分布在沙埕港的罗唇村潮间带中部、安仁村潮间带下部及塔下村潮间带上部、沙埕港外溪美村海岸潮间带中部、霞浦县长春镇斗米村潮间带高潮位及大京村潮间带中部、下浒镇大阱村潮间带下部以及溪南镇的七星村和霞塘村潮间带上部等地区；沉积物中砾石、砂、粉砂及黏土含量分别为22.5%~39.9%、24.4%~76.0%、0~37.7%及0~15.5%；沉积物中值粒径和平均粒径分别为-0.7Φ~4.8Φ和-0.5Φ~3.6Φ，分选系数为1.0~4.2，偏态为-2.5~3.3，峰值峰态值为1.3~4.8；在空间分布上，由沙埕港湾口向湾内该类型沉积物平均粒径逐渐减小，沙埕港外开敞海岸沉积物该类型沉积物平均粒径由北向南逐渐减小、分选变差。沉积物频率分布曲线呈多峰，峰值多出现在6Φ~8Φ、-1.5Φ~0.5Φ及-3.5Φ~-2Φ之间，其中-1.5Φ~0.5Φ之间的峰值最高。

（10）砂砾（SG）：在宁德地区潮间带的分布相对较少，主要分布在沙埕港安仁海岸潮间带上部、沙埕港外川石村潮间带中部、三沙附近海岸潮间带下部、长春镇外城村海岸潮间带上部、下浒镇大阱村潮间带中上部等地区；沉积物中砾石、砂、粉砂及黏土含量分别为26.5%~63.4%、25.5%~47.4%、0~33.6%及0~14.4%，中值粒径与平均粒径分别为-1.3Φ~3.3Φ和-1.4Φ~3.1Φ，分选系数为0.6~4.4，偏态为-1.4~3.1，峰态值为0.8~4.9；该类型沉积物平均粒径的空间分布表现为由北向南总体减小、分选程度总体变差的趋势。沉积物频率分布曲线呈单峰，峰值出现集中在多出现在-2Φ~0Φ之间。

（11）含粉砂砾石（TG）：仅在福鼎市秦屿镇东埕村海岸潮间带上部分布，沉积物砾石、砂、粉砂及黏土含量分别为58.7%、17.4%、20.1%及3.8%，中值粒径和平均粒径分别为-1.8Φ和0.3Φ，分选系数为0.3，偏态和偏态分别为3.8和4.8，沉积物组分分布表现为显著正偏且峰态类型极窄。沉积物频率分布曲线呈双峰，主要峰值出现在-3Φ~-2Φ之间，此外在6Φ~7Φ之间出现一个小峰值。

2）福州市潮间带

福州市海岸潮间带沉积物共有9种类型，即黏土质粉砂（YT）、粉砂（T）、砂质粉砂（ST）、含砾石粉砂（GT）、粉砂质砂（TS）、砂（S）、砾砂（GS）、砂砾（SG）及含粉砂砾石（TG）。各类型分布及粒度特征分述如下：

（1）黏土质粉砂（YT）：为福州市海岸潮间带的主要沉积物类型，主要分布在罗源湾内潮间带大部分地区、敖江河口附近潮间带中下部、闽江河口两侧潮间带中上部、福清东翰镇后营村海岸潮间带下部及后坑村海岸潮间带上部及兴化湾北部潮间带的大部分地区；沉积物中砂、粉砂及黏土含量分别为0.1%~19.9%、58.3%~74.7%及20.3%~34.0%，中值粒径与平均粒径分别为6.3Φ~7.4Φ和6.0Φ~7.5Φ，分选系数为1.4~2.6，偏态为-2.1~1.2，峰态值为1.8~3.4；在空间分布上，沉积物由北向南平均粒径总体逐渐增加、分选逐渐变差、峰态总体逐渐变宽，同一地区沉积物平均粒径由潮间带上部向下部逐渐增大。

（2）粉砂（T）：在福州海岸潮间带的分布相对较少，主要分布在罗源湾西北部的迹头海岸潮间带上部及东南部颜岐村海岸潮间带下部、闽江河口两侧潮间带中上部以及兴化湾北部海岸潮间带下部地区；沉积物中砂、粉砂及黏土含量分别为6.6%~19.9%、60.9%~73.7%及14.6%~19.7%，中值粒径与平均粒径分别为5.7Φ~6.6Φ和5.9Φ~6.6Φ，分选系数为1.7~2.3，偏态为-1.9~1.5，峰态值为2.2~3.0；在空间分布上，闽江口附近该类型沉积物平均粒径相对较小、罗源湾和兴化湾相对较大，分选程度以闽江口附近为最好，罗源湾该类型沉积物分选较兴化湾差，罗源湾潮间带该类型沉积物为负偏，闽江口和兴化湾为正偏。

（3）砂质粉砂（ST）：在福州海岸潮间带的分布相对较少，主要分布在闽江河口两侧潮间带下部、福清市三山镇后洋村海岸潮间带下部、东翰镇后营村海岸潮间带上部及后坑村海岸潮间带中下部、兴化湾高山港潮间带中部、江镜镇前华村海岸潮间带下部及江阴半岛西侧海岸潮间带中上部等地区；沉积物中砂、粉砂及黏土含量分别为21.2%~43.0%、44.3%~62.9%及10.0%~17.7%，中值粒径与平均粒径分别为4.3Φ~6.0Φ和4.8Φ~5.8Φ，分选系数为2.0~2.6，偏态为-1.7~1.9，峰态值为2.6~3.3；在空间分布上，该类型沉积物平均粒径由闽江口向南总体减小。

（4）含砾石粉砂（GT）：仅在黄岐半岛南部的黄岐湾潮间带下部出现，沉积物中砾石、砂、粉砂及黏土含量分别为20.4%、50.0%、20.6%及9.0%，中值粒径与平均粒径分别为0.5Φ和2.0Φ，分选系数为3.7，分选很差，偏态为3.4，峰态值为4.5，峰态类型极窄。

（5）粉砂质砂（TS）：为福州海岸潮间带沉积物主要类型之一，主要分布在罗源湾东南部颜岐村海岸潮间带上部、敖江河口北侧筱埕镇山坑村海岸潮间带上部及下部、闽江河口北部琯头镇寨洋村海岸潮间带上部、福清湾北部整个潮间带及湾顶潮间带中部、三山镇后洋村及东翰镇后营村海岸潮间带中部、高山港东侧海岸潮间带上部、沙埔镇琯下村海岸潮间带上部及兴化湾西港顶部潮间带上部等地区；沉积物中砾石、砂、粉砂及黏土含量分别为0~15.3%、46.0%~72.8%、20.3%~43.1%及5.5%~11.1%，中值粒径与平均粒径分别为

1.4Φ~4.1Φ和2.1Φ~4.8Φ，分选系数为2.0~3.8，偏态为2.0~2.8，峰态值为2.8~4.4；在空间分布上，该类型沉积物平均粒径在罗源湾内较大，到湾外迅速减小，并且由北向南平均粒径总体增大。

（6）砂（S）：为福州海岸潮间带主要沉积物类型之一，主要分布在由罗源湾外至兴化湾外的开敞海岸潮间带地区及兴化湾口海岸潮间带地区；沉积物中砾石、砂、粉砂及黏土含量分别为0~17.8%、66.0%~100%、0~16.0%及0~4.6%；沉积物中值粒径和平均粒径分别为-0.3Φ~2.9Φ和-0.4Φ~3.2Φ，分选系数为0.4~2.9，偏态为-1.0~2.0，峰值峰态值为0.5~3.5；在空间分布上，该类型沉积物由北向南平均粒径总体逐渐变细、逐渐由负偏变为正偏，同一地区由潮间带上部向海方向平均粒径逐渐变细。

（7）砾砂（GS）：在福州沿海潮间带少见，主要分布在罗源湾湾口潮间带上部、黄岐半岛南部筱埕镇东坪村海岸潮间带上部、闽江河口北侧海岸潮间带上部、福清湾口门南部海岸潮间带下部及福清市高山镇玉楼村海岸潮间带上部等地区；沉积物中砾石、砂、粉砂及黏土含量分别为20.2%~44.5%、50.4%~71.9%、0~12.1%及0~2.9%；沉积物中值粒径和平均粒径分别为-0.7Φ~1.4Φ和-0.6Φ~1.5Φ，分选系数为1.5~2.6，偏态为-0.6~2.6，峰态值为1.8~3.9；在空间分布上，该类型沉积物平均粒径由北向南总体表现为逐渐减小的趋势。

（8）砂砾（SG）：在福州沿海潮间带少见，主要分布在罗源湾西南部山脚下的潮间带上部、黄岐半岛南部筱埕镇东坪村海岸潮间带中部、闽江河口北部琯头镇寨洋村海岸潮间带下部、福清湾湾口南部及湾外附近海岸潮间带上部及江阴半岛南部海岸潮间带上部地区；沉积物中砾石、砂、粉砂及黏土含量分别为42.1%~71.1%、21.0%~37.9%、0~23.1%及0~7.3%，中值粒径与平均粒径分别为-2.3Φ~-0.6Φ和-1.6Φ~1.1Φ，分选系数为1.1~4.4，偏态为0.9~3.6，峰态值为1.4~4.9；该类型沉积物平均粒径的空间分布表现为由北向南总体增大、分选程度总体变好的趋势。

（9）含粉砂砾石（TG）：仅在福清湾湾口南部海岸潮间带中部出现，沉积物砾石、砂、粉砂及黏土含量分别为25.8%、47.0%、23.4%及3.8%，中值粒径和平均粒径分别为1.4Φ和1.8Φ，分选系数为3.4，偏态和偏态分别为2.3和4.1。

3）莆田市潮间带

莆田市潮间带沉积物主要有粗砂（CS）、中粗砂（MCS）、细中砂（FMS）、砂（S）、细粗砂（FCS）、中细砂（MFS）、细砂（FS）、粉砂质砂（TS）、砂质粉砂（ST）、粉砂（T）和黏土质粉砂（YT）11个类型。各类型分布及粒度特征分述如下：

（1）粗砂（CS）：分布在斗尾西北局部高滩。黄灰色，砂含量94.75%，细颗粒组分5.26%，主要成分为石英，长石次之，有一定量的花岗岩岩屑，暗色矿物较多，颗粒呈棱角状至次棱角状。分选较差，极正偏态，峰态尖锐。

（2）中粗砂（MCS）：分布在石城、上店、东潘、石门澳、后龙湾、大港湾高潮滩，界山岸段局部中潮滩和斗尾西北中低潮滩，以粗砂为主，其次为中砂。一般呈黄褐色，个别黄灰色、灰色，含有一定的细颗粒物质，少量砾石和贝壳碎屑。平均粒径约为0.9Φ，分选中等至较好，正偏态，峰态中等至尖锐。

（3）细中砂（FMS）：分布于上店岸段低潮带，北峤岸段中、高潮带。黄褐色，沙质较纯净，以中砂为主，成分主要为石英，长石次之，含有暗色矿物，少量砾石。磨圆度中等至较好。平均粒径约为1.6Φ，分选较好，负偏态，峰态中等尖锐。

（4）砂（S）和细粗砂（FCS）：分布于石城岸段的中、低潮带，北峤岸段的中、高潮带，蒋山南岸段的高潮带。黄褐色，褐色，个别黄灰色。粗砂、中砂和细砂均大于20%。矿物成分以石英为主，含有较多的长石，含少量砾石和贝壳碎屑，颗粒呈次棱角状，磨圆度中等。平均粒径约为1.3Φ，分选中等，负偏态为主，峰态窄。

（5）中细砂（MFS）：分布在赤岐中潮滩、蒋山南中低潮滩、石门奥北、斗尾东岸段的高潮滩和小岞湾中潮滩。黄褐色，以细砂为主，中砂次之，细颗粒组分平均大于5%，最大大于15%。颗粒成分主要为石英，长石次之。平均粒径约为2.286Φ，分选中等至较好，多数为常偏态。

（6）细砂（FS）：分布于湄洲湾西南斗尾东、小岞湾和大港湾的中低潮滩。黄褐色，砂含量97%以上，以细砂为主，成分主要为石英，磨圆度较好。平均粒径约为2.696Φ，分选好，常偏态至负偏态，多为中等峰态。

（7）粉砂质砂（TS）：分布在东潘岸段局部及湄洲湾顶东沙中低潮带局部潮滩、后龙湾中潮滩。灰色，砂含量64.5%～66.4%，粉砂含量26.7%～29.6%，平均粒径约为3.02Φ，分选差，极正偏态，峰态尖锐。

（8）砂质粉砂（ST）：分布在湄洲湾顶东沙至东进岸段的低潮滩、石门澳中潮滩。灰色，砂含量22%～26%，粉砂含量63.79%～64.1%，平均粒径约为5.63Φ，分选差，极负偏态，峰态尖锐。

（9）粉砂（T）：分布在东潘岸段的中低潮滩、赤岐岸段的低潮滩、石门澳、后龙湾的低潮滩和山腰湾潮滩。暗灰色，粉砂含量76.7%～80.8%，砂含量小于10%，平均粒径约为6.356Φ，负偏态为主。

（10）黏土质粉砂（YT）：分布在石门澳南部中潮滩、湄洲湾顶潮滩。暗灰色，以粉砂为主，含量69.28%～72.13%，黏土次之，含量20%左右，负偏态。

4）泉州市潮间带

泉州市潮间带沉积物主要有中粗砂（MCS）、粗中砂（CMS）、砂（S）、细中砂（FMS）、中细砂（MFS）、细砂（FS）、粉砂质砂（TS）、砂质粉砂（ST）、粉砂（T）、黏土质粉砂（YT）10个类型。各类型分布及粒度特征分述如下：

（1）中粗砂（MCS）：分布在崇武靖江岸段的中、高潮滩、秀涂岸段的高潮滩、玉山岸段的中潮滩、东莲岸段的低潮滩、锦尚湾岸段的中潮滩、金井石圳岸段的高潮滩。黄褐色，以粗砂为主，中砂次之，含少量砾石和贝壳碎屑。矿物成分主要为石英，长石次之。颗粒呈次棱角状至次圆状，磨圆度较好，平均粒径约为0.67Φ，分选较好，正偏态，峰态中等尖锐。

（2）粗中砂（CMS）：分布在东莲岸段和下坑岸段中、高潮滩，玉山岸段的高潮滩。黄褐色，以中砂为主，粗砂次之，砂含量99%以上，含少量砾石和贝壳碎屑。矿物成分主要为石英，长石次之。颗粒呈次棱角状至次圆状，磨圆度较好。平均粒径约为1.28Φ，分选较好，负偏态，峰态中等。

（3）砂（S）：分布于下坑岸段、玉山岸段的低潮滩，古浮澳岸段的高潮滩。黄褐色或黄灰色。粗砂、中砂和细砂均大于20%。矿物成分以石英为主，含有较多的长石，含少量砾石和贝壳碎屑，颗粒呈次棱角状，磨圆度中等。平均粒径约为1.5Φ，分选较好，负偏态，峰态尖锐。

（4）细中砂（FMS）：分布于靖江岸段、秀涂岸段的低潮滩。黄褐色，沙质较纯净，以中砂为主，成分主要为石英，长石次之，含有暗色矿物，少量砾石。磨圆度中等至较好。平均粒径约为1.75Φ，分选好，常偏态为主，峰态中等尖锐。

（5）中细砂（MFS）和细砂（FS）：分布于古浮澳潮滩、锦尚湾、深沪湾等岸段的高、中、低滩，以及石圳岸段的中低潮滩。黄褐色或黄灰色，以细砂为主，砂含量92.67%～99%，局部见少量泥，矿物以石英为主，长石其次，磨圆度中等。平均粒径1.92Φ～2.66Φ，分选较好，常偏态为主，峰态中等尖锐。

（6）粉砂质砂（TS）和砂质粉砂（ST）：分布于惠安洛阳后埔、石狮蚶江岸段的高潮滩，秀涂岸段的中潮滩、深沪湾岸段的低潮滩。黄灰色、灰色，砂含量20%～61.6%，粉砂含量30.4%～67.4%，黏土含量8.03%～15.9%。平均粒径4.12Φ～6.07Φ，分选差，负偏态或正偏态，峰态尖锐。

（7）粉砂（T）：分布于晋江陈埭和石狮蚶江的潮滩。暗灰色，粉砂含量76.7%～80.8%，砂含量小于6%，平均粒径6.73Φ，负偏态为主。

（8）黏土质粉砂（YT）：分布于洛阳后埔的低潮滩。暗灰色，以粉砂为主，含量70.83%，黏土次之，含量20%左右，负偏态。

5）厦门市潮间带

根据调查分析结果，厦门市海岸潮间带沉积物共有5种类型，即黏土质粉砂（YT）、粉砂（T）、砂质粉砂（ST）、砂（S）及砾砂（GS）。各类型分布及粒度特征分布如下：

（1）黏土质粉砂（YT）：为厦门市海岸潮间带的主要沉积物类型，主要分布在大嶝海域海岸潮间带中下部、同安湾海岸潮间带中下部及厦门西海域东屿湾整个潮间带地区；沉积物中砂、粉砂及黏土含量分别为0.3%～14.8%、65.0%～77.1%及20.1%～25.7%，中值粒径与平均粒径分别为6.5Φ～7.2Φ和6.3Φ～7.3Φ，分选系数为1.3～2.4，偏态为－2.3～1.0，峰态值为1.7～3.3；在空间分布上，同安湾北部海域该类型沉积物平均粒径最大、同安湾西部集美海域平均粒径最粗，同一地区由岸向海沉积物平均粒径逐渐增大、分选略有变差。

（2）粉砂（T）：为厦门海岸潮间带沉积物主要类型之一，主要分布在大嶝海域东部潮间带上部及西部整个潮间带、同安湾东部海岸潮间带上部地区；沉积物中砾石、砂、粉砂及黏土含量分别为0～9.5%、0.9%～14.5%、64.1%～79.2%及13.7%～20.0%，中值粒径与平均粒径分别为6.2Φ～6.9Φ和5.3Φ～7.0Φ，分选系数为1.3～3.4，偏态为－3.5～1.0，峰态值为1.8～4.6；同一地区潮间带上部沉积物较中下部地区粗、分选差。

（3）砂质粉砂（ST）：为厦门海岸潮间带沉积物主要类型之一，主要分布同安湾北部海岸，在潮间带上部、中部及下部均有分布；沉积物中砾石、砂、粉砂及黏土含量分别为4.1%～17.0%、21.0%～40.5%、42.2%～56.9%及11.7%～15.6%，中值粒径与平均粒径分别为4.8Φ～6.2Φ和4.0Φ～5.3Φ，分选系数为3.0～3.9，偏态为－3.1～－1.8，峰态值为3.7～4.5；同一地区潮间带中部沉积物最细、上部沉积物最粗。

（4）砂（S）：仅在同安湾集美海域高潮位附近出现，沉积物中只含有砾石和砂，分别为

2.6%和97.4%；沉积物中值粒径和平均粒径均为1.2Φ，分选系数为0.9，偏态为-0.7，峰态值为2.6。

（5）砾砂（GS）：仅在同安湾北部海岸潮间带中部有少量分布，沉积物中砾石、砂、粉砂及黏土含量分别为20.1%、28.2%、38.2%及13.4%；沉积物中值粒径和平均粒径分别为4.4Φ和3.4Φ，分选系数为4.2，偏态为-1.9，峰态值为4.6。

6）漳州市潮间带

漳州市潮间带沉积物主要有中粗砂（MCS）、粗中砂（CMS）、砂（S）、中砂（MS）、细中砂（FMS）、中细砂（MFS）、细砂（FS）、粉砂质砂（TS）、砂质粉砂（ST）、粉砂（T）、黏土质粉砂（YT）11种类型。各类型沉积物特征描述如下：

（1）中粗砂（MCS）：分布于将军湾岸段低潮滩和古雷半岛下安岸段的中潮滩、诏安湾西侧寮雅岸段中潮滩。黄褐色，以粗砂为主，中砂次之，含少量砾石。矿物成分主要为石英，长石次之。颗粒呈次棱角状至次圆状，磨圆度较好，平均粒径约为0.94Φ，分选较好，正偏态，峰态中等尖锐。

（2）粗中砂（CMS）：分布于镇海角北岬湾的中高潮滩、隆教南岬湾潮滩、将军湾岸段中高潮滩以及古雷半岛下安岸段的高潮滩、古雷半岛西侧潮滩等处。黄褐色，以粗砂为主，中砂次之，含少量砾石和贝壳碎屑。矿物成分主要为石英，长石次之。颗粒呈次棱角状至次圆状，磨圆度较好，平均粒径约为0.67Φ，分选较好，正偏态，峰态中等或尖锐。

（3）砂（S）：分布于镇海北低潮滩、佛昙后蔡湾岸段的低潮滩、旧镇湾口内西侧岸段高潮滩、旧镇下蔡的中高潮滩、古雷半岛杏仔北侧岸段高潮滩、东山湾西侧岸段高潮滩等处。黄褐色，砂含量99%以上，粗砂、中砂和细砂组分均大于20%，含少量砾石。矿物成分主要为石英，长石次之。颗粒呈次棱角状。平均粒径约为1.56Φ，分选中等或较好，负偏态至正偏态，而多数为负偏态。峰态中等尖锐。

（4）中砂（MS）和细中砂（FMS）：分布于佛昙湾东侧岸段高潮滩、旧镇湾东侧岸段中低潮滩、佛昙后蔡湾岸段中高潮滩、隆教湾南岸段低潮滩、寮雅岸段高潮滩、梅岭半岛南部高潮滩和铁湖港岸段中高潮滩。黄褐色，沙质较纯净，以中砂为主，成分主要为石英，长石次之，含有暗色矿物，少量砾石。磨圆度中等至较好。平均粒径约为1.68Φ，分选好至差，负偏态，峰态尖锐至宽平。

（5）中细砂（MFS）和细砂（FS）：分布于前湖湾潮滩、旧镇下蔡岸段低潮滩、古雷镇东北岸段潮滩、东山湾东北侧西林岸段高潮滩、梅岭半岛南部岸段中低潮滩、铁湖港岸段低潮滩等处。黄褐色，以细砂为主，砂含量99%以上，矿物以石英为主，长石其次，磨圆度中等或较好。平均粒径约为2.43Φ，分选较好，负偏态，峰态宽屏至尖锐。

（6）粉砂质砂（TS）：分布于佛昙湾东侧岸段中低潮滩、旧镇湾东侧岸段高潮滩、西侧口门内岸段中低潮滩、北侧狮头岸段中高潮滩、东山湾东北侧西林岸段低潮滩、西侧前江岸段中低潮滩、诏安湾西侧、北侧低潮滩等处。灰色，砂含量47.4%~66.3%，粉砂含量28.8%~44.8%，黏土含量小于20%。平均粒径约为4.0Φ，分选很差，极正偏态，峰态尖锐。

（7）砂质粉砂（ST）：分布于东山湾东侧古雷城内岸段低潮滩、北侧下寨岸段中高潮滩、诏安湾西侧、北侧中潮滩。灰色，砂含量20%~32%，粉砂含量52.7%~70.87%，平均粒径约为5.71Φ，分选差，极负偏态，峰态尖锐。

(8) 粉砂 (T)：分布在旧镇湾北侧岸段低潮滩、东山湾西侧南山岸段中低潮滩。暗灰色，砂含量8.45%～14.35%，粉砂含量75.21%～76.64%，黏土含量5.79%～6.40%，平均粒径约为6.10Φ，分选差，负偏态，峰态尖锐。

(9) 黏土质粉砂 (YT)：分布在东山湾东北西林岸段中潮滩、北侧岸段低潮滩。砂含量12.27%～12.79%，粉砂含量71.26%～74.26%，黏土含量12.94%～16.49%。平均粒径约为6.21Φ，分选差，负偏态，峰态尖锐。

1.4.1.2 沉积物化学特征

1) 福建省海岸带潮间带沉积物环境质量评价

(1) 宁德地区海岸带潮间带底质中28.6%的Cd含量、3.7%的硫化物含量以及11.1%的DDT含量符合国家海洋沉积物三类或超三类质量标准，此外，重金属 (Cu、Pb、Zn、Hg、As) 约有30%符合国家海洋沉积物二类质量标准，表明宁德地区海岸带潮间带底质主要受DDT及重金属污染。

(2) 福州地区海岸带潮间带底质中4.0%的DDT含量符合国家海洋沉积物三类质量标准，4.0%的Cu及硫化物含量、8.0%的Pb含量、20.0%的Hg含量及12.0%的DDT含量符合国家海洋沉积物二类质量标准，其余均符合国家海洋沉积物一类质量标准，表明福州地区海岸带潮间带底质主要受DDT及Hg污染。

(3) 莆田地区海岸带潮间带底质中8.3%的DDT含量超过国家海洋沉积物三类质量标准，8.3%的Pb及Hg含量符合国家海洋沉积物三类质量标准，8.3%的Cr及DDT含量、75.0%的Pb含量符合国家海洋沉积物二类质量标准外，其余均符合国家海洋沉积物一类质量标准，表明莆田地区海岸带潮间带底质主要受Pb、Hg、DDT污染。

(4) 泉州地区海岸带潮间带底质中3.3%的石油类含量超过国家海洋沉积物三类质量标准，10.0%的Cu含量、13.3%的Pb含量、6.7%的Zn含量、6.7%的DDT含量符合国家海洋沉积物二类质量标准外，其余均符合国家海洋沉积物一类质量标准，表明泉州地区海岸带潮间带底质主要受石油类污染。

(5) 厦门地区海岸带潮间带底质中11.1%的Cr含量、22.2%的DDT含量符合国家海洋沉积物三类质量标准，22.2%的Cu、Hg及DDT含量、11.1%的Pb及Zn含量符合国家海洋沉积物二类质量标准外，其余均符合国家海洋沉积物一类质量标准，表明厦门地区海岸带潮间带底质主要受Cr及DDT污染。

(6) 漳州地区海岸带潮间带底质中22.2%的DDT含量、5.6%的硫化物含量超过国家海洋沉积物三类质量标准，16.7%的Pb含量、5.6%的Hg含量符合国家海洋沉积物三类质量标准，22.2%的Pb含量、11.1%的Pb及石油类、38.9%的Hg含量、44.4%的DDT含量、27.8%的PCB含量符合国家海洋沉积物二类质量标准外，其余均符合国家海洋沉积物一类质量标准，表明漳州地区海岸带潮间带底质主要受Pb、Hg、硫化物及DDT污染。

(7) 福建全省海岸带潮间带底质中5.8%的DDT含量、0.8%的硫化物及石油类含量超过国家海洋沉积物三类质量标准，3.3%的Pb含量、6.6%的Cd含量、1.4%的Cr含量、2.5%的Hg含量、0.8%的硫化物含量、3.3%的DDT含量符合国家海洋沉积物三类质量标准，13.1%的Cu含量、25.4%的Pb、13.1%的Zn含量、1.4%的Cr含量、21.3%的Hg含量、8.1%的As含量、1.6%的石油类含量、2.5%的硫化物含量、0.8%的有机碳含量、14.0%的DDT含量、5.5%的PCB含量符合国家海洋沉积物二类质量标准外，其余均符合国家海洋沉积物一类质量标准，表明福建全省海岸带潮间带底质主要受Pb、Hg、Cd及DDT污染。

2）与20世纪80年代对比

（1）沙埕港潮间带底质中Cu、Pb、Zn、Cd、硫化物的平均含量有较为明显的增加，尤其是Cd的平均含量约为1982—1986年的20倍，Cu、Zn、Cd的平均含量从原有的符合国家海洋沉积物一类质量标准变为符合国家海洋沉积物二类质量标准；Pb、硫化物的平均含量虽有较为明显的增加，但仍符合原有的国家海洋沉积物一类质量标准；Hg、DDT的平均含量变化不大，仍符合原有的国家海洋沉积物二类质量标准；石油类、有机碳的平均含量变化不大，仍符合原有的国家海洋沉积物一类质量标准；六六六的平均含量有较为明显的降低，仍符合原有的国家海洋沉积物一类质量标准。

由上述可知，与1982—1986年相比，沙埕港底质的环境质量状况略有恶化，主要是重金属（Cu、Pb、Zn、Cd）的平均含量增加较明显，尤其是Cd，但仍符合国家海洋沉积物二类质量标准。

（2）三沙湾潮间带底质中Cu、Pb 、Cd、硫化物的平均含量有较为明显的增加，Zn、石油类、有机碳的平均含量变化不大，六六六的平均含量降低明显，但上述各要素仍均符合原有的国家海洋沉积物一类质量标准；DDT的平均含量变化不大，仍符合原有的国家海洋沉积物二类质量标准；Hg的平均含量降低明显，从原有的超过国家海洋沉积物三类质量标准变为符合国家海洋沉积物一类质量标准。

由上述可知，与1982—1986年相比，三沙湾底质的环境质量状况略有好转，除DDT仍符合国家海洋沉积物二类质量标准外，其余各要素的平均含量均符合国家海洋沉积物一类质量标准。

（3）罗源湾潮间带底质中Cu、Pb、Zn、Cd、石油类的平均含量变化不大，Hg、硫化物、有机碳的平均含量有较明显的增加，六六六的平均含量有较为明显的降低，但上述各要素仍均符合原有的国家海洋沉积物一类质量标准；DDT的平均含量略有降低，从符合原有的国家海洋沉积物二类质量标准变为符合国家海洋沉积物一类质量标准。

由上述可知，与1982—1986年相比，罗源湾底质的环境质量状况基本不变，各要素的平均含量均符合国家海洋沉积物一类质量标准。

（4）闽江口潮间带底质中Cu、Pb、Zn、Cd、Hg、石油类、硫化物、有机碳、六六六的平均含量均有明显的降低，均符合原有的国家海洋沉积物一类质量标准；DDT的平均含量亦有较为明显的降低，从原有的符合国家海洋沉积物二类质量标准变为符合国家海洋沉积物一类质量标准。

由上述可知，与1982—1986年相比，闽江口底质的环境质量状况略有好转，各要素的平均含量均符合国家海洋沉积物一类质量标准。

（5）福清湾—海坛湾潮间带底质中Cu、Pb、Zn、Cd、有机碳的平均含量变化不大，Hg、硫化物的平均含量有较为明显的增加，石油类、六六六的平均含量有较为明显的降低，DDT

的平均含量略有降低，但上述各要素的平均含量仍符合原有的国家海洋沉积物一类质量标准。

由上述可知，福清湾—海坛湾潮间带底质的环境质量状况基本不变，各要素的平均含量均符合国家海洋沉积物一类质量标准。

（6）兴化湾潮间带底质中 Cu、Pb、Zn、硫化物的平均含量变化不大，Cd、Hg、有机碳的平均含量有较为明显的增加，石油类、六六六的平均含量有较为明显的降低，但上述各要素仍符合原有的国家海洋沉积物一类质量标准；DDT 的平均含量有较为明显的降低，从原有的符合国家海洋沉积物二类质量标准变为符合国家海洋沉积物一类质量标准。

由上述可知，兴化湾潮间带底质的环境质量状况基本不变，DDT 的平均含量随着自然降解过程而有较为明显的降低，各要素的平均含量均符合国家海洋沉积物一类质量标准。

（7）湄洲湾潮间带底质中 Cu、Zn、Hg、有机碳的平均含量变化不大，Cd 的平均含量有较为明显的增加，石油类、硫化物、六六六的平均含量有较为明显的降低，但上述各要素仍符合原有的国家海洋沉积物一类质量标准；DDT 的平均含量有较为明显的降低，从原有的符合国家海洋沉积物二类质量标准变为符合国家海洋沉积物一类质量标准；Pb 的平均含量有较为明显的增加，从原有的符合国家海洋沉积物一类质量标准变为符合国家海洋沉积物二类质量标准。

由上述可知，湄洲湾潮间带底质的环境质量状况变化不大，仅 Pb 的平均含量增加较明显，但仍符合国家海洋沉积物二类质量标准，其余各要素的平均含量均符合国家海洋沉积物一类质量标准。

（8）泉州湾潮间带底质中 Cu、Pb、Zn、Cd、Hg、石油类、有机碳的平均含量变化不大，硫化物、六六六的平均含量有较为明显的降低，但上述各要素仍符合原有的国家海洋沉积物一类质量标准；DDT 的平均含量有较为明显的降低，从原有的符合国家海洋沉积物二类质量标准变为符合国家海洋沉积物一类质量标准。

由上述可知，泉州湾潮间带底质的环境质量状况基本不变，DDT 的平均含量随着自然降解过程而有较为明显的降低，各要素的平均含量均符合国家海洋沉积物一类质量标准。

（9）厦门湾潮间带底质中 Cu、Zn、Hg、石油类、有机碳的平均含量变化不大，Cd、硫化物的平均含量有较为明显的增加，六六六的平均含量有较为明显的降低，但上述各要素仍均符合国家海洋沉积物一类质量标准；DDT 的平均含量降低明显，从原有的符合国家海洋沉积物三类质量标准变为符合国家海洋沉积物一类质量标准；Pb 的平均含量增加较明显，从原有的符合国家海洋沉积物一类质量标准变为略超过国家海洋沉积物一类质量标准。

由上述可知，厦门湾潮间带底质的环境质量状况变化不大，仅 Pb 的平均含量增加较明显，但仅略超过国家海洋沉积物一类质量标准，其余各要素的平均含量均符合国家海洋沉积物一类质量标准。

（10）东山湾潮间带底质中 Cu、Pb、Zn、Cd、Hg、硫化物、有机碳、六六六的平均含量降低较明显，石油类的平均含量增加明显，但上述各要素仍均符合国家海洋沉积物一类质量标准；DDT 的平均含量增加明显，约为 4 倍，从原有的符合国家海洋沉积物质量三类标准变为超过国家海洋沉积物质量三类标准。

由上述可知，东山湾潮间带底质的环境质量状况变化不大，其存在的主要问题是 DDT 的平均含量高，超过国家海洋沉积物质量三类标准，但其余各要素的平均含量仍均符合国家海洋沉积物一类质量标准。

（11）诏安湾潮间带底质中 Cu、Zn、Cd 的平均含量有较为明显的增加，Hg、石油类、六六六的平均含量有较为明显的减低，硫化物、有机碳的平均含量变化不大，但上述各要素仍均符合国家海洋沉积物一类质量标准；Pb 的平均含量增加较明显，从原有的符合国家海洋沉积物一类质量标准变为符合国家海洋沉积物二类质量标准；DDT 的平均含量降低较明显，从原有符合国家海洋沉积物三类质量标准变为符合国家海洋沉积物二类质量标准。

由上述可知，诏安湾潮间带底质的环境质量状况变化不大，Pb 的平均含量略有增加，DDT 的平均含量随自然降解而降低明显，Pb、DDT 的平均含量均符合国家海洋沉积物二类质量标准外，其余各要素的平均含量仍均符合国家海洋沉积物一类质量标准。

1.4.2 近海沉积物类型及分布

1.4.2.1 沉积类型与分布

福建近海沉积物主要有黏土质粉砂（YT）、粉砂（T）、砂质粉砂（ST）、粉砂质砂（TS）、砂—粉砂—黏土（S－T－Y）、砂（S）、砾砂（GS）、砾石（G）8 种类型。

闽东北近岸海域沉积物主要有黏土质粉砂、粉砂、砂质粉砂、粉砂质砂和砂 5 种类型，整个海区沉积物中无砾石含量，其中以黏土质粉砂分布最为广泛，其次为粉砂，其余三种类型分布范围非常小。

闽中近岸海域沉积物主要有黏土质粉砂、粉砂、砂质粉砂、粉砂质砂、砂、砾砂和砾 7 种类型，其中以黏土质粉砂分布最为广泛，其次为粉砂，再次为砂质粉砂，砾石分布范围最小，仅在南日岛东北角出现。

闽南近岸海域沉积物主要有黏土质粉砂、粉砂、砂质粉砂、砂－粉砂－黏土、粉砂质砂、砂、砾砂和砾 8 种类型，其中以砂质粉砂和粉砂质砂分布最为广泛，其次为砂，再次为黏土质粉砂和粉砂，砂－粉砂－黏土和砾石分布范围最小，其中砂－粉砂－黏土仅在泉州湾顶部、同安湾口附近出现，该类型沉积物中砂、粉砂和黏土含量分别为 22.30% ~31.01%、47.11% ~54.00% 和 21.88% ~23.69%，平均值分别为 26.66%、50.56% 和 22.79%；沉积物平均粒径为 5.53Φ ~5.98Φ，平均值为 5.75Φ。砾石仅分布在东山湾口外及厦门湾口外附近海域，该类型沉积物中砾石、砂、粉砂和黏土含量分别为 50.23% ~67.60%、6.31% ~49.77%、0 ~31.27% 和 0 ~3.36%，平均值分别为 58.27%、23.34%、16.26% 和 2.13%；沉积物平均粒径为 -1.37Φ ~1.88Φ，平均值为 0.25Φ；分选系数为 1.44 ~3.71，平均值为 2.97；偏态为 0.74 ~3.76，平均值为 2.25；峰态为 1.66 ~4.71，平均值为 3.19。

1.4.2.2 物质组分

1）碎屑矿物组成

福建海域重矿物组合成分复杂，以硅酸盐和氧化物为主，还有硫化物、碳酸盐和少量磷酸盐类等。福建沿海共鉴定重矿物 40 多种，分布最广、含量最高的是绿帘石、钛铁矿、磁铁矿和角闪石，常见的有黑云母、赤铁矿、锆石、白钛石、褐铁矿和自生黄铁矿，分布普遍但含量较低的有红柱石、电气石、锐钛矿、石榴石、金红石、榍石、变种锆石和黝帘石，含量变化大的有辉石和自生菱铁矿；此外，还有磷灰石、独居石和蓝晶石等。各主要重矿物分布的高值区如下：

磁铁矿：黑色八面体为主，部分为不规则粒状，强磁性；高值区主要分布在兴化湾湾口、湄洲湾湾内、泉州湾以及围头湾和厦门湾等海域。

钛铁矿：黑色厚板状，磨圆度较高，多呈次圆角状，表面光滑；高值区主要分布在三沙湾口、闽江口以南、惠安东侧、金门岛东侧及南侧、浮头湾等海域。

绿帘石：多为黄绿色板柱状，呈棱角和次棱角，部分为不规则粒状，高值区分布在离岸较远的海域，如三沙湾口外、马祖列岛周边、平潭岛东部及东南部以及金门岛东部等海域。

普通角闪石：深绿、浅绿色，部分为褐色至黑色，短柱状至柱状晶体，顺杰利方向延长，顶端呈锯齿状；高值区主要分布在闽中离岸海域。

褐铁矿：棕褐色、棕黄色土状集合体；高值区主要分布在三沙湾口、东洛群岛、厦门近岸及漳州沿岸等海域。

片状矿物：包括黑云母、白云母、绢云母和水黑云母，多为薄片状，略有风化，以白云母、黑云母为主，其中黑云母为棕褐色薄片状，白云母为无色、不规则板状和片状，高值区主要分布在平潭岛东部及东南部海域、兴化湾内、湄洲湾和泉州湾外侧离岸海域。

福建沿海沉积物中碎屑矿物的含量与分布主要受控于区域岩性和径流。福建沿岸主要有中生代火山岩和花岗岩，其中闽中、闽南主要分布有燕山期花岗岩、黑云母花岗岩和二长花岗岩等侵入岩。岩性控制了区域沉积物碎屑矿物特征，如平潭、湄洲、忠门、金门、东山等地分布有三叠—侏罗纪的变质岩、混合岩化花岗岩等，岩石中含有红柱石、石榴石、蓝晶石等特征矿物，因此在这些地区附近海域中的相应碎屑矿物含量较高。福建省入海河流较多，尽管多为山溪性河流，但由于流域内侵蚀模数较大，入海碎屑沉积物量较多，对福建沿海沉积物碎屑矿物的含量和分布产生较大影响。

2）黏土矿物

福建近岸沉积物中高岭石含量占黏土矿物总量的9.4%～37.1%，空间分布特征为由岸向海方向高岭石含量逐渐降低，其中最高值出现在闽江口海域，其次为九龙江河口海域。

福建近岸沉积物中绿泥石含量占黏土矿物总量的11.7%～28.9%，空间分布特征为由岸向海方向绿泥石含量逐渐降低，其中最高值出现在闽江口海域，其次为九龙江河口海域。高岭石和绿泥石的空间分布格局表明，河口附近的细颗粒沉积物主要来源于河流输入。

福建近岸沉积物中伊利石含量占黏土矿物总量的35.0%～65.1%，空间上表现为由岸向海逐渐增加、由北向南逐渐减小的分布格局，其中最高值出现在平潭岛东部海域，最低值出现在漳州海域。伊利石的空间分布特征显示，在闽江口以北海域伊利石含量变化较小，表明细颗粒沉积物来源稳定，而闽江口以南海域沉积物伊利石含量变化相对较大，表明该海域沉积物来源多样，说明长江入海的细颗粒沉积物由北向南输运，并且在福建沿岸由北向南影响程度逐渐减小。

福建近岸沉积物中蒙皂石含量非常低，空间上表现为由岸向海逐渐增加。泉州湾以北海域，蒙皂石含量很低，泉州湾外陆架区蒙皂石含量较高；厦门湾内蒙皂石含量较低，但厦门湾外陆架区蒙皂石含量较高；厦门湾以南海域蒙皂石含量也较低。

3）古生物

沉积物硅藻分析结果表明，共发现56属241种，以海水种占优势，共175种，淡水种41种居次。优势种有具槽直链藻、柱状小环藻、条纹小环藻、温和圆筛藻、范氏圆箱藻、减少圆筛藻、流水双菱藻、偏心海链藻、披针菱形藻、舟形斜纹藻、安蒂粗纹藻等。在潮间带和湾内、近岸浅水区，羽纹类的底栖硅藻占优势，而在远岸深水区，则以中心类的浮游硅藻占优势。

4）化学成分

福建沿海 Eh 值分布范围为 -161 ~504 mV，总体上表现为海湾内 Eh 值较低、湾外陆架区较高的空间分布特征，显示海湾有较多有机质输入，造成海底略呈弱还原特征。

pH 值在6.8 ~8.0之间，与一般海水 pH 值相当，总体上表现为近岸低、远岸高的分布格局，显然受陆地河流淡水注入的影响，如闽江口、九龙江口、晋江河口等海域 pH 值较低。

碳酸盐和 CaO 的变化范围很大，前者为0.5% ~46.8%，后者为0.1% ~14.3%，其含量分布与沉积物类型及所含贝壳数量密切相关，细颗粒沉积物含量较高，而富含贝壳的沉积物中含量也较高，如 CaO 的高值区主要出现在闽江口外离岸较远的海域、围头湾、湄洲湾海域。

SiO_2 是福建沿海地区沉积物的主要化学组分，其含量为49.9% ~90.0%，主要集中于55% ~65%；在空间上表现为自近岸向外海升高、由北向南逐渐升高的分布格局，但闽江口海域 SiO_2 含量相对较高。

福建沿海沉积物中 Al_2O_3 是仅次于 SiO_2 的化学组分，其含量为2.5% ~22.3%；从整个福建沿海整体分布看，Al_2O_3 平面分布较为均匀，整体表现为由岸向海逐渐减小的分布格局，高值区出现在闽江口附近海域。

Fe_2O_3 含量为2.4% ~6.6%，从整个福建沿海整体分布看，Fe_2O_3 在空间上表现为由岸向海、由北向南逐渐减小的分布格局，高值区出现在闽江口及兴化湾内。

MgO 含量为0.1% ~2.9%，MnO 含量为0.02% ~0.22%，K_2O 含量为0.5% ~3.3%，Na_2O 含量为0.2% ~2.3%，TiO_2 含量为0.03% ~1.1%，总体都表现为由岸向海逐渐减小、由北向南逐渐减小的空间分布格局。

1.4.2.3 沉积环境分区

综合沉积物分布特征及主要影响因素，将福建近岸海域沉积环境划分为6个分区，即封闭—半封闭港湾细颗粒沉积区、基岩岬角间粗颗粒沉积区、河口混合沉积区、北部开敞—半开敞细颗粒沉积区、中部开敞—半开敞混合沉积区以及南部开敞海岸粗颗粒沉积区。

1）封闭—半封闭港湾细颗粒沉积区

福建港湾众多，且伸入陆地很远，形成三面环山、湾口较窄的地理分布格局，并且在湾口地区多有岛屿做屏障，如沙埕港、牙城湾、三沙湾、罗源湾、湄洲湾、泉州湾、厦门湾、东山湾、诏安湾及宫口湾等。湾内风浪较小，水动力以潮流作用为主，潮流多为往复流。湾内沉积物来源较少，主要来源于是港湾周边一些规模比较小的山溪性河流输入和潮流携带湾外细颗粒物质输入，湾内粉砂淤泥质潮滩广泛发育。但近年来随着港湾周边河流拦截成水库后，河流输沙量显著减小，目前该类型潮间带沉积物主要来源于潮流携带的湾外沉积物输入。

区内沉积物以细颗粒物质为主，但沉积物组分及粒度参数由北向南具有很大的空间差异，闽江口以北该类型沉积分区的沉积物以黏土质粉砂为主，闽江口以南至厦门湾之间沉积物以黏土质粉砂和粉砂为主，而厦门湾以南沉积物以粉砂和砂质粉砂及粉砂质砂为主。该类区域沉积物的空间分布与物质来源有关。细颗粒物质除来自河流输入外，很大一部分来自湾外沿岸流携带的其他来源的物质输入。黏土矿物分析结果表明，闽江、晋江及九龙江入海口附近潮间带沉积物黏土矿物中伊利石含量分别为7.0%、34.2%和27.1%，福建沿岸河流输入的沉积物中伊利石含量较低。研究表明浙闽沿岸流携带的长江入海物质黏土矿物中伊利石含量很高；福建沿海各港湾内沉积物黏土矿物中伊利石含量明显高于河口区，并且由北向南逐渐减小，该区内细颗粒物质主要来源于浙闽沿岸流的输入。

2）基岩岬角间粗颗粒沉积区

福建沿海在构造上属浙闽隆起带，受区域地质构造的控制，海岸线曲折度高，岸边基岩岬角非常发育。该类沉积分区不仅出现在开敞—半开敞海岸，在封闭—半封闭海湾内也有少量分布。基岩岬角附近海域沉积物中粗颗粒组分含量较高，沉积物分选很差，沉积物表现为由岸向海平均粒径逐渐变小、分选程度逐渐变好，说明沉积物由岸向海输运；在岬角间小湾潮间带地区往往发育着规模不等的砾石滩、沙砾滩和沙滩。该类型沉积分区内，重矿物含量占有一定组分，并且由岸向海重矿物含量逐渐减小，并且由北向南重矿物含量总体略有增大，且常见重矿物也具有明显的分区，如宁德海岸潮间带地区高潮位附近沉积物重矿物以磁铁矿、和钛铁矿为主，而低潮位及开敞—半开敞海岸岬湾地区沉积物中重矿物以绿帘石为主；闽江口以南至海坛海峡南口沿岸沉积物重矿物含量较低，磁铁矿含量由北向南略有增加，而绿帘石含量略有减少；而厦门海岸潮间带地区沉积物重矿物含量相对较高，其中磁铁矿所占比重最大，其次为钛铁矿和绿帘石，普通角闪石、褐铁矿、赤铁矿也占有较高的比重。

3）河口混合沉积区

福建沿海河流规模相对较小，多为山溪性小河，目前已大部分被建坝拦截，入海泥沙锐减，河流入海沉积物影响范围相对20世纪80年代明显缩小。在诸入海河流中，以闽江最大，其次为九龙江、晋江等。山溪性河流的径流量和输沙量的季节性变化非常明显，入海泥沙量大多集中在夏季洪水季节。在洪水季节，径流作用强，河流携带大量泥沙入海，在河口区受潮流顶托作用，入海泥沙在河口区发生堆积；枯水期，入海泥沙量非常小，而河口区水动力作用明显增强，夏季堆积下来的沉积物在水动力的作用下再次被改造，最终形成了河口混合沉积区。该类沉积分区中，非常粗的沉积物（如砾石等）多堆积于河床区和河口北侧边滩高潮位附近。一般较粗颗粒沉积物（如砂等）在潮流顶托作用下而堆积在河口北侧边滩地区形成大片沙滩，或口门附近堆积形成拦门沙、水下三角洲及水下浅滩等堆积体；另有一部分粗颗粒物质以推移质形式被搬运至河口外，并在沿岸流的作用下向南搬运，在沿岸形成了大片沙滩，如闽江入海物质沿长乐海岸向南搬运，在沿途形成了大片的沙滩，沉积物平均粒径由长乐北部岸段向南逐渐递，沿途沉积物平逐渐变细、分选程度逐渐变好。河流携带的细颗粒物质除一部分被潮流搬运至陆架外，另有部分在径流与潮流的共同作用下在河口区沉积，形成了潮滩及河口泥质区，但口外多砂质沉积物分布。

该沉积分区内，沉积物黏土矿物中以高岭石含量为最高，其次为伊利石，再次为绿泥石，蒙皂石含量最低，并且由北向南具有明显的变化规律，如闽江口两侧、晋江入海口北侧及九龙江入海口南侧潮间带沉积物黏土矿物组合中，高岭石含量分别为（33.6±9.7）%、（35.8±5.0）%和（39.9±3.8）%，伊利石含量分别为（31.8±14.6）%、（35.7±3.9）%和（28.6±2.2）%，绿泥石含量分别为（26.3±10.0）%、（24.5±0.4）%和（27.0±4.6）%，蒙皂石含量分别为（8.4±5.5）%、（5.9±1.8）%和（8.8±0.0）%。沉积物黏土矿物组合分布特征表明，河口区沉积物受河流入海泥沙影响显著，但其影响随离开河口距离的增加而明显减小。

4）北部开敞—半开敞细颗粒沉积区

本区主要分布在闽江口以北、开敞—半开敞海岸潮间带地区，该类型沉积区由于无大河输入，仅有少量小溪和冲沟入海，径流量和入海泥沙量都非常小，对沿岸潮间带沉积物的贡献量非常少，沉积物主要来源于基岩海岸的侵蚀及浙闽沿岸流的输入。该沉积分区潮差大，但潮流作用相对较弱，波浪作用强，在波浪作用下，海岸多发生侵蚀，侵蚀下来的物质多堆积在高、中潮位附近，并且在潮流的作用下向低潮位及浅水海域搬运，形成了由岸向海方向沉积物平均粒径逐渐减小的分布格局。在该沉积分区中，浅水海域沉积物平均粒径一般小于潮间带地区，并且其沉积物黏土矿物组合中伊利石含量较潮间带略高，并且由北向南伊利石含量总体减小。沉积物黏土矿物和平均粒径的分布根据表明，该分区内细颗粒物质大部分来源于浙闽沿岸流的输入，海岸侵蚀输入主要为粗颗粒物质，细颗粒物质输入量非常少。

5）中部开敞—半开敞混合沉积区

本区主要包括闽江口以南至厦门湾以北的开敞—半开敞海岸。小型入海河流较多，主要有晋江、木兰溪等，全省最大的两条河流闽江和九龙江在该区北、南两侧入海，使该区沉积物来源相对丰富。本区属强潮、强风、强浪区，加上区内地形、地貌复杂，使得水动力条件非常复杂且多变。主要水动力因素是潮流、波浪和径流等，在这些水动力因素中，潮流起到主导作用，控制着区内沉积过程。水动力条件与区域地形特征相叠加，形成了复杂多变的沉积环境，从而造就了本区内沉积过程多样且相互叠加，形成多变的混合沉积区。

闽江口以南至海坛海峡北口之间海岸地形比较简单，潮流作用显著，沉积物主要来源于闽江入海物质。闽江入海泥沙在出闽江口后沿长乐沿岸向南输运，在沿岸形成了大片的砂质堆积体，由于周边地形特征简单，水动力作用以潮流为主，因此形成的沉积物也相对简单。由于海坛海峡的存在，对潮流具有一定的束流和聚流作用，潮流作用非常显著，再加上区内地形复杂，海湾、岛屿、半岛、基岩岬角众多，水动力作用非常复杂，在湾内发育了粉砂淤泥质潮滩，但其沉积物不仅来源于闽江南下细颗粒物质及浙闽沿岸流细颗粒物质，还有很大部分是来源于海岸侵蚀物质。兴化湾以南至厦门湾以北之间的开敞—半开敞海域地形相对简单，潮间带地区沉积物多为粗颗粒物质，总体以砂为主，湾外近岸海域多泥质沉积物分布。

海坛海峡北口至南口之间潮间带沉积环境复杂多变，因此沉积物矿物组分也表现出复杂多变的特征，重矿物种类由北向南总体减少，海坛海峡西侧沉积物重矿物以锆石含量最高，其次为角闪石，兴化湾—湄洲湾之间岸段以磁铁矿为主，其次为绿帘石，湄洲湾—泉州湾之间岸段以磁铁矿为主，其次为钛铁矿，而泉州湾—厦门湾之间岸段以钛铁矿为主。沉积物重矿物以磁铁矿为主。

6）南部开敞海岸粗颗粒沉积区

本区主要包括镇海角以南至东山湾以北的开敞海岸。区内无较大河流入海，九龙江和漳江由北、南两侧入海，其中九龙江入海泥沙是区内沉积物的一个重要来源。沿岸靠陆一侧风沙堆积体分布较广且规模较大。区内潮流作用相对较弱，波浪作用显著，沉积物以砂为主，并且由北向南沉积物总体逐渐变细。

海岸侵蚀是本区沉积物主要来源之一，沉积物由岸向海逐渐变细的分布格局也表明沉积物主要由岸向海输运。此外，在该岸段外浅水陆架区，为大片末次冰盛期残留砂分布区，在全新世海侵过程中不断遭受改造、分选，细颗粒部分逐渐向岸输运；该海域现代波浪作用非常显著，在波浪的扰动下，海底细颗粒沉积物不断发生再悬浮，悬浮起来的细颗粒物质在潮流的搬运下向岸输运，并且在潮间带地区堆积，前湖湾和将军湾潮间带沉积物由海向岸逐渐变细的分布格局表明，该岸段沉积物可能有部分来源于海底残留砂的侵蚀。沉积物平均粒径由北向南的分布格局，有部分是来源于九龙江入海泥沙沿龙海近岸向南输运；根据已有东山湾及古雷半岛外的水文泥沙观测结果，夏季漳江入海泥沙沿东山湾西侧出东山湾口后，绕过古雷头沿海岸向北及东北方向输运，可能有部分沉积物沿海岸输运并在沿途潮间带地区发生沉积。

1.5 物理海洋

物理海洋着重研究海水的物理性质和各种海水运动的发生、发展等规律。物理海洋与海上交通、港湾建设、海岸防护、滩涂围垦、渔业捕捞和养殖等资源开发、海区环境保护和国防建设均有密切关系。

1.5.1 区域海水温度、盐度、水色、透明度等特征

1.5.1.1 水温

福建省近岸和近海，受太阳辐射、季风、外海水和沿岸水的影响，海水温度随季节而变化。

1）平面分布

（1）冬季　太阳辐射最弱，水温普遍降至一年中的最低值，多年平均温度为 12 ~ 22℃。由于受北方强冷空气影响，南下的浙闽沿岸水明显加强，与北上的海峡暖水以及台湾岛东北方的高温、高盐水相遇，水温近岸低远岸高的分布趋势明显。冬季各月等温线的分布几乎一致，大致与岸线平行。海峡西部，福建省近海，浙闽沿岸水的低温特点显著，在水深较浅的近岸水域，温度不超过 15℃，而受海峡暖水（南海水、黑潮水的总称）影响显著的海峡东侧，水温较高，一般在 19℃以上。最低水温出现在峡区西部平潭北侧近岸，最高水温出现在峡区东南部高雄近海。在浙闽沿岸水的外缘，存在着明显的温度锋。由图 1.8 可以看出，冬

季峡区西侧近岸，由北向南，等温线呈较规则的舌状分布，低于15℃的低温冷舌前锋可到达东山岛附近水域。而峡区东侧，大于19℃的暖水向北伸至24°30′N附近，且冷暖水之间等温线密集，水平温度梯度大。海峡水温东暖西冷、南暖北冷的分布特点明显，水温差均在4℃以上。海峡暖水与沿岸冷水在冬季彼此对峙态势十分突出。底层水温分布和表层大致相似，只是水温的水平梯度比表层略有减小。

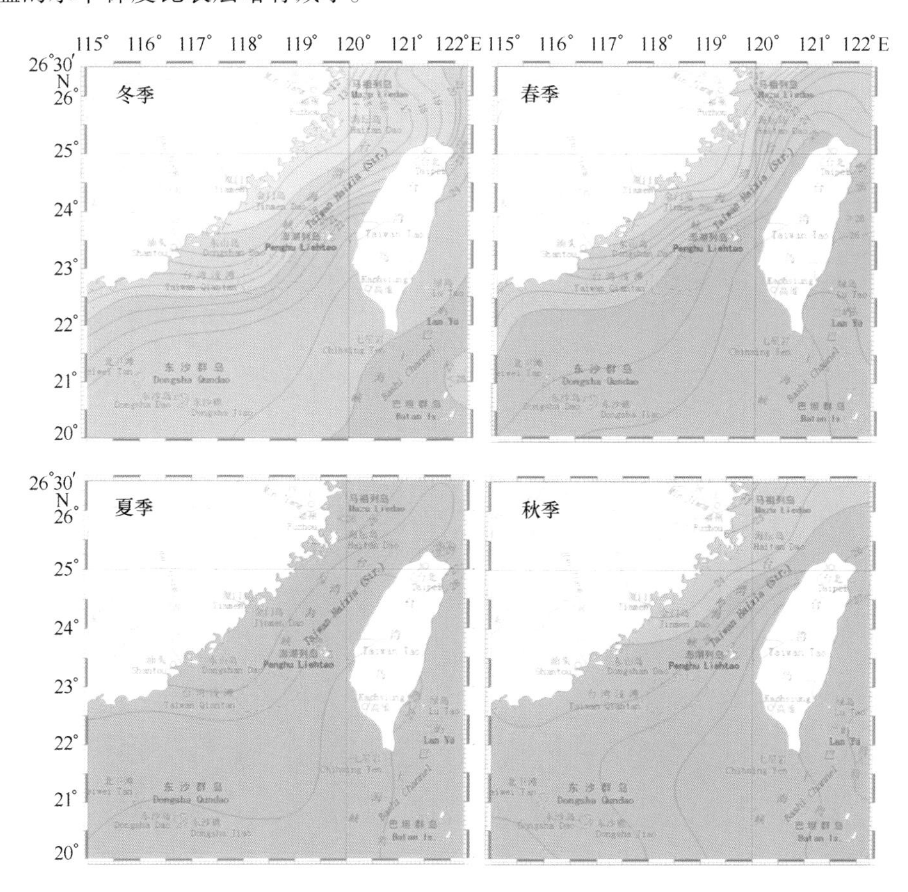

图1.8　福建省近海表层多年平均水温平面分布（℃）
（引自南海海洋水文气象环境图集，2004）

（2）春季　随着太阳辐射的增强，水温逐渐上升，由于上（表）层海水的增温大于深层，因此水温分布呈现分层现象。此外，随着东北季风的减弱，浙闽沿岸水的分布范围随之缩小，而海峡暖水北上势力增强，使峡区内出现增温不一致的现象。福建沿岸海域增温大于海峡中部和东部近岸海域，这样，使得海峡西部近岸一带，冬季突出的低温特性逐渐趋于消失，整个峡区的水温分布逐渐向夏季形式转化。由图1.8可以看出，春季从海坛岛北到东山岛南部一带近岸海域，表层水温已上升到18~20℃，远岸至海峡东部近岸海域的水温则回升至22~26℃之间。等温线分布大致与岸线平行，温度水平梯度比冬季小得多，但水温的北低南高，西低东高的分布特征仍较明显。底层水温分布与表层大致相似。

（3）夏季　太阳辐射最强，整个峡区的水温升至全年最高值。在西南季风的影响下，峡区基本上为北上的海峡暖水所控制，水温的水平分布比较均匀，等温线极为稀疏，尤其是在表层。由图1.8可以看出，夏季表层平均水温达26~29℃以上，为一年中水温水平分布最均匀的月份。最高水温出现在峡区东南部和东部近岸水域。在海坛岛北至湄洲湾南近岸海域和东山近岸至台湾浅滩西北侧海域，常出现明显的低温冷水区，此与前人发现的夏季上升流区中心位置相一致（李立等，1989；肖晖，1988；黄荣祥，1989）。底层水温分布与表层类似，所不同的是在峡区东南部深水区下层水温较低。

（4）秋季　正处于西南季风向东北季风过渡的转换期，因此和春季相比，总的趋势正好相反。此时，海峡暖水开始由强变弱，浙闽沿岸水则由弱变强，整个峡区水温快速下降，其中海峡西部近岸海域降温比海峡东部近岸海域显著。从图1.8可见，秋季表层平均水温在23～27℃之间，其中，海峡西部近岸水温一般不超过24℃，峡区中线以东海域在25℃以上。峡区东西、南北温差为3～4℃，水温北低南高，西低东高的分布特点又变得明显起来。

2）垂直分布

海峡水温的垂直分布，根据水温垂向分布的形式，可归纳为3种主要类型：垂直均匀型、负梯度型和正梯度型（图1.9）。

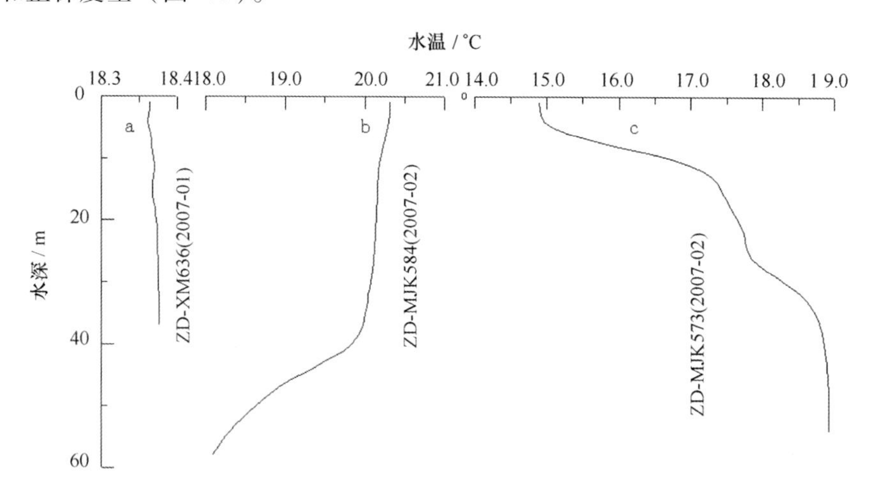

图1.9　福建近海水温的垂直分布

注：数据来源于“中国近海海洋综合调查与评价专项（908）”调查

（1）垂直均匀型　是指从海面到海底各层水温的差异甚微（水温垂直变幅小于等于0.3℃，最大垂直梯度小于等于0.05℃/m），水温的垂直分布曲线类似于直线（图1.9a）。这种类型主要出现于秋、冬季，尤其是1月、2月分布最广。这是由于入秋之后太阳辐射逐渐减弱，东北风日趋强劲，表层水温不断下降，加剧了上下水层的对流混合，尤其是海峡西部及台湾浅滩等浅海区域，海水垂向混合强烈，水温垂直分布均匀，表、底层温差平均不超过0.5℃。在峡区东南部水域，水温垂直变化也不大，从表层到100 m层仅递减1℃左右。

（2）负梯度型　是指海水温度随深度的增加而降低（图1.9b）。这是夏半年最常见的一种类型。入春后，峡区的上层海水增温加剧，使上、下层水体间温差增大，此时除海峡西北部近岸少部分水域水温呈均匀分布外，其余海域水温垂直分布为负梯度型。由于夏季上（表）层海水不断增温，而深层水温却变化较小，使海峡水温垂直梯度达一年之中最大值，且分布范围广。入秋后，负梯度型的分布范围迅速缩小，仅在海峡西部近岸海域出现。

（3）正梯度型　又称逆温型，表现为海水温度随深度的增加而增加（图1.9c）。这一类型主要出现于11月至翌年3月，分布于海峡西侧离岸稍远水较深的海域。正梯形又可分为出现跃层（$\Delta T/\Delta Z \geq 0.2$℃/m）和不出现跃层（$\Delta T/\Delta Z < 0.2$℃/m）两种情况（$\Delta T/\Delta Z$为水温垂直梯度）。跃层现象，主要见于1—4月，大多数出现在近岸海域，分布范围以3月为最广，跃层所在深度在海区北部为10～20 m，海区南部为20～30 m。它们的变化不大，绝大多数在0.5℃/m，最大值为0.95℃/m。海区正梯度的出现，极大部分是温度较低、密度较小的浙闽沿岸水覆盖在温度较高、密度较大的海峡暖水之上而形成的；另一部分则是由于冬季气温低、风大、海水涡动混合强烈，使上层海水降温所致。温度正梯度型，一般是比较不稳定的，存在的时间也短，但是本海域温度正梯度型却比较稳定，存在的时间也较长，这是因为出现温度正梯度型的水域同时也存在着较强的盐跃层，使海水处于垂直稳定状态。

3）跃层

台湾海峡存在着较显著的跃层现象，这是峡区重要的水文特征之一。该海域的跃层主要是上层海水受热和江河径流冲淡，以及不同水系交汇叠置形成的，风的搅拌作用，往往又会使上层水性质变得均匀，在均匀的水层之下，常出现温（盐）度随深度急剧变化的温（盐）跃层。当温度垂直分布出现显著的正（负）梯度时，则常伴有温度跃层的产生。

（1）温跃层　海水温度随深度增加而降低（负梯度型），这是夏半年最常见的温度垂直分布类型。当垂向温度梯度≤－0.2℃/m时，温跃层产生。这类温跃层现象，4月仅出现于闽江口水域的上（表）层；5月可南延到海峡西侧中部近岸海域，强度一般为0.20～0.30℃/m；6月则扩展到西侧南部海区；7月分布范围进一步扩大，强度增强，最大值可达0.41℃/m；8月分布范围最广，强度最强，大多在0.25～0.50℃/m间，最大值为0.52℃/m；9月分布范围迅速减小，强度也明显减弱。

（2）逆温跃层　海水温度随深度增加而递增（正梯度型），这是冬半年常出现的温度垂直分布类型。此类分布产生的逆温跃层，主要出现在11月至翌年4月，5月趋于消失。根据近50年来3 600站次观测资料的统计分析（颜文彬，1991），峡区的逆温跃层主要分布在福建与广东汕头沿岸海域，在海峡东部近岸海域基本不出现温度逆跃层。秋季（11月）逆温跃层主要分布在平潭至金门岛一带近岸海域，强度为0.20～0.24℃/m；冬季（2月）逆温跃层的分布范围比秋季的大，除海坛岛一带外，在南澳岛海域也出现逆温跃层，强度0.20～0.50℃/m；春季（5月）逆温跃层处于消失阶段，分布范围最小，但强度较大为0.20～0.42℃/m，这主要是春季逆温跃层的厚度普遍较薄所致。

4）日变化

福建省近海海水温度的时间变化，主要有日变化和年变化。水温日变化较为复杂。根据对峡区内80个站次周日连续观测资料的统计分析（肖晖等，1988），日较差大小悬殊，最大达5.0℃以上，最小不足0.1℃。各季表层温度最高值出现在11：00～16：00时（占52%～72%），最低值出现在23：00～10：00时（占64%～78%）；底层最高（低）值出现时间与表层类似，但不及表层集中。

引起水温日变化的原因很多，其中最主要的是太阳辐射、内波和潮流。温度日变化以太阳辐射为主引起的日变化最多，潮流居次，由内波为主引起的日变化，在较深水域某些季节的温跃层附近比较常见：

（1）太阳辐射为主引起的温度日变化　太阳辐射是海水热量的主要来源，它的周日变化会相应的引起海水表层（一般10 m以浅）水温的日变化。这类的温度日变化，一年四季均可出现，分布的范围也较广。其变化特点是，最低温度通常出现在日出前，最高温度多出现在午后。

（2）潮流运动为主引起的温度日变化　潮流运动使不同性质的海水周期性地往返输送，在温度水平梯度较大的地方，往往导致温度的显著周期性变化。这类日变化的特点，是各层水温的日变化趋势一致，并有明显的潮周期现象，多出现在峡区西部河口、海湾等近岸海域。春季和夏季较常见。

（3）内波为主引起的温度日变化　主要是由温跃层的垂直内振动引起的。夏（春）季在海水层化显著的跃层区，由于内波的振动而激起温度剧烈的日变化。本海区此类日变化通常出现在海峡西部30 m以深的水域，其特点是表层和深层温度日变幅小，中层日变幅大。

5）代表站累年平均水温变化

以三沙、厦门、东山为代表站，统计其累年平均水温变化。数据来源于国家海洋信息中心提供的各海洋站1988—2008年的海水温度资料。

从表1.4和图1.10中可以看出福建近海终年海水温度较高，各月水温均在10℃以上，年平均水温在20℃左右。厦门海洋站年均水温最高，为21.7℃；三沙站最低，为19.5℃。全年夏季7月、8月水温最高，冬季2月水温最低。3个海洋站中三沙站水温年较差最大，为15.9℃；东山站最小为12.5℃。三沙、厦门、东山这3个海洋站1988—2008年中极端最高水温在30℃以上，极端最低水温除东山站位11℃，其余的三沙和厦门两站都在8℃以下。其中三沙海洋站极端最高水温最高，达31.7℃，极端最低水温最低，为7.1℃。

表1.4　福建近海代表站平均表层水温　单位：℃

站名	1月	2月	3月	4月	5月	6月	7月	8月	9月	10月	11月	12月	年	极端最高	极端最低
三沙	12.0	10.6	12.3	15.6	20.8	24.8	27.4	27.9	27.1	23.1	18.8	14.6	19.5	31.7	7.1
厦门	15.2	14.3	15.6	18.5	23.0	26.6	28.4	28.3	27.8	25.0	21.3	17.5	21.7	31.5	7.8
东山	15.3	14.3	15.8	19.1	23.6	25.9	26.0	26.4	26.8	24.5	20.8	17.3	21.2	30.2	11.0

1.5.1.2　盐度

福建省近海海水盐度的分布和变化，主要由沿岸低盐水和外海高盐水（南海水与黑潮水之总称）这两个性质不同的水系的消长变化决定的，它构成了峡区盐度分布的主要特征；福建省近海东西沿岸江河的入海径流，对峡区近岸表层盐度有一定影响。

1）平面分布

福建省近海海水盐度分布的总趋势是较稳定而有规律，等盐线分布大致与岸线平行。盐度值具有东部高、西部低，南部高、北部低，且季节性变化明显等特点。

（1）冬季　等盐线的分布与等温线相似，盐度由峡区西部沿岸向远岸递增，在沿岸水的

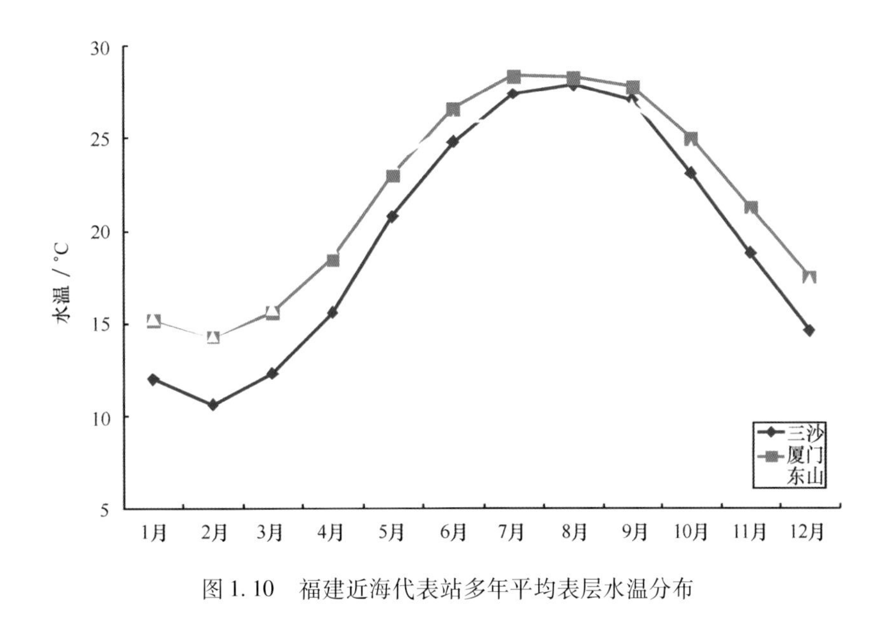

图 1.10　福建近海代表站多年平均表层水温分布

外缘存在着较强的盐度水平梯度。峡区西侧近岸盐度较低，从平潭至东山的近岸海域盐度值不超过 31；在峡区东南部水域为大于 34 的高盐区，东部近岸海域为 33～34。表层等盐线的分布近似于 NE—SW 走向（图 1.11）。底层盐度的分布趋势和表层大致相同，只是外海高盐水影响范围比表层的要大，西部近岸的盐度值比表层高，但水平梯度比表层小。

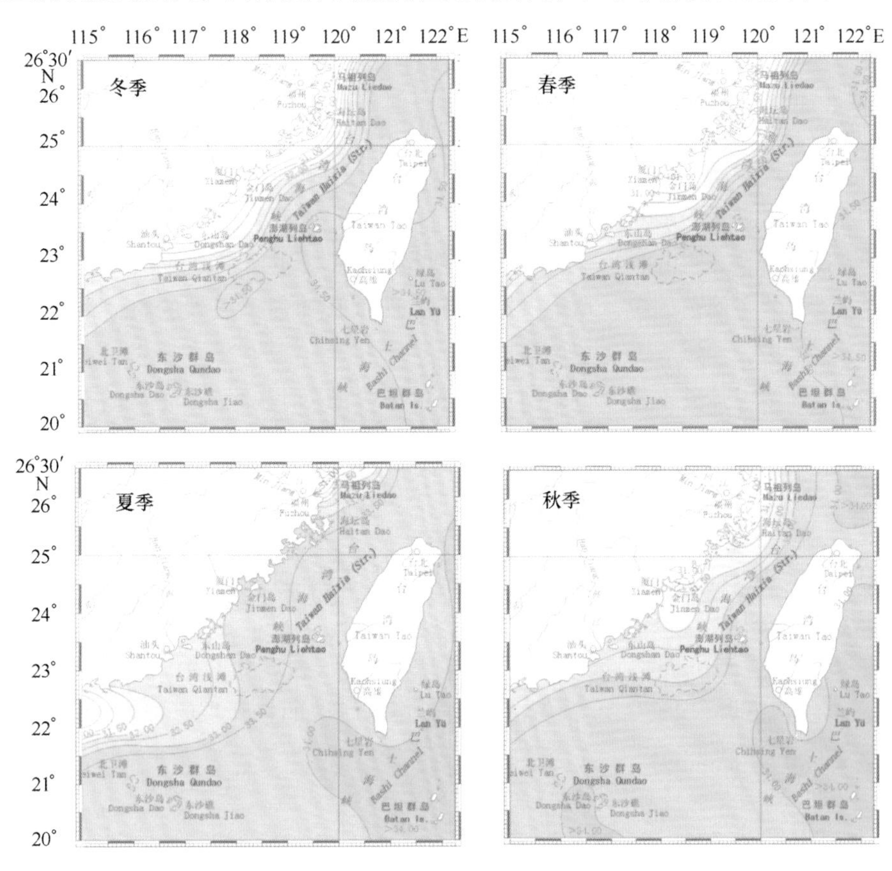

图 1.11　福建省近海多年平均盐度平面分布

（引自南海海洋水文气象环境图集，2004）

（2）春季　随着外海高盐水的增强北进，浙闽沿岸低盐水逐渐向北收缩，最后于6月份退出海峡区。从图1.11可看出，5月份春季峡区盐度普遍升高，除了崇武至海坛岛靠岸的狭窄水域和厦门岛附近海域还可见到低于31的盐度外，海峡东部和东南海域都由大于34的高盐水所控制。与岸线几乎平行的等盐线，也主要分布在峡区西部海域。与冬季相比，“盐度锋”区明显地向海峡西部近岸位移，外海高盐水的势力显得十分强劲。

（3）夏季　峡区盐度分布的主要特点是水平分布均匀，等盐线稀少，几乎为北上的外海高盐水所控制。但此时正值台湾海峡地区一年中降水最集中，入海径流量最多的时期，对近岸表层盐度的分布影响较大。峡区内一般只有二三条等盐线贯穿其中，大部分盐度海域盐度在33~34之间（图1.11）。从多次海洋调查研究（福建海洋研究所，1988；洪华生等，1991；肖晖等，1988）证实，夏季在海坛岛北至湄洲湾南近岸海域和东山近岸至台湾浅滩西北侧海域出现的低温高盐区，正是台湾海峡西部海域海水涌升（上升流）的核心区所在的位置。

（4）秋季　随着西南季风与东北季风的更替，浙闽沿岸低盐水影响范围逐渐向南扩展，低于31的低盐水一般可到闽江口附近；有的年份更南，从表层到底层低于31的低盐水可达崇武近岸海域。由图1.11知，秋季峡区西部沿岸盐度低于32，东南部和东部近岸，盐度较高在34以上。分布趋势与冬季相似，只是盐度水平梯度小许多。盐度值东高西低、南高北低的分布特点较明显。

2）垂直分布

海峡海水盐度垂直分布类型比较简单，主要存在着两种类型，即垂直均匀和正梯度型（图1.12）。

（1）垂直均匀型　与水温分布一样，垂直均匀型是指从海面到海底各层盐度相差很小，盐度垂直分布曲线近似于一条直线（图1.12a）。该型一年四季都可出现，但主要出现在秋、冬两季，尤以1月、2月份分布最广。

（2）正梯度型　海水盐度随深度的增加而递增（图1.12b）。可分为出现跃层和不出现跃层两种情况。该型分布的范围广，几乎占据了除出现垂直均匀型以外的整个海域。它出现的时间较长，终年可见，尤以春、夏季最多。

另外，在个别站位盐度垂直分布会出现负梯度型（图1.12c），即海水的盐度随深度的增加而递减。

3）跃层

盐度垂向分布呈正梯度型时，易出现盐跃层（盐度垂向梯度大于等于0.1/m）。盐跃层在海峡西部近岸海域出现几率较高（曾刚等，1988）。冬、春季（12月至翌年6月）跃层深度在近岸海域较浅（5~15 m），远岸较深（15~30 m），强度为0.10/m~0.40/m，最大值0.46/m。夏季各月盐跃层现象少见。10月出现于西部海域的盐跃层，强度一般为0.10/m~0.40/m，最大值可达0.52/m。

4）日变化

海峡的盐度日变化异常显著，有的测站最大日变幅达15以上。根据盐度日变化曲线归类，可分为两种主要类型（肖晖等，1988），即潮流型和内振动型。

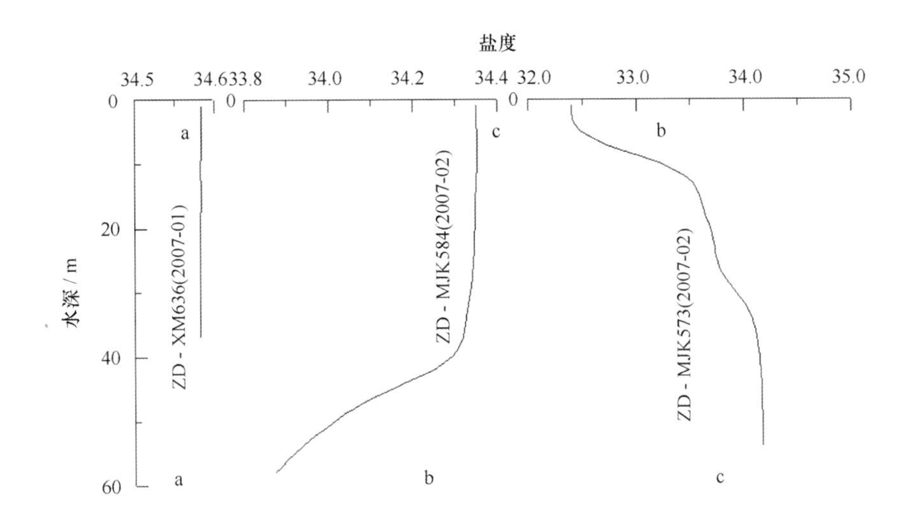

图 1.12　福建近海海水盐度垂直分布

注：数据来源于“中国近海海洋综合调查与评价专项（908）”调查

（1）潮流型　台湾海峡半日潮流显著，一日中有两个周期变化，随着潮流的涨落，外海高盐水与沿岸低盐水来回往返，造成测站盐度的变化具有半日潮周期特点，涨潮时增盐，落潮时降盐，高潮前后达最大值，低潮前后达最小值，一天基本呈两高两低类似于余弦波。多发生在近岸水域。

（2）内振动型　主要是由盐跃层的垂直内振动引起的。通常是表、底（深）层盐度日变化缓和，变幅小，中层由于内振动的作用，变幅大。此型多发生在较深的远岸水域。

5）代表站累年平均盐度变化

以三沙、厦门、东山为代表站，统计其累年平均盐度变化。数据来源于国家海洋信息中心提供的各海洋站 1988—2008 年的海水盐度资料。

从表 1.5 和图 1.13 中可以看出福建近海表层盐度的变化趋势。福建近海终年盐度不高，年平均盐度在 26 ~ 30 之间。厦门海洋站受九龙江冲淡水影响，年均盐度最低，为 26.64；东山站受湾外台湾海峡较高盐度海水的影响，盐度最高，为 31.42。从全年盐度变化趋势看，厦门站与东山站盐度变化较小，三沙站较大。三沙站夏季盐度最高，平均为 32.48（30.95 ~ 33.30），春季次之为 29.61（28.62 ~ 31.07），冬季最低 27.87（27.69 ~ 28.03）。年较差为 5.61。厦门站秋冬季盐度较高，平均为 26.98（26.77 ~ 27.22），夏季次之 26.76（26.03 ~ 27.89），春季最低 26.21（25.84 ~ 26.54）。终年盐度变化平缓，年较差较小为 1.38。极端最高盐度最高为东山站，为 36.30；厦门站的极端最低盐度值最小，为 5.30。

表 1.5　福建近海代表站平均表层盐度

站名	1月	2月	3月	4月	5月	6月	7月	8月	9月	10月	11月	12月	年	极端最高	极端最低
三沙	27.69	28.03	28.62	28.99	29.76	31.07	33.20	33.30	30.95	28.17	27.83	27.90	29.63	35.10	24.30
厦门	26.93	26.77	26.54	25.96	26.50	25.84	27.89	26.37	26.03	26.96	27.22	27.03	26.64	32.60	5.30
东山	30.76	31.04	31.18	32.04	32.39	32.46	32.32	31.56	31.22	31.24	30.80	30.57	31.42	36.30	15.89

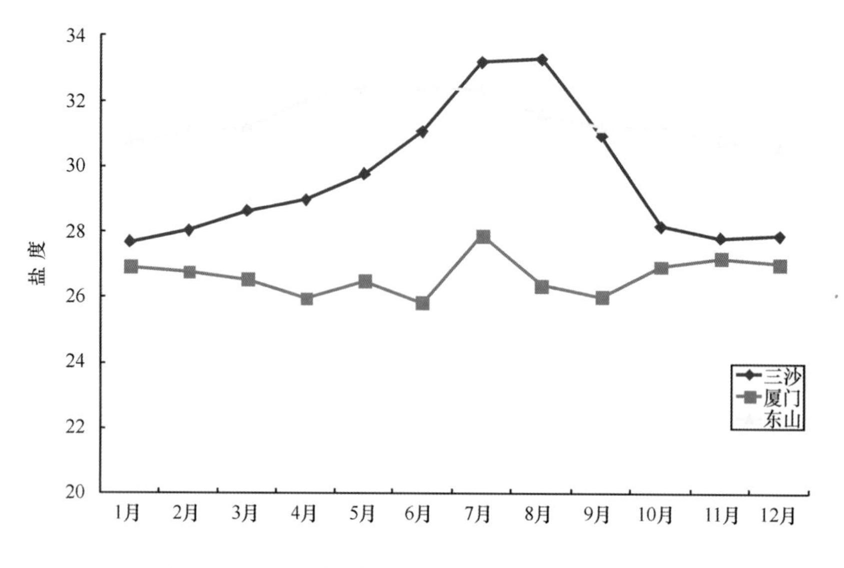

图 1.13 福建近海代表站多年平均表层盐度分布

1.5.1.3 水色、透明度

水色表示海水的颜色，是由水质点及海水中的悬浮质点所散射的光线来决定。透明度是海水能见（透明）程度的一个量度，即光线在海水中的衰减程度。在观测透明度时，透明板垂直沉入海水中的最大可见深度称为透明度。水色与透明度，两者都取决于海水的光学特性，是海水光学性质的两个基本参数。海水中光线越强，透入越深，透明度越大，反之则越小。水色与透明度有着密切的关系。一般来说，透明度大，水色高；透明度小，水色低。

1）水色

影响透明度、水色分布与变化的主要因素是，海水中的悬浮物质的多少和浮游生物的含量。海水的透明度和水色，与浮游植物现存量和初级生产力之间有一定的相关关系。

水色分布与透明度的分布是匹配和对应的，两者都是海水光学特性的反映。水色高，水色号小，透明度大；水色低，水色号大，透明度小。近岸浅水区，水色低，水色号大，海水呈现褐黄色、黄褐色甚至褐色。外海深水区，水色高，水色号小，海水呈现天蓝色甚至蓝色。在近海浅水区，水色季节变化明显；外海深水区，水色季节变化小（孙湘平，2006，见图 1.14）。

冬季，海面冷却，对流、涡动混合也强，浅水区混合可达海底，使海水浑浊，水色低，水色号大。福建近海水色等值线分布比较密集，呈一条狭长带状与海岸线平行，水色为 10～16 号，海水呈黄色、绿黄色、黄绿色。这反映了浙闽沿岸水的情况。狭长带状的低水色带以东，水色逐渐变清晰，并过渡到高水色区。台湾海峡海域，水色为 4～16 号。色级变化较大：海峡西侧海水呈黄色、绿黄色、黄绿色，海峡东侧海水呈现深绿天蓝色和浅绿天蓝色。

春季，是水色增升的季节。与冬季相比，水色明显升高。福建近海仍存在着狭长带状低水色带，水色在 10～12 号之间，海水呈黄色、绿色。台湾海峡海域，西侧水色在 8～12 号之间，海水呈黄色至绿色；东侧水色清晰，为 4～10 号，海水呈天蓝色至绿色。

夏季，对流混合最弱，是一年中水色最高的季节。夏季水色的分布趋势与春季类似，但福建近海的等水色线向岸靠拢、退缩。台湾海峡海域，水色为4～12号，海水自西向东呈现为黄绿色逐渐变成天蓝色。

秋季，对流、涡动混合增强，海水浑浊加大，使水色降低，因此秋季是水色回落的时期。台湾海峡海域，东侧水色为4号，海水呈天蓝色；西侧为6～12号，海水呈黄绿色、绿色和浅绿天蓝色。

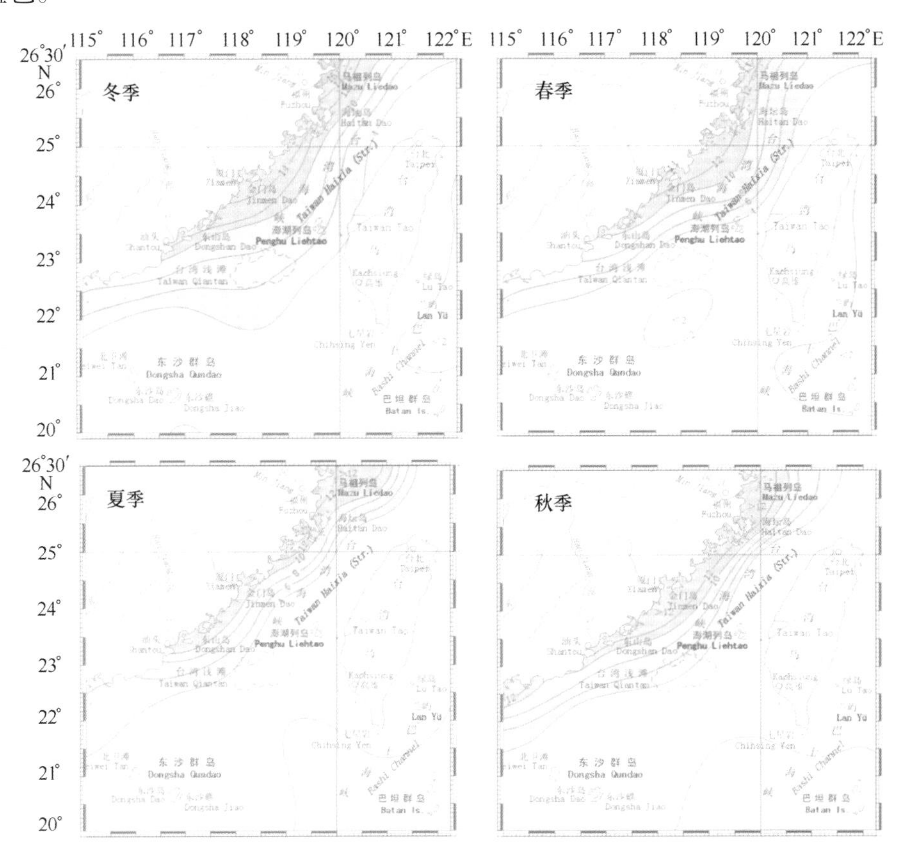

图1.14　福建省近海多年平均水色平面分布

（引自南海海洋水文气象环境图集，2004）

2）透明度

福建近海同时受入海径流与外海水（如黑潮）的控制，除河口附近，透明度分布大致与海岸线平行。在闽江口附近，由于受冲淡水的影响，出现了低透明度水舌向外扩展趋势，见图1.15。

冬季，风强浪大，对流混合强，福建近海海水混合可达海底，使泥沙上搅，海水混浊，透明度减小。台湾海峡西侧透明度低，为2～6 m；东侧，尤其是东南侧，透明度高，为12～20 m。

春季，天气回暖，气温上升，表层海水增温，对流混合减弱，海水稳定度增大，透明度有所回升。台湾海峡透明度的分布趋势与冬季基本相似，数值也相差不大，只不过春季2 m以内的透明度等值线范围略有缩小，在闽江口到厦门岛一带。

夏季，表层水温达到全年最高，温、盐跃层最强，海水垂直温度也最大，上下层海水不易混合，是一年中透明度最大的季节。台湾海峡海域，透明度为6～28 m，地区差异很大，

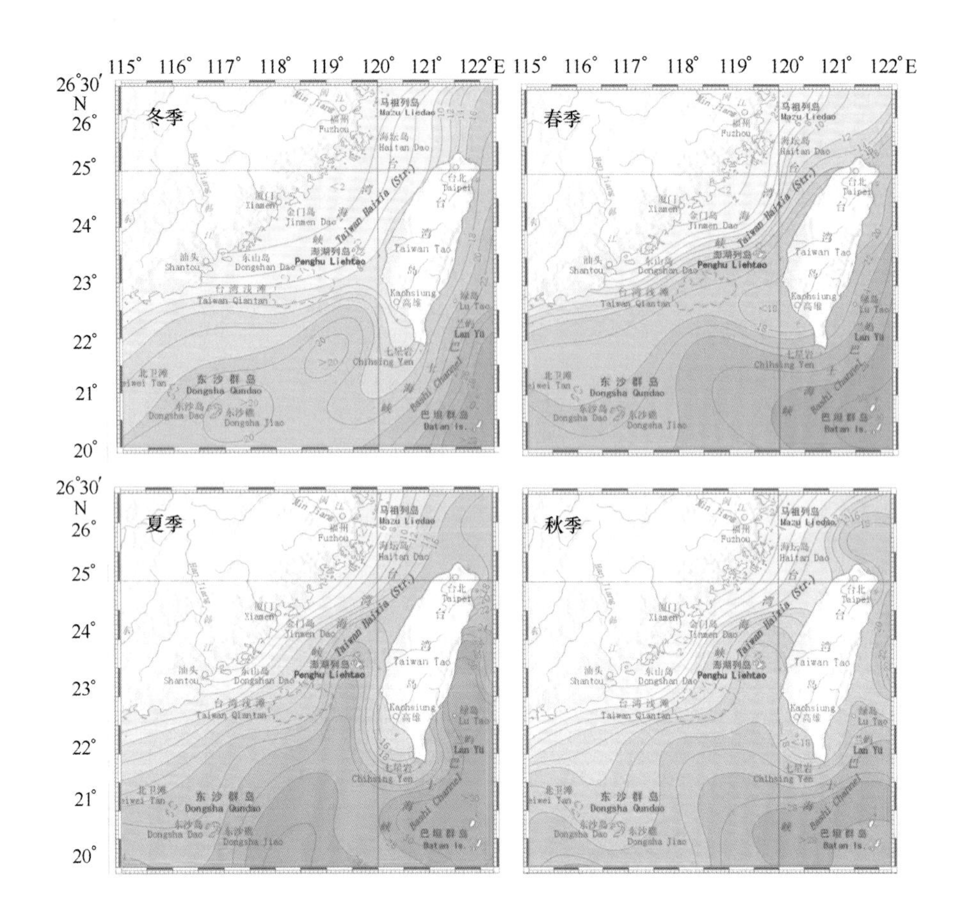

图 1.15　福建省近海多年平均透明度平面分布

（引自南海海洋水文气象环境图集，2004）

东侧为 12～28 m，西侧为 4～10 m。

秋季，偏北季风兴起，表层海水开始降温，对流混合开始增大，海水稳定度减小，使透明度普遍下降。台湾海峡透明度的分布趋势，总体与春季的比较接近，但透明度值比春季要小。台湾海峡南部海域，透明度下降最大，比夏季下降 10 m 之多，透明度为 16～18 m，和冬季透明度差不多。

1.5.2　潮汐

潮汐主要是由月、日对地球的引潮流和地、月、日的相对运动引起的，其主要周期接近 12 h（半日潮）或者 24 h（全日潮）。它在垂直方向表现为潮位的升降，而在水平方向表现为潮流的涨落。

1.5.2.1　潮汐特征

潮汐与人类涉海活动密切相关，如水产养殖、捕捞、盐业、航海、水质质量以及军事活动等，都受潮汐现象的影响。

福建省很早就对潮汐影响予以关注。清光绪三十三年（1907 年），厦门已有潮汐观测记载，是全国最早进行潮汐观测的港口之一。1949 年后，福建相继在沿海设立若干观测站。进行长期和短期潮汐观测的有东山、厦门、崇武、平潭、梅花、白岩潭、三沙和沙埕等。

1）潮汐性质

潮汐现象可以看作是由许多分潮波的组合，通常以 M_2、S_2、K_1、O_1 四个分潮所占的比重最大，因此，人们常取这四个分潮波的叠加来说明潮汐的特征。潮汐性质，通常以 M_2、S_2、K_1、O_1 分潮的平均振幅比值来作为判别的依据（陈宗镛，1980）。

潮位性质由潮汐数 A 等于（$H_{K_1}+H_{O_1}$）/H_{M_2}（H_{K_1}，H_{O_1} 和 H_{M_2} 为 K_1，O_1 和 M_2 各个分潮的平均振幅），或者，B 等于（$H_{K_1}+H_{O_1}$）/（$H_{M_2}+H_{S_2}$）来划分。A 小于等于 0.5 时为规则半日潮，A 大于 0.5 且小于等于 2.0 时为不正规半日潮，A 大于 2.0 且小于等于 4.0 时为不规则全日潮，A 大于 4.0 为规则全日潮。对某些海区，如 M_2 和 S_2 的大小比较接近时，采用 B 标准可能合理些（苏纪兰，2005）。受海峡复杂地理环境的影响，台湾海峡潮汐性质比较复杂。整个海峡潮汐性质分为三种类型：海峡北口至中部的澎湖列岛北半部为正规半日潮，澎湖列岛南半部及以南海域（除冈山至枋寮）为不正规全日潮外，其余海域均为不正规半日潮（图 1.16）。

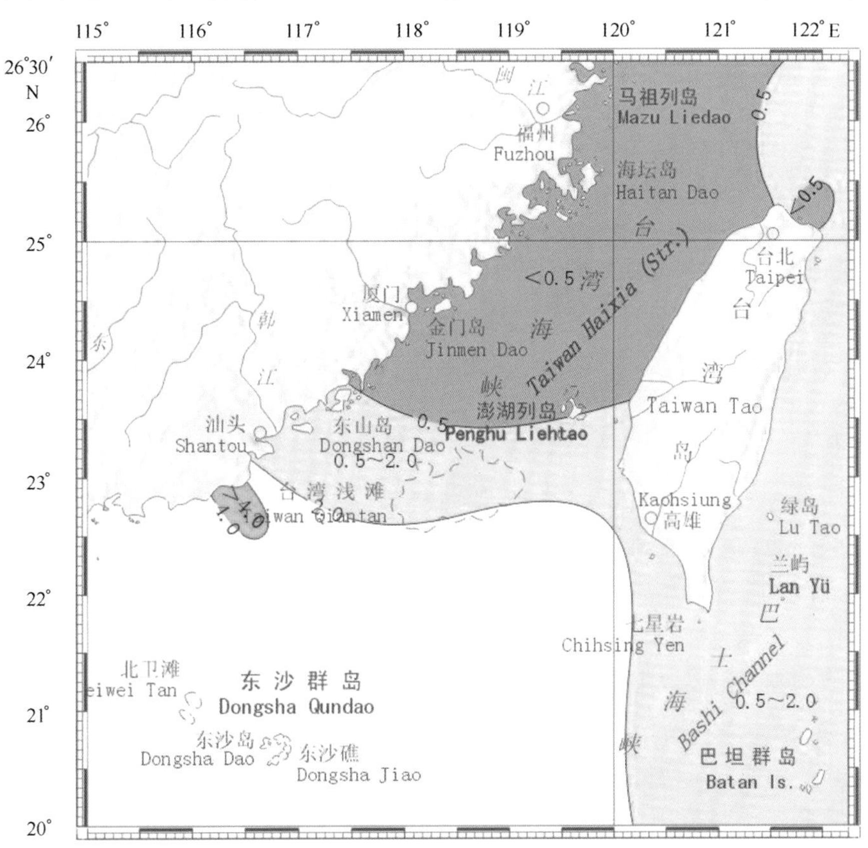

图 1.16　台湾海峡潮汐性质分布

（引自南海海洋水文气象环境图集，2004）

表 1.6 为福建近海潮汐类型，资料来源于国家“908 专项”福建近海水体调查获取的海床基测站资料和港湾调查资料。

表 1.6 福建近海潮汐

地 点	$(H_{K_1}+H_{O_1})/H_{M_2}$	潮汐形态
台 山*	0.30	正规半日潮
平 潭	0.28	正规半日潮
南 日	0.28	正规半日潮
福 清	0.25	正规半日潮
泉 州	0.30	正规半日潮
罗 源	0.24	正规半日潮
秀 屿	0.24	正规半日潮
白岩谭	0.25	正规半日潮
沙 埕	0.27	正规半日潮
崇 武	0.31	正规半日潮
前 薛	0.24	正规半日潮
厦 门	0.35	正规半日潮
漳 浦	0.44	正规半日潮
峰 岐	0.67	不正规半日潮
六 鳌*	0.53	不正规半日潮
东 山	0.54	不正规半日潮

注：标“*”号测站资料摘自福建海洋志。

2）潮差

潮差指相邻的高潮和低潮的水位高度差。它是标志潮汐强弱的重要指标。它可分为平均潮差、平均大潮差、平均小潮差、最大潮差、最小潮差和最大可能潮差。一般所讲的潮差，主要指平均潮差和最大可能潮差。

台湾海峡的潮差主要取决于 M_2 分潮，其次是 S_2、N_2、K_1 和 O_1 四种分潮，其余短周期分潮贡献一般很小，长周期分潮对潮差无贡献；在河口和港湾等浅水区，浅海分潮贡献较显著。

总体来说，台湾海峡南部潮差较小，中部和北部潮差都较大，有不少港湾平均潮差都接近 5 m 或 5 m 以上，是全国少有的大潮差海区。平均潮差的分布，平均潮差分布基本上是 24°N 以南平均潮差等值线沿纬向分布，梯度较大，平均潮差在 0.5～3.0 m 之间，以北平均潮差等值线沿经向分布，梯度较小，平均潮差大于 3.0 m，湄洲湾至闽江口最大，大于 4.0 m，台湾西南部外海最小，小于 0.5 m。港湾的平均潮差由湾口向湾顶逐渐增大，例如三沙湾，在河口区，口外平均潮差分布与港湾类似；而沿河道往上则很快减少，例如闽江口定海的平均潮差为 4.45 m，川石和梅花为 4.28 m，而琯头为 4.11 m，白岩潭为 3.91 m，逐渐减小（表 1.7）。

表 1.7 福建沿岸潮差

单位：cm

地点		平均高潮位	平均低潮位	最大潮差	平均潮差	最小潮差	观测时间
东山		178	-47	342	224	80	2005.10-11
前薛		287	-229	771	516	237	2005.07-10
秀屿		286	-226	759	512	222	78.01-80.12
鲤鱼尾		260	-227	741	487	205	85.06-86.05
闽江口	白岩潭	256	-136	488	391	200	2005.10-11
	川石	254	-174	621	428	189	2005.10-11
	定海	275	-171	639	445	175	2005.10-11
	琯头	261	-152	535	411	188	2005.10-11
	梅花	249	-178	618	428	172	2005.10-11
泉州		289	-159	652	452	200	2005.09-10
三沙		335	-230	787	562	224	2005.09-10
沙埕港		192	-195	620	391	236	05.12-06.01
深沪湾		223	-172	606	395	241	05.12-06.01
峰岐		178	139	185	292	68	2007.07-08
厦门		264	-135	556	396	180	2005.09-10
旧镇湾		185	-86	414	272	96	2006.04-05
罗源		231	-238	690	470	200	2005.09-10
福清		261	-187	660	452	193	2005.10-11

最大可能潮差分布与平均潮差类似，澎湖列岛以南最大可能潮差在2.0~6.0 m之间，澎湖列岛以北最大可能潮差在6.0~8.0 m之间，湄洲湾以北福建近岸最大，大于8.0 m，仅在台湾西南部外海小于2.0 m（图1.17）。

从表1.7可以看出，平均潮差最大为三沙站，为5.62 m；最小为东山站，2.24 m。大部分站点平均潮差在4~5 m之间，可见福建海域为强潮区。

台湾海峡潮差的时间变化主要取决于M_2、S_2、N_2、K_1和$O_1$5个分潮位相的相对变化，其中以M_2和S_2分潮组合成的半个朔望月周期的变化最显著，各地大小潮、平均潮差见表1.10。本海区K_1和O_1分潮也比较显著，在回归潮期间造成明显日不等现象，对不正规半日潮海区还造成同一天两个潮差相差很大现象。

潮差除了存在地区差异外，还有明显的季节变化。这种季节变化一方面反映了天体运动的变化，同时也受地形、入海径流及气象因子的影响。总的来讲，夏季的潮差比较大，而冬季的比较小。

3）月潮间隙和潮历时

由于潮波从太平洋传来，台湾东岸的潮时最早，由此向台湾岛南、北两端推迟。台湾海峡的潮时由台湾岛南北两端传入，海峡北口的台山列岛至台湾北端附近为9 h 30 min，到海峡中部福建南日群岛至澎湖列岛北部为11 h 30 min。海峡南口由恒春的7 h向北推迟，到澎湖列岛南部为11 h 30 min，海峡东岸的潮时在海口泊地以南海域南早北迟，相差4 h以上。福建沿岸的潮时，北早南晚，最北沙埕港至最南东山港平均高潮间隙、平均低潮间隙均相差3 h以上（图1.18）。

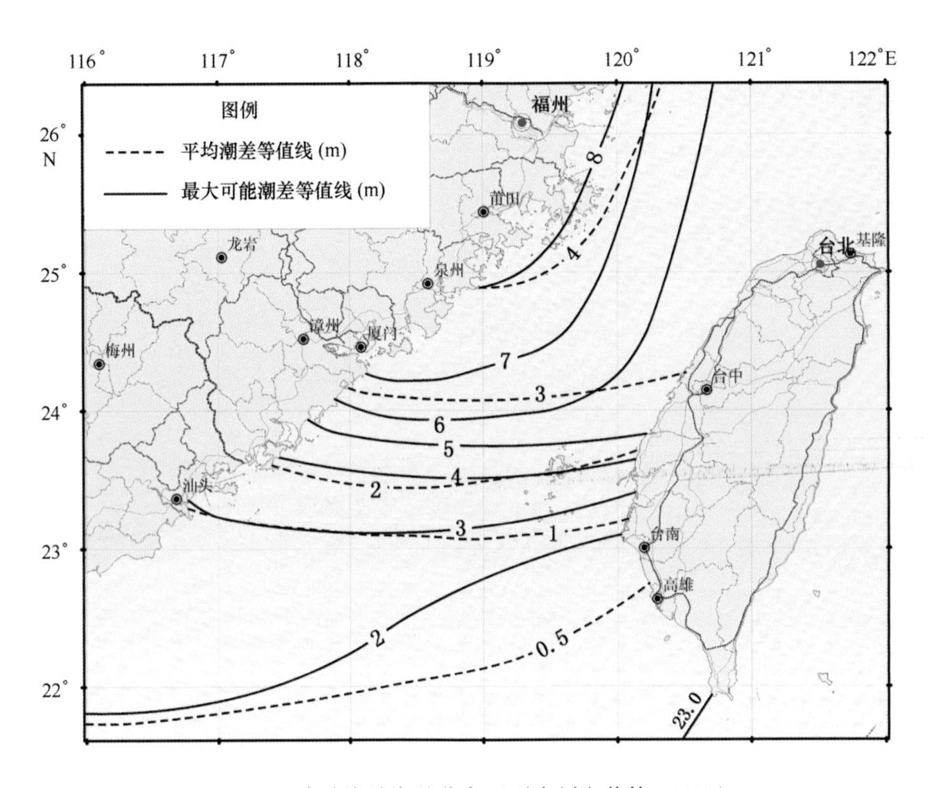

图 1.17　台湾海峡潮差分布（引自刘金芳等，2002）

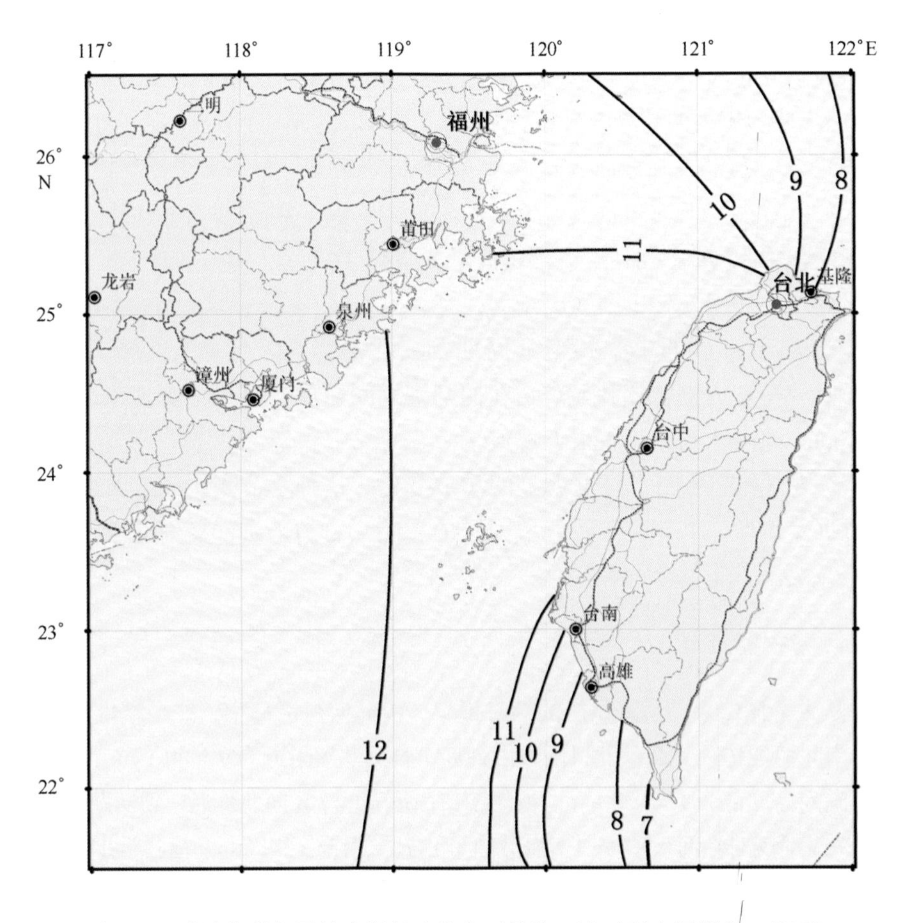

图 1.18　台湾海峡年平均高潮间隙分布（单位：h）（引自杨顺良，1997）

福建海区潮汐以 M_2 分潮为主，故月潮间隙分布与 M_2 分潮同潮时线分布相似，近岸海区，月潮间隙由北往南较均匀地延长，最北的沙埕站，平均高潮间隙 9 h 31 min，平均低潮间隙 3 h 19 min，沿着岸线往南每 20 n mile，平均高潮间隙约延长 15 min，平均低潮间隙约延长 11 min。近岸海区的涨落潮历时基本相等。港湾的月潮间隙由湾口向湾顶逐渐延长；在口小腹大、湾内滩涂广阔的港湾内，涨潮历时长，越往湾顶，差别越大；在口大且深、湾内较浅的港湾则相反，涨潮历时比落潮历时短，越往湾顶，差值也越大。河口区，落潮历时也比涨潮历时长，越往上游，涨落潮历时差先是增大，但经一定距离后，由于摩擦效应又减少，如闽江口，定海的落潮历时比涨潮历时长 23 min，川石长 49 min，梅花长 2 h 12 min，而琯头长 1 h 55 min，白岩潭长 1 h 56 min（表 1.8）。

表 1.8 福建海岸带的月潮间隙和潮历时表

地点		平均涨潮历时 /h：min	平均落潮历时 /h：min	平均高潮间隙 /h：min	平均低潮间隙 /h：min	观测时间
东山		6：43	5：44	0：0.52＊	6：13＊	2005.10－11
前薛		6：07	6：19	—	—	2005.07－10
秀屿		6：10	6：15	—	—	78.01－80.12
鲤鱼尾		6：10	6：15	—	—	85.06－86.05
闽江口	白岩潭	5：14	7：10	11：40	5：28	2005.10－11
	川石	5：48	6：37	10：26	4：14	2005.10－11
	定海	6：01	6：24	9：29	3：17	2005.10－11
	琯头	5：16	7：09	10：54	4：42	2005.10－11
	梅花	5：04	7：16	9：30	3：18	2005.10－11
泉州		6：09	6：15	11：30	5：17	2005.09－10
三沙		6：05	5：48	—	—	2005.09－10
沙埕港		6：11	6：14	9：31	3：19	05.12－06.01
深沪湾		5：52	6：01	—	—	05.12－06.01
峰岐		6：55	5：28	—	—	2007.07－08
厦门		6：14	6：12	11：40	5：27	2005.09－10
旧镇湾		6：38	5：47	0：08	6：20	2006.04－05
罗源		6：08	6：17	10：12	4：00	2005.09－10
福清		6：04	6：21	10：29	4：17	2005.10－11

注：标“＊”号表示为分点潮高潮间隙和低潮间隙。

不正规半日潮海区，在回归潮和分点潮期间月潮间隙和潮历时有明显不同。从浮头湾往南，回归潮期间的高高潮间隙延长，低高潮间隙缩短，两个低潮间隙变化不大；由低低潮到高高潮的涨潮历时和由低高潮到低低潮的落潮历时延长，而另一个涨潮历时和落潮历时则缩短。

1.5.2.2 潮流

海水在受月球、太阳的引力作用产生潮汐现象的同时，海水还产生周期性的水平运动——潮流。潮流和潮汐是同一潮波现象的两种不同表现形式，前者表现在水平方向，后者表现在垂直方向。

潮流的运动形式常以潮流流向的变化来划分，可把潮流分为往复式流和旋转式流两种。海峡和狭窄港湾内的潮流，因受地形限制，一般为往复式流，它主要在两个方向上变化。在外海或者开阔的海域，一般为旋转式潮流，其流速和流向均随时间而改变。由于海区形状、水深、海底地形、海水层化等条件不同，实际海洋中的潮流是十分复杂的，不仅不同地点的潮流不同，即使同一地点不同层次的潮流也是不同的。

1）性质

和潮位性质分类一样，潮流性质由潮流类型系数（$W_{O_1}+W_{K_1}$）/（W_{M_2}）来判别和确定（W_{O_1}，W_{K_1}和W_{M_2}分别为O_1、K_1、M_2分潮流的最大流速）。系数小于等于0.5时为规则半日潮流；系数大于0.5且小于等于2.0时为不规则半日潮流；系数大于2.0且小于等于4.0时为不规则全日潮流。沿海海流调查表明，半日潮海区，大都是半日潮流。沿岸海域水浅，浅水效应明显，福建沿海大都是非正规半日潮流。具体来讲，南澳岛与澎湖列岛连线以北为规则半日潮流，以南为不规则半日潮流。

2）运动方式

潮流运动方式主要直接受地形制约，但在福建海区，潮波的反射、交汇有时也起主导作用。福建沿海各港湾，台湾西部沿海各港湾及澎湖列岛附近，基本都是顺水道的往复式流。平潭以南沿岸海区，潮流一般为往复式流，特别是一些湾口、河口，流动的来复特征更为显著。如诏安湾口，九龙江口和海坛海峡等。但湄洲湾与泉州湾外，由于南北两支潮波在此交汇，潮流变得复杂，旋转率增加。平潭以北沿岸，系太平洋潮波左旋进入台湾海峡的海区，由于潮波的旋转，在这里形成左旋流区，故除闽江口由于径流控制仍为来复流外，平潭以北，大都是左旋转流。

3）流速水平分布

一般说来，潮差大的地方，潮流流速也大。台湾海峡东侧流速达0.6~0.8 m/s；西侧流速在0.4~0.6 m/s之间（图1.19）；尤其是在台湾浅滩周围，M_2分潮流最大流速（图1.20）达1.0 m/s（孙湘平，2006）。沿岸南端弱潮差的诏安海区，亦属弱潮流区，5 m层潮流最大可能流速仅0.84 m/s。沿岸中段也为强潮流区，如潮差达5 m以上的兴化湾，湾内5 m层潮流最大可能流速达1.22 m/s和1.39 m/s。但是，潮流流速更多、更直接地受地理位置制约，在湾口、河口和狭窄水道，流速都明显增大，如九龙江口和闽江口最大可能流速均达1.50 m/s以上，即使是弱潮流区的诏安湾湾口，最大可能流速仍可达1.30 m/s。相反，沿岸北部，虽则亦属大潮差海区，但地形开阔，水浅，底摩擦效应大，流速明显减缓。

4）流速垂直分布

一般次表层流速最大，表层次之，底层最小。测站水深时，次表层和底层间差值也大，最大流速一般出现在次表层（约10 m附近）。水浅时，差值小，最大流速一般出现在5 m附近。

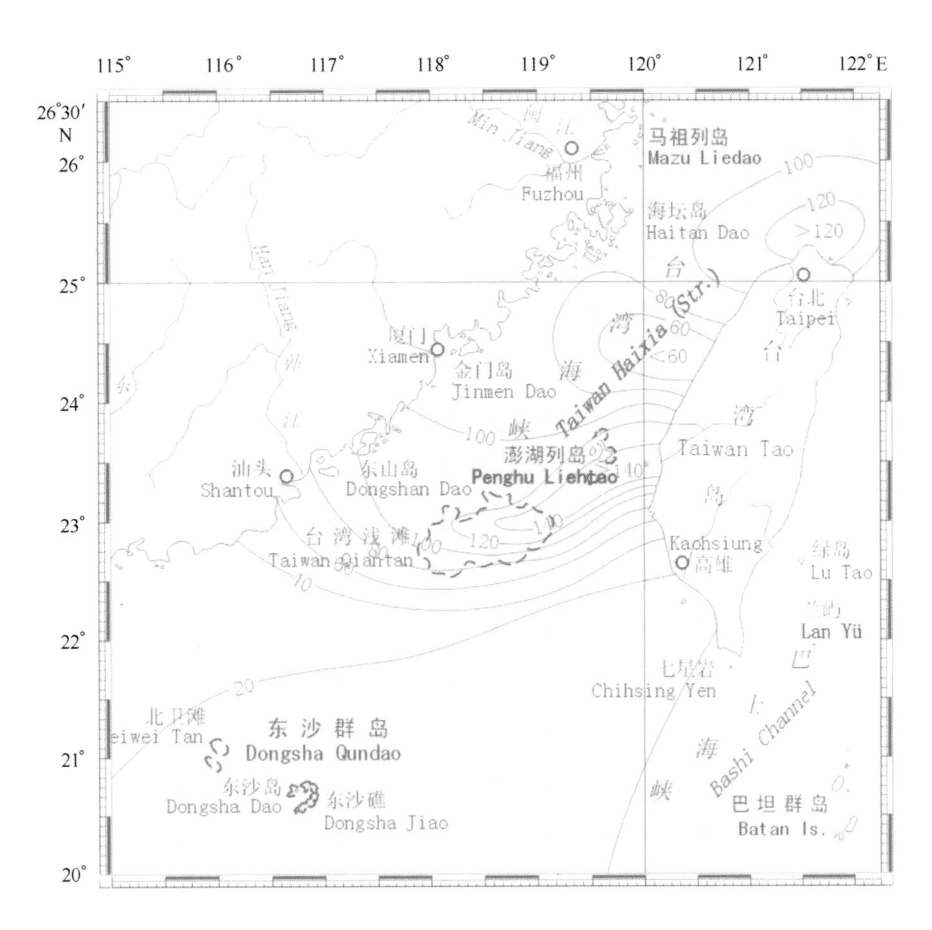

图 1.19　最大可能潮流分布（单位：cm/s）

（引自南海海洋水文气象环境图集，2004）

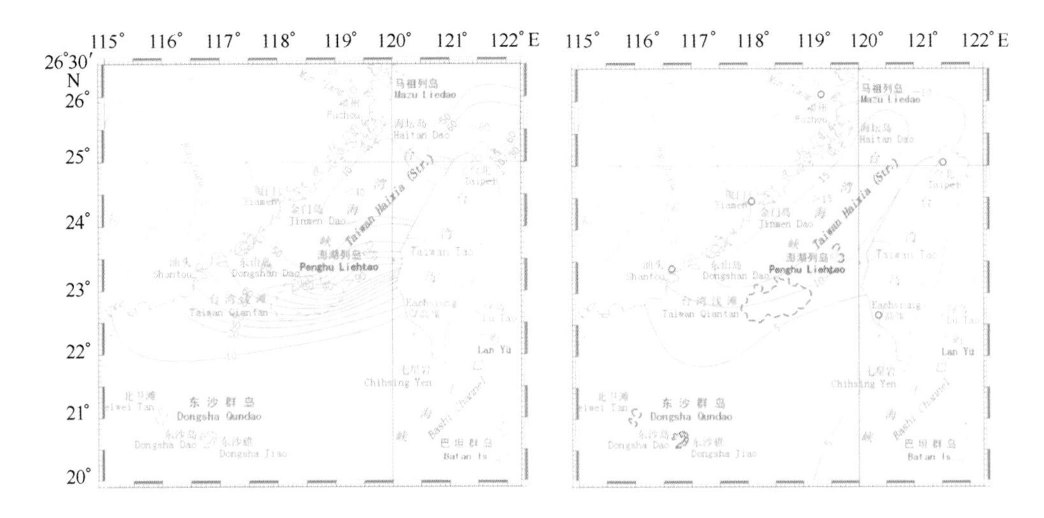

图 1.20　K_1 和 M_2 分潮流最大潮流分布（单位：cm/s）

（引自南海海洋水文气象环境图集，2004）

1.5.3 海流

海流是海水因热辐射、蒸发、降水、冷缩等而形成密度不同的水团，再加上风应力、地转偏向力、引潮力等作用而大规模相对稳定的流动，它是海水的普遍运动形式之一。

1.5.3.1 沿岸余流

相对于周期性变化的潮流而言，余流是海水的定常运动，因此它对水体及其携带物质的运移有重要意义。影响余流的因素很多，因此实际上它也是不稳定的。福建沿岸区的余流，主要受径流大小、风场强弱、沿岸水和外海水消长的制约。春、秋两季风向多变，沿岸水和外海水交替，沿岸余流分布较无规律，下面叙述夏、冬流场分布。

1）夏季

（1）表层

湾内余流因地而异，流速小，一般不大于0.20 m/s，流向受当地地理条件制约。河口余流主要由径流引起，夏季流速较大，一般为0.20～0.30 m/s，流向指向口外。沿岸海区，流速较大，一般远岸大于近岸。例如海坛岛东侧，流速可达0.4 m/s。由于西南季风及北上海流的缘故，除东山岛附近似有离岸表层余流外，其他沿岸海区，夏季表层余流一致地向东北。

（2）底层

流速明显地比表层小，一般每秒只几厘米，大者不过每秒十几厘米。湾内仍因地而异；九龙江口和晋江口底层余流指向河道，海水从底部入侵河口区；闽江口外由于水浅，底层余流仍然顺流向东。沿岸底层流为北上海流控制，流向均向东北（表1.9）。

表1.9 福建主要港湾夏季余流表

测站（观测时间）	表层				中层				底层			
	大潮余流		小潮余流		大潮余流		小潮余流		大潮余流		小潮余流	
	流速/(cm·s^{-1})	流向/°	流速/(cm·s^{-1})	流向/°	流速/(cm·s^{-1})	流向/°	流速/(cm·s^{-1})	流向/°	流速/(cm·s^{-1})	流向/°	流速/(cm·s^{-1})	流向/°
湄洲湾（1990.08）	11.2	273	8.2	51	9.0	286	1.2	208	11.4	297	8.6	156
罗源湾（2003.08）	6.1	143	2.0	241	2.2	88	3.0	164	9.9	299	0.7	223
三沙湾（1997.08）	11.1	237	—	—	8.0	255	—	—	5.2	208	—	—
厦门湾（2004.07）	25.2	115	8.2	81	8.9	53	6.4	353	9.0	324	8.6	296
兴化湾（2005.07）	12.7	203	5.4	127	7.5	152	6.7	173	7.3	169	4.2	204

2）冬季

（1）表层

湾内余流仍因地而异，和夏季有所不同，由于径流量减小，河口余流流速较夏季稍弱，由于东北季风及沿岸流影响，和夏季相比流向偏南。由于沿岸流南下，加之东北季风强劲，冬季沿岸海区的表层余流由夏季东北方向转为西南方向，流速一般不及夏季。东山岛外，仍有离岸的表层余流。

（2）底层

湾内余流还是依各自特定条件变化。海坛海峡连接南北两个较开阔海区，水体自南向北或自北向南时，迫使其从表层至底层同时转向，故除夏季外，海峡的余流都从表层至底层南流。沿岸海区的底层余流，由于下层的闽浙沿岸流及东北季风对其影响较小，基本受北上暖水控制，冬、夏流速流向差别不大。但是，在较浅而开阔的沿岸海区，有时强劲东北季风的影响可直达其底（表1.10）。

表1.10 福建主要港湾冬季余流表

测站（观测时间）	表层				中层				底层			
	大潮余流		小潮余流		大潮余流		小潮余流		大潮余流		小潮余流	
	流速/($cm \cdot s^{-1}$)	流向/°	流速/($cm \cdot s^{-1}$)	流向/°	流速/($cm \cdot s^{-1}$)	流向/°	流速/($cm \cdot s^{-1}$)	流向/°	流速/($cm \cdot s^{-1}$)	流向/°	流速/($cm \cdot s^{-1}$)	流向/°
旧镇湾（2006.01）	8.8	214	9.9	244	2.8	169	4.5	197	6.4	184	3.3	180
湄洲湾（1997.01）	8.8	270	10.9	241	6.8	265	8.5	286	6.3	248	5.2	275
沙埕港（2006.01）	18.1	39	8.7	67	10.7	53	4.4	75	5.6	41	2.7	95
深沪湾（2006.01）	3.2	191	5.5	244	2.6	260	3.5	2	1.6	272	6.0	33
厦门湾（1997.12）	14.2	118	—	—	17.6	93	—	—	11.0	95	—	—
诏安湾（2005.12）	2.1	206	3.1	345	1.3	219	4.8	344	1.4	185	2.7	24

3）垂直分布

河口港湾余流环流一般具有局部性；垂向变化因地而异。总体说来，由于底摩擦效应，自表至底，流速减少，而流向或左旋，或右旋，甚至无固定转向。

夏、冬余流垂直变化自表至底，一般流速减少。夏季余流，从上到下，流向左旋，具有明显底层流性质，系北上海流受底摩擦作用而形成的。冬季余流自表至底，流向则是右旋，具有风海流性质。水深较大，表至30 m层流向右旋，往下又复为左旋，说明上层为风海流，底层则仍为底层流；由于上层风海流和底层流流向相反，流速相互抵消一部分，故中间层流速最小。

1.5.3.2 近海海流

台湾海峡的海流主要受浙闽沿岸水、南海水和黑潮水的控制和影响。台湾海峡表层海流流向具有季节性变化，但近底层海流却基本上是终年向北流动的。

夏季，台湾海峡中北部海区全为来自海峡南部的暖水所控制，整个海区的海流均流向东北。利用等密度面深度分析法分析获得的海水运动模式显示，夏季台湾海峡中北部上、下层海水流动的总趋势是向东北方向流动的（王寿景，1989）。台湾海峡西部包括台湾浅滩以西的闽—粤近岸和浅滩北部海域，表、底层海流夏季也较一致地流向东北，但台湾浅滩南部和东南部海流较复杂，流向分层现象明显。从夏季峡区表层海流与现场实测风资料的对比可见，表层流向位于风向右侧，流偏角+45°左右，此与风海流性质相符（管秉贤，1957）。

根据多年的实测流资料统计，台湾海峡的表层海流，不论哪个季节，流向流速都比较有规律（图1.21）。冬季，海峡东西两侧流速相差不大，在8～38 cm/s之间，西侧稍大，流向相反，西侧流向西南，东侧流向东北。春季，整个海峡表层海流在3～28 cm/s之间，流速小于冬季，自西岸到东岸增大。夏季流向与春季基本相似。流速在4～62 cm/s之间，流速略大于春季。东部沿岸流速小于西部。秋季，与夏季相比，流速减小，尤其是东侧沿岸更小，流速在1～51 cm/s之间。流向与冬季基本相同。

综上所述，台湾海峡的底层海流终年向北，但表层海流，东西两侧的流向、流速有着明显的差异。东侧基本上终年向北，西侧却随季节而不同，冬半年浙闽沿岸水顺岸南下，最远可达南澳附近；下半年则一致流向东北。夏半年流速是东强西弱，冬半年则与之相反。

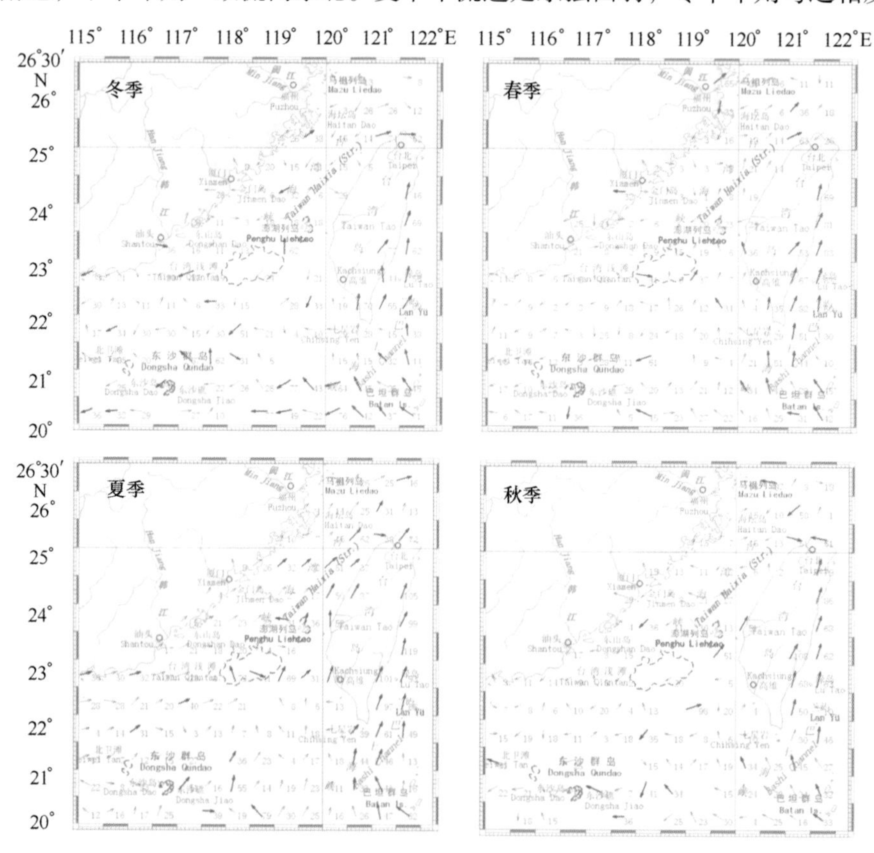

图1.21　台湾海峡多年平均表层海流分布（单位：cm/s）

（引自南海海洋水文气象环境图集，2004）

1.5.4　波浪

波浪是发生在海洋中的一种波动现象。波浪有很大的破坏力。福建近岸和近海波浪较大，其中台山、四礵、闾峡、花荧、梅花浅滩、牛山、大岞、围头、镇海和古雷头更为显著，素有福建十大浪区之称。

1.5.4.1　波要素统计分析

本书中所指的海浪包括风浪、涌浪两种，就波形而言涌浪多于风浪。

1）风浪

福建近海海域海浪风浪受风的影响较大，盛行浪向与盛行风向基本一致。由图 1. 22 和图 1. 23 可以看出：

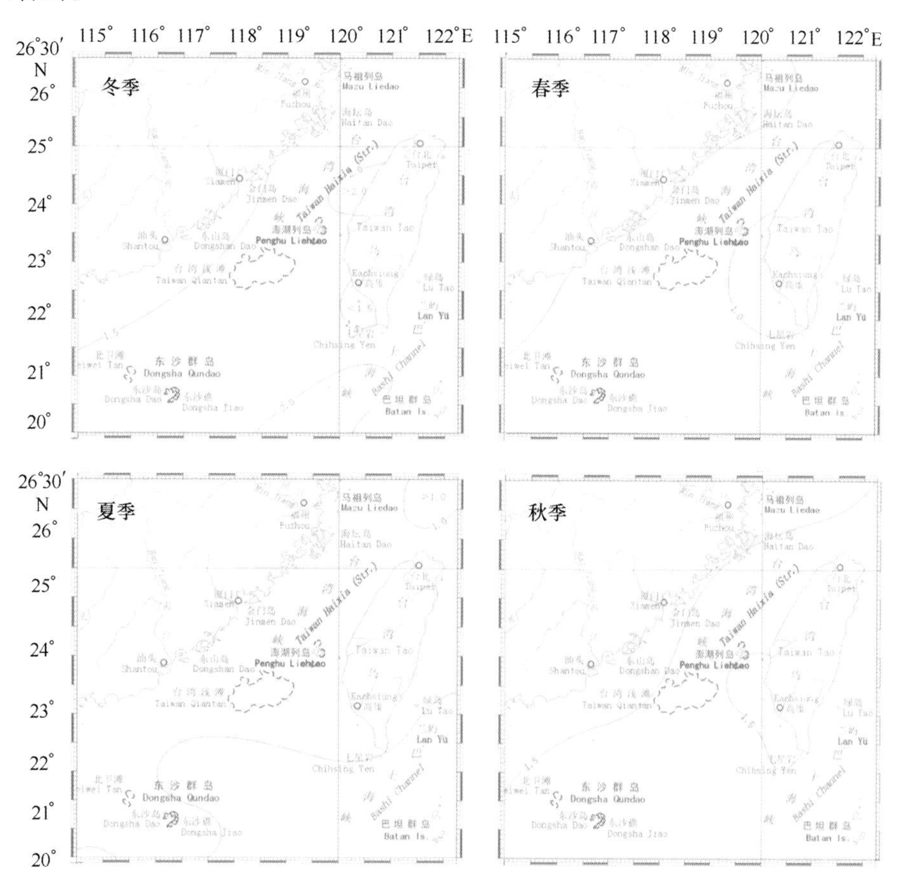

图 1. 22　风浪波高分布（单位：m）

（引自南海海洋水文气象环境图集，2004）

（1）秋、冬两季盛行东北季风，风浪浪向以东北向浪为主，北向浪次之，这些月份风浪波高较大；

（2）春季为季风转换期，以东北向浪为主，频率有所减少，南向浪有所增加，为次多向浪；

（3）夏季盛行西南季风，浪向以西南向浪为主，南向浪次之。

风浪周期的各季变化不如风浪波高的变化明显，周期季节变化的规律性也差。

2）涌浪

福建近海海域海浪涌浪受风的影响较大，盛行涌向与盛行风向基本一致。由图 1. 24 和图 1. 25 可以看出：

（1）盛行涌向与盛行风浪向基本一致但比风浪大；

（2）涌浪周期变化与风浪周期相似，但周期要长；

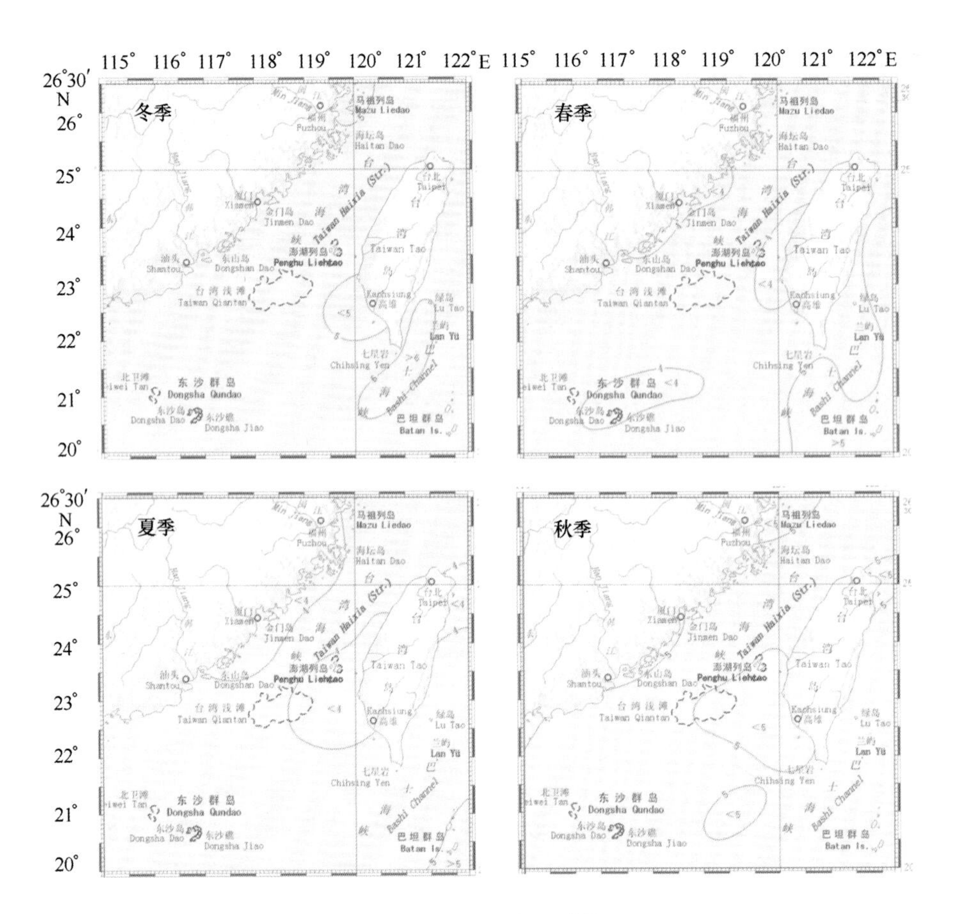

图 1.23　风浪周期分布（单位：s）

（引自南海海洋水文气象环境图集，2004）

（3）涌浪涌高和涌浪周期要比相应风浪要素大。

1.5.4.2　波浪特征

1）主要浪区波浪特征

福建省沿岸海区波浪较大，沿岸主要浪区的波浪特征见表 1.11。由沿海 8 个波浪站观测资料统计可知，沿岸海区的 $H_{1/10}$月平均波高为 0.5 ~ 2.2 m，$T_{1/10}$月平均周期为 2.5 ~ 6.7 s；实测最大波高为 12.0 m，最大周期为 12.3 s。

表 1.11　福建近海主要浪区波浪特征

	$H_{1/10}$/m	H_{max}/m	$T_{1/10}$/s	T_{max}/s	最多风浪向	频率/（%）	最多涌浪向	频率/（%）	资料年限
东山	0.9	8.0	5.0	8.5	—	—	—	—	1995—2008
流会*	1.2	8.2	4.0	10.4	ENE	34	E	26	1960—1974
围头*	1.1	7.0	5.5	11.0	NE	30	ESE	55	1960—1974
崇武	1.1	7.6	4.4	9.0	—	—	—	—	1989—2008
平潭	1.6	7.4	5.6	11.9	—	—	—	—	1989—2008

续表 1.11

	$H_{1/10}$/m	H_{max}/m	$T_{1/10}$/s	T_{max}/s	最多风浪向	频率/(%)	最多涌浪向	频率/(%)	资料年限
北茭*	1.1	5.8	3.9	9.8	NE	34	ENE	70	1960—1968
北礵	1.6	9.4	4.9	11.5	—	—	—	—	1989—2008
台山*	1.3	12.0	5.8	12.3	NNE	29	ENE	57	1964—1980

注：标“*”号测站资料摘自福建省海岸带和海涂资源综合调查报告，1990。

沿岸北部（闽江口以北）、中部（闽江口至崇武）和南部（崇武以南）海区的一些波浪统计特征见图 1.22～图 1.25。

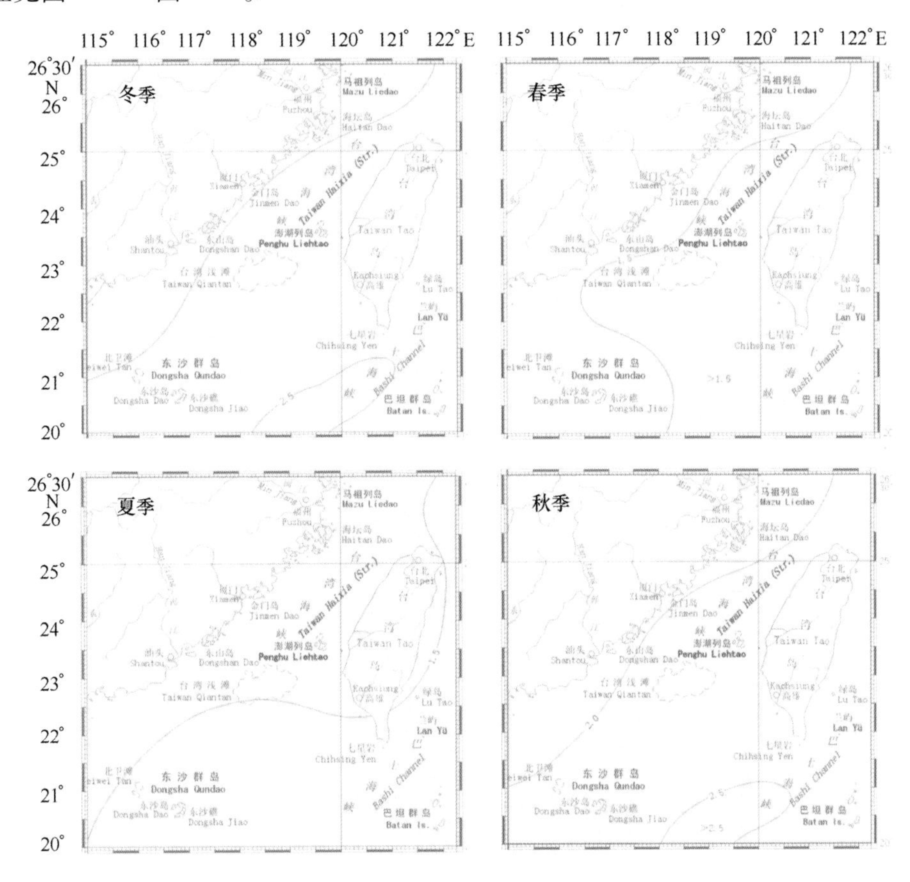

图 1.24 涌浪波高分布（单位：m）
（引自南海海洋水文气象环境图集，2004）

由图可见，北部海区风浪和涌浪均大于中部、南部海区。

平潭南海区的波浪以 ENE—SE 向浪为主，以北海区以 NNE—E 向浪为主。涌浪在平潭以南以 E—SE 向浪为主，以北以 NNE—ENE 向浪为主；风浪以 NNE—ENE 向浪为主，出现频率在 55% 以上，在闽江口以北海区则可达 61% 以上（表 1.11）。

2）季节特征

福建省沿岸海浪受季风控制显著，盛行风浪向、盛行涌浪向与风向季节变化基本一致，

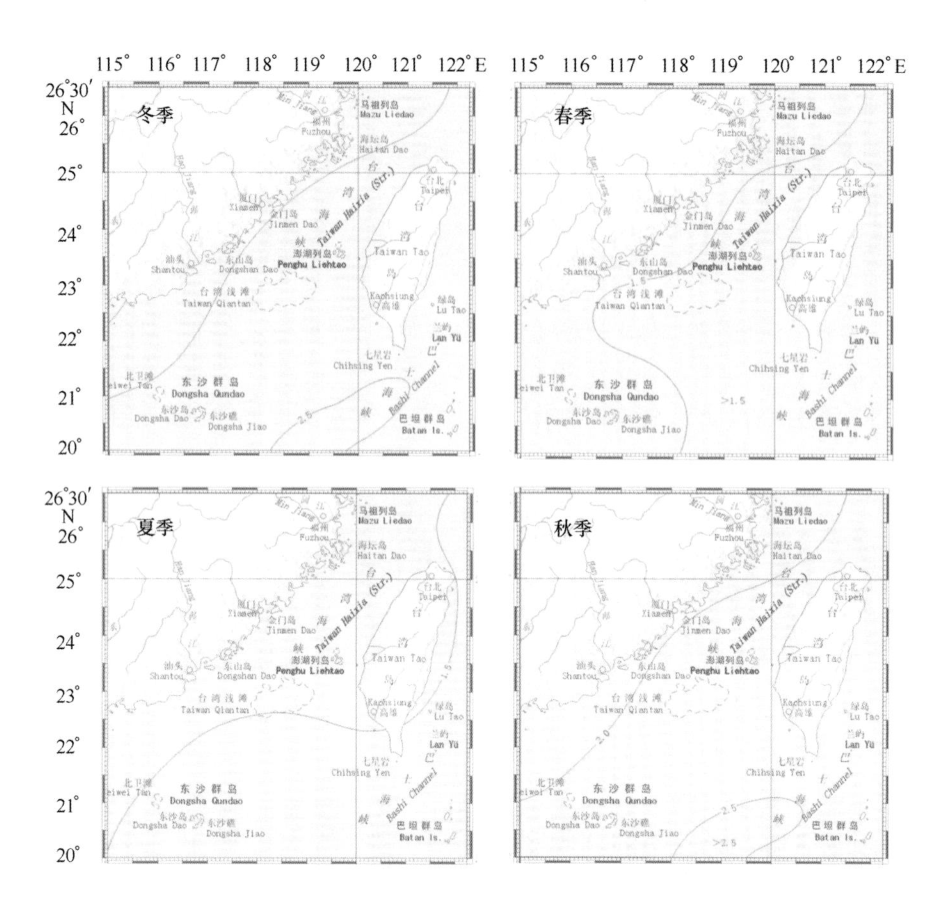

图 1.25　涌浪周期分布（单位：s）

（引自南海海洋水文气象环境图集，2004）

秋、冬季盛行东北向风浪和涌浪，东北向风浪和涌浪持续时间长，风浪和涌浪频率大，风浪波高和涌浪波高较大；夏季盛行西南—南向浪，风浪和涌浪频率小，风浪波高和涌浪波高也较小。

风浪和涌浪周期的季节变化不如其波高的季节变化明显，周期季节变化的规律性也差。福建近海的波高分布特点是：北部大，南部小，冬季浪高大于夏季。涌浪波高和周期都大于风浪相应的要素。

1.5.5　重要海岛周边海域物理海洋要素特征概述

1.5.5.1　厦门岛

厦门岛位于福建省东南部，九龙江入海口，背靠漳州、泉州平原，濒临台湾海峡、与台湾本岛和澎湖列岛遥遥相对，是福建省第四大岛屿。厦门岛周边海域岛屿星罗棋布，形成天然的防波屏障，港内四周群山环抱，提供良好的防风性能，港阔水深，终年不冻，水深多在 12 m 以上，是一个条件优越的海峡性天然良港。

1）海水温度和盐度

厦门岛周边海域海水温度和盐度资料，取自厦门海洋站 1988—2008 年的海水温度和盐度资料，是由国家海洋信息中心提供的。

（1）水温

厦门岛周边海域地处南亚热带，海水温度较高。根据厦门海洋站1988—2008年资料统计，表层多年平均水温为21.7℃，变化范围在8～32℃之间。夏季平均水温最高为28.2℃（27.8～28.4℃），秋季居次23.2℃（21.3～25.0℃），冬季最低15.7℃（14.3～17.5℃）。水温年较差为14.1℃。年平均最高水温22.3℃（1998年、2001年），年平均最低水温20.9℃（1988年、1992年）。历史上出现最高水温31.5℃（2004年8月21日），最低水温7.8℃（2004年2月5日），详见表1.12。

（2）盐度

九龙江冲淡水对厦门岛周边海域影响明显，造成湾内海水盐度不高。根据厦门海洋站1988—2008年资料统计，累年各月表层平均盐度在25.80～27.90之间，年平均盐度为26.64。相对而言，秋冬季盐度较高，平均为26.98（26.77～27.22），夏季次之，为26.76（26.03～27.89），春季最低为26.21（25.84～26.54）。终年盐度变化平缓，年较差较小，为1.38。年平均最高盐度28.78（2004年），年平均最低盐度25.31（2006年）。极端最高盐度32.60，出现在2004年8月14日，极端最低盐度5.30，出现在2006年7月17日，详见表1.12。

表1.12 厦门海洋站表层海水温度和盐度统计

月份	1月	2月	3月	4月	5月	6月	7月	8月	9月	10月	11月	12月	年
平均水温/℃	15.2	14.3	15.6	18.5	23.0	26.6	28.4	28.3	27.8	25.0	21.3	17.5	21.7
月最高/℃	16.6	16.1	18.4	21.2	25.0	28.2	29.3	29.2	29.2	26.3	22.7	19.3	22.3
月最低/℃	14.2	12.9	13.6	16.4	21.6	25.0	27.2	26.7	26.4	23.4	19.2	15.7	20.9
极端最高/℃	18.4	17.6	19.8	23.5	27.6	30.5	31.1	31.5	31.1	29.6	26.9	22.1	31.5
出现日期	8	28	31	22	30	29	5	21	4	7	7	1	21/8
年份	1998	1997	1997	2002	2004	2004	2002	2004	1991	1996	2008	2006	2004
极端最低/℃	12.2	7.8	12.3	14.2	18.2	21.4	25.3	24.8	23.6	20.2	16.9	13.0	7.8
出现日期	31	5	5	4	1	4	11	27	26	28	30	26	2/5
年份	1993	2004	2005	1988	1988	2006	1992	2000	1988	1992	1988	1999	2004
平均盐度	26.93	26.77	26.54	25.96	26.50	25.84	27.89	26.37	26.03	26.96	27.22	27.03	26.64
月最高	29.14	29.33	29.54	28.89	30.98	30.02	31.69	30.22	28.65	29.40	29.77	29.28	28.78
月最低	25.34	23.24	22.36	20.41	23.43	21.16	22.33	22.76	21.69	24.37	24.49	25.10	25.31
极端最高	29.86	30.42	30.46	30.6	31.7	32.52	32.45	32.6	30.64	30.37	30.5	30.45	32.6
出现日期	23	23	23	28	13	19	27	14	13	29	11	25	14/8
年份	1996	2004	2004	2002	2002	1991	1988	2004	1989	1994	1994	1995	2004
极端最低	22.18	11.70	7.83	6.94	7.40	7.47	5.30	8.10	5.70	12.48	20.56	21.02	5.30
出现日期	30	19	27	18	19	21	17	15	12	29	17	27	17/7
年份	2001	1998	1992	1990	2006	1992	2006	2005	1990	1998	1988	1994	2006

注：统计年限为1988—2008年。

2）潮汐

厦门湾有许多不同时期的临时潮汐观测站。根据“908”项目所提供的2005年秋季的3个临时潮汐观测站的短期实测潮位资料和厦门水文站1999—2008年10年潮汐观测资料统计分析可知：厦门岛周边海域属于正规半日潮型。平均高潮间隙为11 h 54 min，低潮间隙为5 h 42 min。该海域是个强潮区，潮差显著。各临时潮位站观测期间的平均潮差达4.11 m左右，最大潮差可达5.90 m左右，最小潮差则为1.64 m，两者相差4.26 m，变幅较大。

3）潮流

厦门岛周边潮流属正规半日潮流。主要分潮 M_2 分潮流的椭圆旋转率绝对值都很小，潮流运动方式为往复流。涨潮时流向湾内，落潮时流向湾外。流向受地形制约，因地而异。厦门港湾口—九龙江口海域为东西流向；西港为南北向流；同安湾近于南北向。潮流流速以深槽中轴为最大，向两侧渐小，尤以水道狭窄处为最大，如厦鼓海峡、东渡、嵩屿海峡等处。落潮流速大于涨潮流速。落潮流大于涨潮流，有利于深水航道保持稳定。涨落潮流最大流速一般发生在主港高潮前、后2～3 h，高、低潮前后出现憩流。

4）余流

厦门岛周边海域余流流速不大。厦门外港和九龙江海域余流最大，西港次之，同安湾最小。最大余流流速39.0 cm/s，流向85°，出现在大潮海门水道表层。在同安湾口也有一个较明显的南出北进的逆时针余流环流。余流流向受地形影响，各海区自成系统：九龙江口海区表层余流顺江而下向东流，而底层余流则逆江而上向西流；西港海区表层余流紧贴西岸北上，而底层余流则沿主航道南下；同安湾表层余流从湾口北岸流进，沿湾口南岸流出，形成逆时针环流，底层余流沿南岸流出湾外。

5）波浪

厦门岛周边海域波浪以风浪为主，出现频率达88%。厦门西港由于风区较短，波高都很小，强浪向NNE—N，最大波高1.3 m。次强浪向SSE，最大波高1.2 m。平均波高0.2 m，平均周期3.4 s。同安湾因湾口向南，海域较为开阔，易受外海涌浪和西南风影响，湾内波高一般为1.5 m左右，强浪向SSE，最大波高达2.4 m。

1.5.5.2 海坛岛

海坛岛，位于福建沿海中部，东临台湾海峡，西部以海坛海峡与福建的长乐、福清隔海相望，为我国第五大岛，福建第一大岛。海坛岛周边海域是黑潮暖流和冬季浙闽沿岸水交互影响的区域。此外，该海域也存在着非常明显的上升流现象，水文情况复杂。

1）海水温度和盐度

海坛岛周边海域地处南亚热带季风区，太阳辐射较强，海水温度较高。年平均海水表层温度为19.4～20.1℃，以8—9月为最高，月平均26.3～27.0℃；2月最低为11.2～12.0℃。

东澳最高水温为31.6℃，出现于1960年7月；最低水温为6.8℃，出现于1968年2月。冬季水温比气温偏高0.9~3.1℃，夏季水温比气温偏低0.8~1.7℃，春、秋季时高时低，差值很小（平潭县志，2000）。

海水盐度年平均值为30.46~31.89，以7—8月为最高，11月至翌年2月为最低。夏季最高达34.87~35.87，冬季最低值为5.84（平潭县志，2000）。

下面以福清湾的海水温度和盐度资料，来具体分析平潭岛周边海域的温、盐性质。资料来源于福建省“908专项”福清湾海湾容量秋季和春季两航次获取的温、盐资料。

（1）水温

根据福建省“908专项”福清湾海湾容量秋季和春季两航次获取的温、盐资料统计，秋季全域平均水温为24.33℃，表、底层平均水温相差甚微（24.31℃、24.32℃）；各层的极端最高水温也很接近（25.37~25.38℃），各层的极端最低水温相差也不大，相对而言表层最低为22.55℃。春季水温比秋季约低2℃，春季全域平均水温为21.49℃，表层平均水温稍高于底层；极端最高、最低水温出现在中层，分别为23.03℃和20.88℃（表1.13）。

（2）盐度

福清湾秋季全域平均盐度不高，为29.22，底层平均盐度高于表层；各层极端最高盐度很接近（31.42~31.51），相对而言底层最高为31.51，极端最低盐度19.24，出现在表层。春季全域平均盐度为29.15，底层平均盐度稍高于表层；极端最高盐度出现在底层为32.10，极端最低盐度出现在表层为26.45（表1.13）。

表1.13 福清湾海水温度和盐度统计

季节		水 温/℃				盐 度			
	层次	表层	0.6H	底层	全域	表层	0.6H	底层	全域
秋季	平均	24.31	24.32	24.32	24.33	28.02	29.47	29.53	29.22
	最高	25.37	25.37	25.38	25.38	31.45	31.42	31.51	31.51
	最低	22.55	22.72	22.89	22.55	19.24	26.99	27.21	19.24
春季	平均	21.58	21.46	21.39	21.49	28.91	29.19	29.39	29.15
	最高	22.54	23.03	22.03	23.11	31.55	32.02	32.10	32.10
	最低	20.93	20.88	20.91	20.88	26.45	27.08	27.42	26.45

2）潮汐

根据福建省“908”项目福清湾海域的实测潮位资料分析可知：海坛岛周边海域潮汐属于正规半日潮型，且浅水分潮较小。整个福清湾海域的潮差值并不尽一致，而是由湾口逐向湾内增大。潮历时相近，均是平均涨潮历时比平均落潮历短，最大相差约27 min。且湾口和湾内差不多。平均涨潮历时和平均落潮历时都是6 h左右。该海域平均高潮间隙为10 h 39 min，平均低潮间隙为4 h 26 min。福清湾海域是强潮区，潮差显著，最大潮差6.83 m左右，平均潮差4.45 m左右，最小潮差1.93 m左右。

3）潮流

海坛岛周边海域潮流变化较复杂，最大潮为7.517 m，小潮为3.019 m。浅海的涨潮由东向西，或东北向西南，落潮相反。主要是来复潮，个别是直线流。水深 40 m 以内的沿岸海域的潮流为西北、东南流。南部受兴化湾径流影响，潮涨三分时为东北流，七八分时为西北流；退潮时为西南流，退五分时为南流。牛山岛以北海域为东南流，流时长；牛山岛以南为南流，流时短。水深 60 m 以外的台湾海峡涨潮为东北流，退潮为西南流（平潭县志，2000）。福清湾的潮流属正规半日潮流，M_2 分潮流占主导地位。

1.5.5.3 东山岛

东山岛位于福建省最南端，处在东海和南海的交汇点、闽粤的接合部，与台湾岛隔海相望，是福建第二、全国第六大岛。东山岛周边海域是明显的上升流区，因此也是闽南渔场中心，海产丰富。

1）海水温度和盐度

东山岛周边海域海水温度和盐度资料，来源于国家海洋信息中心提供的东山海洋站 1988—2008 年表层海水温度和盐度资料。

（1）水温

东山岛周边海域地处南亚热带，终年海水温度较高。根据东山海洋站 1988—2008 年资料统计，表层多年平均水温为 21.2℃，平均最高水温 21.9℃，平均最低水温 20.4℃，极端最高水温 30.2℃，出现在 1991 年 9 月 4 日，最低水温 11.0℃，出现在 2008 年 2 月 16 日（表 1.14）。

（2）盐度

受台湾海峡较高盐度海水的影响，东山湾岛周边海水盐度较高。东山海洋站 1988—2008 年资料统计显示，表层多年平均盐度为 31.42，平均最高盐度 32.36，平均最低盐度 30.46，极端最高盐度 36.30，出现在 2002 年 5 月 28 日，最低盐度 15.89，出现在 1990 年 9 月 12 日（详见表 1.14）。

表 1.14　东山海洋站表层海水温度和盐度统计

月份	1月	2月	3月	4月	5月	6月	7月	8月	9月	10月	11月	12月	年
平均水温/℃	15.3	14.3	15.8	19.1	23.6	25.9	26.0	26.4	26.8	24.5	20.8	17.3	21.2
月最高/℃	16.3	16.3	18.8	21.8	25.4	26.8	26.9	27.7	27.9	25.8	22.4	19.2	21.9
月最低/℃	14.4	12.3	13.8	15.9	21.7	25.1	25.1	25.4	25.2	22.8	18.9	15.5	20.4
极端最高/℃	18.6	17.5	20.8	24.1	27.7	29.2	29.7	30.1	30.2	28.5	26.0	22.0	30.2
出现日期	3	23	29	23	30	29	25	14	4	4	7	1	4/9
年份	1998	2007	2002	2002	1991	1998	1992	1993	1991	2000	2008	2006	1991
极端最低/℃	11.4	11.0	11.8	13.8	19.1	22.7	22.8	23.3	23.0	19.0	16.3	11.6	11.0
出现日期	19	16	9	5	1	1	19	13	29	28	30	23	16/2
年份	1992	2008	1988	1996	1996	1989	1990	1995	1997	1992	1988	1999	2008
平均盐度	30.76	31.04	31.18	32.04	32.39	32.46	32.32	31.56	31.22	31.24	30.80	30.57	31.42
月最高	32.72	32.99	33.20	34.26	35.20	33.79	34.22	33.11	33.11	32.96	33.06	32.34	32.36
月最低	29.09	29.16	27.96	29.64	29.55	30.20	29.56	27.67	27.99	28.69	27.43	28.42	30.46
极端最高	33.40	33.80	33.70	35.00	36.30	35.30	35.50	34.52	34.50	33.90	33.50	33.70	36.30

续表 1.14

月份	1月	2月	3月	4月	5月	6月	7月	8月	9月	10月	11月	12月	年
出现日期	23	16	29	20	28	22	24	5	9	13	27	7	28/5
年份	1996	1999	2002	2002	2002	1998	1998	1993	1998	1995	1994	1994	2002
极端最低	28.10	27.40	26.20	26.29	23.70	21.40	17.94	16.40	15.89	21.89	25.40	25.10	15.89
出现日期	31	3	13	20	21	3	3	5	12	3	1	7	12/9
年份	2000	2000	1998	1990	1991	2006	1990	1995	1990	1991	1998	1995	1990

2）潮汐

根据福建省“908”项目东山湾海域2005年秋季和2006年春季的实测潮位资料和东山水文站1999—2008年10年潮汐观测资料统计分析可知：东山岛周边海域为不规则半日潮区。

东山湾海域的最高高潮位、平均高潮位和平均海平面系由湾口逐向湾内增大；整个东山湾海域的潮差值并不尽一致，而是由湾口逐向湾内增大。潮历时相近，均是平均涨潮历时比平均落潮历时长约1.0 h。且湾口和湾内差不多。东山湾海域平均高潮间隙为8.78 min，平均低潮间隙为6 h 21 min。

东山岛周边海域是强潮区，潮差显著，最大潮差3.78 m左右，平均潮差2.3 m左右，最小潮差0.77 m左右。这与福建省海岛综合调查研究报告（1996）结果比较一致。

3）潮流

东山岛周边海域潮流运动方式一般呈往复形式（福建省海岛综合调查研究报告，1996）。东山湾涨潮流向北偏西，落潮流向南偏东；诏安湾，涨潮流向东北，落潮流向西南。

4）余流

东山湾余流较大，特别是湾口测站，大潮表层余流流速都超过10 cm/s。湾口古雷半岛侧余流流入湾内，湾口东山岛侧余流流出湾外，在湾口附近形成逆时针环流。

5）海浪

东山岛周边海域以风浪为主，一般南风浪大，北风浪小；外海风浪大，内海风浪小。当台风袭击时，常出现6级以上的风浪，甚至可掀起7～8级大浪式波长200～300 m、波高6～8 m的狂浪。

1.5.5.4 南日岛

南日岛位于福建省莆田市，兴化湾东面，是南日群岛的主岛。是福建省第三大岛，也是莆田市第一大岛。南日岛是福建海岸线的最东南端，即海峡西岸最突出于台湾海峡的部位。

1）海水温度和盐度

（1）水温

根据南日岛周边水域的调查资料统计（福建省海岛综合调查研究报告，1996），南日岛海域海水表层平均温度变化于14.8～26.6℃之间，夏季最高（26.1～27.4℃），秋季居次（23.0～23.4℃），冬季最低（14.4～15.1℃）；底层平均水温在14.9～26.3℃之间，和表层一样，夏季最高，秋季次之，冬季最低。最高水温27.39℃，出现在南日岛水域夏季海水的底层，极端最低水温14.39℃，出现在南日岛水域冬季海水表层，详见表1.15。

（2）盐度

南日岛周边海水表层平均盐度变化在29.84～33.62之间。表层平均盐度夏季最高，春季居次，秋季最低；底层平均盐度为29.85～33.63，其季节变化与表层相似，夏季最高，春季居次，秋季最低。表底层平均盐度的年较差均为3.78。极端最高盐度33.99，出现在南日岛夏季海水的底层，极端最低盐度29.47，出现在南日岛秋季海水的底层，详见表1.15。

表1.15　南日岛周边海域水温和盐度统计

季节	水温/℃						盐度					
	表层			底层			表层			底层		
	平均	最高	最低	平均	最高	最低	平均	最高	最低	平均	最高	最低
春	21.45	21.80	21.14	21.30	21.62	21.13	30.93	31.38	30.47	31.06	31.38	30.75
夏	26.60	27.39	26.09	26.34	27.08	25.71	33.62	33.91	33.08	33.63	33.99	33.63
秋	23.12	23.35	22.97	23.08	23.30	22.92	29.84	30.08	29.59	29.85	30.08	29.47
冬	14.84	15.13	14.39	14.87	15.18	14.51	29.85	29.95	29.73	29.88	30.24	29.70

注：数据来源于福建省海岛综合调查研究报告，1996。

2）潮汐

南日岛海域属正规半日潮，平均潮差为4.61 m，最大潮差为6.38 m。落潮历时略长于涨潮历时约5 min（福建省海岛综合调查研究报告，1996）。根据福建省“908”项目兴化湾海域临时潮汐站和收集的福清核电前薛厂址海洋水文气象站的潮汐观测资料进行分析，可知：兴化湾海域的最高高潮位、平均高潮位和平均海平面系由湾口逐向湾内增大。潮差同样是由湾口逐向湾内增大，至湾顶最大。潮历时相近，均是平均落潮历时比平均涨潮历时长约20 min。

3）潮流

取1990年以来有大潮观测资料的27个测站，分析可知：涨潮历时稍长于落潮历时，27个站平均的表层涨、落潮历时分别6 h 14 min和6 h 11 min；底层涨、落潮历时则分别为6 h 23 min和6 h 2 min。潮流属正规半日潮流。

1.5.5.5　湄洲岛

湄洲岛位于福建莆田，是莆田市第二大岛，陆域面积14.35 km^2，包括大小岛、屿、礁30多个。全岛南北长9.6 km，东西宽1.3 km。湄洲岛紧靠湄洲湾，地理位置优越，海陆交通便捷，自古以来就是闽台民间交往的桥头堡。

1）海水温度和盐度

（1）水温

湄洲岛周边海域海水表层平均温度变化于13.40～25.00℃之间，夏季最高25.00℃，秋季居次22.81℃，冬季最低13.41℃，年较差为11.60℃；底层平均水温略低于表层水温，为13.36～24.22℃，夏季最高为24.22℃，秋季次之为22.83℃，冬季最低为13.36℃，年较差为10.86℃。极端最高水温为25.38℃，出现在夏季表层，极端最低水温为13.17℃，出现在冬季表层。详况见表1.16。

（2）盐度

受湾外海峡较高盐度水的影响较大，湄洲岛海域实测海水表层平均盐度较高，为30.18～33.71，其中夏季最高33.71，春季居次31.30，冬季最低30.18，年较差较小为3.53；底层平均盐度稍高于表层平均盐度，为30.52～33.92，也是夏季最高33.92，春季次之31.69，冬季最低30.52，年较差为3.40。极端最高盐度34.14，出现在夏季的底层，极端最低盐度29.79，出现在冬季的表层和底层。详况见表1.16。

表1.16 湄洲岛周边海域水温和盐度统计

季节	水温/℃							盐度						
	表层			底层			全域	表层			底层			全域
	平均	最高	最低	平均	最高	最低	平均	平均	最高	最低	平均	最高	最低	平均
春	22.44	23.75	21.32	21.28	21.93	20.56	21.79	31.30	32.15	29.83	31.69	32.24	31.24	31.53
夏	25.00	25.38	24.38	24.22	25.05	23.44	24.58	33.71	33.96	33.36	33.92	34.14	33.58	33.82
秋	22.81	23.04	22.19	22.83	22.94	22.61	22.85	30.61	30.92	30.31	30.56	30.90	30.32	30.56
冬	13.41	13.73	13.17	13.36	13.45	13.26	13.39	30.18	33.84	29.79	30.52	33.85	29.79	30.32

注：数据来源于福建省海岛综合调查研究报告，1996.

2）潮汐

湄洲岛周边海域属于正规半日潮，平均潮差4.27 m，最大潮差6.68 m（福建省海岛综合调查研究报告，1996）。湄洲湾没有长期的潮汐观测站。根据福建省“908”项目湄洲湾海域实测潮位资料和收集的福建省交通规划设计院、福建省海洋研究所和国家海洋局第三海洋研究所等单位所提供的中、短期潮汐观测资料分析可知：湄洲湾海域是强潮区，平均潮差可达5.12 m，最大潮差达7.59 m。湄洲湾海域的最高（低）潮位、平均高（低）潮位、平均海平面及潮差都是由湾口站逐向湾内增大，且越靠近湾顶越大；湄洲湾海域平均涨潮历时为6 h 10 min，平均落潮历时为6 h 15 min。平均涨潮历时由湾口逐向湾内增长1～2 min，而平均落潮历时则反之。湄洲湾平海海域高潮间隙为11 h 14 min，低潮间隙为5 h 6 min。

3）潮流

湄洲湾进行过较多的海流周日观测，本文取1990年以来有大潮观测资料的24个测站。分析可见，在东周半岛和大竹岛之间的主航道，流速最大。一般来说，表层落潮历时稍长于涨潮历时，底层则涨潮历时稍大于落潮历时，24 个站平均的表层涨、落潮历时分别为 6 h 9 min 和 6 h 16 min；底层涨、落潮历时则分别为 6 h 19 min 和 6 h 7 min。

对各站的所有观测航次观测资料进行准调和分析，可见潮流形态数都小于 0.5，所以湄洲湾潮流属正规半日潮流。除个别站层外，主要分潮流的椭圆旋转率绝对值都很小，所以潮流一般为来复流。潮流流速较大，涨、落潮流最大流速一般发生主港高潮前、后 2~3 h，高、低潮前后出现憩流。

1.5.5.6 大嵛山岛

大嵛山岛，位于福建福鼎市东南方向，距大陆最近处仅 3 n mile 多。直径约 5 km，面积 21.22 km^2，为闽东第一大岛。

1）海水温度和盐度

（1）水温

大嵛山岛周边海域海水表层平均温度变化于 9.94~26.20℃之间，夏季最高，春季居次，冬季最低，年较差较大，为 16.26℃；底层平均水温范围为 9.96~25.38℃，与表层一致，夏季最高，春季次之，冬季最低，年较差为 15.42℃。极端最高水温 28.67℃，出现在夏季表层，极端最低水温 9.76℃，出现在冬季表层。详况见表 1.17。

表 1.17　大嵛山岛周边海域水温和盐度统计

季节	水温/℃							盐度						
	表层			底层			全域	表层			底层			全域
	平均	最高	最低	平均	最高	最低	平均	平均	最高	最低	平均	最高	最低	平均
春	21.22	21.75	21.02	21.29	21.72	20.84	21.27	28.61	29.56	27.70	28.35	29.48	28.33	28.70
夏	26.20	28.67	25.02	25.38	26.89	24.49	25.96	33.62	34.32	31.49	34.01	34.49	32.51	33.80
秋	18.29	18.51	17.80	18.34	18.50	17.87	18.30	29.48	30.01	28.96	29.72	30.44	28.96	29.57
冬	9.94	12.47	9.76	9.96	10.59	9.70	10.63	27.16	27.65	26.82	27.25	27.68	26.82	27.20

注：数据来源于福建省海岛综合调查研究报告，1996.

（2）盐度

大嵛山岛海域实测海水表层平均盐度为 27.16~33.62，其中夏季最高，秋季居次，冬季最低；底层平均盐度稍高于表层平均盐度，为 27.25~34.01，也是夏季最高，秋季次之，冬季最低。极端最高盐度 34.49，出现在夏季的底层，极端最低盐度 26.82，出现在冬季的表层和底层。详况见表 1.17。

2）潮汐

由于大嵛山岛没有长期的潮汐观测站，因此按照规程选用了附近三沙海洋站的资料。分析可知大嵛山岛周边海域属于正规半日潮，最大潮差为 7.01 m，平均潮差为 4.29 m（福建省海岛综合调查研究报告，1996）。平均涨潮历时 6 h 5 min，平均落潮历时 6 h 20 min。

3）潮流

大嵛山岛海域为非正规半日浅海潮流，潮流是随时间增加按逆时针方向的旋转流。夏季表层大潮最大涨潮流流速为46 cm/s，243°；底层流速为53 cm/s，282°（福建省海岛综合调查研究报告，1996）。

4）余流

大嵛山岛海域余流较小，流速在20 cm/s左右。底层余流明显小于表层。余流的季节变化差异较大，主要是盛行季风的变化对余流流速、流向都有较大影响（福建省海岛综合调查研究报告，1996）。

1.6 海洋化学

1.6.1 海水化学

1.6.1.1 海水化学要素分布规律

1）溶解氧

福建省近海海水中溶解氧含量的季节变化：冬季水温最低，氧在海水中溶解度大，海水溶解氧含量最高；春季水温升高是浮游植物水华期，浮游植物吸收二氧化碳和营养盐，并放出氧气，海水中的溶解氧也比较高；夏季水温最高，氧在海水中溶解度小，海水溶解氧含量最低；秋季水温降低海水溶解氧含量回升。夏季、冬季、春季和秋季海水溶解氧含量季节变化分别为：1.91～9.34 mg/L、7.24～9.12 mg/L、6.85～9.75 mg/L和6.06～8.34 mg/L。各季节各水层溶解氧平均值见表1.18；总体上看，福建近海溶解氧平均值，夏季最低，冬季最高。

表1.18 海水溶解氧各水层平均值 单位：mg/L

季节	表层	10 m层	30 m层	底层	总体
夏季	7.07	6.48	5.64	5.39	6.31
冬季	8.29	8.20	8.18	8.15	8.21
春季	8.04	7.95	7.47	7.68	7.87
秋季	7.58	7.56	7.63	7.48	7.54

2）pH值

福建省近海海水中pH值的季节变化主要受到陆源冲淡水、沿岸流、上升流、台湾暖流、黑潮支流等水系动力作用和海洋生物活动的影响。所以，往往表现出河口区、沿岸流区和深层海水影响的区域以及近岸海域pH值低，外海表层海水影响的海域pH值以及海洋浮游植物活动强烈的区域pH值高。夏季、冬季、春季和冬季海水pH值季节变化分别为：7.35～

8.43 mg/L、8.04～8.23 mg/L、7.79～8.31 mg/L 和7.64～8.22 mg/L。各季节各水层 pH 值平均值表1.19；总体上看，福建近海 pH 值平均值春季最高，夏季最低。

表1.19　海水 pH 值各水层平均值

季节	表层	10 m 层	30 m 层	底层	总体
夏季	8.11	8.17	8.16	8.12	8.13
冬季	8.14	8.15	8.16	8.15	8.14
春季	8.17	8.18	8.18	8.16	8.16
秋季	8.14	8.17	8.19	8.16	8.15

3）碱度

福建近海海水中总碱度的季节变化主要受到陆源冲淡水、沿岸流、上升流、台湾暖流、黑潮支流等水系动力作用和海洋生物活动的影响。所以，往往表现出河口区、沿岸流区以及近岸海域总碱度低，外海水影响的海域以及海洋浮游植物活动强烈的区域总碱度高。夏季、冬季、春季和冬季海水碱度季节变化分别为：0.35～2.29 mmol/L、1.35～2.22 mmol/L、0.9～2.25 mmol/L 和0.80～2.25 mmol/L。各季节各水层总碱度平均值见表1.20，总体上，福建近海总碱度春季最低，秋季最高。

表1.20　海水总碱度各水层平均值　　单位：m mol/L

季节	表层	10 m 层	30 m 层	底层	总体
夏季	1.98	2.12	2.2	2.15	2.08
冬季	2.07	2.10	2.16	2.1	2.09
春季	2.01	2.07	2.11	2.07	2.03
秋季	2.11	2.16	2.2	2.16	2.12

4）悬浮物

福建近海海水中悬浮物的季节变化主要受到陆源冲淡水、沿岸流、上升流、台湾暖流、黑潮支流等水系动力作用和海洋生物活动的影响。所以，往往表现出河口区、沿岸流区、海洋浮游植物活动强烈的区域以及近岸海域悬浮物含量高，外海水影响的海域悬浮物含量低。夏季、冬季、春季和秋季海水悬浮物季节变化分别为0.8～156.7 mg/L、2.7～169 mg/L、1.3～738.8 mg/L 和2.7～245.7 mg/L。各季节各水层悬浮物统计特征值见表1.21；总体上看，福建近海悬浮物平均值，夏季最低，冬季最高。

表1.21　海水悬浮物含量各水层平均值　　单位：mg/L

季节	表层	10 m 层	30 m 层	底层	总体
夏季	11.3	6.9	7.6	13.6	10.8
冬季	31.0	26.9	19.4	45.0	33.9
春季	12.2	10.6	8.5	27.1	19.9
秋季	20.4	12.4	12.9	16.7	22.3

5）硝酸盐

福建近海海水中硝酸盐的季节变化主要受到陆源冲淡水、沿岸流、上升流、台湾暖流、黑潮支流等水系动力作用和海洋生物活动的影响。所以，往往表现出河口区、沿岸流区、上升流区、深层海水影响海区以及近岸海域硝酸盐高，外海表层海水影响的海域以及海洋浮游植物活动强烈的区域硝酸盐低。夏季、冬季、春季和秋季海水硝酸盐季节变化分别为：小于检测限～44.9 μmol/L、5.42～81.4 μmol/L、0.222～66.6μmol/L、6.53～60.6 μmol/L。各季节各水层硝酸盐平均值见表1.22，福建近海硝酸盐平均值，夏季最低，冬季最高。

表1.22 海水硝酸盐含量各水层平均值 单位：μmol/L

季节	表层	10 m层	30 m层	底层	总体
夏季	4.73	1.72	1.85	3.68	3.52
冬季	24.2	22.0	18.6	22.6	22.8
春季	14.6	10.8	6.48	10.5	12.9
秋季	22.9	18.9	14.5	18.7	22.0

6）亚硝酸盐

福建近海海水中亚硝酸盐的季节变化，主要受到陆源冲淡水、沿岸流、上升流、台湾暖流、黑潮支流等水系动力作用和海洋生物活动的影响。所以，往往表现出河口区、沿岸流区以及近岸海域亚硝酸盐高，外海水影响的海域以及海洋浮游植物活动强烈的区域亚硝酸盐低。夏季、冬季、春季和秋季海水亚硝酸盐季节变化分别为：小于检测限～9.05 μmol/L、0.075～1.27 μmol/L、0.081 5～2.87 μmol/L和小于检测限～4.74 μmol/L。各季节各水层亚硝酸盐平均值见表1.23，福建近海亚硝酸盐平均值，冬季最低，春季最高。

表1.23 海水亚硝酸盐含量各水层平均值 单位：μmol/L

季节	表层	10 m层	30 m层	底层	总体
夏季	1.43	0.891	1.37	1.63	1.36
冬季	0.382	0.341	0.324	0.350	0.357
春季	1.33	1.31	1.52	1.45	1.40
秋季	0.63	0.445	0.277	0.505	0.604

7）铵盐

福建近海海水中铵盐的季节变化主要受到陆源冲淡水、沿岸流、上升流、台湾暖流、黑潮支流等水系动力作用和海洋生物活动的影响。所以，往往表现出河口区、沿岸流区以及近岸海域铵盐高，外海水影响的海域低。夏季、冬季、春季和秋季海水铵盐季节变化分别为：小于检测限～29.8 μmol/L、0.319～4.38 μmol/L、小于检测限～14.2 μmol/L和小于检测限～9.33 μmol/L。各季节各水层铵盐平均值见表1.24，福建近海铵盐平均值，冬季最低，夏季最高。

表 1.24 海水铵盐含量各水层平均值 单位：μmol/L

季节	表层	10 m 层	30 m 层	底层	总体
夏季	4.08	2.55	2.82	2.73	3.21
冬季	1.13	0.889	0.563	0.984	0.987
春季	2.57	1.74	1.38	2.30	2.40
秋季	1.57	1.05	1.26	1.20	1.49

8）总无机氮

总无机氮为硝酸盐—氮、亚硝酸盐—氮和铵盐—氮三者总和，其季节变化主要受到陆源冲淡水、沿岸流、上升流、台湾暖流、黑潮支流等水系动力作用和海洋生物活动的影响。所以，往往表现出河口区、沿岸流区以及近岸海域总无机氮高，外海水影响的海域低。夏季、冬季、春季和秋季总无机氮季节变化为：0.89～76.4 μmol/L、7.23～84.7 μmol/L、1.31～77.3 μmol/L 和 7.82～63 μmol/L。各季节各水层总无机氮含量平均值见表 1.25，福建近海总无机氮含量平均值，夏季最低，秋、冬最高。

表 1.25 海水总无机氮含量各水层平均值 单位：μmol/L

季节	表层	10 m 层	30 m 层	底层	总体
夏季	10.2	5.16	6.04	8.04	8.09
冬季	25.8	23.2	19.5	24.0	24.1
春季	18.5	13.8	9.38	14.2	16.7
秋季	25.1	20.4	16.1	20.4	24.1

9）活性磷酸盐

福建近海海水中活性磷酸盐的季节变化主要受到陆源冲淡水、沿岸流、上升流、台湾暖流、黑潮支流等水系动力作用和海洋生物活动的影响。所以，往往表现出河口区、沿岸流区、上升流区、深层海水影响海区以及近岸海域活性磷酸盐含量高，外海表层海水影响的海域以及海洋浮游植物活动强烈的区域活性磷酸盐含量低。夏季、冬季、春季和秋季海水活性磷酸盐季节变化分别为：0.040～0.824 μmol/L、0.421～2.22 μmol/L、0.028 5～3.01 μmol/L 和 0.293～2.19 μmol/L。各季节各水层活性磷酸盐平均值见表 1.26，福建近海活性磷酸盐平均值，夏季最低，冬季最高。

表 1.26 海水活性磷酸盐含量各水层平均值 单位：μmol/L

季节	表层	10 m 层	30 m 层	底层	总体
夏季	0.214	0.183	0.289	0.331	0.248
冬季	1.12	1.18	0.866	1.14	1.13
春季	0.533	0.581	0.307	0.561	0.568
秋季	0.94	0.869	0.800	0.89	0.935

10）活性硅酸盐

福建近海海水中活性硅酸盐的季节变化主要受到陆源冲淡水、沿岸流、上升流、台湾暖流、黑潮支流等水系动力作用和海洋生物活动的影响。所以，往往表现出河口区、沿岸流区、上升流区、深层海水影响海区以及近岸海域活性硅酸盐含量高，外海表层海水影响的海域以及海洋浮游植物活动强烈的区域活性硅酸盐含量低。夏季、冬季、春季和秋季海水活性硅酸盐季节变化分别为：2.73～283 μmol/L、5.72～117 μmol/L、4.00～140 μmol/L 和 3.20～56.3 μmol/L。各季节各水层活性硅酸盐平均值见表 1.27，福建近海活性硅酸盐平均值，夏季最低，冬季最高。

表 1.27 海水活性硅酸盐含量各水层平均值 单位：μmol/L

季节	表层	10 m 层	30 m 层	底层	总体
夏季	33.0	18.3	17.5	22.2	25.1
冬季	36.0	31.6	26.1	32.5	33.2
春季	27.0	22.7	15.5	23.3	25.9
秋季	30.0	24.8	14.6	25.5	28.9

11）总有机碳

福建近海海水中总有机碳的季节变化主要受到陆源冲淡水、沿岸流、上升流、台湾暖流、黑潮支流等水系动力作用和海洋生物活动的影响。所以，往往表现出河口区以及近岸海域总有机碳含量高，外海表层海水影响的海域总有机碳含量低。夏季、冬季、春季和秋季海水总有机碳季节变化分别为：0.76～3.68 mg/L、0.77～1.93 mg/L、0.92～5.94 mg/L 和 0.83～4.23 mg/L。各季节各水层总有机碳平均值见表 1.28，渤海总有机碳平均值，秋季最低，冬季最高；黄海总有机碳平均值，夏季最低，冬季最高；东海总有机碳平均值，冬季最低，秋季最高；南海总有机碳平均值，冬季最低，春季最高。

表 1.28 海水总有机碳含量各水层平均值 单位：mg/L

季节	表层	10 m 层	30 m 层	底层	总体
夏季	1.60	1.22	1.20	1.19	1.38
冬季	1.14	1.07	0.96	1.10	1.10
春季	1.56	1.66	1.39	1.62	1.60
秋季	1.61	1.50	1.14	1.47	1.54

12）溶解态氮

福建近海海水中溶解态氮的季节变化主要受到陆源冲淡水、沿岸流、上升流、台湾暖流、黑潮支流等水系动力作用和海洋生物活动的影响。夏季、冬季、春季和秋季海水溶解态氮季节变化分别为：7.14～88.57 μmol/L、12.1～96.4 μmol/L、6.30～92.4 μmol/L 4 和 14.74～169.93 μmol/L。各季节各水层溶解态氮含量平均值见表 1.29，福建近海溶解态氮含量平均值，夏季最低，秋季最高。

表 1.29 海水溶解态氮含量各水层平均值 单位：μmol/L

季节	表层	10 m 层	30 m 层	底层	总体
夏季	20.68	12.43	11.31	14.46	16.04
冬季	35.40	30.70	23.40	31.30	32.20
春季	24.45	17.96	11.91	18.85	22.63
秋季	44.20	34.19	24.59	34.37	42.17

13）溶解态磷

福建近海海水中溶解态磷的季节变化主要受到陆源冲淡水、沿岸流、上升流、台湾暖流、黑潮支流等水系动力作用和海洋生物活动的影响。夏季、冬季、春季和秋季海水溶解态磷季节变化分别为：0.08～0.91 μmol/L、0.56～2.11 μmol/L、0.18～3.34 μmol/L 和 0.41～1.97 μmol/L。各季节各水层溶解态总磷平均值见表 1.30，福建近海溶解态磷平均值，夏季最低，冬季最高。

表 1.30 海水溶解态磷含量各水层平均值 单位：μmol/L

季节	表层	10 m 层	30 m 层	底层	总体
夏季	0.40	0.36	0.42	0.49	0.42
冬季	1.33	1.33	0.98	1.37	1.33
春季	0.70	0.67	0.40	0.73	0.73
秋季	1.08	1.02	0.71	1.00	1.07

14）总氮

福建近海海水中总氮的季节变化主要受到陆源冲淡水、沿岸流、上升流、台湾暖流、黑潮支流等水系动力作用和海洋生物活动的影响。夏季、冬季、春季和秋季海水总氮季节变化分别为：7.860～98.57 μmol/L、15.0～99.3 μmol/L、6.65～135.1 μmol/L 和 15.00～178.57 μmol/L。各季节各水层总氮含量平均值见表 1.31，福建近海总氮含量平均值，夏季最低，秋季最高。

表 1.31 海水溶解态氮含量各水层平均值 单位：μmol/L

季节	表层	10 m 层	30 m 层	底层	总体
夏季	28.01	16.22	16.27	19.35	21.46
冬季	42.30	36.40	31.10	37.40	38.60
春季	35.24	27.09	24.74	28.06	33.50
秋季	46.17	35.69	25.93	36.48	44.21

15）总磷

福建近海海水中总磷的季节变化主要受到陆源冲淡水、沿岸流、上升流、台湾暖流、黑潮支流等水系动力作用和海洋生物活动的影响。夏季、冬季、春季和秋季海水总磷季节变化分别为：0.20～2.18 μmol/L、0.70～5.04 μmol/L、0.32～8.29 μmol/L和0.54～6.23 μmol/L。各季节各水层溶解态总磷平均值见表1.32，福建近海总磷平均值，夏季最低，冬季最高。

表1.32 海水总磷含量各水层平均值 单位：μmol/L

季节	表层	10 m层	30 m层	底层	总体
夏季	0.748	0.559	0.463	0.734	0.677
冬季	2.05	1.75	1.24	2.18	1.97
春季	1.06	0.84	0.54	1.13	1.13
秋季	1.54	1.19	0.8	1.26	1.51

16）石油类

福建近海表层海水石油类的季节变化，主要受到陆源冲淡水、沿岸流、上升流、台湾暖流、黑潮支流等水系动力作用的影响。所以，往往表现出河口区、港口区、石油运输通道等海域石油类含量高。外海表层海水影响的海域石油类含量低。各季节各海区石油类统计特征值见表1.33，福建近海表层海水石油类平均值，夏季最低，冬季最高。

表1.33 海水石油类统计特征值 单位：μg/L

航次	采样层次	量值范围	平均值
夏季	表层	3.9～32.4	13.5
冬季	表层	26.7～44.2	34.8
春季	表层	8.9～23.6	14.4
秋季	表层	4.2～149.1	19.9

17）砷

福建近海表层海水中砷的季节变化主要受到陆源冲淡水、沿岸流、上升流、台湾暖流、黑潮支流等水系动力作用的影响。所以，往往表现出河口区、沿岸流区砷含量高。外海表层海水影响的海域砷含量低。各季节砷统计特征值见表1.34，福建近海表层海水砷平均值，冬季最低，夏季最高。

表1.34 海水砷统计特征值 单位：μg/L

航次	采样层次	量值范围	平均值
夏季	表层	1.9～5.4	3.4
冬季	表层	1.0～3.5	2.1
春季	表层	1.7～4.4	2.5
秋季	表层	1.4～3.0	2.2

18）汞

福建近海表层海水中汞的季节变化，主要受到陆源冲淡水、沿岸流、上升流、台湾暖流、黑潮支流等水系动力作用的影响。所以，往往表现出河口区、沿岸流区汞含量高。外海表层海水影响的海域汞含量低。各季节汞统计特征值见表1.35，福建近海表层海水汞平均值，秋季最低，春季最高。

表1.35　海水汞统计特征值　　单位：μg/L

航次	采样层次	量值范围	平均值
夏季	表层	0.009～0.023	0.015
冬季	表层	0.012～0.03	0.018
春季	表层	0.011～0.035	0.020
秋季	表层	0.003～0.076	0.013

19）铜

福建近海海水中铜的季节变化主要受到陆源冲淡水、沿岸流、上升流、台湾暖流、黑潮支流等水系动力作用的影响。所以，往往表现出河口区、沿岸流区影响海区铜含量高，外海表层海水影响的海域铜含量低。各季节铜统计特征值见表1.36，福建近海海水铜平均值，夏季最低，秋季最高。

表1.36　海水铜统计特征值　　单位：μg/L

航次	采样层次	量值范围	平均值
夏季	表层	0.180～1.18	0.480
冬季	表层	0.277～1.18	0.590
春季	表层	0.190～1.38	0.492
秋季	表层	0.335～1.22	0.621

20）铅

福建近海海水中铅的季节变化，主要受到陆源冲淡水、沿岸流、上升流、台湾暖流、黑潮支流等水系动力作用的影响。所以，往往表现出河口区、沿岸流区铅含量高，外海表层海水影响的海域铅含量低。各季节铅统计特征值见表1.37，福建近海表层海水铅平均值，春季最低，夏季最高。

表1.37　海水铅统计特征值　　单位：μg/L

航次	采样层次	量值范围	平均值
航次	采样层次	量值范围	平均值
夏季	表层	<检测限～0.265	0.083
冬季	表层	<检测限～0.294	0.049
春季	表层	<检测限～0.223	0.034
秋季	表层	<检测限～0.148	0.044

21）镉

福建近海海水中镉的季节变化，它的变化主要受到陆源冲淡水、沿岸流、上升流、台湾暖流、黑潮支流等水系动力作用的影响。所以，往往表现出河口区、沿岸流区镉含量高。外海表层海水影响的海域镉含量低。各季节镉统计特征值见表1.38，福建近海表层海水镉平均值，春季最低，秋季最高。

表1.38 海水镉统计特征值 单位：μg/L

航次	采样层次	量值范围	平均值
夏季	表层	0.009～0.033	0.016
冬季	表层	0.010～0.080	0.028
春季	表层	0.004～0.040	0.020
秋季	表层	0.017～0.049	0.032

22）锌

福建近海海水中锌的季节变化，主要受到陆源冲淡水、沿岸流、上升流、台湾暖流、黑潮支流等水系动力作用的影响。所以，往往表现出河口区、沿岸流区锌含量高，外海表层海水影响的海域锌含量低。各季节锌统计特征值见表1.39，福建近海表层海水锌平均值，春季最低，夏季最高。

表1.39 海水锌统计特征值 单位：μg/L

航次	采样层次	量值范围	平均值
夏季	表层	0.27～2.85	0.91
冬季	表层	0.30～0.94	0.55
春季	表层	0.18～1.51	0.50
秋季	表层	0.37～3.80	0.88

23）总铬

福建近海表层海水中总铬的季节变化主要受到陆源冲淡水、沿岸流、上升流、台湾暖流、黑潮支流等水系动力作用的影响。所以，往往表现出河口区、沿岸流区总铬含量高，外海表层海水影响的海域总铬含量低。各季节总铬统计特征值见表1.40，福建近海表层海水总铬平均值，夏季最低，冬季最高。

表1.40 海水总铬统计特征值 单位：μg/L

航次	采样层次	量值范围	平均值
夏季	表层	<检测限～0.214	0.076
冬季	表层	0.059～0.345	0.149
春季	表层	0.010～0.175	0.079
秋季	表层	0.032～0.617	0.111

1.6.1.2 海水质量评价

根据海水水质标准，采用单因子污染指数评价法对夏季获取的海水化学要素进行单因子评价：$P_i = C_i/S_i$，式中：P_i 为污染物 i 的污染指数，C_i 为污染物 i 的实测值，S_i 为污染物 i 的标准值。评价选取国家海水水质标准作为污染物的评价标准值。评价结果如下：

1）溶解氧

福建近海溶解氧含量在1.91～9.75 mg/L；平均7.46 mg/L；国家一类海水水质标准溶解氧的范围是大于6.0 mg/L；因此，大部分海域溶解氧含量处于正常水平；个别测站溶解氧含量甚至低于四类水质标准（3.0 mg/L）。依据溶解氧含量水质标准分类，隶属不同水质标准的调查站位数统计见表1.41；具体其分布见图1.26。

表1.41　隶属不同水质标准站位数（溶解氧）

季节	采样层次	采水站位数	隶属不同水质等级站位数				
			一类	二类	三类	四类	劣四类
春季	表层	71	71	0	0	0	0
	10 m	59	59	0	0	0	0
	30 m	16	16	0	0	0	0
	底层	70	70	0	0	0	0
夏季	表层	71	56	13	2	0	0
	10 m	60	38	18	2	1	1
	30 m	17	0	15	0	2	0
	底层	59	10	42	2	4	1
秋季	表层	71	71	0	0	0	0
	10 m	55	55	0	0	0	0
	30 m	12	12	0	0	0	0
	底层	62	62	0	0	0	0
冬季	表层	71	71	0	0	0	0
	10 m	61	61	0	0	0	0
	30 m	19	19	0	0	0	0
	底层	59	59	0	0	0	0

春季、秋季和冬季溶解氧含量均符合国家海水水质一类标准。夏季，溶解氧含量有不同程度超一类标准的现象存在。夏季表层水体中79%的调查站位符合国家一类海水水质标准，18%的调查站位符合国家二类海水水质标准；溶解氧含量符合二类的站位主要分布在闽江口及其以北近岸海域，兴化湾、湄洲湾、厦门湾和浮头湾口附近海域，符合三类的站位主要分布在东山、浮头湾附近。10 m层，溶解氧含量符合二类的站位主要分布在闽江口以北近岸以及兴化湾和海坛岛附近海域；东山岛附近海域溶解氧含量较低，其符合水质标准的等级包括，二类、三类和劣四类。30 m层，溶解氧含量基本符合国家海水水质二类标准，三类水质的站位主要出现在东山岛附近。底层，溶解氧含量基本符合二类水平；三类站位出现在浮头湾附

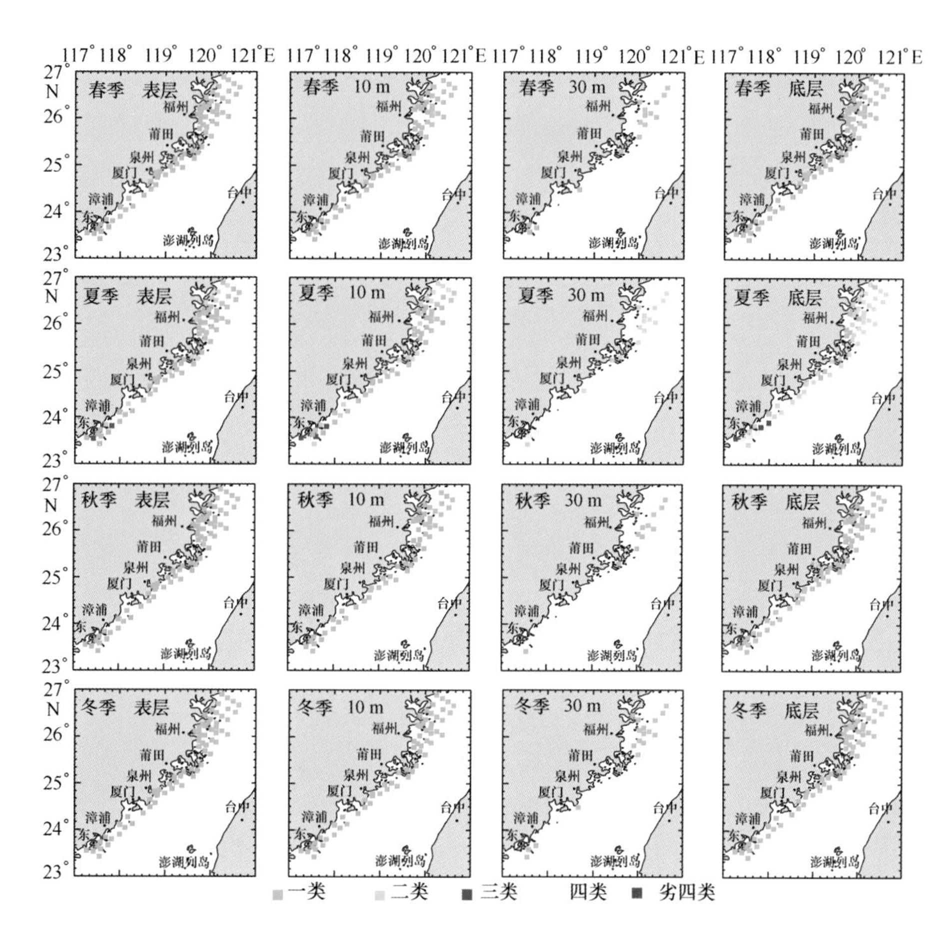

图 1.26 溶解氧质量状况分布

近海域，四类和劣四类站位主要出现在东山岛附近。

2）营养盐

福建近海总无机氮含量在 0.89～84.7 μmol/L（0.012～1.18 mg/L）；平均 18.83 μmol/L（0.263 mg/L）；总体上看，福建近海总无机氮含量符合国家二类海水水质标准；（无机氮二类标准范围是处于 0.20～0.30 mg/L 之间）隶属不同水质标准的调查站位数统计见表 1.42；具体其分布见图 1.27。

表 1.42 隶属不同水质标准站位数（总无机氮）

季节	采样层次	采水站位数	隶属不同水质等级站位数				
			一类	二类	三类	四类	劣四类
春季	表层	71	26	25	12	4	4
	10 m	59	27	23	9	0	0
	30 m	16	14	0	2	0	0
	底层	70	40	19	8	1	2

续表 1.42

季节	采样层次	采水站位数	隶属不同水质等级站位数				
			一类	二类	三类	四类	劣四类
夏季	表层	71	61	2	3	1	4
	10 m	60	56	3	1	0	0
	30 m	17	17	0	0	0	0
	底层	59	55	3	1	0	0
秋季	表层	71	8	21	22	11	9
	10 m	55	8	20	22	4	1
	30 m	12	8	2	1	1	0
	底层	62	15	18	22	6	1
冬季	表层	71	8	14	30	10	9
	10 m	61	6	16	24	12	3
	30 m	19	5	8	3	3	0
	底层	59	10	19	19	14	5

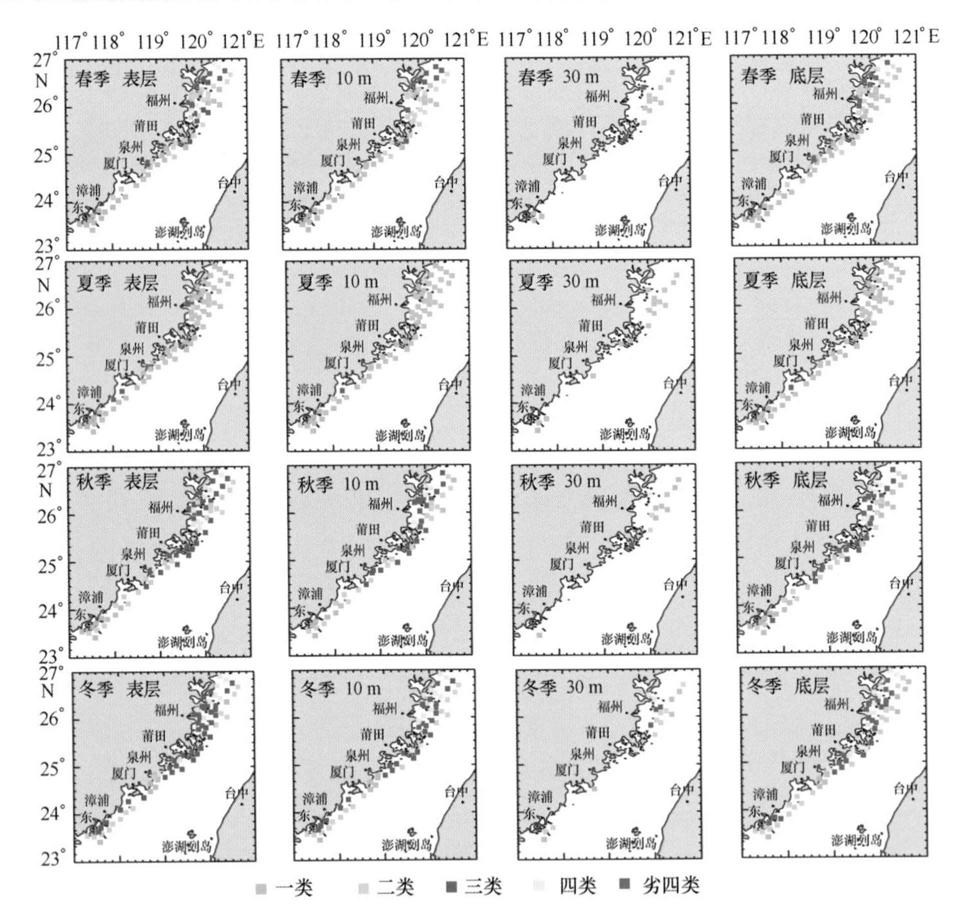

图 1.27 无机氮质量状况分布

春季，福建近海总无机氮质量基本处于一类和二类水平；表层水体中总无机氮处于一类水平的站位约占总调查站位 37%；处于二类水平的站位数约占 35%；三类及以上水平站位主要分布在兴化湾以北近岸区域；处于劣四类水平站位出现在泉州湾、闽江口等区域。10 m 层水体总无机含量亦以处于一类和二类水平为主，处于三类水平的站位分布在兴化湾、闽江口及三沙湾；30 m 层水体总无机含量主要以一类水平为主，处于三类水平站位出现在兴化湾和三沙湾；底层水体总无机氮含量处于一类水平的为主，三类及以上水平站位处于闽江口及三沙湾附近海域。

夏季，福建近海总无机氮质量基本处于一类水平；表层仅在厦门湾口、泉州湾、闽江口个别区域总无机氮处于三类及以上水平；10 m 层总无机氮二类及以上水平站位仅分布在三沙湾、厦门湾口、东山岛等海域；30 m 层总无机氮含量处于一类水平；底层总无机氮质量分布则与 10 m 层分布类似。

秋季，福建近海总无机氮质量基本处于二类和三类水平；表层总无机氮含量处于三类及以上水平站位分布在厦门以北近岸海域，其中泉州湾、闽江口及其以北近岸处于四类或劣四类水平；10 m 层兴化湾以北近岸海域总无机氮含量处于三类及以上水平；30 m 层兴化湾和三沙湾总无机氮质量水平分别处于三类和四类水平；底层总无机氮质量水平分布与 10 m 层分布类似。

冬季，福建近海总无机氮质量基本处于二类和三类水平；表层总无机氮含量四类及以上水平站位分布在兴化湾及其以北近岸海域，劣四类水平主要集中在闽江口；10 m 层闽江口及其以北近岸海域总无机氮含量大多处于三类及以上水平；30 m 层兴化湾以北近岸海域总无机氮含量处于三类及以上水平；底层总无机氮质量水平分布与 10 m 层分布类似。

福建近海磷酸盐含量在 0.028 5 ~ 3.01 μmol/L（0.884×10^{-3} ~ 0.093 3 mg/L）；平均 0.73 μmol/（0.022 6 mg/L）；总体上看，福建近海总无机氮含量符合国家二类至三类海水水质标准；（磷酸盐二类至三类标准范围是处于 0.015 mg/L 至 0.030 mg/L 之间）；隶属不同水质标准的调查站位数统计见表 1.43；具体其分布见图 1.28。

表 1.43　隶属不同水质标准站位数（磷酸盐）

季节	采样层次	采水站位数	隶属不同水质等级站位数			
			一类	二类至三类	四类	劣四类
春季	表层	71	33	35	2	1
	10 m	59	22	29	7	1
	30 m	16	14	2	0	0
	底层	70	35	28	4	3
夏季	表层	71	60	11	0	0
	10 m	60	55	5	0	0
	30 m	17	14	3	0	0
	底层	59	51	8	0	0
秋季	表层	71	2	43	23	3
	10 m	55	1	35	18	1
	30 m	12	2	7	2	1
	底层	62	3	42	15	2
冬季	表层	71	1	21	41	8
	10 m	61	0	12	40	9
	30 m	19	0	13	4	2
	底层	59	0	21	40	6

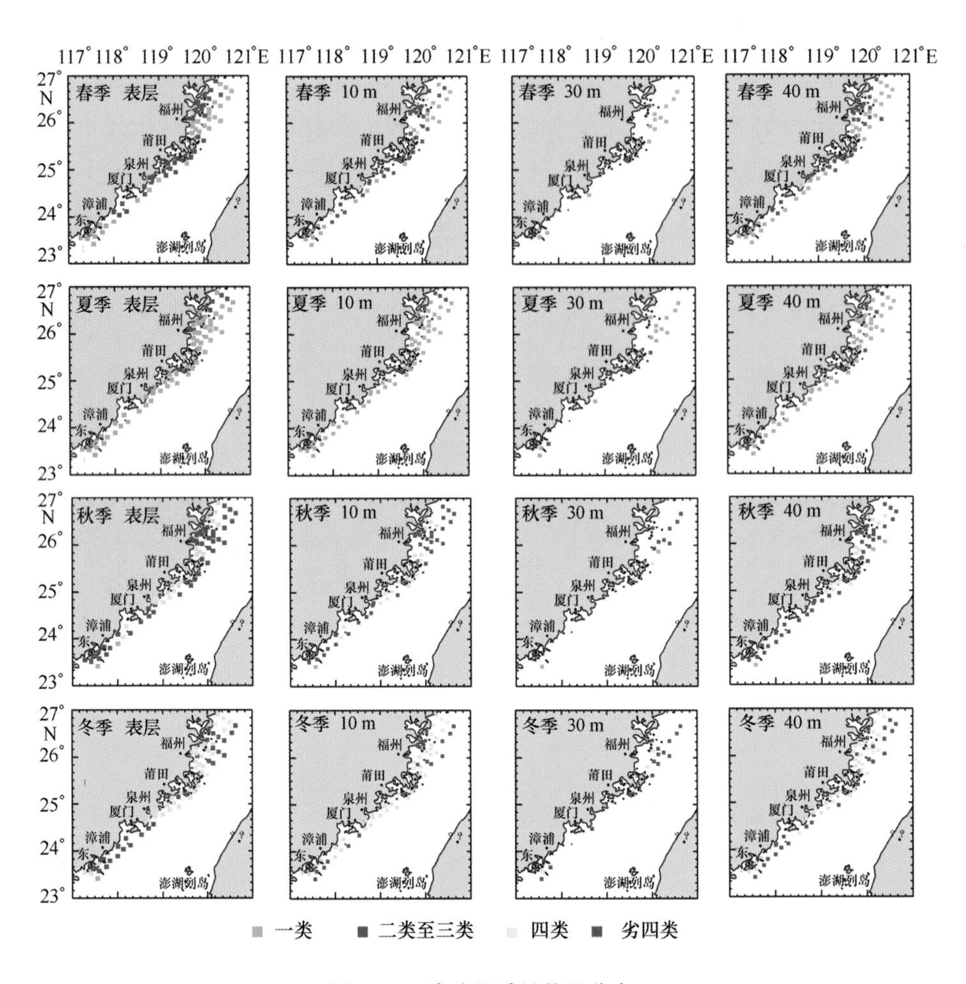

图 1.28　磷酸盐质量状况分布

春季，福建近海磷酸盐含量基本处于一类或二类至三类水平。表层，泉州湾至海坛岛近岸海域，以及闽江口及其以北海域磷酸盐含量大多处于三类及以上水平，四类和劣四类水平站位出现在闽江口附近海域；10 m 层，磷酸盐含量处于三类水平的站位分布除东山岛附近以外的大部分近岸海域；30 m 层，兴化湾和三沙湾磷酸盐含量处于三类水平；底层，磷酸盐质量状况分布与 10 m 层分布大体类似。

夏季，福建近海磷酸盐含量基本处于一类；磷酸盐含量处于二类至三类水平的个别站位主要分布闽江口、三沙湾及东山附近海域。

秋季，福建近海磷酸盐含量基本处于二类至三类或四类水平。表层，磷酸盐处于四类水平的站位主要分布在泉州湾及其以北近岸海域，其中处于劣四类水平站位出现在闽江口及三沙湾近岸海域；10 m 层，磷酸盐质量分布与表层类似；30 m 层，处于四类水平的站位位于兴化湾和海坛岛附近，而三沙湾磷酸盐含量处于劣四类水平；底层，磷酸盐含量处于四类水平的站位主要分布在湄洲湾及其以北海域，处于劣四类水平站位处于三沙湾附近海域。

冬季，福建近海磷酸盐含量基本处于二类至三类或四类水平。表层，磷酸盐处于四类水平的站位主要分布在泉州湾及其以北近岸海域，其中处于劣四类水平站位出现在闽江口及三沙湾近岸海域；10 m 层，磷酸盐质量分布与表层类似，但四类水平分布在福建近海 30 m 层，处于四类和劣四类水平的站位主要位于闽江口及三沙湾近岸海域；底层，磷酸盐质量分布状况与表层类似。

3）重金属和石油类

福建近海水体中镉在0.004～0.080 μg/L，平均值为0.024 μg/L；水体中铅在未检出～0.294 μg/L，平均值为0.053 μg/L；水体中砷在1.0～5.4 μg/L，平均值为2.6 μg/L；水体中铜在0.18～1.38 μg/L，平均值为0.543 μg/L；水体中锌在0.179～3.80μg/L，平均值为0.712 μg/L；水体中总铬在未检出～0.617 μg/L，平均值为0.103 μg/L。上述重金属在福建近海水体中含量均处于一类水平。

福建近海水体中汞在0.003～0.076 μg/L，平均值为0.016 μg/L；石油类含量在3.9～149.1 μg/L，平均值为20.65 μg/L；汞和石油类平均值符合海水水质一类标准。春、夏、冬季各调查站位的汞含量均为一类水平，秋季仅在闽江口附近出现符合二类至三类水平的站位，其余站位汞含量亦处于一类水平。石油类质量分布也仅在秋季浮头湾附近出现处于三类水平站位，其他季节福建近海水体中石油类均处于一类至二类水平（见图1.29，图1.30）。

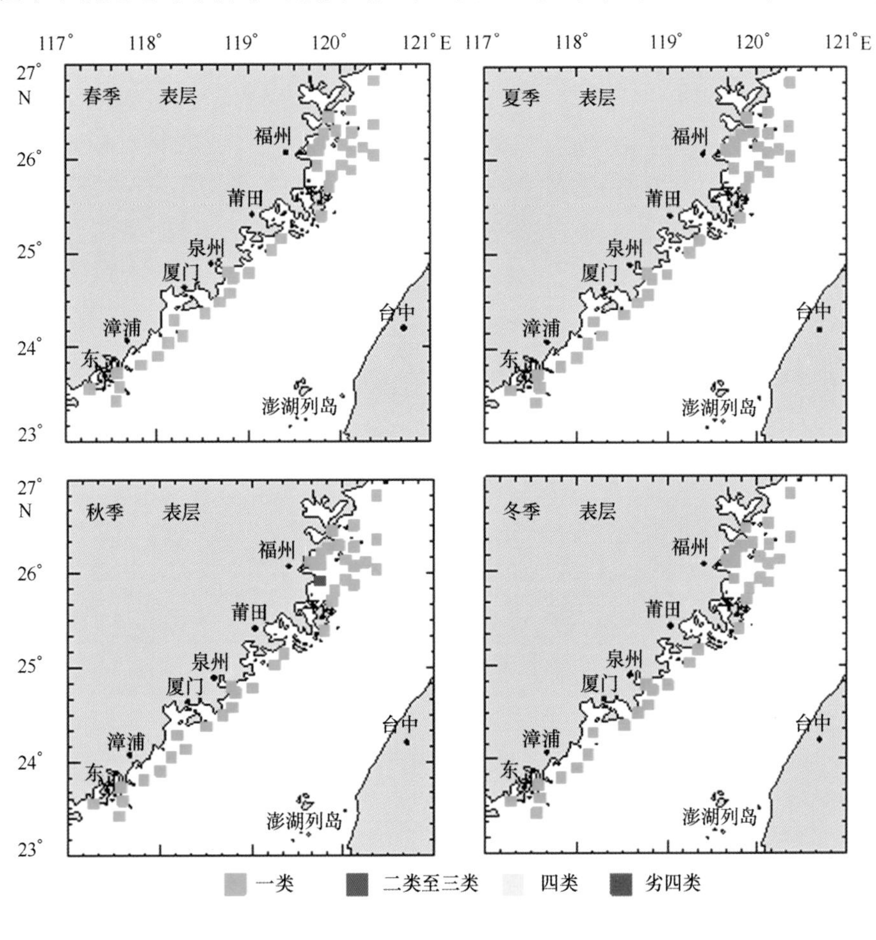

图1.29 汞质量状况分布

1.6.2 沉积化学

沉积物中化学要素的丰度及其变化特征是沉积环境最基本的特征之一，各要素的含量及

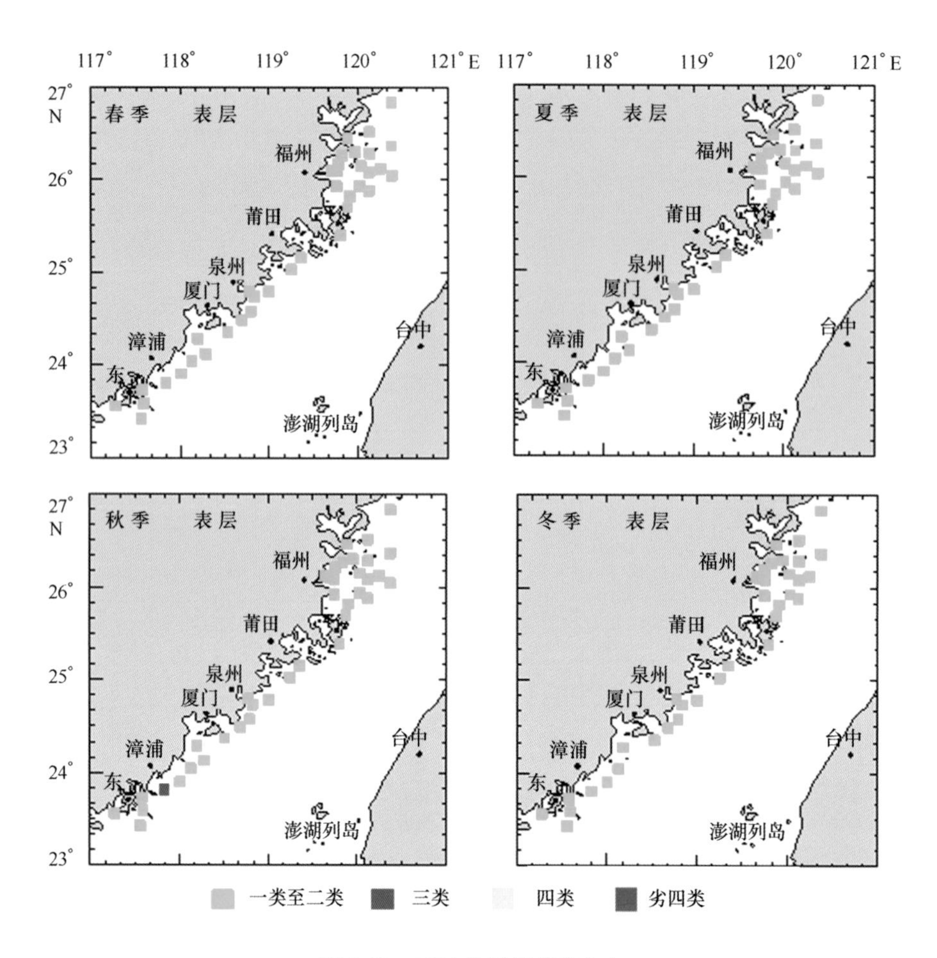

图 1.30 石油类质量状况分布

其变化受物质来源和沉积过程与成岩过程一系列复杂的、彼此相关的因素，其中包括沉积物矿物类型的相互比例、元素进入海洋的途径、元素加入沉积物的机制等，以及由这些因素彼此相关作用而产生的沉积作用模式。因此，沉积物化学要素的调查研究，是认识特定海区沉积环境的一个重要途径。福建近海表层沉积物化学要素的含量分布特征值见表 1.44。

表 1.44 福建近海沉积物统计特征值

特征值	硫化物/（×10⁻⁶）	有机质/（%）	总氮/（%）	总磷/（%）	Eh/mV	油类（10⁻⁶）	汞/（×10⁻⁶）
最小值	4.15	0.09	0.095 0	0.010 9	-96.50	<检测限	<检测限
最大值	354	1.90	1.2480	0.044 7	490.3	101.4	0.153
平均值	112	1.23	0.809	0.033 4	163.3	37.1	0.047
特征值	铜/（×10⁻⁶）	铅/（×10⁻⁶）	锌/（×10⁻⁶）	镉/（×10⁻⁶）	铬/（×10⁻⁶）	砷/（×10⁻⁶）	
最小值	3.03	4.11	20.07	0.020 8	1.30	4.2	
最大值	32.0	99.8	140	0.143	27.7	14.4	
平均值	17.6	23.0	83.4	0.045 2	14.2	8.6	

1.6.2.1 沉积化学要素分布规律

1）有机质

沉积物中有机质系陆源有机物和海洋生物产生的有机物质在沉积、成岩过程中未被矿化的残留有机物质。福建近海有机质含量介于0.09%～1.90%之间，平均为1.23%，区域变化较小。其有机碳平面分布见图1.31：表现出近岸高远岸低、北部高南部低的特征；低值区主要分布在台湾浅滩附近海域，含量小于0.2%；而近岸高值区主要分布在厦门至泉州湾之间、闽江口至三沙湾之间海域，含量大于0.8%。

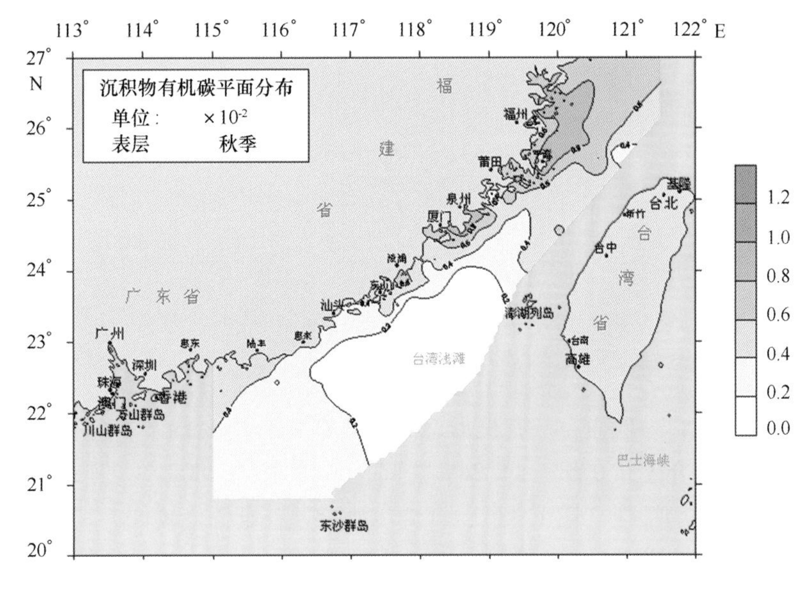

图1.31 有机碳平面分布

2）硫化物

硫是重要的生源要素之一，它与碳、氢、氮、氧构成生物机体的基本组成。自然界中硫主要贮存在岩石圈。硫在自然界以多种价态存在。海水中硫主要以硫酸盐存在，并成为海水的常量成分之一。河流的输入是海水中硫酸盐的重要来源。人类的矿物燃料燃烧，向大气释放大量的二氧化硫，经降雨过程以及亚硫酸盐和硫酸盐形式进入海洋，因此，大气输入也是沿海区域硫的重要来源。海洋中浮游植物、细菌可以从海水中吸收硫酸盐、并转化为有机。海洋沉积物中硫是海水中颗粒硫酸盐和有机硫化物沉积的结果。在富氧条件下，沉积物中硫主要以硫酸盐形式存在；在缺氧条件下，硫酸盐作为氧源利用而被还原，因此，在缺氧条件下，硫化物含量急剧增加。

福建近海沉积物中硫化物含量在4.15×10^{-6}～354×10^{-6}之间，平均为112×10^{-6}；其硫化物平面分布见图1.32：表现出近岸高远岸低、北部高南部低的特征；近岸高值区主要分布在东山至厦门湾之间、闽江口外海域，其含量大于200×10^{-6}；而在南部远岸区，硫化物含量大多小于30.0×10^{-6}。

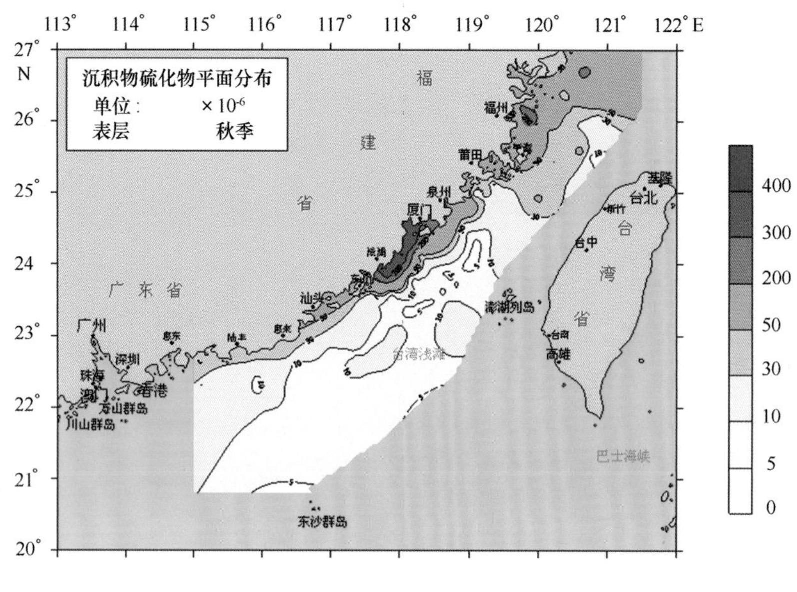

图 1.32　硫化物平面分布

3）总氮

氮是重要的生源要素之一。沉积物中总氮包括有机和无机两种形态，各形态所占比例依沉积成岩条件不同而异，一般而言，有机形态占总氮 85% ~90% 。

福建近海总氮含量介于 0.095% ~1.24% 之间，平均值为 0.809% ；分布上表现为北部高于南部、近岸高于远岸的特征（图 1.33）；台湾浅滩附近总氮含量较低，其含量小于 0.20% ；近岸总氮含量高值主要分布在东山岛附近、厦门湾至泉州湾近岸、海坛岛以东及闽江口以北近岸局部海域，其值大于 1.0% 。

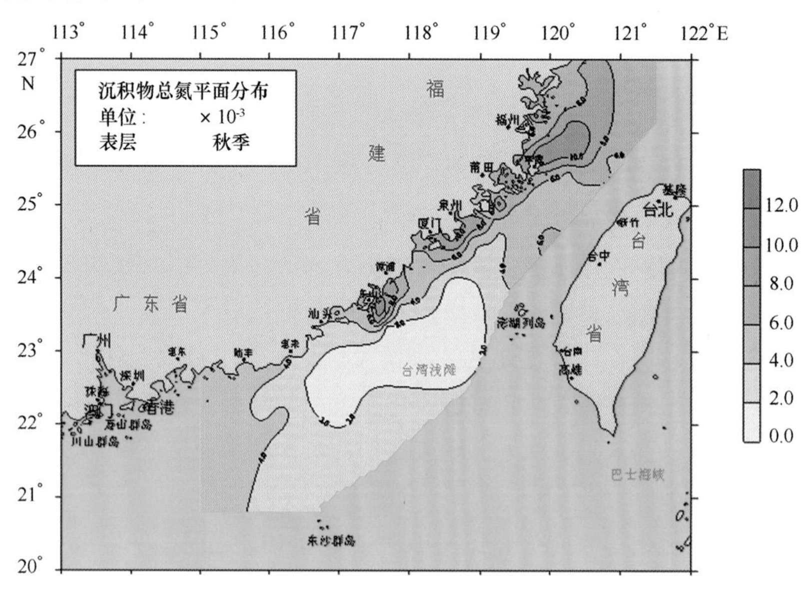

图 1.33　总氮平面分布

4）总磷

磷是重要的生源要素之一。海洋沉积物中的磷来源于生源物质。一般认为，海洋沉积物中磷主要与生源碳酸盐有关。

福建近海沉积物中总磷介于0.010 9%～0.044 7%之间，平均为0.033 4%；其北部沉积物总磷含量较南部含量高；台湾浅滩附近海域总磷含量较低，其含量小于0.015%；福建近岸总磷高值区主要分布在东山岛附近、厦门湾至泉州湾近岸（图1.34）。

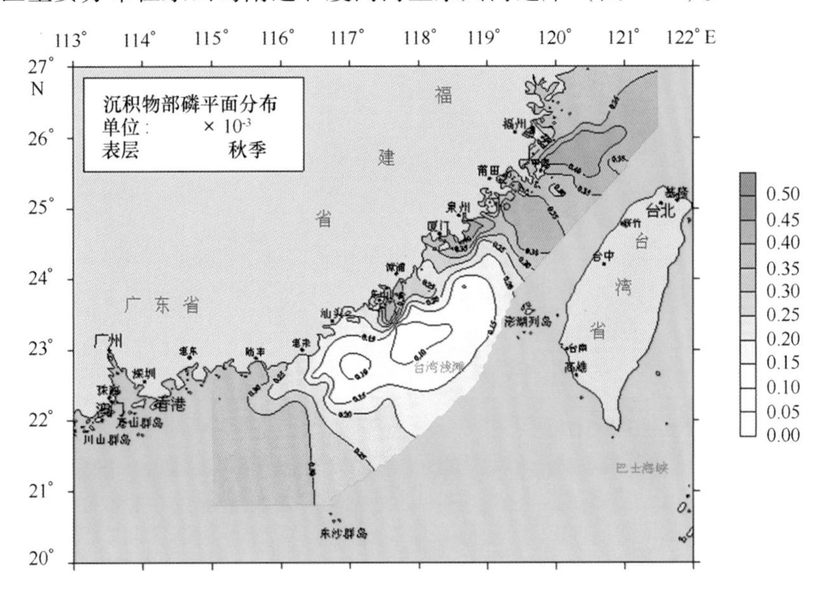

图1.34　总磷平面分布

5）石油类

海水中石油主要来源于海上石油开采、船舶排污；油轮压舱水排放和运输业也是海洋石油污染的重要来源。福建近海沉积物中石油类含量介于检测限～101.4×10^{-6}之间，平均值为37.1×10^{-6}；福建近海沉积物石油类含量基本表现出北部高南部低；近岸高、远岸低的特点（图1.35）；澎湖列岛、台湾浅滩附近海域沉积物中石油类含量较低，其含量小于2.0×10^{-6}；近岸沉积物石油类高值主要分布在东山岛附近海域、厦门湾至泉州湾海域、闽江口以北局部海域；海坛岛东北侧调查海区中部区域沉积物石油类含量亦较高。

6）Eh值

Eh值通称氧化还原电位，反映氧化还原反应强度的指标。福建近海海洋沉积物Eh值介于－96.50～490.3 mV之间，平均值为163.3 mV；福建近岸海洋沉积物氧化还原电位低值主要分布在浮头湾、泉州湾至海坛岛之间近岸海域，其氧化还原电位小于100.0 mV；在厦门湾至澎湖列岛之间的中部海域，存在氧化还原电位大于400 mV的高值区（图1.36）。

7）汞

汞是地壳中含量很微（平均含量为0.080 μg/g）的痕量元素之一，但在许多重金属矿区

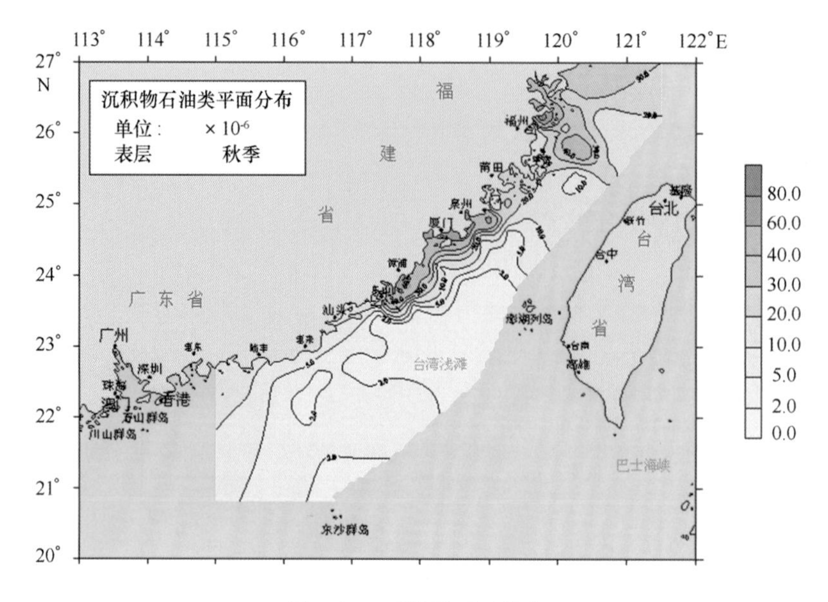

图 1.35 石油类平面分布

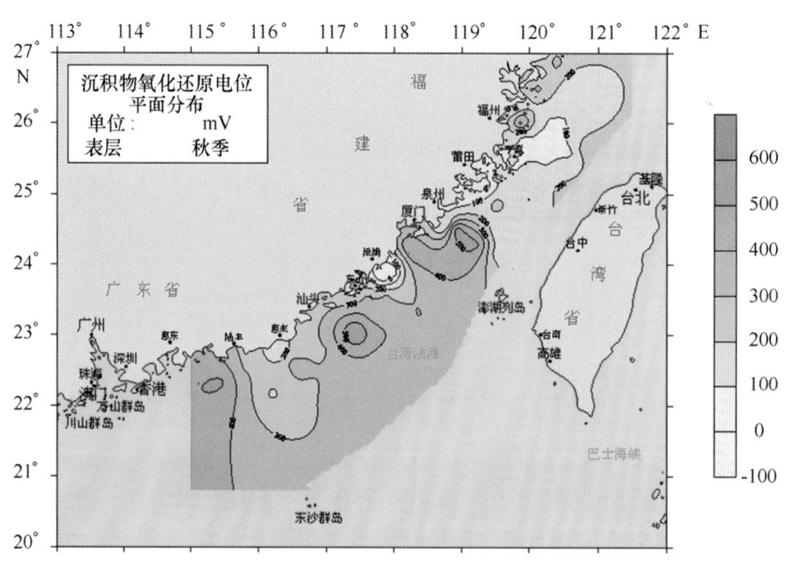

图 1.36 Eh 值平面分布

存在汞的富集现象。海洋沉积物中汞的主要来源于河流输入的陆源矿物的携带、沉积，以及含汞工业废水排入。

福建近海沉积物中汞含量介于检测限 ~ 0.153×10^{-6}之间，平均为 0.047×10^{-6}；其含量分布变现出北高南低，近岸高远岸低的分布特征。福建近岸东山岛附近、厦门湾至泉州湾近岸、湄洲湾口及其以北近岸区域海洋沉积物中汞含量较高；其中海坛岛附近海域以及闽江口外局部海域汞含量最高，其含量大于 0.060×10^{6}；而在台湾浅滩附近海域海洋沉积物中汞含量较低，其含量小于 0.005×10^{-6}（图 1.37）。

8）铜

铜是地壳中的痕量元素之一，海洋沉积物中铜通常来源于陆地风化岩石的碎屑和含铜废

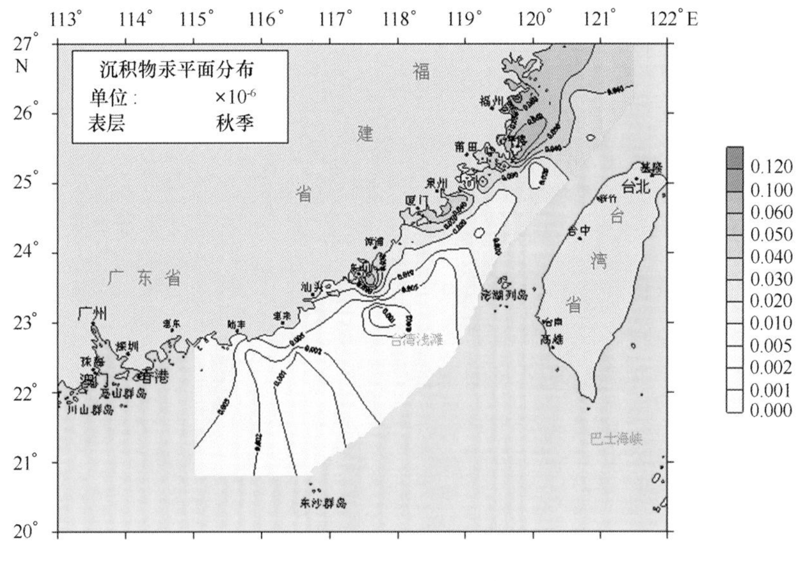

图 1.37　汞平面分布

水，这些物质随大陆径流进入海洋，并最终沉积于海域底部沉积物中。含铜废水排海后，会迅速被水中悬浮颗粒吸附、结合，粗颗粒沉积于近岸海区，细颗粒在远处沉积。

福建近海海洋沉积物种铜含量介于铜含量在 $3.03\times10^{-6}\sim32.0\times10^{-6}$之间，平均为 17.6×10^{-6}；其含量分布表现出近岸高远岸低，北部高南部低的特征（图 1.38）；其含量大于 15.0×10^{-6}的区域主要分布在东山岛附近、厦门湾至泉州湾附近、兴化湾以北近岸区域，其中闽江口外、海坛岛以北局部区域铜含量大于 25.0×10^{-6}。

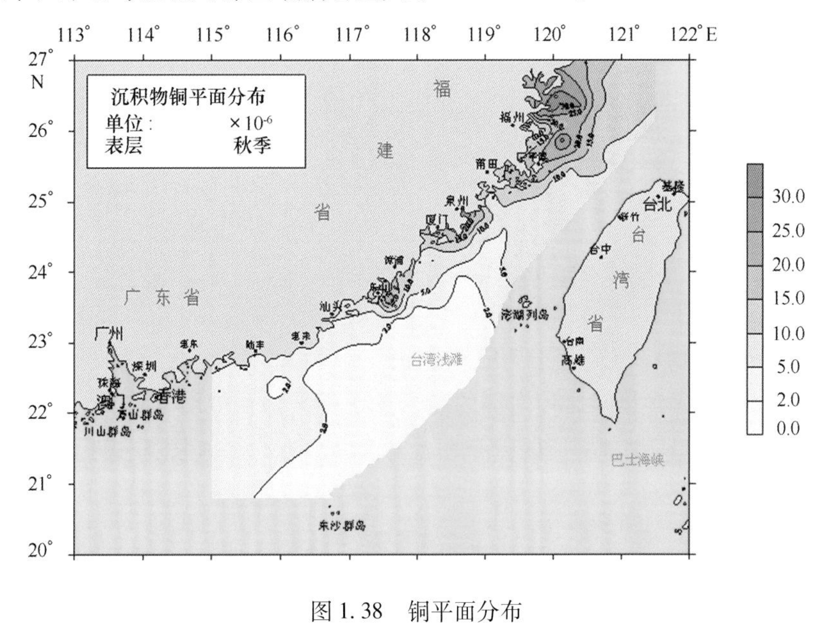

图 1.38　铜平面分布

9）铅

铅是地壳中的痕量元素之一，海洋环境中的铅来源于陆地岩石风化和人类活动。含有痕量铅的风化岩石碎屑经由河流注入海岸。人类活动引入的铅主要是汽车内燃机的排气。在内燃机中铅以烷基铅形式作抗爆剂，汽油燃烧后，约有75%的铅排入大气。注入大气层中的铅以气溶胶形式存在，并可经由大气传输至远处。大气中的铅通过干尘降落，或通过雨水淋洗返回地面。许多沿岸海域受铅气溶胶注入影响，已显著改变了表层海水中铅含量。注入海水表层的铅很快被结合进固体悬浮物，进而迅速沉降入沉积物中。

福建近海海洋沉积物中铅含量介于 $4.11\times10^{-6}\sim99.8\times10^{-6}$ 之间，平均为 23.0×10^{-6}；近岸海域沉积物中铅含量普遍较高，大部海域铅含量大于 20.0×10^{-6}，其中，东山岛、泉州湾和海坛岛附近海域以及闽江口以南局部海域海洋沉积物中铅含量大于 40.0×10^{-6}；而在台湾浅滩附近海域则存在铅含量低值区（图 1.39）。

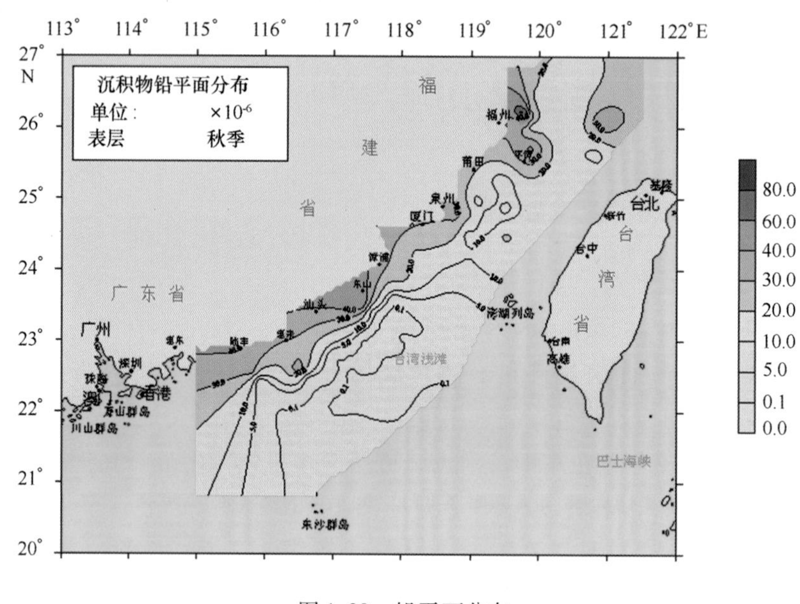

图 1.39　铅平面分布

10）锌

锌是地壳微量元素，锌通过大气、河流和废水排放等途径进入海洋。在近海水中，相当大一部分锌以颗粒态存在。结合于颗粒中的锌将随颗粒沉降而沉积于底部沉积物中。

福建近海海洋沉积物锌含量介于 $20.07\times10^{-6}\sim140\times10^{-6}$ 之间，平均值为 83.4×10^{-6}；福建近海北部沉积物中锌含量明显较南部的高；近岸锌高值主要分布在闽江口以北区域，其含量大于 120.0×10^{-6}；锌含量低值区分布在台湾浅滩附近海域（图 1.40）。

11）镉

镉是地壳中的痕量金属之一，海洋中镉主要来自河流、大气输入。由径流进入海洋的镉绝大部分（约87%）以溶解形态存在，这部分镉大部分可到达开阔大洋。溶解态镉常被悬浮颗粒物吸附，与颗粒物中原存的镉构成颗粒形态镉。颗粒镉中约有90%沉积于陆架，约有10%被带到开阔大洋沉积于深海底部。大气输入是开阔大洋海水中镉的一个重要来源。

福建近海海洋沉积物中镉介于 $0.0208\times10^{-6}\sim0.143\times10^{-6}$ 之间，平均值为 0.0452×10^{-6}；低值主要分布在南部台湾浅滩附近；近岸高值主要分布在东山岛以及闽江口附近海域，

其含量高于 0.06×10^{-6}（图 1.41）。

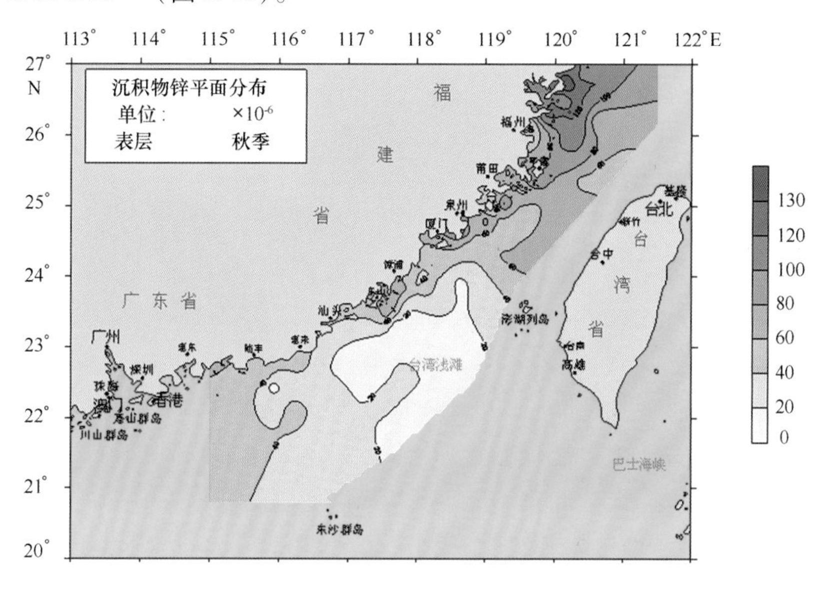

图 1.40 锌平面分布

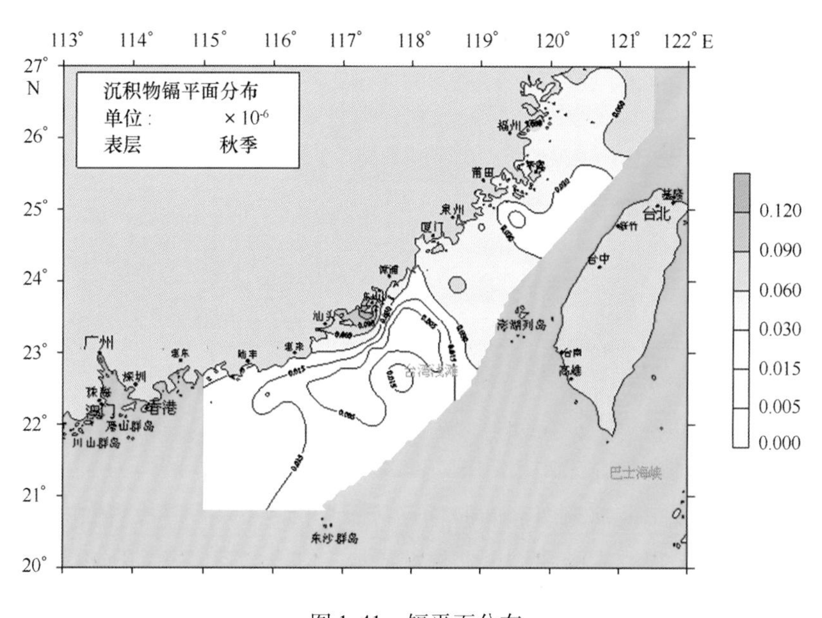

图 1.41 镉平面分布

12）铬

陆地岩石经风化、雨水冲刷溶解，由河流携带或风送进海洋，构成海洋中铬的重要来源；工业废水和生活污水向海洋排放也可能构成局部海区铬的重要来源。海水铬可分为溶解态和颗粒态。颗粒态铬可以是与某些重金属氢氧化物共沉淀或共结晶；或是吸附在胶体物上；或存在于有机、无机颗粒以及黏土矿物晶格中。这些颗粒中的铬最终沉降到海底。

福建近海沉积物中铬含量介于 1.30×10^{-6} ~ 27.7×10^{-6} 之间，平均值为 14.2×10^{-6}；福建近海沉积物铬含量基本表现出北部高南部低，近岸高远岸低的特点（图 1.42）；近岸沉积

物铬高值主要分布在东山岛、泉州湾、湄洲湾以及海坛岛以南海域，其含量大于 15×10^{-6}。

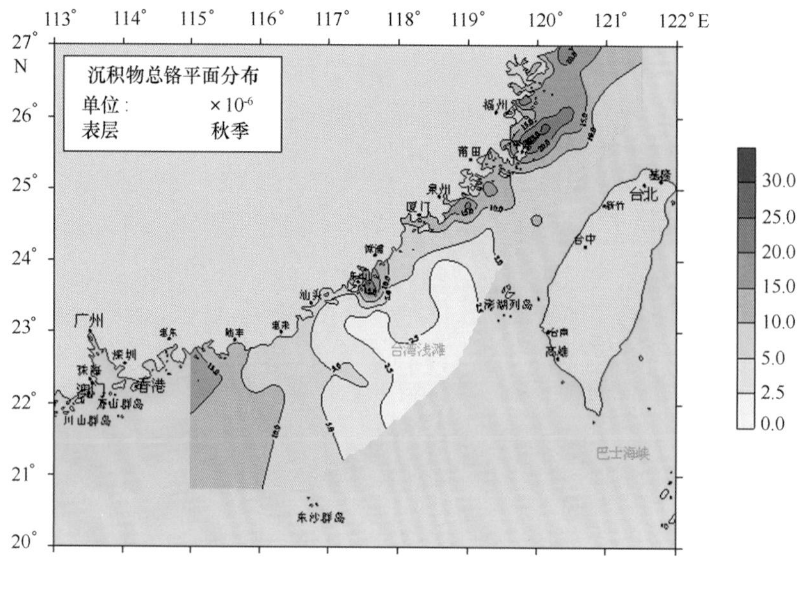

图 1.42　铬平面分布

13）砷

砷是地壳中的痕量元素之一，砷广泛存在于自然界中，已知自然界存在有百余种含砷矿物，在矿物中砷酸盐与磷酸盐具有相似的结构形态，常呈同晶型物存在。

海洋中砷来自陆源岩石风化和人类活动，经由河流、大气等途径进入海洋。海洋环境中砷的含量受到生物、化学、物理过程所控制。砷不是海洋生物必需元素，但生物活动影响着砷的化学价态与存在形态。海洋浮游生物摄取砷酸盐之后，在体内转化为有机砷化合物。砷可在海洋各营养阶生物中累积。藻类、浮游生物和其他海洋生物中，砷主要以有机砷存在，在海洋沉积物中砷主要以无机砷形态存在。

福建近海沉积物中砷含量介于 $4.2\times10^{-6}\sim14.4\times10^{-6}$ 之间，平均为 8.6×10^{-6}。福建近海沉积物砷含量基本表现出北部高南部低的特点；海洋沉积物砷含量高值出现在海坛岛附近和闽江口以北近岸海域，以及澎湖列岛以北局部海域；其含量高于 10.0×10^{-6}（图 1.43）。

1.6.2.2　海洋沉积化学质量评价

海洋沉积化学调查结果评价，采用单因子评价方法。计算公式为：

$$P_i = C_i / S_i$$

式中：P_i——i 污染物的污染指数；C_i——污染物 i 的实测值；S_i——污染物 i 的标准值。

福建近海 37 个海洋沉积物调查站位中，汞含量在检测限 $\sim0.153\times10^{-6}$ 之间，平均为 0.047×10^{-6}；镉含量在 $0.0208\times10^{-6}\sim0.143\times10^{-6}$ 之间，平均为 0.0452×10^{-6}；铅含量在 $4.11\times10^{-6}\sim99.8\times10^{-6}$ 之间，平均为 23.0×10^{-6}；锌含量在 $20.07\times10^{-6}\sim140\times10^{-6}$ 之间，平均为 83.4×10^{-6}；铜含量在 $3.03\sim32.0\times10^{-6}$ 之间，平均为 17.6×10^{-6}；铬含量在 $1.30\times10^{-6}\sim27.7\times10^{-6}$ 之间，平均为 14.2×10^{-6}；有机质含量在 0.09% ~1.90% 之间，平均为

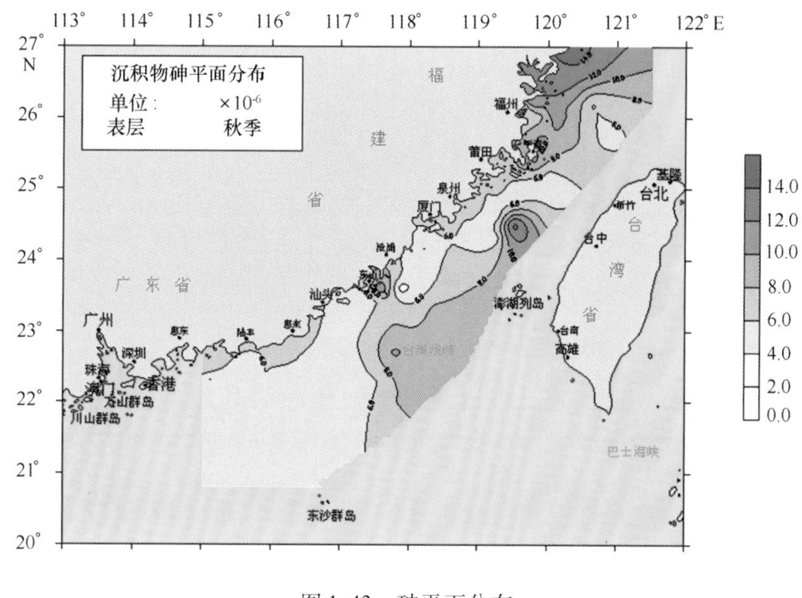

图 1.43 砷平面分布

1.23%；砷含量在 $4.2\times10^{-6}\sim14.4\times10^{-6}$ 之间，平均为 8.6×10^{-6}。上述要素均符合中华人民共和国国家标准《海洋沉积物质量标准》GB 18688—2002 中的一类标准。

福建近海 37 个海洋沉积物调查站中，硫化物含量含量在 $4.15\times10^{-6}\sim354\times10^{-6}$ 之间，平均为 112×10^{-6}。其中 33 个站符合一类沉积物质量标；4 个站符合二类沉积物质量标准，主要分布在厦门湾至东山岛之间近岸海域，其具体质量分布见图 1.44。

1.6.3 生物质量

福建近海海洋生物质量各要素含量分布特征如下：①贝类体内含量最高、藻类体内含量其次、鱼类体内含量最低的要素包括：铜、铅、锌、镉、铬；②贝类体内含量最高、鱼类体内含量其次、藻类体内含量最低的要素是石油类；③鱼类体内含量最高、贝类体内含量其次、藻类体内含量最低的要素是汞；④藻类体内含量最高、贝类体内含量其次、鱼类体内含量最低的要素是砷，见表 1.45。

表 1.45 生物质量调查统计特征值 10^{-6}

生物种类	特征值	汞	铜	铅	锌	镉	铬	砷	石油烃
贝类	最小值	0.008	1.44	<检测限	10.6	0.18	0.056	0.28	8.5
	最大值	0.028	561	0.230	379	1.32	1.11	0.89	35.3
	平均值	0.015	50.4	0.042	114	0.53	0.204	0.50	20.0
藻类	最小值	0.000 8	0.694	<检测限	3.32	0.025	0.013	0.17	1.0
	最大值	0.018	2.76	0.194	7.57	1.01	1.167	3.00	4.0
	平均值	0.004 4	1.30	0.028	4.75	0.19	0.181	1.71	2.1
鱼类	最小值	0.014	<检测限	<检测限	1.33	<检测限	<检测限	0.18	3.3
	最大值	0.034	1.75	0.050	7.18	0.0021	0.024	0.62	24.9
	平均值	0.021	0.592	0.020	3.95	0.0015	0.006 6	0.41	7.6

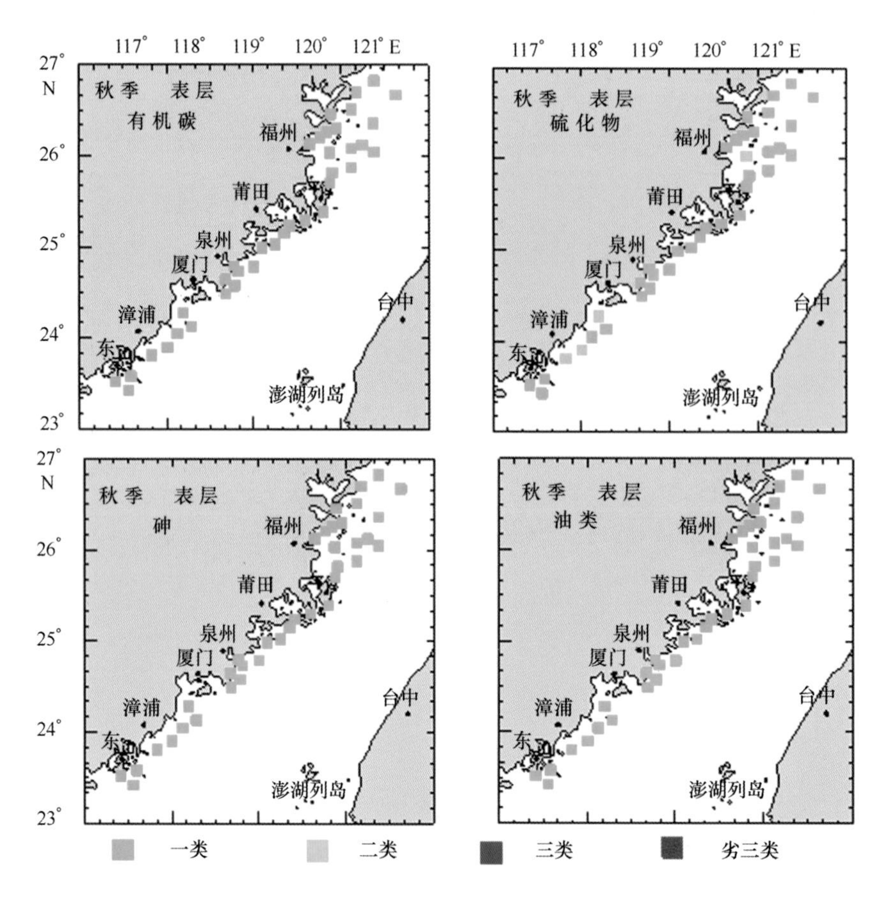

图 1.44 部分沉积物要素质量分布

福建近海海洋生物质量采用单因子评价方法。计算公式为：

$$P_i = C_i / S_i$$

式中：P_i——i 污染物的污染指数；C_i——污染物 i 的实测值；S_i——污染物 i 的标准值。

由于《海洋生物质量标准》GB 18421—2001 仅限于对贝类生物的质量评价，因此，在此仅对福建近海贝类进行质量评价。由表 1.46 和图 1.45 可知：

福建近海贝类中汞含量在 $0.008 \times 10^{-6} \sim 0.028 \times 10^{-6}$ 之间，平均为 0.015×10^{-6}，其含量均符合海洋生物质量一类标准。

表 1.46 贝类生物隶属不同质量等级站位数

项目	调查站位数	隶属生物质量等级站位数			
		一类	二类	三类	劣三类
汞	20	20	—	—	—
镉	20	1	19	—	—
铅	20	17	3	—	—
砷	20	20	—	—	—
铜	20	5	7	6	2
锌	20	3	1	16	—
石油类	20	5	15	—	—

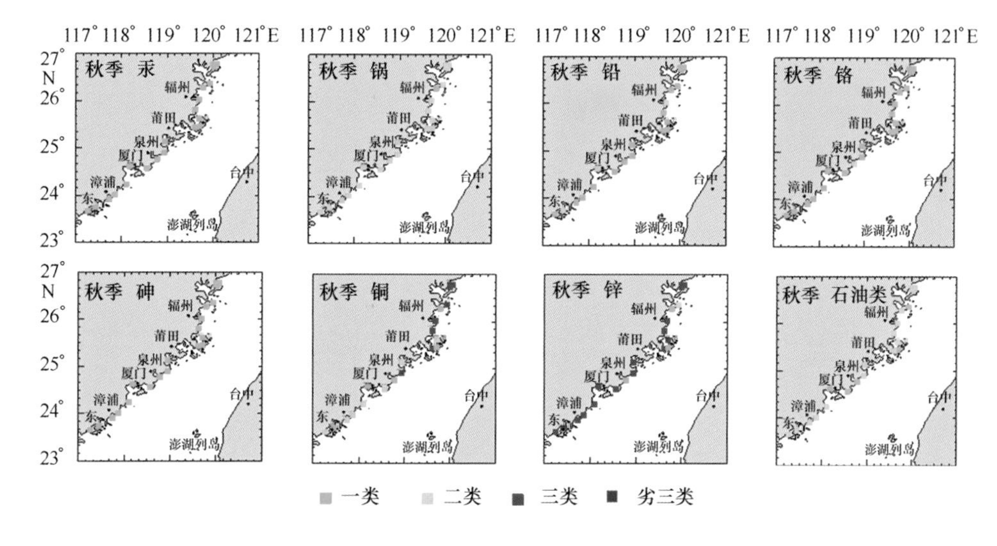

图 1.45 生物体质量状况分布

贝类中镉含量在 $0.18\times10^{-6}\sim1.32\times10^{-6}$之间，平均为 0.53×10^{-6}均值符合海洋生物二类标准；20 个调查站位中有 19 个站位处于二类水平，1 个站位处于一类水平。

贝类中铅含量在检测限 $\sim0.230\times10^{-6}$之间，平均为 0.042×10^{-6}，均值符合海洋生物质量一类标准；20 个调查站位中 17 个处于一类水平，3 个处于二类水平。

贝类中砷含量在 $0.28\times10^{-6}\sim0.89\times10^{-6}$之间，平均为 0.50×10^{-6}；均值符合海洋生物质量一类标准；20 个调查站位中均处于一类水平。

贝类中铜含量在 $1.44\times10^{-6}\sim561\times10^{-6}$之间，平均为 50.4×10^{-6}，均值符合海洋生物质量三类标准；20 个调查站位中，5 个处于一类水平，7 个处于二类水平，6 个处于三类水平，2 个处于劣三类水平。

贝类中锌含量在 $10.6\times10^{-6}\sim379\times10^{-6}$之间，平均为 114×10^{-6}，均值符合海洋生物质量三类标准；20 个调查站位中，3 个处于一类水平，1 个处于二类水平，16 个处于三类水平。

贝类中石油烃含量在 $8.5\times10^{-6}\sim35.3\times10^{-6}$之间，平均为 20.0×10^{-6}；均值符合海洋生物质量二类标准。20 个调查站位中，5 个处于一类水平，15 个处于二类水平。

贝类中铬含量在 $0.056\times10^{-6}\sim1.11\times10^{-6}$之间，平均为 0.204×10^{-6}，均值符合海洋生物质量一类标准；20 个调查站位中，19 个处于一类水平，1 个处于二类水平。

1.7 滨海湿地

1.7.1 类型

福建滨海湿地以自然湿地为主，面积约 3 445.92 km^2，占总滨海湿地面积的 81.49%。自然湿地中粉砂淤泥质海岸类型的滨海湿地分布面积广，面积为 1 724.02 km^2，占自然湿地面积的 50.03%；其次为浅海水域湿地，面积为 971.04 km^2，占自然湿地面积的 28.18%；红树林沼泽湿地面积最小，面积仅 2.48 km^2，仅占自然湿地面积的 0.07%。人工湿地面积约 782.96 km^2，占总滨海湿地面积的 18.51%，其中养殖池塘面积最大，面积 496.69 km^2，占人工湿地面积的63.44%；其次为稻田，面积为213.71 km^2，占人工湿地面积的27.30%；人工湖泊湿地面积最小，面积仅1.95 km^2，占人工湿地面积的0.25%。

1.7.2 分布特征

从全省沿海各市滨海湿地分布情况看，福州市滨海湿地面积最大，总面积1 306.22 km^2，其中自然湿地面积1 111.64 km^2，人工湿地面积194.58 km^2；其次为宁德市，滨海湿地总面积863.66 km^2，其中自然湿地面积717.23 km^2，人工湿地面积146.43 km^2；再次为漳州市，滨海湿地总面积729.63 km^2，其中自然湿地面积557.41 km^2，人工湿地面积172.22 km^2；厦门市滨海湿地面积最小，总面积为195.15 km^2。

1）粉砂淤泥质海岸湿地

自然湿地中，沿海各市均以粉砂淤泥质海岸湿地分布面积最大，在全省的主要分布状况为：①宁德市：粉砂淤泥质海岸湿地面积共有401.10 km^2，其中蕉城区79.46 km^2，福安市46.04 km^2，霞浦县213.88 km^2，福鼎市61.72 km^2，该类型湿地目前主要用于贝类养殖；②福州市：粉砂淤泥质海岸主要分布在福清市和连江县，面积约为539.19 km^2，以福清市居多，粉砂淤泥质海岸湿地主要用来养殖海蛎、蚶类、蛤类、蛏蛏等；③莆田市：荔城、秀屿、涵江、城厢区以及仙游县的海岸带上都有粉砂淤泥质海岸类型的湿地分布，面积为240.88 km^2，该类型湿地主要用于养殖；④泉州市：粉砂淤泥质海岸湿地在各海湾均有分布，总面积为212.62 km^2，主要用于养殖蛏蛏等；⑤厦门市：海沧、集美、翔安的海岸带上都有粉砂淤泥质海岸分布，面积为78.59 km^2，底质以淤泥为主，目前主要发展滩涂养殖；⑥漳州市：粉砂淤泥质海岸湿地主要分布在漳浦县的旧镇港、后江港、云霄县的漳江入海口、诏安县的宫口港等地区，总面积251.64 km^2，主要发展产业为滩涂养殖（见表1.47）。

表1.47 福建省滨海湿地面积汇总　　单位：km^2

湿地类型		宁德	福州	莆田	泉州	厦门	漳州	全省合计
自然湿地	粉砂淤泥质海岸	401.10	539.19	240.88	212.62	78.59	251.64	1724.02
	红树林沼泽	0.12	0.04	0.03	0.41	0.22	1.68	2.48
	河口水域	45.14	113.66	1.21	27.42	16.52	32.57	236.52
	浅海水域	153.59	280.28	140.92	180.62	29.82	185.81	971.04
	砂质海岸	32.21	123.62	33.44	60.60	3.45	75.98	330.31
	基岩海岸	6.10	8.83	7.00	14.15	0.14	9.17	45.39
	滨海沼泽	78.97	46.02	0.15	10.45	0.00	0.56	136.16
	小计	717.23	1 111.64	423.63	506.27	128.74	557.41	3 445.92
人工湿地	水库	0.17	1.72	0.03	0.41	2.94	0.06	5.33
	稻田	67.44	35.51	55.17	14.55	3.08	37.96	213.71
	人工湖泊	0.00	0.12	0.00	0.04	1.73	0.06	1.95
	养殖池塘	78.41	146.62	44.16	36.05	58.66	132.78	496.69
	盐田	0.41	10.61	31.89	21.01	0.00	1.36	65.28
	小计	146.43	194.58	131.25	72.07	66.41	172.22	782.96
湿地面积合计		863.66	1 306.22	554.88	578.34	195.15	729.63	4 228.89

2）浅水海域

浅水海域是面积仅次于粉砂淤泥质海岸湿地的一种自然湿地，在全省的主要分布状况为：①宁德市：全市浅海面积153.59 km^2，其中蕉城区41.68 km^2，福安市25.05 km^2，霞浦县61.63 km^2，福鼎市25.22 km^2；②福州市：福州浅海水域面积共280.28 km^2，主要分布于兴化湾、海坛海峡、福清湾、闽江口、黄岐湾、罗源湾等附近浅海海域；③莆田市：主要分布在秀屿港、湄洲湾、平海湾、兴化湾，面积为140.92 km^2；④泉州市：主要分布于泉州沿岸周围，面积180.62 km^2；⑤厦门市：主要分布于海沧、集美杏林湾、环东海域、翔安大小嶝岛附近海域，面积为29.82 km^2；⑥漳州市：主要分布于厦门湾、浮头湾、东山湾、诏安湾附近浅海海域，总面积185.81 km^2。

3）河口水域

河口水域主要分布在河流入海口处。由于沿海各市河流数目及河流规模不同，河口水域分布差异也较大。全省河口水域主要分布状况为：①宁德市：面积为45.14 km^2，主要分布在白马河口附近，其他地区分布面积较小；②福州市：面积为113.66 km^2，主要分布在闽江河口、鳌江河口及龙江河口附近，其他地区分布面积很小；③莆田市：面积仅为1.21 km^2，主要分布在莆田市涵江区、秀屿区、荔城区、城厢区和仙游县沿岸小型河流的入海口处；④泉州市：面积27.42 km^2，以晋江河口水域面积最大，其次是洛阳江河口；⑤厦门市：面积为16.52 km^2，主要分布在海沧的九龙江入海口，在同安湾内及围头湾内也有小片河口水域分布；⑥漳州市：面积为32.57 km^2，主要分布于龙海市九龙江河口、云霄县漳江河口等区域，在港湾内也有小片河口水域分布。

4）滨海沼泽

福建滨海沼泽较多是以草本沼泽为主，草本植物多以互花米草、芦苇和香蒲为主，总面积为136.16 km^2。全省滨海沼泽主要分布状况为：①宁德市：面积78.97 km^2，沼泽植物以互花米草为主，其分蘖力强，繁殖迅速，促进淤积，但对滩涂养殖产生较大影响；②福州市：在沿海各地都有分布，总面积46.02 km^2，其中连江县沼泽植物以互花米草为主，面积13.96 km^2；闽江河口沼泽植物种类主要有芦苇、芒、短叶茳芏、藨草、卡开芦、厚藤、铺地黍等；③莆田市：面积0.15 km^2，主要分布在莆田市涵江区的江口镇、仙游县的枫亭镇等地，沼泽植物以互花米草为主；④泉州市：主要分布在港湾内，总面积10.45 km^2，以互花米草为主，其中丰泽区分布面积最大，3.32 km^2，其次为洛阳区，滨海沼泽面积3.15 km^2；⑤厦门市：海岸带地区几乎没有滨海沼泽湿地类型；⑥漳州市：滨海沼泽湿地数量不多，总面积才0.56 km^2，大多集中在龙海九龙江入海口一带沿海，这一地区的滨岸沼泽占了漳州市海岸带滨岸沼泽的65.4%，滨岸沼泽里的植被较多以芦苇、短叶茳芏和互花米草为主。

5）砂质海岸

福建省砂质海岸湿地面积330.31 km^2，主要分布在福州市、漳州市和泉州市，厦门市面积最小。全省砂质海岸湿地主要分布状况为：①宁德市：主要分布在长乐市，面积约有

32. 21 km^2，福鼎、霞浦、福安和蕉城区砂质海岸面积分别为 24. 7 hm^2、14. 9 hm^2 和 3. 3 hm^2；②福州市：面积 123. 62 km^2，主要分布在长乐和连江，面积分别为 68. 18 km^2 和 35. 16 km^2，福清和罗源分布较少，面积分别为 15. 28 km^2 和 0. 92 km^2；③莆田市：主要分布在秀屿区平海镇、埭头镇、东峤乡等地，面积为 33. 44 km^2；④泉州市：分布较多，主要分布在惠安、晋江等岸段，其面积为 60. 60 km^2；⑤厦门市：分布范围很小，总面积为 3. 45 km^2；⑥漳州市：主要分布于漳浦县古雷镇、六鳌镇和龙海的隆教乡沿岸，面积 75. 98 km^2。

6）红树林沼泽

红树林主要生长在低平的淤泥质海岸。福建省红树林主要集中在泉州市和漳州市，其他地区红树林分布较少。福建省的红树林沼泽面积为 2. 48 km^2。全省红树林湿地分布状况为：①宁德市：主要分布在蕉城区飞鸾镇、福安市湾坞镇、福鼎市沙埕镇海滨等地，树种绝大部分是以秋茄林为主，面积 0. 12 km^2，宁德市红树林是中国天然红树林分布的最北端，红树林湿地群落结构较简单，仅秋茄 1 层组成纯林；②福州市：较少，只有依稀的分布，面积 0. 04 km^2，基本上为人工引种，主要分布在福清市和连江县一带，树种较为单一，以秋茄红树林为主；③莆田市：主要分布在仙游县枫亭镇辉煌村、海安村等地，基本上为人工种植，面积非常小，不到 0. 03 km^2，树种比较单一，都是秋茄树种，红树林树种主要源自漳州云霄；④泉州市：较为集中且面积较大，分布在惠安县洛阳镇的西岸，树种绝大部分是以秋茄林为主，为人工种植，该处有小块的红树林育苗；⑤厦门市：主要分布于海沧区青礁村、海沧村以及后井村，集美大学湾和翔安区山亭村的海岸带岸线等地，面积仅 0. 22 km^2；⑥漳州市：主要集中在云霄东厦镇和龙海紫泥等地，总面积 1. 68 km^2，九龙江口红树林保护区的树种较为丰富，主要为秋茄、白骨壤、桐花树和老鼠簕 3 个树种，是我国最大的红树林地之一。云霄县东厦镇竹塔村红树林自然保护区内的红树林种类主要是以秋茄、白骨壤和桐花树为主。

7）基岩海岸

福建省岩石性滨海湿地总面积为 45. 39 km^2，其面积相对其他湿地类型而言相对较小。其中泉州市分布最多，14. 15 km^2，其次为漳州，面积 9. 17 km^2，接下来分别为福州、莆田和宁德，面积分别为 8. 83 km^2、7. 00 km^2 和 6. 10 km^2，厦门最少，仅为 0. 14 km^2。

8）养殖池塘

福建海岸带地区养殖池塘广布，在沿海各地均有分布，总面积约为 496. 69 km^2。全省养殖池塘分布状况为：①宁德市：面积 78. 41 km^2，在沿海各县市均有分布，其中蕉城区面积最大，21. 96 km^2，其次是霞浦县、福安市和福鼎市，以福鼎市最少，14. 64 km^2；②福州市：面积 146. 62 km^2，占人工湿地的 75. 4%，其中以福清和连江较多，分别为 88. 57 km^2 和 35. 04 km^2，主要养殖品种中有贝类、紫菜、海带、鱼、虾等；③莆田市：沿海各地海岸带均有养殖池塘分布，面积 44. 16 km^2，主要养殖品种中贝类、紫菜、海带、鱼、虾等；④泉州市：积 36. 05 km^2，在沿海各县市均有分布，其中南安市分布最大，11. 31 km^2，其次是惠安县、晋江市，石狮市最少，主要养殖品种中有贝类、紫菜、海带、鱼、虾等；⑤厦门市：主要分布在马銮湾、杏林湾、同安及翔安的沿海，面积 58. 66 km^2；⑥漳州市：养殖池塘在人工湿地中占的比例最大，面积132.78 km^2，以诏安县、漳浦县居多，云霄县较少。

9）稻田

福建海岸带地区稻田面积仅次于养殖池塘，面积为213.71 km^2。全省稻田分布状况为：①宁德市：面积67.44 km^2，在海岸带人工湿地中所占的比重仅次于养殖池塘；②福州市：面积35.51 km^2，在人工湿地中占的比重为18.2%，以福清市和连江县居多，分别为11.22 km^2和13.13 km^2，稻田湿地主要以种植水稻和蔬菜为主；③莆田市：主要分布在荔城、秀屿、涵江、城厢区以及仙游县的海岸带上，面积55.17 km^2，主要种植水稻、番薯、蔬菜等作物，以旱生作物为主；④泉州市：面积14.55 km^2，在海岸带湿地中占的比重仅次于养殖池塘，主要分布在晋江市、泉港区和惠安县；⑤厦门市：主要分布在翔安区霞浯村、东园村、吕塘村、山亭村以及同安区的瑶头村、卿朴村等海岸带上，面积为3.08 km^2，主要种植水稻、番薯、蔬菜等作物；⑥漳州市：面积37.96 km^2，在人工湿地中占比重仅次于养殖池塘，以龙海市和云霄县居多，分别为16.13 km^2和7.52 km^2，主要以种植水稻和蔬菜为主。

10）盐田

除厦门地区未有盐田分布外，省内其他地区均有分布，总面积约为65.28 km^2。全省盐田分布状况为：①宁德市：主要是分布在蕉城区的漳湾海滨；②福州市：主要分布在福清市和连江县，总面积10.61 km^2，以福清居多，具体分布在沙埔镇盐场、江镜华侨农场和市东阁华侨农场，连江县的盐田分布在鉴江镇的连江县盐场；③莆田市：盐田湿地面积较大，主要分布在荔城、秀屿、涵江的海岸带上，总面积31.89 km^2；④泉州市：主要分布在泉港区、晋江市和惠安县，总面积21.01 km^2，以泉港区居多，分布在山腰镇的山腰盐场；⑤漳州市：主要分布漳浦和东山一带，面积为1.36 km^2。

11）水库和人工湖泊

水库是指在山沟或河流的狭口处建造拦河坝形成的人工湖泊。水库建成后，可起防洪、蓄水灌溉、供水、发电、养鱼等作用。有时天然湖泊也称为水库（天然水库）。福建省海岸带水库总面积5.33 km^2，虽然全省各市均有分布，但面积均很小。宁德市海岸带地区水库只有福安市和霞浦县有分布，面积0.17 km^2；福州市海岸带水库总面积1.72 km^2，主要分布在福清市和长乐市，水库面积分别有0.30 km^2和1.12 km^2，大多是人工水库；莆田市海岸带水库面积仅为0.03 km^2；泉州市海岸带水库分布在泉港区和丰泽区，面积约有0.41 km^2；厦门海岸带水库面积较大，2.94 km^2；漳州市海岸带水库仅在诏安县和云霄县有分布，总面积仅为0.06 km^2。

人工湖泊丰富的湿生和水生生物与多样的湿地环境，为水禽提供了理想的栖息地，成为福建省海岸带重要的冬候鸟越冬和夏候鸟繁殖地，同时人工湖泊在当地农民的农业灌溉和水产养殖中发挥了不可磨灭的作用。福建省海岸带人工湖泊总面积约为1.95 km^2，其中福州市、泉州市、厦门市和漳州市的人工湖泊面积分别为0.12 km^2、0.04 km^2、1.73 km^2和0.06 km^2，宁德市和莆田市基本没有人工湖泊分布。

2 海洋资源

福建省海域辽阔，海岸线绵长曲折，港湾众多，拥有得天独厚的港口航运、海洋生物、滨海旅游、滩涂和滨海湿地、海洋能等资源。改革开放以来，福建省在港口航运、海水养殖、滨海旅游等海洋资源开发利用等方面取得巨大的成就。然而，因人多地少，狭窄的海岸带地区集中了全省绝大部分的工业和人口，经济快速发展给海洋资源和海洋环境带来了很大的压力，主要体现在：围海造地对海湾环境的影响日益显著；港口航运业建设规模不断增长，与海洋水养殖、海洋渔业用海矛盾问题日益突出；过度开发导致渔业资源几近枯竭；违法采砂引发海岸侵蚀、桥梁破坏、沙质海滩破坏严重等。

2.1 海岸及近海土地与空间资源

2.1.1 海岸线概况

2.1.1.1 海岸线类型及分布

福建省海岸线总长度为 3 486 km（不包括厦门岛和东山岛）。其中，宁德市岸线最长 1 047.1 km，占全省岸线长度的 30.04%；其次为福州市，岸线长度 909.9 km，占 26.10%，两市岸线合计长度占全省岸线总长的 56.1%；第三为漳州市，岸线长度 551.4 km，占 15.82%；第四为泉州市，岸线长度 516.1 km，占 14.80%；第五为莆田市，岸线长度 333.7 km，占 9.57%；厦门市岸线最短，长度 127.9 km，仅占全省海岸线总长度的 3.67%。各县市岸线长度见表 2.1。

全省沿海县/区共 34 个，海岸线最长的县为宁德市的霞浦县，岸线长度 482.0 km，占全省的 13.83%。沿海县级城市中，由于福州的平潭县、泉州的金门县（台湾管理）、厦门市的思明和湖里两个区、漳州的东山县为海岛县/区，本章节未将海岛岸线纳入统计。

表 2.1 福建省分市、县（市、区）大陆海岸线统计（不含厦门、东山两岛）

辖区市	县/区	岸线长度/km	县/区岸线长度占全省比例/（%）	市岸线长度/km	市岸线长度占全省比例/（%）
宁德市	福鼎市	277.4	7.96	1 047.1	30.04
	霞浦县	482.0	13.83		
	福安市	166.1	4.77		
	蕉城区	121.6	3.49		

续表 2.1

辖区市	县/区	岸线长度 /km	县/区岸线长度占全省比例/（%）	市岸线长度 /km	市岸线长度占全省比例/（%）
福州市	罗源县	155.1	4.45	909.9	26.10
	连江县	239.9	6.88		
	马尾区	12.7	0.36		
	长乐市	99.7	2.86		
	福清市	402.5	11.55		
	平潭县	0.0	0.00		
莆田市	涵江区	19.8	0.57	333.7	9.57
	荔城区	40.1	1.15		
	秀屿区	243.3	6.98		
	城厢区	22.3	0.64		
	仙游县	8.2	0.24		
泉州市	泉港区	70.0	2.01	516.1	14.80
	惠安县	211.1	6.06		
	洛江区	3.7	0.11		
	丰泽区	21.2	0.61		
	晋江市	110.3	3.16		
	石狮市	62.4	1.79		
	南安市	37.4	1.07		
	金门县	0.0	0.00		
厦门市	翔安区	54.2	1.55	127.9	3.67
	同安区	14.8	0.43		
	集美区	23.5	0.67		
	海沧区	35.4	1.02		
	湖里区	0.0	0.00		
	思明区	0.0	0.00		
漳州市	龙海市	132.6	3.80	551.4	15.82
	漳浦县	258.8	7.42		
	云霄县	72.0	2.06		
	诏安县	88.1	2.53		
	东山县	0.0	0.00		

按照《我国近海海洋环境综合调查与评价专项——海岸带调查技术规程》的岸线类型分类方法，福建省海岸线分为自然岸线和人工岸线两大类，其中前者进一步分为基岩岸线、砂质岸线、粉砂淤泥质岸线、河口岸线4个类型。原规程中没有河口岸线类型，为了保持数据的一致性，增加了河口岸线类型，其系河海交界处横跨河道的河海勘界线，实际并不存在。

在全省海岸线中，人工岸线最长，长度1 764.4 km，占全省岸线长度的50.61%，显示福建省海岸带开发的程度；其次是基岩岸线，长度1 098.9 km，占岸线长度的31.52%，这两者占岸线总长度的82%。各类型岸线长度见表2.2。

表2.2　各地市不同岸线类型长度及占全省岸线长度的比例　　单位：km

行政区	基岩岸线		砂质岸线		粉砂淤泥质岸线		河口岸线		人工岸线	
	岸线长度/km	占全省比例/（%）	岸线长度/km	占全省比例/（%）	岸线长度/km	占全省比例/（%）	岸线长度/km	占全省比例/（%）	岸线长度/km	占全省比例/（%）
全省	1 098.9	31.52	254.1	7.29	357.2	10.25	11.5	0.33	1 764.4	50.61
宁德市	463.6	13.30	22.6	0.65	306.3	8.79	3.2	0.09	251.5	7.21
福州市	414.1	11.88	58.0	1.66	6.3	0.18	2.6	0.07	428.8	12.30
莆田市	54.2	1.55	23.1	0.66	18.9	0.54	0.7	0.02	236.7	6.79
泉州市	93.6	2.69	56.6	1.62	10.5	0.30	2.73	0.08	352.6	10.12
厦门市	0.6	0.02	0.6	0.02	0.0	0.00	0.73	0.02	126.1	3.62
漳州市	72.8	2.09	93.3	2.68	15.2	0.43	1.52	0.04	368.6	10.57

1）基岩岸线

全省大陆基岩岸线长度1 098.0 km，占全省岸线总长的31.52%，长度仅次于人工岸线。主要分布位置位于宁德福鼎市沙埕港—牙城湾—福宁湾—东冲半岛东侧及南侧海岸；东冲口—罗源湾可门水道南北岸、黄岐半岛、海坛海峡西岸等岸段，其余县市有零星分布。

2）砂质岸线

全省大陆砂质岸线长度254.1 km，仅占全省岸线总长的7.29%，主要分布于漳州隆教湾—六鳌半岛、浮头湾、诏安湾西岸；福州长乐市东海岸；泉州市泉州湾北岸、古浮澳、深沪湾及围头湾。

3）粉砂淤泥质岸线

全省大陆淤泥质岸线长度357.2 km，占全省海岸线总长度的10.25%。淤泥质岸线主要集中分布在宁德市霞浦县及福安市，其中霞浦县淤泥质岸线长度达158.7 km，占宁德市淤泥质岸线总长的一半以上，主要分布在东吾洋和盐田港沿岸。此外，福州市也有淤泥质海岸分布，主要集中在罗源湾内，但在围填海中，修建了大量的护岸堤和海堤，因此，本次在划分岸线类型时，将其归为人工岸线。

4）河口岸线

全省河口岸线长度11.5 km，仅占全省海岸线总长度的0.33%。

5）人工岸线

全省大陆人工岸线长度1 764.4 km，占全省岸线总长的50.61%，是最长的一种岸线类型，广泛分布在全省沿海各地。人工岸线长度在岸线总长度中所占比例，反映了当地对海岸线开发利用的强度。

2.1.1.2 海岸线变迁

20 世纪 80 年代开展的福建省海岸带和海涂资源综合调查对全省海岸线的长度进行了量算，长度为 3 051.02 km，2005 年福建省大陆海岸线长度为 3 523.29 km，全省海岸线长度 20 年间增加了 472.27 km。为了较充分了解全省海岸线自 20 世纪 80 年代至 2005 年间的总体变化的趋势，我们收集了 20 世纪 80 年代开展的福建省海岸带和海涂资源综合调查的地形图（比例尺 1∶50 000，以下简称 1983 年海岸线），以及总参测绘局于 1994—1996 年出版的 1∶20 000 彩色地形图及部分海图接边形成的海岸线（以下简称 1996 年海岸线），分别以莆田市、泉州市和漳州市部分岸段海岸线变化的情况为例，说明全省海岸线的变迁过程。

1）莆田市

经过对比分析，莆田市海岸线发生变化的地方主要集中在与村镇较近的岸段，其发生变化的原因是由于港口建设、临海工业的发展以及围海造地的需要。而自然海岸尤其是基岩海岸未有较明显的变化，只是少量的砂质海岸或基岩海岸进行了围海养殖，但实际上并没有改变原有的海岸线。从变化的频率及幅度上看，近年来，由于经济发展的需要，海岸线开发利用的逐步增加，其海岸线变化的频率及幅度将明显加大。

2）泉州市

20 世纪 80 年代以来，泉州市地区海岸线增加较多，各县（区、市）的海岸线均有增加，80 年代的海岸线包括了围垦区的海堤，而不包括围海区内的原有自然岸线。因此两个时期岸线的数据相差比较大，可比性比较差。

1996 年至 2005 年 10 年间除洛江区和惠安县的海岸线有所缩短外，其余各区（市）的海岸线均有所增加。主要是随着经济的发展，海岸带工程建设逐渐增多，海岸带人工构筑物改变了海岸线形状，增加了海岸线的曲折程度，从而使海岸线长度有所增加。

从海岸线类型的变化看，基岩海岸、砂质海岸、红土海岸等自然海岸的长度均有所缩短，而人工海岸类型大幅增加。可以看出，这 10 年来，沿海地区的防潮防浪工程建设有较大进展，砂质海岸、红土海岸以及一些风化程度比较高的基岩海岸等容易受侵蚀的岸段均修筑了人工护岸。而围海区内因局部回填成陆，其内侧自然岸线有所缩短。

3）漳州市

漳州市海岸线自然岸段没有发生明显的变迁，有明显变化的岸段主要集中在以港口建设、临海工业等为主要开发利用的岸段，且都是填海造地改变了海岸线的形态。从变化的幅度上看，1981—1996 年海岸线变迁的幅度较小，1996—2005 年随着经济的发展，港口建设及临海工业飞速发展的需求，海岸线变化的幅度越来越大，而且将随着海岸线开发利用的不断加大而加大。

综上所述，福建省海岸线自 20 世纪 80 年代以来变化较大，除岸线长度增加以外，岸线类型的长度也发生改变。尤其是自然岸线长度不断缩短，人工岸线长度不断增加，与这二十几年间经济飞速发展相契合。由于城镇建设、港口建设及临海工业的发展需求，围海造地不断增加，使得部分自然岸线消失，转变为人工岸线。

2.1.2 海岸土地资源

福建省海岸土地资源总面积约为7 528.0 km^2，以宁德市海岸土地资源最为丰富，面积为2 014.2 km^2，占总面积的26.8%，其次分别为福州市、漳州市、泉州市、莆田市、厦门市，分别占总面积的26.0%、17.7%、14.5%、8.8%、6.2%，见表2.3。

表2.3 福建省海岸土地资源类型统计

单位：km^2

地区	山地	丘陵				台地				平原					合计
	侵蚀剥蚀中起伏低山	侵蚀剥蚀高丘陵	侵蚀剥蚀低丘陵	熔岩丘陵	小计	侵蚀剥蚀台地	洪积台地	熔岩台地	小计	冲积平原	海积－冲积平原	海积平原	潟湖堆积平原	小计	
宁德市	417.3	1 030.5	268.9	0.0	1 299.4	8.6	0.7	0.0	9.3	39.9	82.8	165.5	0.0	288.2	2 014.2
福州市	154.0	499.7	347.7	0.0	847.4	325.8	0.0	0.0	325.8	19.0	192.7	395.8	24.9	632.4	1 959.6
莆田市	8.4	53.5	48.9	0.0	102.4	312.8	0.0	0.0	312.8	19.8	22.6	196.8	0.0	239.2	662.8
泉州市	0.0	14.3	117.9	1.7	133.9	522.6	0.0	4.5	527.1	43.0	18.7	362.7	3.8	428.2	1 089.2
厦门市	0.0	49.6	9.7	0.0	59.3	207.0	2.8	0.0	209.8	4.7	19.6	175.2	0.0	199.5	468.6
漳州市	75.3	165.0	177.2	42.5	384.7	178.9	4.8	58.0	241.7	28.6	113.8	487.0	2.5	631.9	1 333.6
总计	655.0	1812.6	970.3	44.2	2 827.1	1 555.7	8.3	62.5	1 626.5	155.0	450.2	1 783.0	31.2	2 419.4	7 528.0

根据全省1 321个500 m^2以上海岛的土地利用统计结果，福建省海岛土地利用类型，主要包括耕地、园地、林地、草地、工矿仓储用地、住宅用地及公共管理与公共服务设施用地、特殊用地、交通运输用地、水域及水利设施用地、其他土地等10个Ⅰ级地类。沿海6市海岛土地利用类型分布详见表2.4，根据该表分析，可知全省海岛土地利用特点为：①有居民海岛土地利用类型趋于多样化，无居民海岛土地利用类型较为单一。②土地开发利用程度不均衡，土地利用效益不高，土地利用结构还不够合理。③其他用地占有海岛总面积一定的比重，其他用地中的沙地、裸地等开发难度高。④水域及水利设施用地占福建省海岛土地利用面积的比重很大，尤以沿海滩涂占的比重最大。⑤林地结构分布不合理。

表2.4 福建省海岛土地利用类型分布

编号	地类	面积/m^2							百分比/(%)
		宁德市	福州市	莆田市	泉州市	厦门市	漳州市	福建省	
1	耕地	11 708 201	136 371 217	20 192 742	48 639 423	4 298 666	43 910 141	265 120 391	16.28
2	园地	6 857 489	5 608 386	0	0	4 774 133	49 130 691	66 370 699	4.08
3	林地	61 605 957	137 962 947	13 041 910	50 009 669	24 283 466	51 251 257	338 155 206	20.77
4	草地	23 560 089	23 202 292	1 663 409	25 622 626	171 450	1 544 011	75 763 878	4.65
5	住宅用地及公共管理与公共服务设施用地	3 111 942	43 176 912	16 233 965	11 563 465	80 535 453	36 373 251	190 994 988	11.73
6	工矿仓储用地	157 165	3 720 215	747 435	347 887	5 455 038	4 035 228	14 462 968	0.89
7	特殊用地	705 112	3 382 831	4 402	15 038	2 774 059	2 316 348	9 197 790	0.56

续表 2.4

编号	地类	面积/m²							百分比/(%)
		宁德市	福州市	莆田市	泉州市	厦门市	漳州市	福建省	
8	交通运输用地	718 408	8 721 503	1 039 438	4 259 885	21 639 309	4 740 071	41 118 615	2.53
9	水域及水利设施用地	53 837 940	215 817 826	48 652 910	59 694 875	49 290 500	126 271 116	553 565 169	33.99
10	其他用地	18 857 902	29 236 534	11 300 522	5 666 738	281 817	8 296 217	73 639 729	4.52
合计		181 120 205	607 200 663	112 876 733	205 819 606	193 503 891	327 868 331	1 628 389 432	100

2.1.3 海域空间资源

福建省海域总面积37 647 km²，其中围垦区面积550 km²，海岛面积1 155 km²。福州市海域面积最大，其次是宁德市，厦门市面积最小（表2.5）。

表 2.5 福建省海域空间统计表 单位：km²

地 区	海域总面积	其中：	
		围垦区面积	海岛面积
宁德市	8 421	55	130
福州市	11 491	218	418
莆田市	4 098	88	65
泉州市	5 758	55	153
厦门市	491	5	152
漳州市	7 388	130	237
总 计	37 647	550	1 155

注：①本表数据仅供参考。

②闽浙省级行政界线未勘定、福州宁德市级行政界线未全线勘定、连江马尾县界线未全线勘定、厦漳泉三市与台湾地区管辖的金门、马祖等的界线未勘定，界线未定的暂用习惯线进行统计。

③本数据根据《福建省“908”专项海底地形图编绘》成果进行统计，采用CGCS2000坐标系统、高斯－克里格投影6°分带（福建省位于第20号、21号带）进行计算。

2.1.4 滩涂资源

福建省海域滩涂面积为2 575.7 km²，滩涂资源统计表见表2.6。福建省海洋滩涂资源以淤泥滩为主，面积为1 752.0 km²，占总面积的68.0%；其次较多的分别为沙滩、丛草滩、岩滩，分别占总面积的21.1%、5.3%、5.0%，其他类型的滩涂资源约占总面积的0.6%。

表 2.6 福建省沿海各地市滩涂类型统计表 单位：km²

地区	沙滩	砾石滩	岩滩	淤泥滩	树木滩	丛草滩	芦苇滩	小计
宁德市	34.8	0	17.9	352.2	0.2	85.1	0	490.2
福州市	225.9	0.1	40.8	572.7	0	18.1	6.2	863.8

续表 2.6

地区	沙滩	砾石滩	岩滩	淤泥滩	树木滩	丛草滩	芦苇滩	小计
莆田市	53.9	0.2	22.3	240.7	0	12	0	329.1
泉州市	101	1.2	26	202.9	0.4	9.7	0	341.2
厦门市	30.7	1.2	2.1	89.4	0.2	0	0	123.6
漳州市	97.5	0.4	20.6	294.1	3.5	11.7	0	427.8
合计	543.8	3.1	129.7	1 752.0	4.3	136.6	6.2	2 575.7

福建省海岛的滩涂按地貌特征、物质组成和水动力条件的差异，主要分为岩滩、沙滩、砾石滩和泥质潮滩四大类。岩滩、砾石滩和沙滩主要分布在湾外海岛，粉砂－淤泥质潮滩主要分布在河口区海岛和湾内海岛，其中在河口区海岛和湾内海岛的泥质潮滩上分布有红树林滩、芦苇滩、大米草滩。各种类型滩地面积数量详见表 2.7。

表 2.7　福建省海岛滩涂类型统计表　　单位：km^2

行政区	岩滩	沙滩	砾石滩	泥质潮滩			
				光滩	红树林滩	大米草滩	芦苇滩
宁德	11.659 7	2.611 2	0.011 8	29.627 2	0.165 7	6.740 9	0
福州	31.944 1	102.326 9	0.024 6	53.626 8	0.043 4	1.679 3	2.500 4
莆田	15.299 8	20.455 2	0.150 1	11.787 6	0.063 0	0	0
泉州	11.808 2	40.620 3	0	0.279 5	0	0.083 4	0
厦门	2.002 6	27.806 8	0.696 2	11.001 5	0.002 0	0	0
漳州	11.402 2	21.895 1	0.005 3	50.240 0	1.801 8	5.616 5	0
合计	84.116 6	215.715 6	0.888 0	156.522 3	2.076 0	14.120 1	2.500 4

注：光滩指没有自然生长红树林、大米草、芦苇或人工种植红树林的泥质潮滩，主要用于水产养殖，属于滨海湿地区。

2.2　港口航运资源

2.2.1　港址资源

2009 年 11 月初，《福建省港口体制一体化整合总体方案》，福建省将建成福州港、湄洲湾港、厦门港三大港，下面分三大港分别叙述主要港口资源。

2.2.1.1　福州港

福州港由福州与宁德两市港口整合而成，划分为三都澳港区、赛江港区、三沙港区、沙埕港区、闽江口内港区、松下港区、江阴港区和罗源湾港区 8 个港区，共 36 个作业区，可形成岸线长度 127.164 km，其中深水岸线长度 115.346 km，见表 2.8。三都澳港区、三沙港区和沙埕港区、江阴港区和罗源湾港区为海湾港，以深水港为主；松下港区为开阔岸港，以深水港为主；赛江港区为河口港，为浅水港；闽江口内港区，属于河口港，以浅水港为主。福建省港口航运资源分布如图 2.1 ~ 图 2.8 所示。

表 2.8 福州港主要岸线资源规划指标表

港区名称	作业区名称	规划形成岸线长度/km	其中：深水岸线长度/km	可建泊位数量/个	其中：深水泊位/个	通过能力/ ×10^4 t（×10^4 TEU）
三都澳港区	城澳	6.360	5.700	20	20	6 700
	漳湾	5.870	4.720	28	20	3 400
	白马	7.930	7.620	35	33	4 300
	溪南	1.780	1.490	4	4	4 000
	关厝埕	8.460	8.460	29	29	6 000
	东冲	5.400	5.040	16	16	4 500
赛江港区	林炉	1.440	0.000	12	0	100
	三沙港区	古镇	0.200	0.200	1	1 100
	纺车礁	3.440	3.000	17	14	1 300
	沙埕港区	沙埕	3.030	1.980	15	10 650
	杨岐	3.240	2.890	12	11	1 600
	澳腰	2.550	2.550	9	9	2 000
	钓澳壁	2.050	1.860	6	6	2 800
	八尺门	0.780	0.000	7	0	110
闽江口内港区	台江	1.015	0.000	13	0	300
	洋屿	1.510	1.335	8	8	500
	青州	1.433	1.433	6	6	364（30）
	大屿	0.562	0.410	3	2	210
	粗芦岛	6.947	6.947	27	27	2 800
	马尾	0.800	0.800	4	2	150
	松门	0.880	0.880	3	1	300
	长安	2.865	2.865	13	13	450（90）
	小长门	0.280	0.000	3	0	200
	琅岐	1.500	1.500	7	7	600
	象屿	1.075	1.075	6	6	380
松下港区	山前	3.487	3.487	15	15	5 840
	牛头湾	11.150	10.150	38	37	16 150
江阴港区	江阴	13.150	13.150	45	45	16 710（1 040）
	牛头尾	8.121	7.181	30	22	12 850
罗源湾港区	狮岐	2.056	1.156	6	6	1 100
	碧里	1.772	1.772	7	7	1 900（20）
	牛坑湾	4.327	4.327	14	14	4 600（180）
	将军帽	1.782	1.782	6	6	5 400
	濂澳	1.420	1.420	7	4	2 000
	淡头	0.336	0.000	5	0	38
	可门	8.166	8.166	35	24	9 115（90）
合计	36	127.164	115.346	512	425	119 517（1 450）

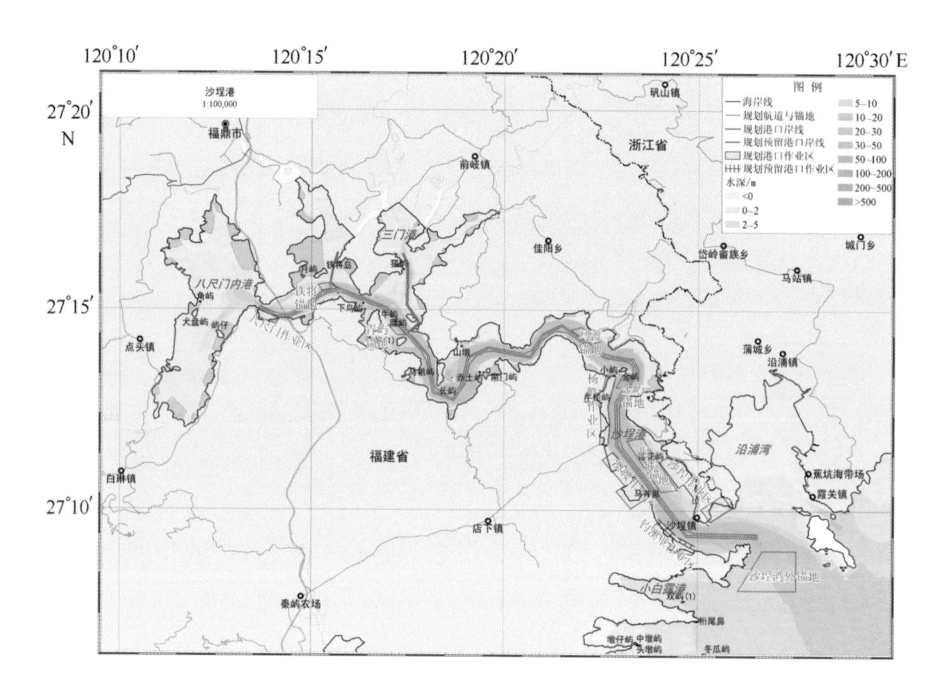

图 2.1 福建省港口航运资源分布（1）

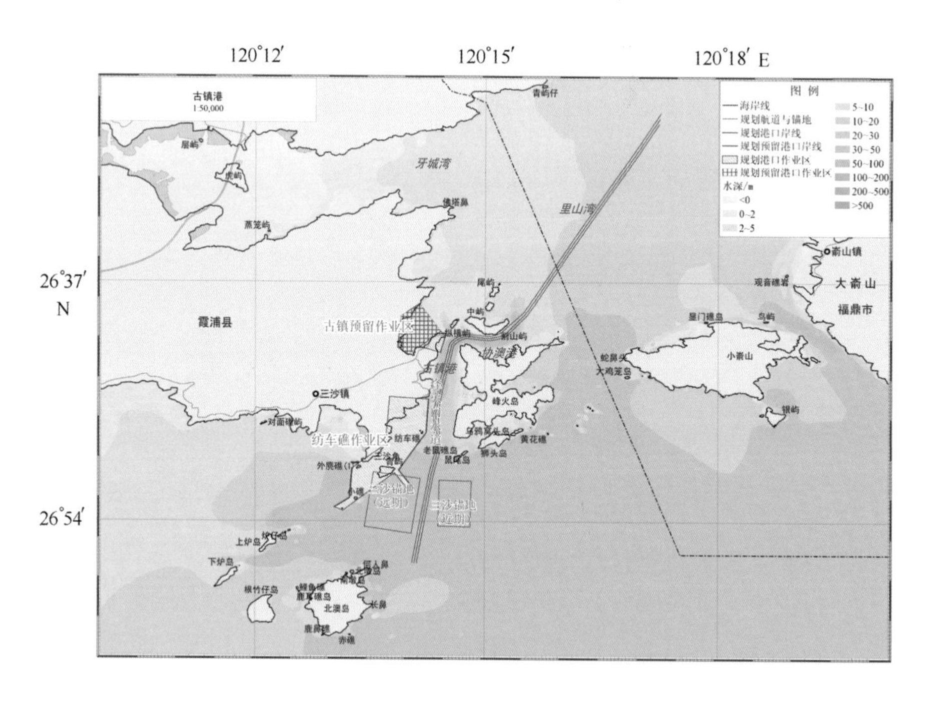

图 2.2 福建省港口航运资源分布（2）

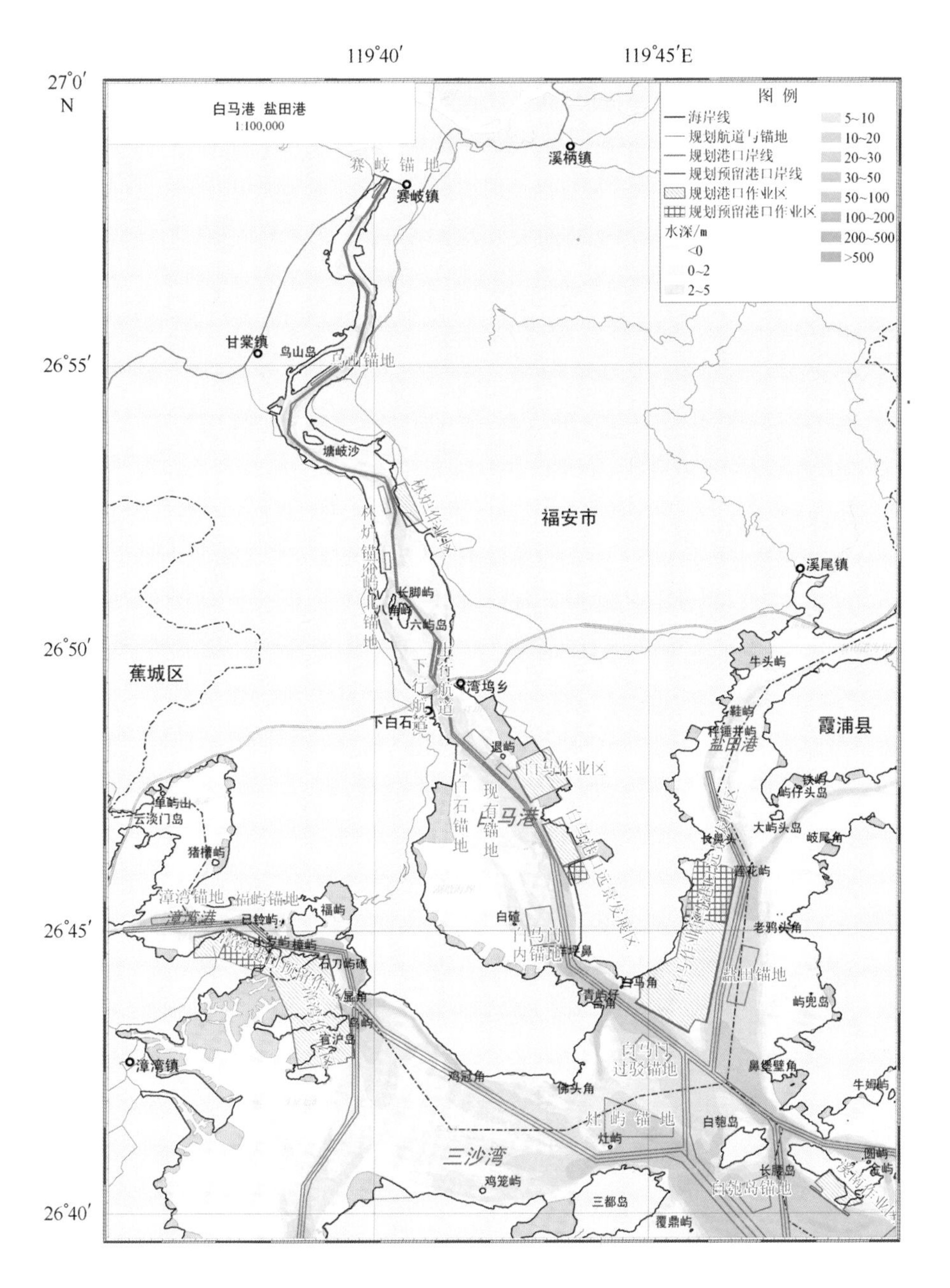

图 2.3　福建省港口航运资源分布（3）

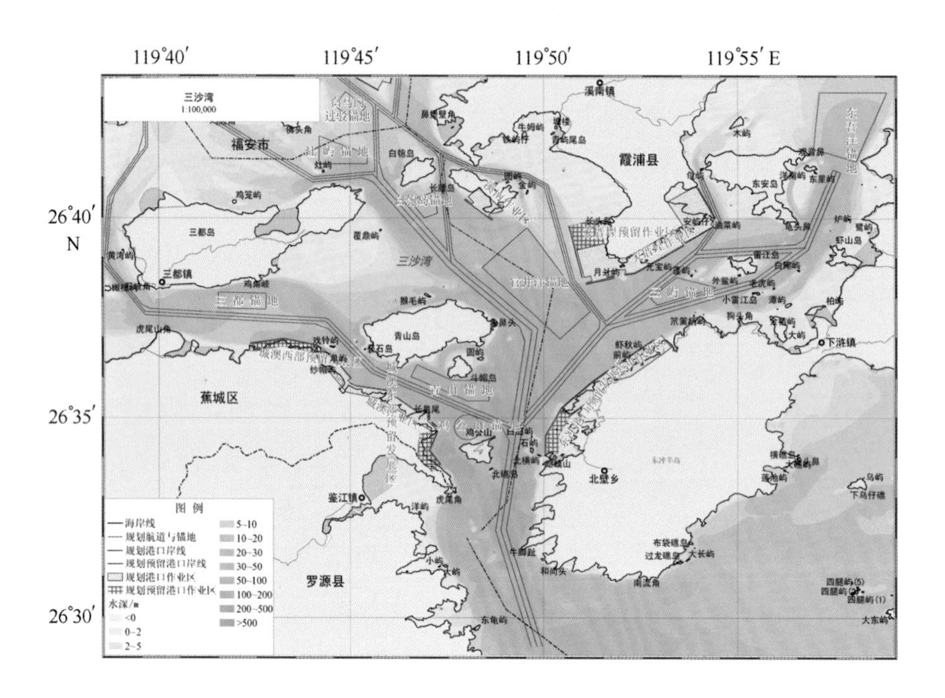

图 2.4　福建省港口航运资源分布（4）

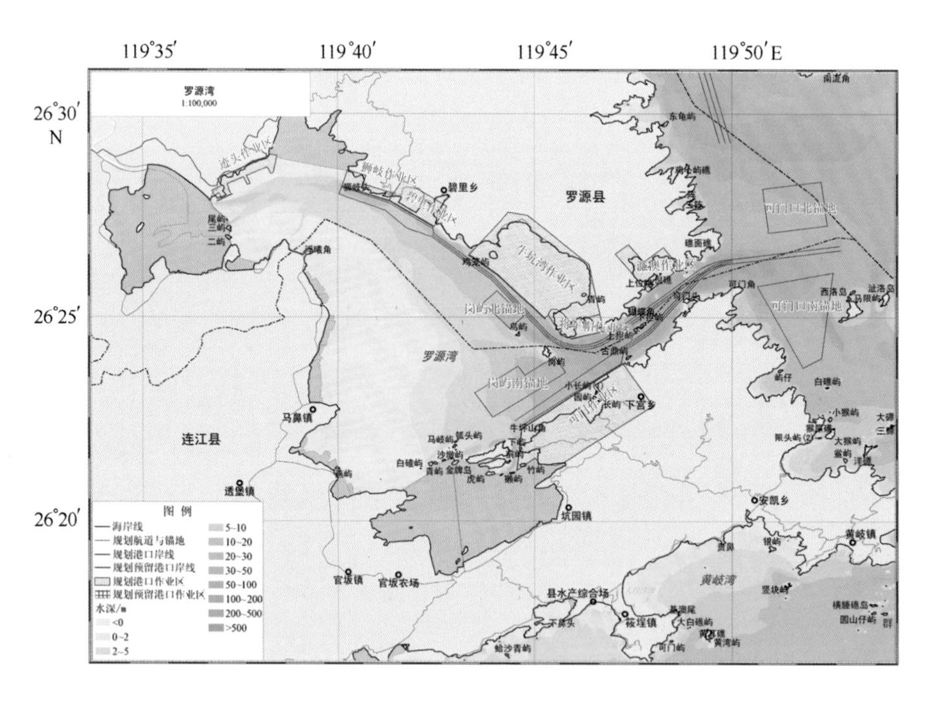

图 2.5　福建省港口航运资源分布（5）

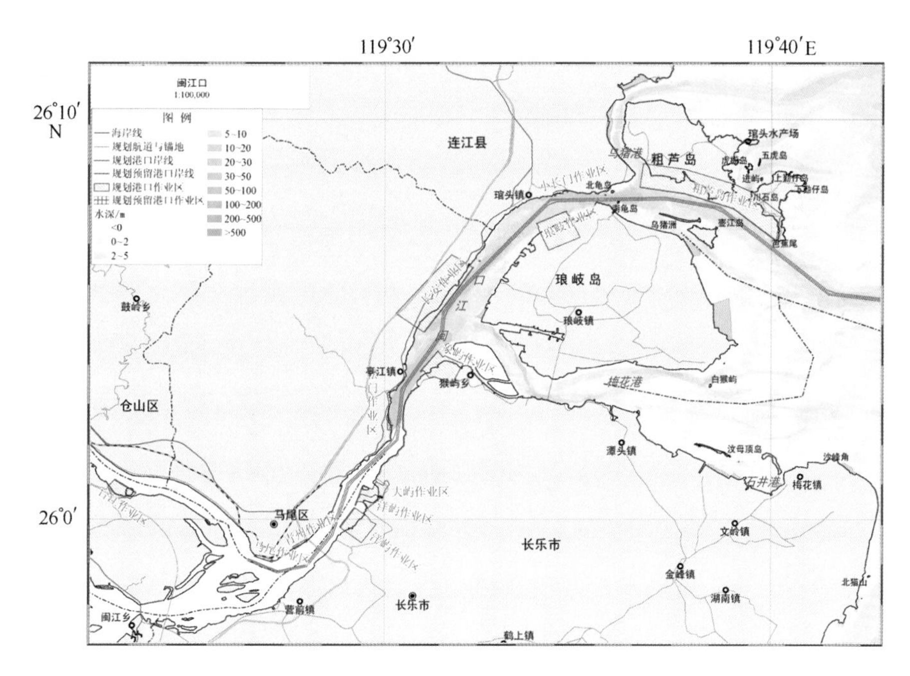

图 2.6　福建省港口航运资源分布（6）

2.2.1.2　湄洲湾港

湄洲湾港由莆田市和泉州市港口整合而成，分为 8 个港区 24 个作业区，可形成岸线长度 143.324 km，其中深水岸线长度 116.337 km，见表 2.9。港口资源主要位于兴化湾南岸、湄洲湾、泉州湾、深沪湾和围头湾，都为海湾港，以深水港为主，都为海湾港，以深水港为主。见福建省港口航运资源分布如图 2.9 ~ 图 2.13 所示。

表 2.9　湄洲湾港岸线规划主要指标表

港区名称	作业区名称	规划形成岸线长度/km	其中：深水岸线长度/km	可建泊位数量/个	其中：深水泊位/个	通过能力/（$\times 10^4$ t 或 $\times 10^4$ TEU）
秀屿港区	莆头	4.691	2.834	25	15	2 480（50）
	秀屿	3.138	2.751	11	10	2 555（8）
	石门澳	16.700	12.204	66	55	9 220
东吴港区	罗屿	4.189	4.189	15	15	11 800
	东吴	2.383	2.383	8	8	1 550（100）
	盘屿	1.997	1.690	7	5	3 830
兴化湾南岸港区	三江口	12.925	12.925	51	51	12 600（1 260）
	石城西部	9.922	9.922	28	28	13 400（1 340）
	石城东部	13.725	13.215	42	39	21 300（2 130）
肖厝港区	肖厝	5.131	4.502	18	14	5 935（250）
	鲤鱼尾	7.342	3.163	39	10	6 530
斗尾港区	斗尾	6.380	5.285	19	17	13 950
	外走马埭	5.506	1.800	30	9	1 505
	小岞	16.475	16.334	62	61	34 070

续表 2.9

港区名称	作业区名称	规划形成岸线长度/km	其中：深水岸线长度/km	可建泊位数量/个	其中：深水泊位/个	通过能力/（×10^4 t 或×10^4 TEU）
泉州湾港区	秀涂	5.289	5.289	12	12	2 400（180）
	石湖	13.378	12.295	50	43	14 600（1 425）
	后渚	0.944	0.000	8	0	248（14）
	锦尚	1.400	0.866	6	3	1 196
深沪湾港区	深沪	1.544	1.066	8	4	960.5
	梅林	2.138	1.047	12	5	790
围头湾港区	围头	2.774	1.907	12	8	1 440（111）
	石井	3.202	0.670	26	4	937（10）
	水头及安海	0.970	0.000	16	0	160
	菊江	1.181	0.000	10	0	250
合计	24	143.324	116.337	581	416	163 707（6 878）

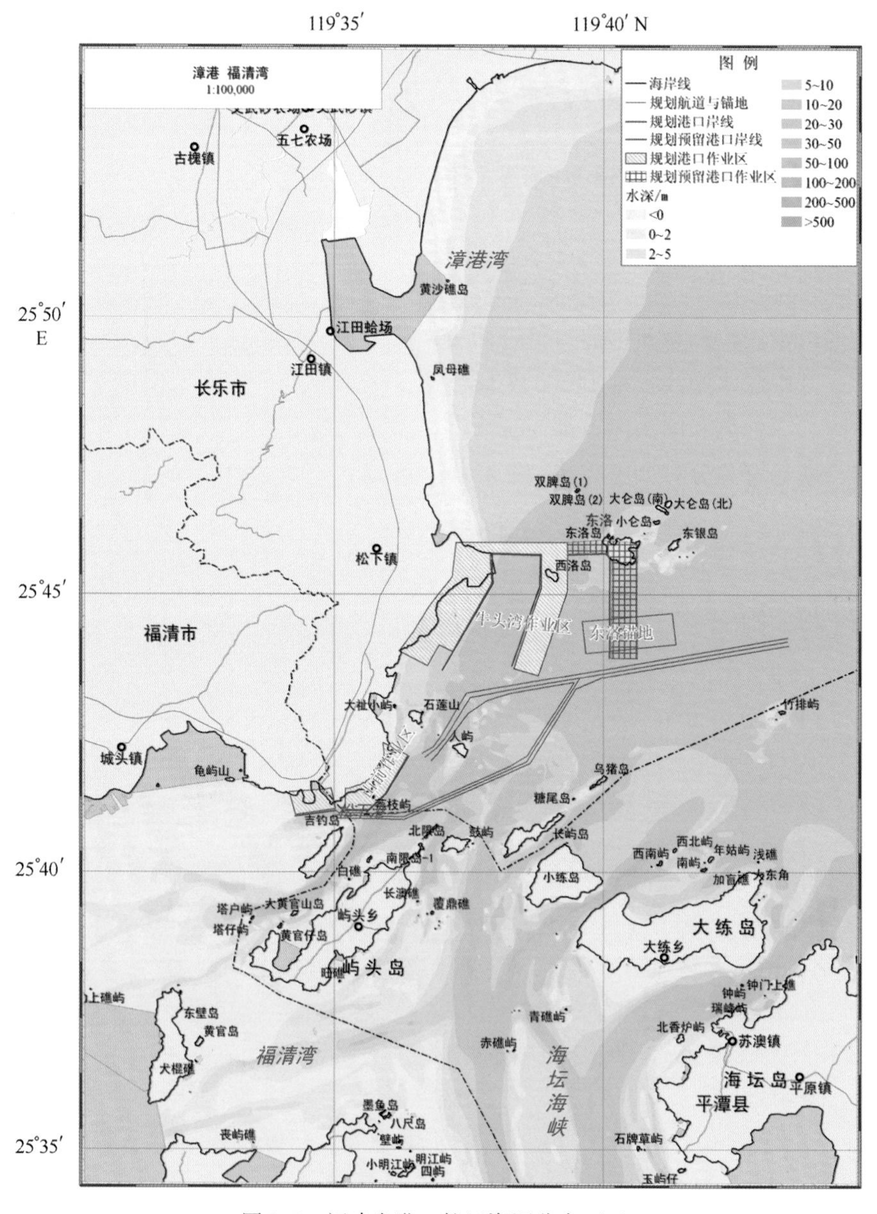

图 2.7　福建省港口航运资源分布（7）

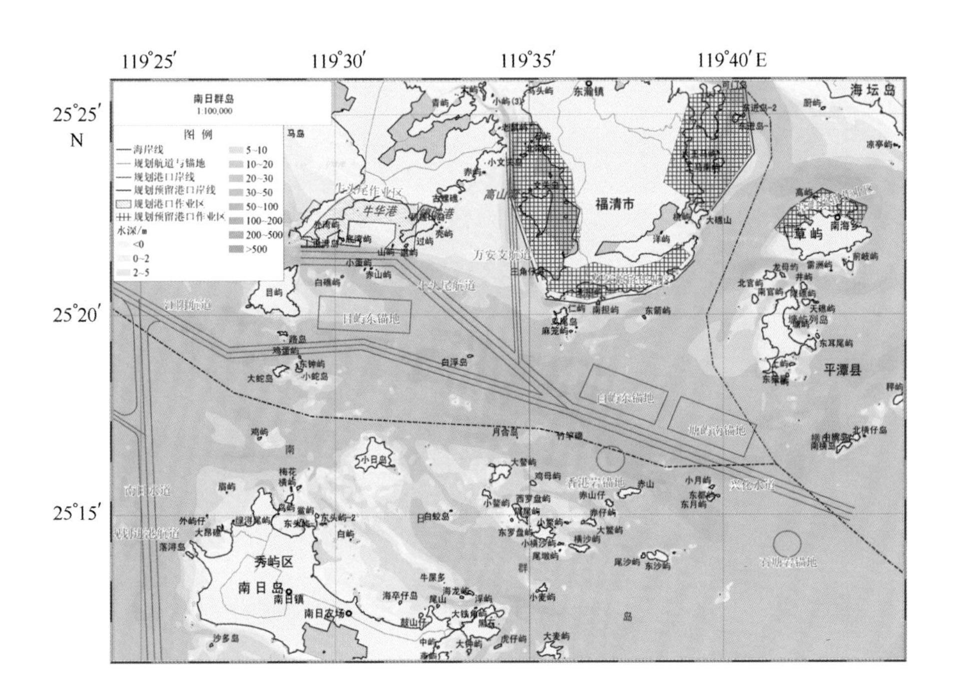

图 2.8　福建省港口航运资源分布（8）

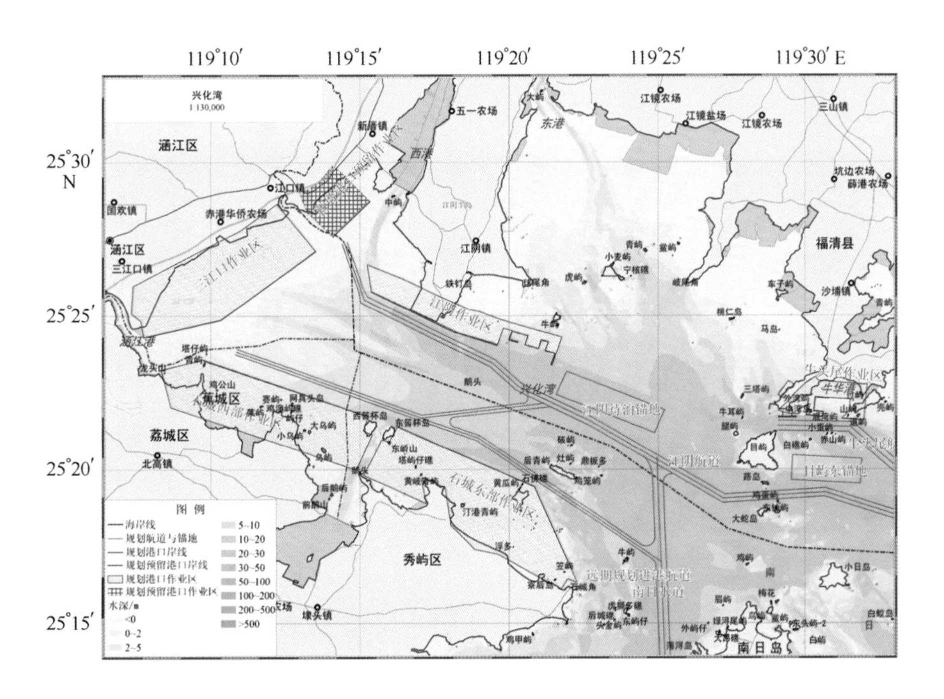

图 2.9　福建省港口航运资源分布（9）

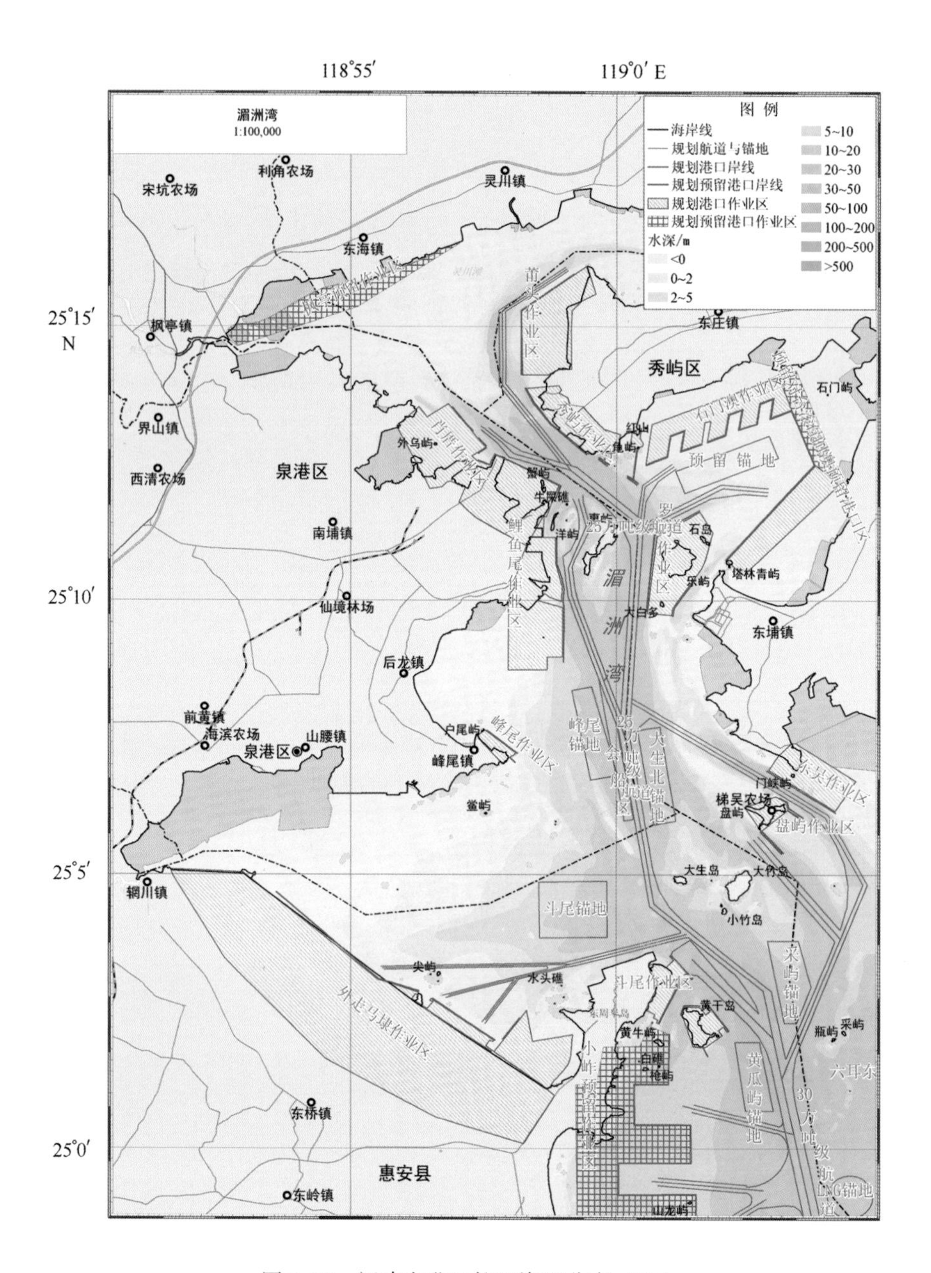

图 2.10　福建省港口航运资源分布（10）

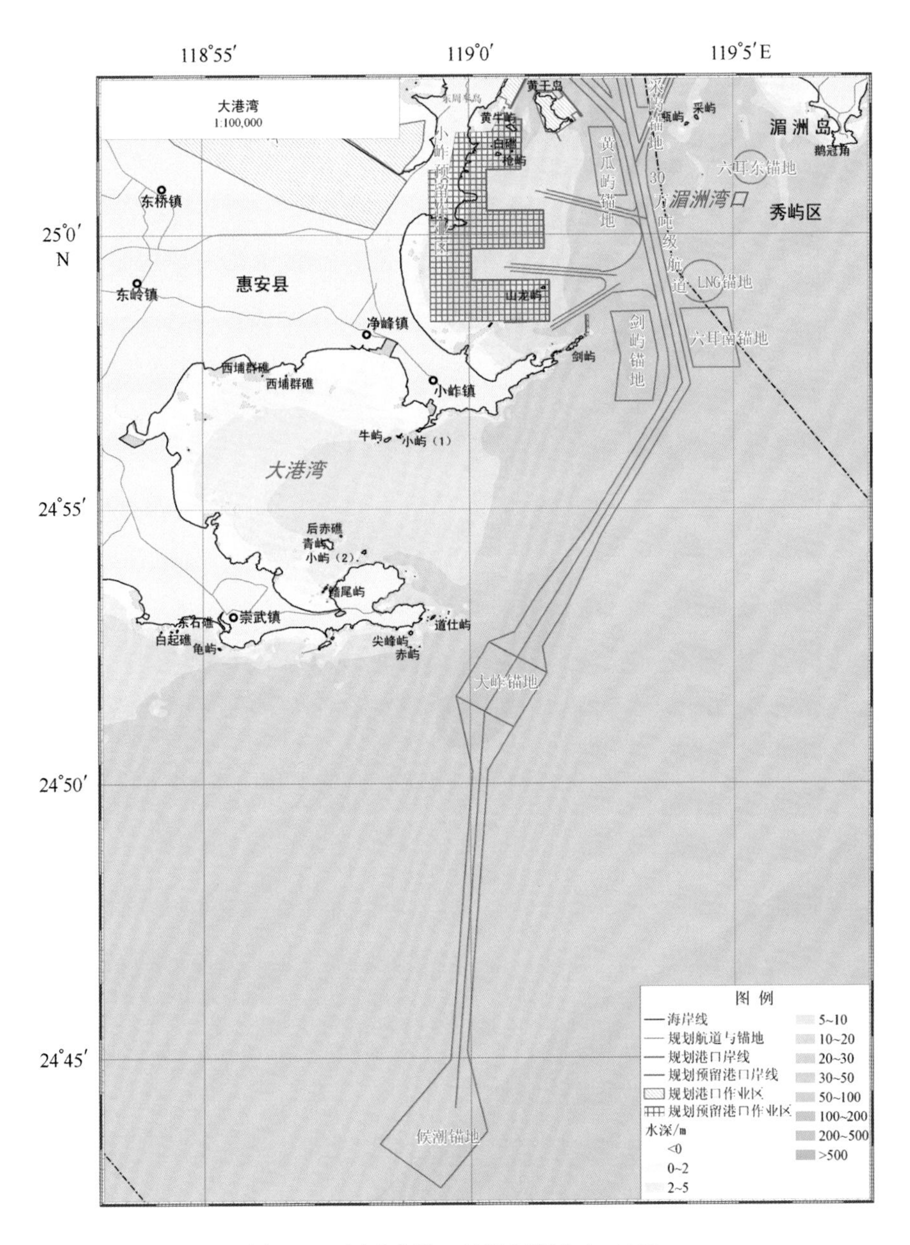

图 2.11 福建省港口航运资源分布（11）

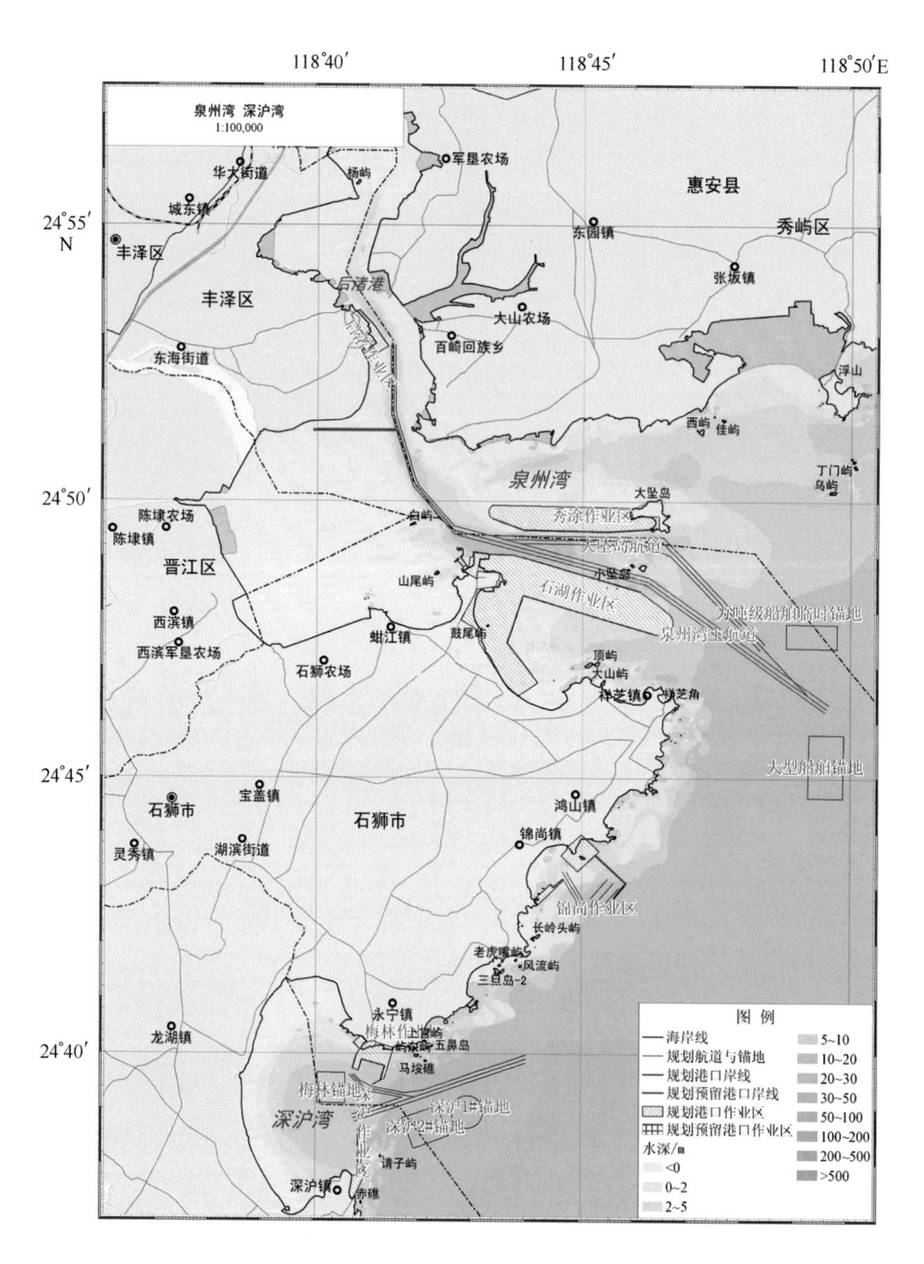

图 2.12 福建省港口航运资源分布（12）

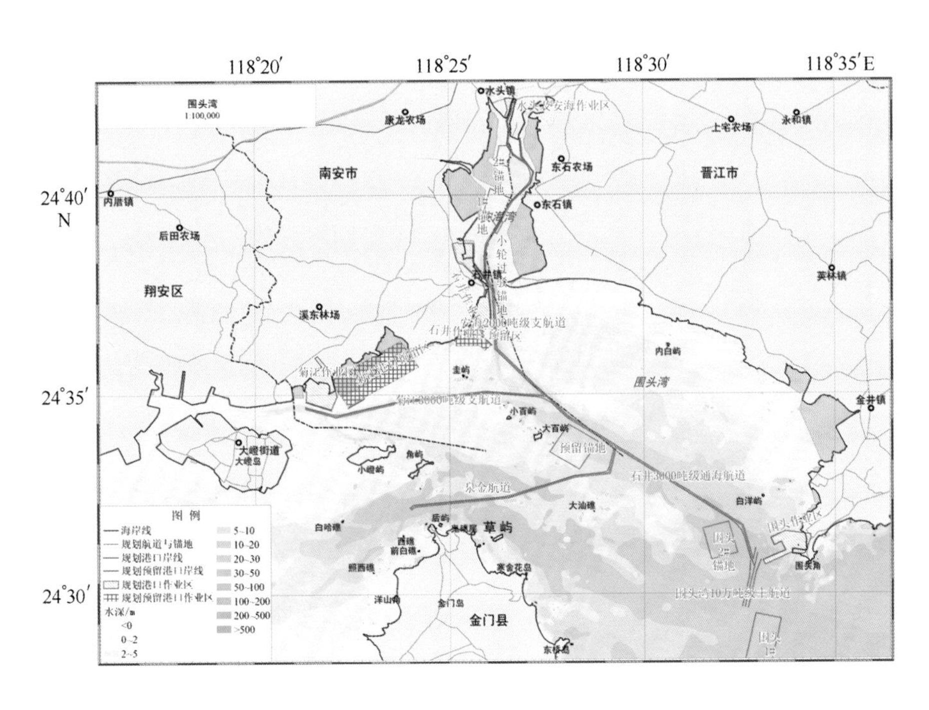

图 2.13 福建省港口航运资源分布（13）

2.2.1.3 厦门港

厦门港由厦门市和漳州市港口整合而成，厦门湾港区共规划 10 个港区，可形成岸线长度 75.060 km，其中深水岸线长度 60.337 km，见表 2.10。位于厦门湾、九龙江口沿岸、东山湾、浮头湾、诏安湾，主要为海湾港，九龙江两岸港口为河口港，以深水港为主。见福建省港口航运资源分布如图 2.14 ~ 图 2.19 所示。

表 2.10 厦门港岸线规划主要指标

港区名称	作业区名称	规划形成岸线长度/km	其中：深水岸线长度/km	可建泊位数量/个	其中：深水泊位/个	通过能力/ $\times 10^4$ t（$\times 10^4$ TEU）
东渡港区		7.000	7.000	27	27	4 600（300）
刘五店港区		9.000	9.000	29	29	6 600（560）
嵩屿港区		3.750	3.750	11	11	3 500（200）
海沧港区	海沧	6.783	6.783	22	22	10 400（920）
	角美	2.300	2.300	10	10	2 000
	浒茂洲	5.500	5.500	15	15	7 000（600）
招银港区		8.625	7.586	40	30	7 010（315）
后石港区		5.321	5.141	15	14	14 215
石码港区	一比疆	2.383	0.000	20	20	870
	海澄	1.132	0.000	10	0	420
	普贤	1.390	0.000	12	0	370
	紫泥	0.880	0.000	7	0	315
古雷港区	古雷	11.860	9.400	51	36	8 693
	六鳌	2.011	0.000	15	0	380

续表 2.10

港区名称	作业区名称	规划形成岸线长度/km	其中：深水岸线长度/km	可建泊位数量/个	其中：深水泊位/个	通过能力/ $\times 10^4$ t（$\times 10^4$ TEU）
东山港区	城安	1.787	0.827	10	4	650
	云霄	1.461	1.030	8	5	1 000
	冬古	0.836	0.000	6	1	230
诏安港区	梅岭	3.041	2.020	16	9	2 660
合计		75.060	60.337	324	233	70 913（2 895）

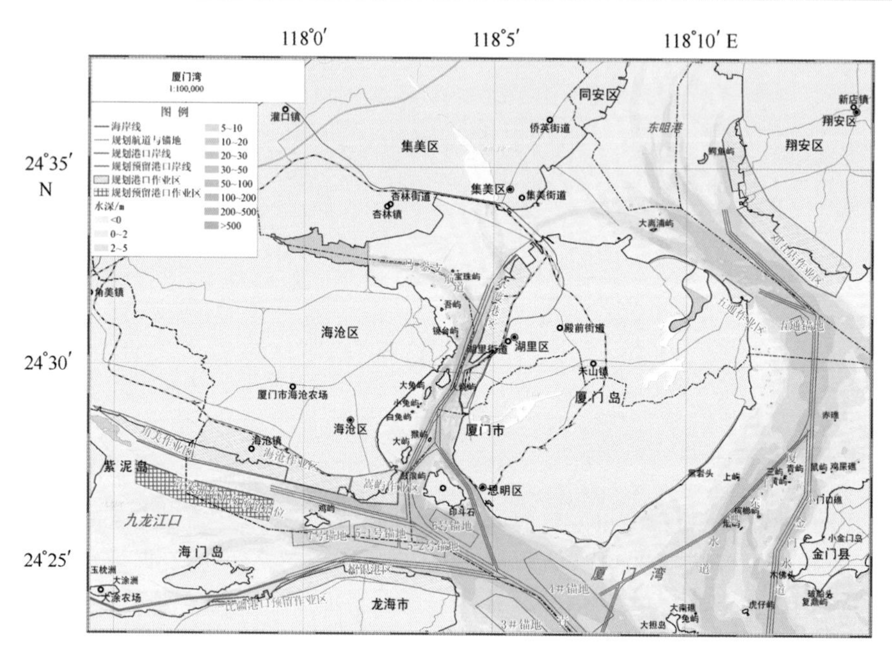

图 2.14　福建省港口航运资源分布（14）

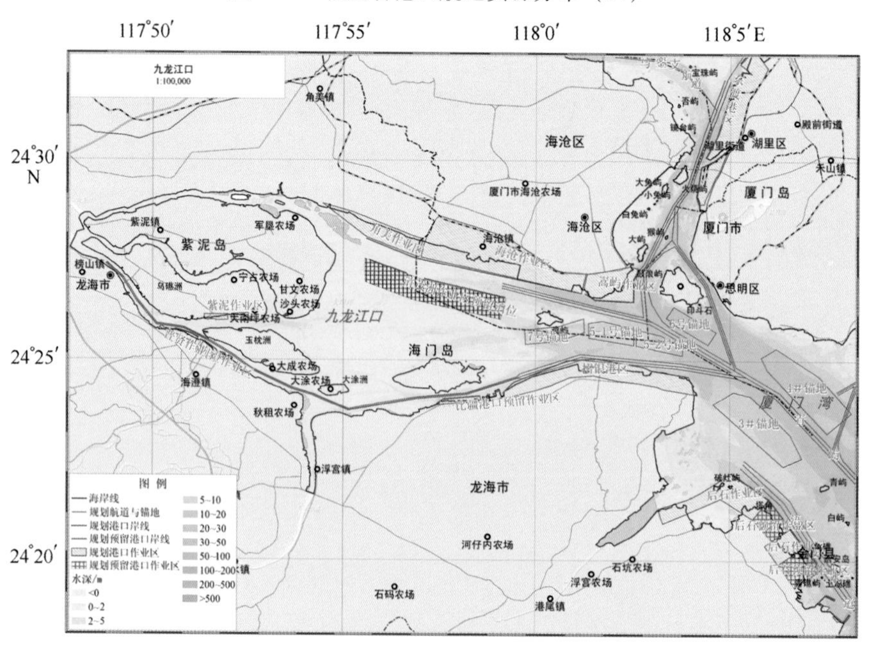

图 2.15　福建省港口航运资源分布（15）

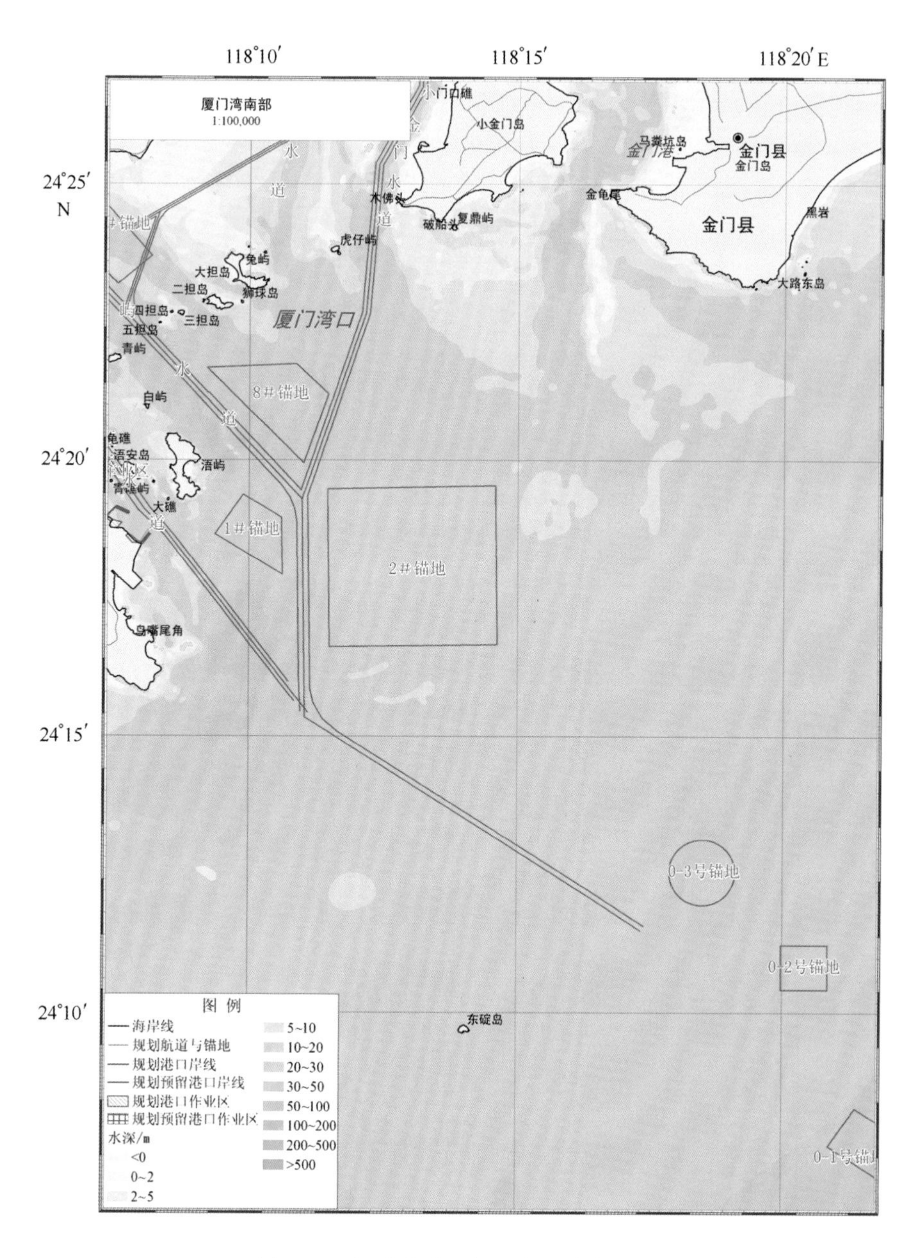

图 2.16　福建省港口航运资源分布（16）

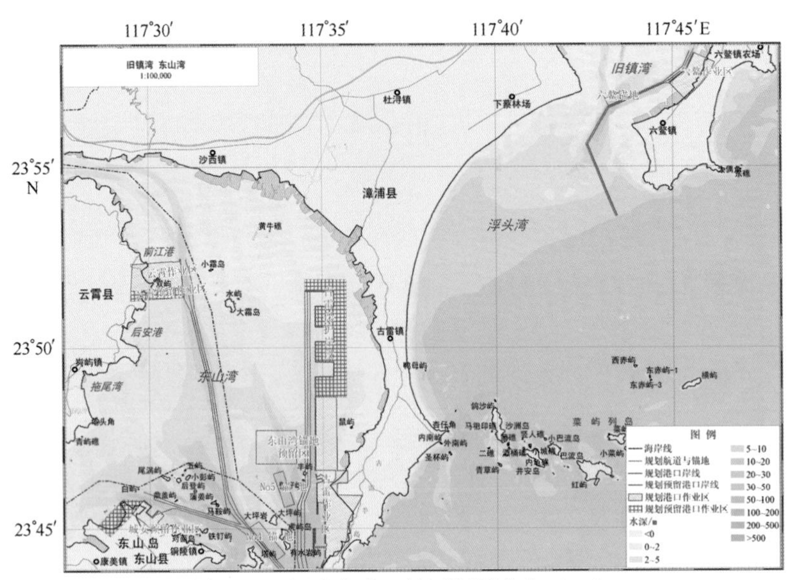

图 2.17　福建省港口航运资源分布（17）

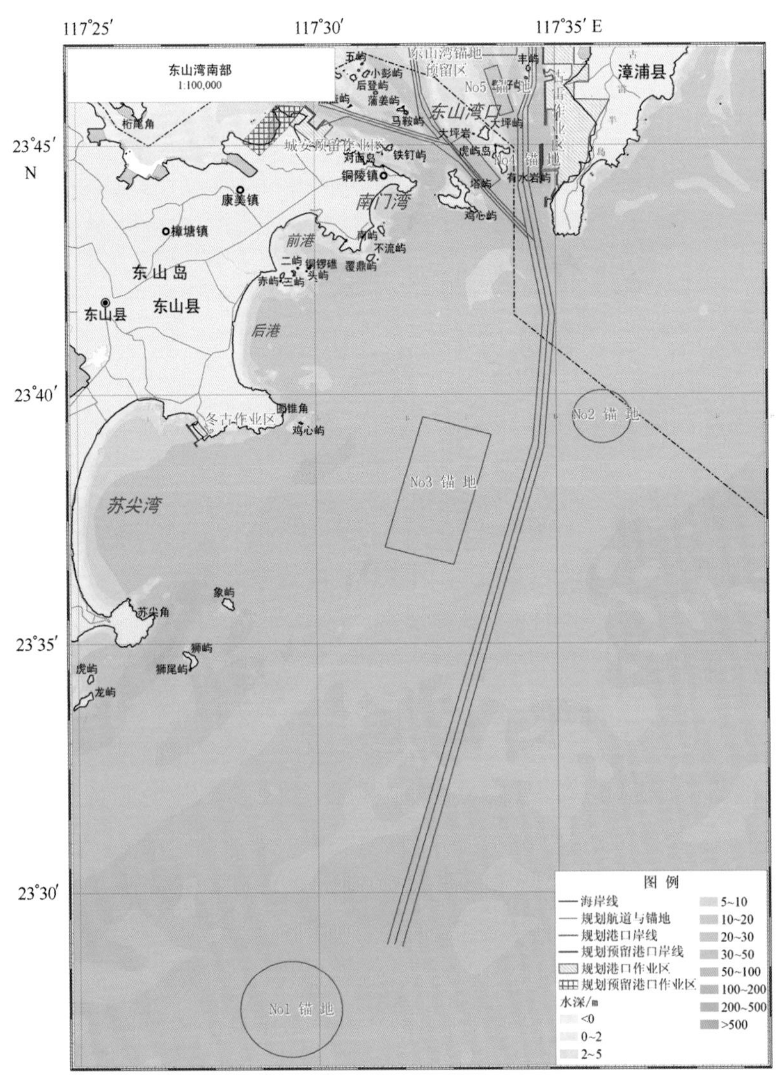

图 2.18　福建省港口航运资源分布（18）

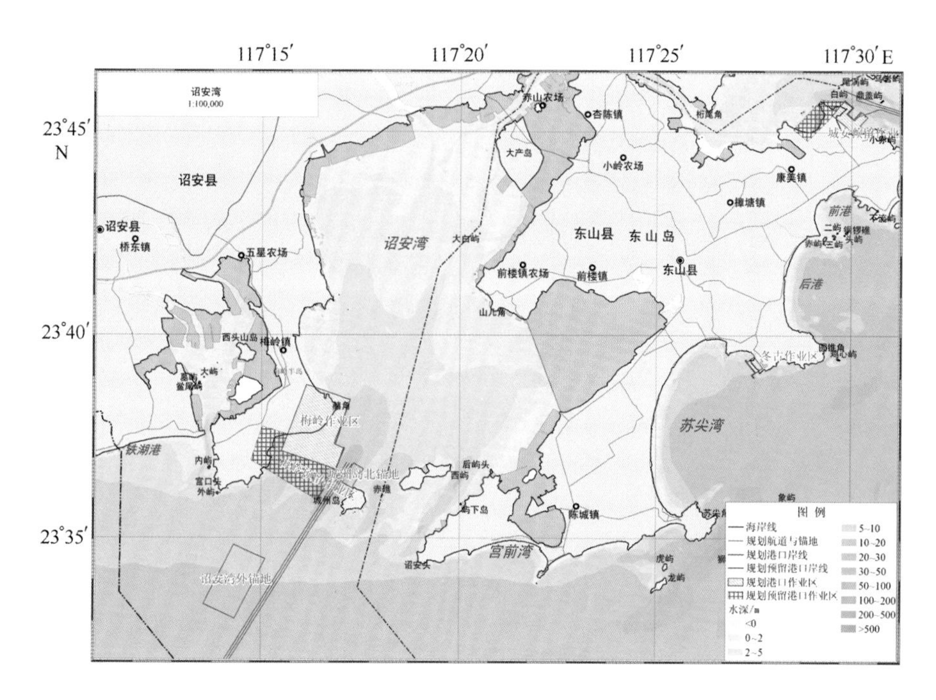

图 2.19　福建省港口航运资源分布（19）

2.2.1.4　小结

福建省沿海 6 地市整合成的 3 大港共有 26 个港区，以深水海湾港为主，规划可形成岸线 345.548 km，其中深水岸线长度为 292.020 km，统计总结如表 2.11 所示。

表 2.11　福建省三大港口资源统计

三大港	港址资源个数（港区数）	规划形成岸线长度/km	深水岸线长度/km
福州港	8	127.164	115.346
湄洲湾港	8	143.324	116.337
厦门港	10	75.060	60.337
合计	26	345.548	292.020

2.2.2　锚地资源

2.2.2.1　福州港

整合后的福州港规划有 38 个锚地，锚地总面积 8 969.9 $\times 10^4$ m^2，见表 2.12（图 2.1 ~ 图 2.9）。

表 2.12　福州港锚地规划

港区	锚地	面积/（$\times 10^4$ m^2）	水深/m	功能
三都澳港区	青山锚地	245	10～35	待泊
	官井洋锚地	1 041	10～45	待泊
	三都锚地	132.7	10～18	待泊、避风
	白匏岛锚地	76.3	9～20	待泊
	鸡公山锚地	98.5	16～50	待泊、检疫备用
	白马锚地	89.6	6～9	待泊
	东冲口锚地	360	50	检疫、引航
	灶屿锚地	180	10～30	待泊
	三屿锚地	160	20～23	待泊、检疫、避风
	东吾洋锚地	704.4	10～24	避风
	盐田锚地	104.5	7～10	待泊
	白马门内锚地	90.2	5～10	待泊、检疫、避风
	福屿锚地	9.4	5～10	待泊
	漳湾锚地	23.7	8～12	待泊
	下白石锚地	42	4～11	待泊
赛江港区	赛岐锚地	3.6	3～6	待泊
	乌山锚地	8.2	3～8	待泊、检疫
	林炉锚地	15.7	5～10	待泊、检疫
	六屿北锚地	9.1	5～8	待泊
三沙港区	三沙锚地	66	10～15	检疫、待泊、避风
沙埕港区	沙埕湾外锚地	360	8～25	引航、检疫
	旧城锚地	180	4.8～24	待泊、避风
	金屿锚地	18	8～42	待泊
	马渡锚地	39	15～25	候潮
	青屿锚地	17	5～19	候潮
	铁将锚地	13	8～14	候潮
闽江口内港区	长安、琯头锚地	33	7.5～10	待泊
	亭江锚地	100	10.5	待泊
	七星礁锚地	590	>10	待泊
松下港区	笠屿北锚地	400		引水、联检、候潮
	东洛锚地	297	12.4～15.2	候潮、待泊、联检
江阴港区	塘屿南锚地	430	>19	检疫引水
	白屿东锚地	330	>17.8	检疫引水
	江阴锚地	590	>14	待泊防台
罗源湾港区	可门口北锚地	500	>18	检疫引水
	可门口南锚地	760	12～40	检疫引水
	岗屿南锚地	725	5～21	检疫引水
	岗屿北锚地	128	10～21	检疫引水

2.2.2.2 湄洲湾港

整合后的湄洲湾港锚地主要位于湄洲湾、泉州湾、深沪湾和围头湾，共21个锚地，锚地总面积4 553.5 × 10^4 m^2，见表2.13（图2.9～图2.13）。

表2.13 湄洲湾港锚地规划

海湾	锚地	面积/（× 10^4 m^2）	水深/m	功能
湄洲湾	大岞锚地	313	30	引水、候潮、联检
	剑屿锚地	366	25～35	引水、候潮、联检
	六耳南锚地	305	18	引水、候潮、联检
	LNG	113	16	LNG应急
	黄瓜屿锚地	194	15～35	候潮待泊
	六耳东锚地	99	10	候潮待泊
	采屿锚地	251	8～25	候潮待泊
	斗尾锚地	403	6～25	油船专用待泊
	大生岛北锚地	232	9～20	避风、待泊、过驳
	峰尾锚地	227	5～20	避风、待泊
泉州湾	祥芝锚地	172.5	9.8～13.6	引航、检疫
	大型船舶待泊锚地（方形）	231	17.1～19.5	大型船舶待泊
	万吨级船舶临时锚地（方形）	128	11.5～13.3	万吨级船舶待泊
深沪湾	深沪1#锚地	100	17～19	引水、候潮、联检
	深沪2#锚地	127	12～16	引水、候潮、待泊
	梅林锚地	90	6～8	待泊
围头湾	围头1#锚地	263	17～25	引水、候潮、联检
	围头2#锚地	180	9～13	引水、候潮、待泊
	大佰锚地（预留）	600	3～8	功能待定
	安海湾1#锚地	112	6	防台避风锚地
	安海湾2#锚地	47	6	待泊锚地

2.2.2.3 厦门港

整合后的厦门港规划22个锚地，总面积约12 903 × 10^4 m^2，见表2.14，主要位于厦门湾及九龙江口海域、东山湾、浮头湾和诏安湾（图2.14～图2.19）。

表 2.14　厦门港锚地规划

海湾	锚地	面积/（$\times 10^4$ m^2）	水深/m	功能
厦门湾及九龙江口海域	0#1 锚地	536	27.6	30 万吨级油轮引水、候潮、联检
	0#2 锚地	225	27.6	30 万吨级散货船引水、候潮、联检
	0#3 锚地	177	18.7	10 万吨级海轮
	1#锚地	317	18.7	510 万吨级海轮
	2#锚地	2 786	11.86	港外临时
	3#锚地	531	11.4	供万吨级以下船舶避风、临时防台使用
	4#锚地	597	11.4	供万吨级以下船舶联检、引航使用，和避风、临时防台使用
	5#1 锚地	157	6.5	千吨级船舶定锚位锚地，供船舶避风、临时防台使用
	5#2 锚地	129	6.5	千吨级船舶定锚位锚地，供船舶避风、临时防台使用
	6#锚地	139	14	备用通航水域，可满足实载吃水 13.0 米的 10 万吨级船舶不乘潮通航；台风期间供千吨级船舶避风、临时防台使用
	7#锚地	171	6.3	千吨级危险品船舶锚地，供船避风、临时防台使用
	8#锚地	627	18.7	5 万～10 万吨级海轮锚地
	五通临时锚地	40	10	供东部港区船舶临时停泊、防台
东山湾	No1 锚地	1 017	30	10 万吨级以上船舶候潮、引航
	No2 锚地	314	20	5 万～10 万吨级海轮
	No3 锚地	1 000	17	3 万～10 万吨级海轮
	No4 锚地	100	6～30	危险品锚地，0.5 万～1 万吨级海轮锚地
	No5 锚地	100	6～20	0.3 万～0.5 万吨级海轮锚地
	No6 锚地	3 400	0～10	东山湾锚地预留区
浮头湾	六鳌锚地	40	2	3 000 吨级船舶
诏安湾	城洲岛北锚地	50	5～10	待泊
	湾外锚地	450	10	待泊

2.2.2.4　小结

福建省三大港共规划锚地 81 个，总面积 26 426.4 $\times 10^4$ m^2（表 2.15）。

表 2.15　福建省三大港规划锚地资源统计

港口	福州港	湄洲湾港	厦门港	全省合计
个数	38	21	22	81
面积/（$\times 10^4$ m^2）	8 969.9	4 553.5	12 903	26 426.4

2.2.3 航道资源

2.2.3.1 福州港

整合后福州港航道总长度461.79 km，具体航道指标见表2.16，其中赛江港区航道、闽江口内港区航道为浅水航道，三都澳港区、三沙港区、沙埕港区、松下港区、江阴港区、罗源湾港区航道为深水航道（图2.1～图2.9）。

表2.16 福州港航道规划

港区	航道			航道长度/km	航道水深/m	航道宽度/m	吨级/(×10^4 t)
三都澳港区	三都澳口门航道			10.50	28	450	30
	西航线	主航道至橄榄屿航道		17.60	23	300	25
		橄榄屿至漳湾鲈门港航道		12.30	12	180	3
	北航线	主航道至加仔门水道航道		14.30	23	450	25
		至漳湾航道	加仔门水道至显角航道	11.10	23	240	25
			显角至云淡岛航道	8.40	8	150	1
		至白马航道	加仔门水道至白马水道航道	3.50	18	200	15
			由青山北礁至白马水道航道	16.70	18	200	15
	东航线	主航道至官井洋航道		6.20	28	350	30
		赤龙门水道		11.80	13	200	5
		至关厝埕航道		6.20	28	350	30
		至东吾洋航道		19.30	20	350	30
赛江港区	交溪航道			22.20	4	60	0.1
三沙港区	青屿与老鼠礁航道			46.40	12	160	4
	烽火门水道航道			23.00	8.5	160	1
沙埕港区	口门至旧城鼻航道			10.00	18	180	10
	旧城鼻至金屿门航道			2.20	15	180	5
	金屿门至八尺门航道			21.60	9	150	0.5
闽江口内港区	马尾至七星礁石段			50.00	中沙段：8.3，马祖印至内沙段7.8，外沙段8.0		
松下港区	东洛锚地至元洪码头航道			13.10	7.3～8.1	150	3
	笠屿北侧锚地至人屿西侧航道			20.95	12～13	300～420	10
江阴港区	江阴港区主航道			51.44	18.5～21	500～600	10～30
	新厝支航道			3.60	7.5	200	双向0.3
	牛头尾支航道			14.40	21	600	30
	万安支航道			9.90	9	250	双向0.5
罗源湾港区	罗源湾北岸进港航道			25.02	12～26	220～350	2～30
	罗源湾南岸进港航道			10.08	16.5～26	200～350	10～30

2.2.3.2 湄洲湾港

整合后的湄洲湾港主要包括湄洲湾、泉州湾、深沪湾和围头湾的航道，见表2.17，航道总长度190.025 km（图2.9～图2.13）。

表2.17 泉州港航道规划

港区	航道	航道长度/km	航道水深/m	航道宽度/m	吨级/（$\times 10^4$ t）
—	湄州港主航道	38.53	18.3～21	300～500	25
肖厝港区	肖厝支航道	4.82	12.5～18.3	300	10～25
	福炼支航道	4.95	12.5	250	10
	洋屿支航道	1.73	12.1	250	10
	惠屿西支航道	2.35	10	250	10
	洋屿西支航道	1.86	3.5	200	0.3
斗尾港区	斗尾30万吨级支航道	3.2	21	500	30
	外走马埭支航道	9.7	5.5	200	双向0.5
秀屿港区	秀屿支航道	3.33	10～14.5	200～400	5～10
	莆头支航道规划	5	6～13.5	150～200	0.5～4
	石门澳支航道规划	6.565	12～14	200～250	3～5
东吴港区	东吴航道	16.86	12.5	250	10
	盘屿	4.35	18	350	25
泉州湾港区	泉州湾主航道	13.44	12.5	250	乘潮10万吨级集装箱、油船
	大坠门支航道	10.1	12.5	250	乘潮1万吨级油船、集装箱船
	后渚5 000吨级航道	6.65	4	150	乘潮5 000吨级杂货船
深沪湾港区	深沪湾主航道	3.5	12.5	250	10万吨级散货、集装箱船
	梅林3万吨级支航道	2.32	5.5～9.5	120～160	乘潮13万吨级集装箱船、散货船
围头湾港区	围头湾主航道	2.5	12.5	250	乘潮5万吨级集装箱
	石井支航道	20.67	5.6	150	乘潮5 000吨级杂货
	安海湾支航道	5.97	3.5	70	乘潮3 000吨级杂货船
	菊江航道	10.63	3	80	3 000
	泉金航道	11		100	

2.2.3.3 厦门港

厦门港航道，总长度约216.98 km，见表2.18（图2.14～图2.19）。

表 2.18 厦门港航道规划

港区	航道	航道长度/km	航道水深/m	航道宽度/m	吨级/（×10^4 t）
厦门港及九龙江口港区	厦门主航道	42.70	15.5～26	410～600	近期10万～15万吨级集装箱船，远期15万～30万吨级集装箱
	海沧航道	12.50	13～9	150～410	中下段近期10万吨级集装箱船，远期15万吨级，上段可满足3万吨级集装箱船
	招银航道	12.00	7.3～14	180～250	满足3万～10万吨级船舶
	后石航道	16.30	26	350	30万吨级散货船
	石码航道	26.00	3.3～4.2	120～170	3 000～5 000吨级
	刘五店支航道	24.00	12.5～14	180～250	第五代集装箱船舶
东山湾	东山湾进港外航道	28.99	23	400	30万吨级单向航道
	古雷港区进港航道	8.23	11～23	160～350	2万～10万吨级单向航道
	城安进港主航道	8.90	11.5～18	160 300	乘潮通航3万吨级
	云霄航道	16.40	12.5～18	200	乘潮通航5万吨级
浮头湾	六鳌航道	10.36	7.3	90	乘潮通航3 000万吨级
诏安湾	诏安湾航道	10.60	14	200	乘潮7万吨级散货船

2.2.3.4 小结

福建省航道总长度约868.795 km，福州港航道最长，湄洲湾港航道最短，见表2.19。

表 2.19 各港湾航道资源统计

单位：km

港口	福州港	湄洲湾港	厦门港	全省合计
航道长度	461.790	190.025	216.980	868.795

2.3 矿产资源

2.3.1 建筑砂石资源

2.3.1.1 一般性质

海砂是指分布于海岸和近海的、以中砂和粗砂为主、包括部分细砂和砾石的砂质堆积。海砂分选良好，品质优良，可以作为海洋工程用料使用，经脱盐后的海砂可作为建筑材料使用，广泛用于城市建设、公路、铁路和桥梁等混凝土结构建筑。海砂资源以其分布广、规模大、品质优、运输方便而获得青睐。

福建海岸位处台湾海峡西侧，海岸线漫长，沿岸海砂资源丰富。在闽江口—诏安湾这全省2/3的岸段上，许多迎风浪岸段及一些新月形、齿形、马蹄形及凹入式海湾内，以及一些砂质半岛等处蕴藏着丰富的海砂资源，在平潭、长乐、晋江、金门、漳浦、东山等地，硅砂资源极为丰富。福建沿海丰富的海砂资源，与优越的自然条件密切相关。沿岸花岗岩类岩石广布，地表剥蚀强烈，长英质矿物及副矿物供应充沛。闽江每年有700多万吨砂输入附件海域，沿岸海域海底的古残砂沉积也是重要的物质来源之一。福建沿岸又为我国东部最大风区，使砂质沉积物得以在迎风浪岸段广布，同时由于沿岸岸线曲折，山丘起伏，岛、陆相间，水、气动力作用不均，经对砂质沉积物搬运与分选后，在适宜地貌场所便沉积与储存了优质砂矿。因此，福建海岸海砂分布广泛，资源丰富，品种多，质量好，用途广，是我国非常珍贵和罕见的工业海砂产区。

福建近岸海砂资源量估计在 $5 \times 10^8 \sim 10 \times 10^8$ t，此外闽江下游河砂约 8×10^8 t，九龙江、晋江、赛江、木兰溪还有若干河砂。福建省最丰富的建筑用河砂分布在闽江下游，为大型矿床，储量居全国首位。

2.3.1.2 开发利用前景

开采河砂和海砂具有疏通航道等好处，但也产生了严重的环境问题。首先，江河中从上游的来砂不是无限的，为了河道冲淤平衡，应限制开采量；其次，大量开采河砂会影响河势稳定，并危及堤防的稳固，影响河道防洪的安全。如闽江下游福州北港人为采砂活动加剧，北港流量大幅度增加，导致北港河床明显下切，解放大桥倒塌，堤防险情不断，此外由于河势变化，导致盐水上溯，直接影响了饮用水的安全。无节制的海砂开采已对环境造成恶劣的影响，生态平衡被打破，许多鱼类、贝类产卵场和栖息地被破坏。海砂开采引发的突出问题还有海岸侵蚀、海水入侵以及底床破坏可能导致的对工程环境、航运、管道缆线和水产养殖带来的消极影响。福建莆田东埔镇东吴村沿岸，近2年来该村沿岸沙滩从岸线至低潮位宽约70 m，如今已经萎缩到只剩下40 m左右，而且沙层厚度急减，基岩裸露，海滩正在遭受严重的侵蚀；20世纪80年代厦门东北部下堡附近海岸由于海滩和近岸采砂，造成20年内海岸后退120 m，并引起输沙下游黄厝和厦门大学滨海浴场的海岸侵蚀与沙滩退化，同时破坏文昌鱼栖息地。

基于对海砂的巨大需求以及河道、近岸海域采砂所产生的大量环境问题，我们认为有必要加快近岸海砂资源开发的管理，严格执行海砂开采的海域使用论证制度和海砂开采海洋环境监测制度，并通过政策引导，逐步减少近岸采砂活动，将海砂开发的重点转移到浅海和陆架海域，并在充分认识海砂勘探和开采所产生环境影响的基础上，开发浅海海砂资源。

2.3.2 砂矿资源

2.3.2.1 一般性质

福建陆域由于地处亚热带，气候湿热多雨，风化壳发育，地表剥蚀较强，副矿物易于从岩体中分解。沿海陆域花岗岩类岩石广布，岩体内有用副矿物含量较丰富，一般超过我国海岸同类岩石平均值。福建省沿岸海水动力较强，风浪常向为SE方向与E方向，强度大，镇海、古雷头为福建省十大海浪区，海流方向终年向NE方向流动，比闽中沿岸稳定。在强劲的海浪与稳定向北的海流联合作用下，能使海底沉积搬运与分异，相应使有用重砂分异富集，构成不少异常等高品位富集地段（如镇海、东山等海域）。

按矿种划分，福建除了建筑用砂以外还有含独居石、锆英石—钛铁矿、磁铁矿和石英砂等砂矿，可作为提取锆、钛、稀土及放射性元素等以及玻璃砂、标准砂、压裂砂、化纤砂和型砂等各种重要的砂矿资源，其中标准砂为全国独有。石英砂矿系富含石英的花岗岩类和混合岩类受强烈风化和剥蚀后迁移至江海而成，因而福建省闽江下游及沿岸、岛屿是其集中分布的地区。福建石英砂资源丰富，按其品质和用途，分为玻璃用砂（称玻璃砂），铸型用砂（称型砂）、水泥标准砂（称标准砂）。在分布上，多为两种以上用途的砂相伴生，以规模大、埋藏浅、易采易选、砂质纯洁、粒度均匀、含泥量低而著称。

锆石等有用重矿物用途广，在高新技术与新材料开发中有重大作用，因此具有重要的经济价值。福建省沿岸满足锆、钛、独居石等砂矿形成的有利条件较多，如内外动力条件、沿岸岩石中有用副矿物丰富等，但由于海岸地貌条件特征的限制，多为短距砂流，重砂矿主要依靠附近沿岸花岗岩体的副矿物供应，矿源相对有限，难以大规模富集成矿，主要以中小型砂矿为主。据福建沿岸水下沉积物内极细砂级（0.125～0.063 mm）重矿物分析，锆石在福建沿海与台湾海峡该粒级中平均含量分别为3.3%和4.3%，最高含量为19%与17.9%。这在我国渤海、黄海、东海同粒级砂矿平均含量中，属于“含量最丰富”的海区。福建沿岸砂矿品位赋存的沉积状况与我国及世界陆架砂矿一致，沉积物主要为细砂与粉砂质砂，机械分选充分，分选程度多数小于0.6，少数介于0.6～0.4之间，粒度频率曲线陡峻、狭窄，大部分粒级集中于极细砂级，具有形成重矿物砂矿的良好条件。

2.3.2.2 海底有用重砂显示区

1）石英砂矿

石英砂矿系富含石英的花岗岩类和混合岩类受强烈风化和剥蚀后迁移至江海而成，福建省石英砂资源丰富，在分布上，多为两种以上用途的砂相伴生，以规模大、埋藏浅、易采易选、砂质纯洁、粒度均匀、含泥量低而著称。福建沿岸从平潭岛至东山岛一带，石英砂矿成矿条件优越。矿层层位稳定，产于全新统东山组（Q_{4d}）黏土质砂或粗粒砂层之上，长乐组（Q_{4c}）有机质普通砂或铁质砂之下的细砂层中。沿岸地层分布较广，为石英砂矿的生成奠定了较好的地层条件。石英砂物质来源丰富。从近岸海底沉积物分布来看，平潭岛西北有来自闽江口向南延伸的砂带，东山岛外侧也有水下砂带，两者在动力上均处于强风浪区。沿岸广布花岗岩类及动力变质岩等岩体，物质来源丰富，故在适当的海岸地貌条件下，能形成较大规模的石英砂矿，在全国素有“北砂逊、南沙丰”之说。砂质良好。原砂质量一般可达二、三类玻璃要求。

2）有用重砂矿

福建省有用的重砂矿物主要有5种，以锆石为主，伴生金红石、磁铁矿、独居石、磷钇矿，赋存于多种矿物的组合群体中，组分以轻矿物（长石、石英等）为主。重矿物常见有绿帘石、角闪石、云母、白钛矿，其次有电气石、红柱石、蓝晶石、十字石、矽线石、磷灰石、赤铁矿等，少见白云石、辉石等，偶见尖晶石、黄玉、橄榄石、铬铁矿、刚玉等陆源碎屑矿物及自生矿物黄铁矿等50种以上。锆石、金红石、钛铁矿、磁铁矿含量变化关系密切，共同消长趋势明显，沿岸自闽中到闽南，海峡内自中央盆地向南至台湾浅滩，此4种矿物含量变化趋势大体一致。沿岸海底除锆石—磁铁矿相关系数仅0.31外，其余相关系数都大于0.70，相关较密切，共生与消长性强。各有用重砂异常及其以上高品位空间分布关系密切，尤以锆石高品位分布状况较显著。锆石在闽南岸前浅滩（如镇海、东山附近）出现多处异常以上品位，沿岸线方向展布。此外，在闽中南日岛附近及台湾浅滩也有零星异常品位。金红石与锆石相似，闽南岸前浅滩也呈团块散布，局部达边界品位，其他为零星分布。独居石高品位矿也呈零星分布。闽南岸前浅滩有达到工业品位（399.3 g/m^3），其余为边界品位（据4个样平均为192.5 g/m^3）与异常品位（据9个样平均为56.0 g/m^3）。钛铁矿仅为零星异常品位分布。福建岸前浅滩重矿物的品位高于外海，如闽南岸前浅滩，据7个样平均为3 232.9 g/m^3，海峡内中央盆地与台湾浅滩（2 000 g/m^3）。闽南沿岸地形位于闽南沿岸海底，水深小于20 m，近岸为岸前浅滩，远岸为水下陡坎。最宽达18 km，窄处4 km，有长条状水下沙堤与沟槽存在，面积1 000 km^2，形成条件较好，水深较浅，对开采重砂矿有利，但沉积状况沉积类型较复杂，有中细砂、细砂、泥质粉砂、泥质砂等，各类型分布范围不广，呈断续散布状分布，重砂矿的分布范围较小，但是沿岸海底重砂矿含有高品位的锆石、金红石、独居石、钛铁矿等，分别达到地矿部门要求的异常、边界及工业品位，并有锆等地球化学元素显示为佐证。表层沉积物中有用重砂高品位分布范围也较广，垂直柱状样中的品位分布也较为稳定。

2.3.3 油气资源

2.3.3.1 油气地质条件与油气分布

1）福建沿海地质概况

台湾海峡盆地发育于欧亚板块东南部的台湾海峡地体，跨台湾海峡和台湾西部山麓区，是古新世期间在继承白垩纪裂陷的基础上发生进一步张裂而形成的陆缘裂陷，并于后期受前陆作用影响而进一步转化为前陆盆地的叠合盆地，盆地的沉积中心随时代演化而逐渐向东迁移，分别于晚渐新世和上新世两次发生向前陆盆地的转化。台湾海峡盆地东部与西部在构造和沉积层结构特征方面存在明显差异，具有东西分带的特征，据此将盆地划分出东部坳陷、西部坳陷和西部斜坡3个一级构造单元，在东部坳陷和西部坳陷之间可能存在一个低隆起。在西部坳陷，可进一步划分出晋江坳陷、澎北凸起和九龙江坳陷；在东部坳陷，可进一步划分出新竹坳陷、苗栗凸起和台中坳陷，总共6个三级构造单元（图2.20）。据有限的钻井资料显示，海峡西部即闽粤沿海印支—燕山活化带，元古代以来经历过多次构造运动，构造线以NE向为主，前中石炭统为浅变质岩系，中石炭统—三叠系为稳定地台盖层沉积；印支运动以后活化，断裂、断块、岩浆等活动强烈。福建沿海上三叠统为磨拉石建造，中—下侏罗统为含煤建造；粤东沿海上三叠统—下侏罗统为滨浅海含煤建造。上侏罗统—下白垩统为巨厚酸性火山岩夹河湖相堆积。长乐—南澳断裂沿带燕山早期花岗岩产生低绿片岩相—低角闪岩相高温低压变质，沿海断陷中见中新统—第四系碎屑岩夹玄武岩。但由于受到盆地前陆作用阶段的影响，上述地层在东、西部坳陷的发育情况差异较殊，渐新统仅发育于东部坳陷，中新统和上新统在东部坳陷厚度大，而西部坳陷中其厚度较薄。在西部坳陷，古新统灵峰组、明月峰组和始新统瓯江组、平湖组等地层基本上为海湾—潮坪沉积，局部发育沼泽相煤层。而在东部坳陷发育古新统王功组和始新统双吉组地层，前者厚度薄，而后者厚度较大。在西部坳陷，断层较发育，基本上为张性正断层，断层走向以 NE 向和 NEE 向为主，NW 向和 NWW 向次之，少数为近 SN 向断层。大多数断层发育在上新统以下地层中，少数断层延伸至第四系。晋江凹陷东界和九龙江东南界均以控凹断裂—生长断层为界，为凹陷早期拉张的产物，它们于白垩纪开始活动，古新世和始新世活动最为强烈，中新世活动渐弱，中新世晚期基本停止活动。它们在凹陷主体部位断距大，而往凸起、隆起部位则变小乃至逐渐湮灭，对白垩纪—始新世时期的箕状断陷的形成、发展及凹陷形状和沉积物沉积具有明显的控制作用。在东部坳陷，断裂的分布深受前陆作用过程的影响。

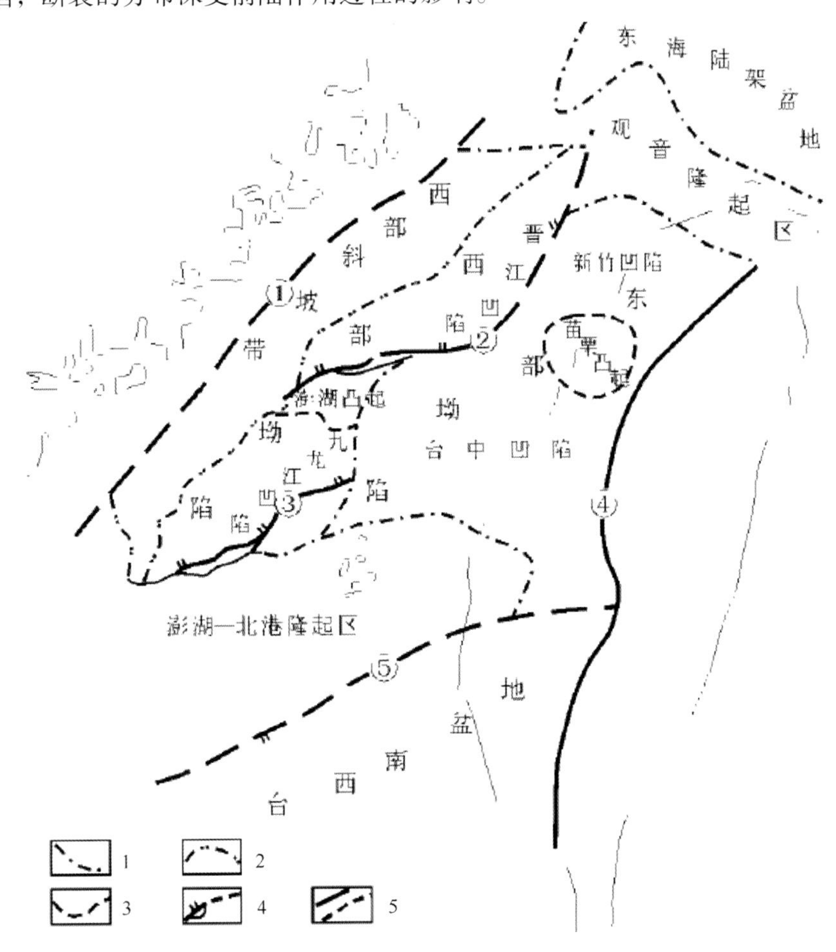

图 2.20　台湾海峡盆地构造区划

1. 盆地或隆起边界；2. 坳陷或斜坡带边界；3. 凹陷或凸起边界；4. 正断层或推测正断层；5. 断层或推测断层①福建滨海断裂；②晋江凹陷东界主断裂；③九龙江凹陷东界主断裂；④屈尺—潮州断裂；⑤义竹断裂

2）油气地质特征

（1）烃源岩

据地化资料和油气—岩对比，在台湾海峡盆地发育古新统、始新统和中新统三套烃源岩。但是西部坳陷和东部坳陷的烃源岩发育有较大的差异，前者以古新统（灵峰组）和始新统（瓯江组）为主要烃源岩（图 2.21），而后者则以始新统和中新统为主要烃源岩，但始新统烃源岩分布还不祥，多数研究认为东部坳陷的烃源岩主要为中新统。在西部坳陷古新统和始新统烃源岩为潮坪—潟湖相泥岩。古新统泥岩 TOC 为 1.26% ~1.52%，Ro 为 0.6% ~2.4%，已处于成熟—高成熟阶段，局部过成熟。始新统烃源岩主要为瓯江组泥岩，TOC 一般为 0.41% ~2.64%，最高可达 3.5%，有机质类型主要为Ⅱ—Ⅲ型干酪根，在九江凹陷该烃源岩 Ro 为 0.6% ~1.0%，已处于成熟阶段；在晋江凹陷该烃源岩还未成熟。

（2）储盖层

西部坳陷储层为古新统和始新统潮下坪相砂岩，储集性能良好。西部坳陷的区域盖层为区域性沉降时期的中新统—第四系泥岩，勘探目的层中的平湖组中上段、瓯江组下段、中段和灵峰组的泥质岩为局部盖层；东部坳陷的区域盖层为上新统页岩。盆地西部渐新世以前断层活动较剧烈，有利于油气运移聚集；至中新世断层活动减少，易于油气保存。

（3）圈闭

台湾海峡盆地发育有背斜、断块和地层不整合—背斜复合圈闭 3 类构造圈闭。在西部坳陷以断鼻和断块圈闭为主，少数为背斜圈闭、滚动背斜圈闭；断鼻、断块构造主要分布于坳陷斜坡，如漳州 -3 号断块构造，而背斜构造则主要分布在主断层的两侧附近，如泉州 -3 号滚动背斜构造等。东部坳陷圈闭类型以背斜为主，如锦水、竹东、宝山等气田均属于背斜构造，其次为断块和断鼻构造，如八掌溪构造，此外还有岩性圈闭。

台湾海峡盆地西部坳陷烃源岩以古新统（灵峰组）和始新统（瓯江组）为主。在西部坳陷，主要发育古近系含油气系统，而中新统含油气系统不发育。古近系含油气系统烃源岩为古新统和始新统泥岩，储层为古新统—始新统砂岩，盖层为中新统—第四系泥岩。由于该坳陷发育 2 个有效生烃凹陷，因此可以进一步划分为九龙江和晋江 2 个含油气系统，前者已经发现了油气流，油岩对比也确认其油源来自殴江组和灵峰组。

3）福建沿岸古近系含油气系统特征

本书根据盆地模拟成果，研究福建沿岸古近系含油气系统的油气生成子系统和油气运移—捕集子系统。

（1）油气生成子系统特征

台湾海峡盆地西部古近系含油气系统具生烃能力的烃源岩包括平湖组、瓯江组、灵峰组等 7 个层段，总生烃量为 96.65×10^{8} t。其中，灵峰组和瓯江组中段为主要烃源岩，其生烃量分别为 55.30×10^{8} t 和 13.69×10^{8} t，占该区总生烃量的 57.2% 和 14.2%（图 2.21）。在瓯江组下段沉积末期，灵峰组烃源岩刚刚进入生油门限，到平湖组下段沉积末期，达到生油高峰，瓯江组中段烃源岩则刚刚进入生油门限，它们开始生成大量的油气；渐新世—中新世期间，灵峰组烃源岩达到生烃的高峰阶段，生烃量可达 21.36×10^{8} t，有机质大量热裂解成天然气和轻质油，早期生成的石油部分发生热裂解转化为天然气，瓯江组中段烃源岩此时局部 Ro 达到 1.4%，处于生油高峰，随后灵峰组烃源岩进入过成熟阶段。由于沉降史的差异，晋江凹陷的烃源岩热成熟度演化与九龙江凹陷相比滞后一些，并且油气主要来自灵峰组烃源岩。据计算，凹陷主体烃源岩潜量指数为 3 ~7 t/m^2，这表明台湾海峡盆地西部坳陷油气充注量为正常充注，含油气系统的油气源比较充足。

（2）油气运移—捕集子系统特征

油气从烃源岩中排出主要靠烃源岩压实排出孔隙水的驱替力和有机质热降解、热裂解生

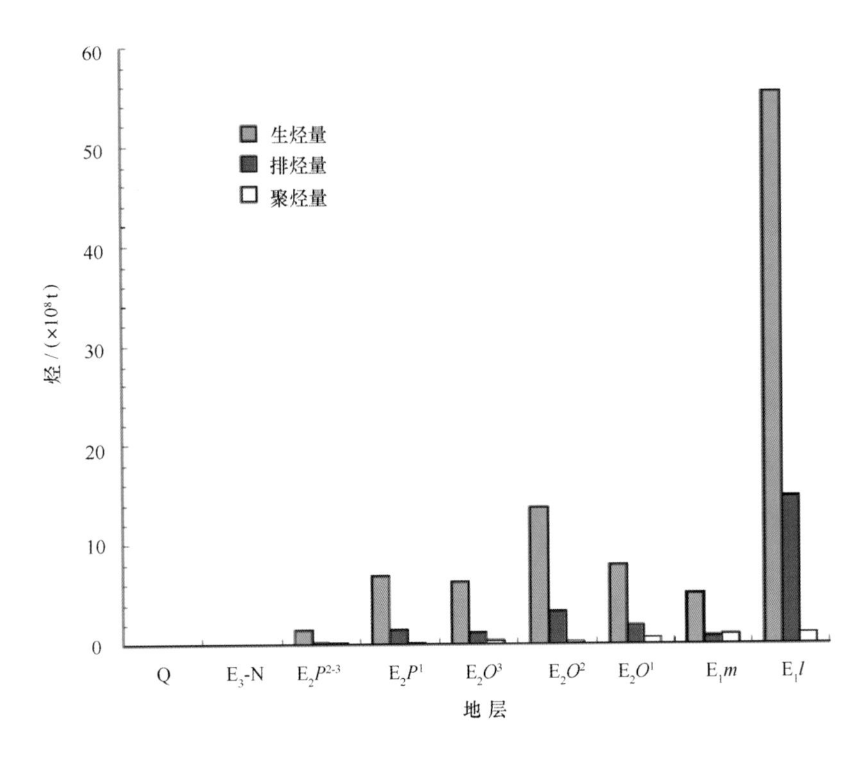

图 2.21 台湾海峡盆地西部坳陷各烃源岩生、排、聚烃量

成油气的膨胀力推动。据盆地模拟，灵峰组烃源岩在瓯江组下段沉积末期开始排油，到平湖组下段沉积期大量排油气，排烃量达 2.02×10^8 t，排油气比为 0.55；渐新世—中新世期间，达到排烃高峰，排烃量可达 5.33×10^8 t，以排气为主。瓯江组中段烃源岩在平湖组中上段沉积末期开始排油，渐新世—中新世期间，出现大量排烃高峰，排烃量可达 1.97×10^8 t，排油量和排气量基本相当。各烃源岩排烃性质随着烃源岩成熟史变化，早期以排油为主，晚期达到排气阶段，或者只达到了排油阶段；九龙江凹陷烃源岩比晋江凹陷成熟度高，总排烃量也有所差异，分别为 14.30×10^8 t 和 9.72×10^8 t。油气运聚以短距离侧向运移和垂向油气运移聚集为主，邻近主要烃源岩的储层聚集的烃量较多。油气聚集量的大小与油气源供应有密切关系，明月峰组沉积末期，油气刚开始聚集；至瓯江组中段沉积时期，凹陷区主体已经成熟，油气顺着输导层开始近距离聚集，聚集量为 0.437×10^8 t；渐新世—中新世期间，油气大量聚集，聚烃量可达 1.404×10^8 t，油气运聚的距离也更远。

在厦澎凹陷、乌丘屿坳陷目前已发现局部构造 20 个，主要有背斜、逆牵引背斜、地层圈闭等。化探结果显示，台湾海峡西部具一定的地球化学异常，尤以厦澎凹陷 JM32－1 构造油气化探异常最好。乌丘屿凹陷和厦澎凹陷，第三系和白垩系保存较厚且未变质，为良好的海相生油气岩系，始新统形成于半封闭海湾还原环境，利于有机质富集和保存，生油气能力较开阔浅海陆架环境形成的渐新统—中新统的好，且始新统和白垩系均已进入生油气成熟期，因此，盆地西部找油气的目的层以卜第三系和白垩系为主。

综上所述，台湾海峡盆地西部古近系含油气系统为正常充注纵向运移中阻含油气系统，油气地质条件较优越，油气源充足，各地质事件彼此匹配较好。中新统的排烃期为中新世晚期—更新世。根据上述烃源岩的油气生成与排出时间，结合台湾海峡盆地的演化特征，认为中新统含油气系统的关键时刻应为上新世晚期；此时区域盖层已初步形成，具有一定的封盖能力；构造圈闭已最终定型，各种油气成藏地质事件基本匹配，应具有良好的油气资源前景。

2.3.3.2 开发前期工作进展

根据中科院海洋研究所与福建省海洋研究所等组成的联合调查队，对台湾海峡西侧的调查发现，在台湾海峡盆地西部坳陷，总聚烃量为 3.718×10^{8} t，排聚系数为 15.48%。油气集中在古新统和瓯江组中段附近，其中灵峰组、明月峰组、瓯江组下段和瓯江组上段的聚烃量分别为 1.058×10^{8} t，0.983×10^{8} t，0.647×10^{8} t，0.416×10^{8} t，占总聚烃量的 92.69%。油气集中在凹陷边缘等油气运移距离较短的圈闭中，如晋江凹陷的东南部和九龙江凹陷的南部圈闭。因此台湾海峡盆地西部具有较好的油气资源前景，尤其九龙江凹陷，有可能找到中小型油气田。整个台西盆地的含油性十分乐观，估计油气地质远景储量达 36×10^{8} t 以上。

2.3.4 泥炭资源

2.3.4.1 福建沿海泥炭分布的特点

福建沿海地区北起福鼎关口，南至东山宫前，大致呈 NE—SW 向带状伸展。其宽度，在山丘直逼海岸地带为 1 ~ 12 km，在平原海岸地带达 60 km。该区内泥炭点分布普遍，储量丰富。福建沿岸的泥炭属埋藏型泥炭，大多数是未全分解的草本或木本植物残体的堆积物。其地下水位较浅，上覆盖层多为 1 ~ 2 m。泥炭层一般仅 1 ~ 2 层，3 层以上者少见。层厚多在 1 m 左右，最厚（福州后山）可达 16 m，最薄仅数厘米。根据对赋存泥炭的古地貌和沉积相分析，泥炭的成因类型主要有潟湖洼地型，河流、沟谷洼地型和丘陵间（盆地）洼地型三种。这些类型的泥炭，在纵向上，自北而南都有分布；在横向上，从东到西一般是按潟湖洼地型泥炭—河流、沟谷洼地型泥炭—丘陵间（盆地）洼地型泥炭的顺序分布的，在垂向上，它们的分布高程主要集中在 5 ~ 25 m 的范围内。主要有以下不同类型泥炭的堆积：

1）潟湖洼地型泥炭　在沿海平原地区，丘陵凹湾处分布较广。其空间分布与海相沉积层关系密切，泥炭层紧贴于海相层之上（或之下），或是夹于海相层中。如龙海塘内泥炭分布于平原第四系沉积层的中部，表层为 0.55 m 的灰黄色砂质黏土和黄棕色泥质砂砾，泥炭层顶板是厚 0.55 m 的灰色淤泥质黏土，底板为褐灰色淤泥。泥炭层厚 0.25 m，呈黄褐色，含大量植物残体。福清牛头泥炭分布在临海的丘陵小凹地内，泥炭层上层 1 m 左右的灰黄、灰黑色海积砂土，泥炭层呈灰黑色，平均厚 1.06 m。莆田山前泥炭位于海湾内，位于海积层中，呈灰黑色，平均厚 0.20 m。

2）河流、沟谷洼地型泥炭　泥炭的顶、底板多是颗粒较细的河滩相沉积物或沟谷冲—洪积物，分布的平面形态多呈长条形，延伸方向与河流、沟谷方向一致。剖面形态呈似层状或透镜状。如宁德前洋泥炭分布在顶板为厚 0.3 ~ 0.7 m 的黄褐色砂质黏上层下，底板是灰黄色黏土质砂层，泥炭层平均厚 0.66 m，含树枝、草根等残余物，整体呈似层状。龙海程溪泥炭层平均厚 0.8 m 呈长条状分布于河谷两侧，顶板为灰色砂质黏土，底板为灰黑色黏土。

3）丘陵间（盆地）渔地型泥炭　平面形态多不规则，泥炭层顶、底板多冲积物。底板受基底地形影响，一般起伏较大。如宁德北洋泥炭层埋藏在第四系全新统由山间盆地现代耕作层下，顶板为 0.1 ~ 0.4 m 厚的砂质黏土，泥炭层下是黏土、亚黏土，泥炭呈褐黑色厚 0.3 ~ 1.0 m，其顶板平整，底板起伏大。此类泥炭在福建北部沿海分布较广。福建沿海泥炭层的沉积分布特点深受新构造运动的影响。本省沿海构造断裂发育，海岸主要受“X”形断裂控制，许多泥炭层都沿着断裂的低洼地展布。另外，一些泥炭层形成后，由于新构造的差异活动，改变了其原来的分布高度。如诏安牛子岭全新世中期疾海相泥炭层在NE向断裂的西北侧和东南侧分布高程相差5~7 m（断裂西北盘上升，东南盘下降），东山前梧一带晚更新世滨海相泥炭层的分布高程在前梧NE向断裂的东南盘比西北盘低8 m。

2.3.4.2 福建沿海泥炭储量

泥炭不仅是自然环境变化的指示物，在古地理研究方面有重要的意义，而且是一种宝贵的有机原料，可以广泛用于工业、农业、医药、能源、环境保护和生态平衡等方面。迄今为止，所发现的泥炭（地）点有300多处，泥炭储量在10×10^3t以上的计有100多处，福州、长乐、诏安等地还有1×10^6t以上的泥炭地分布，整个沿海地区泥炭储量估计达14×10^6 t（表2.20）。

表2.20 福建沿海各市县 泥炭估计储量

10^4t

市县	长乐	福安	福州	莆田	龙海	诏安	惠安	东山	平潭	连江
储量	283.24	209.29	150.11	135.68	131.54	118.46	86.92	51.30	33.05	32.32
市县	云霄	宁德	罗源	泉州	同安	福鼎	福清	霞浦	漳浦	厦门
储量	31.30	29.00	15.96	11.72	11.00	8.31	7.81	7.00	6.10	1.89

2.3.4.3 福建沿海泥炭开发利用

本区泥炭质量大部分较好尤其是腐殖酸含量一般都在10%以上，宁德霞浦等地的泥炭腐殖质含量平均达20%~30%。泥炭腐殖酸是腐殖质的主要组成部分，对植物具有调节功能。在农业上，它不仅能为作物提供营养，而且具有增加土壤团粒结构，改善土壤理化性能，活化土壤中难溶的磷，刺激作物生长，并能起到防病抗病的作用。在工业上，它的用途也很广泛，如化学工业中的匀染剂，石油钻井工业中的泥浆添加剂和冶金工业中稀有金属的冶炼，等等。经研究证明，泥炭腐殖酸物质在医疗上具有多种功能。利用泥炭病殖酸的离子交换性能除可制造有机肥料外，还可用于污水净化上。

本区泥炭大多是全新世时期形成的，一般分解较弱，含有大量的植物纤维。利用泥炭中的植物纤维可制作多种建筑材料。本区泥炭是福建省沿海地区经济开发不可忽视的一种宝贵资源。但是，以往只把这种资源当作燃料，或只限于农业方面制作腐肥，利用率很低，综合利用更差，今后应进一步开展本区泥炭资源的勘察和评价，探讨泥炭资源利用的新途径，开展泥炭综合利用的研究。在一些泥炭储量较大，或分布比较集中的地区，可以发展一些中、小型综合利用企业。泥炭气化与液化是泥炭利用的新方向。因为与煤相比，泥炭含氮量高而含硫量低，这就使它合成液体和气体燃料成为可能。在燃料匮乏的福建省沿海地区可以把泥炭气化与推广沼气结合起来。总之，开发利用泥炭资源可因地制宜，但要做到物尽其用。

2.4 生物与水产资源

2.4.1 海岸带植被

福建省海岸带由于开发历史长，又处于人口密集区，一些原生植被，尤其是原生乔木树种已被破坏非常严重，尤其是存留的乔木树种较少，目前存留的原生植物种类多为适应当地环境的乔木、灌木和草本。根据调查和历史资料，福建省海岸带地区计有维管束植物合计175科716属1 177种（含变种）。其中蕨类22科30属49种，裸子植物8科15属25种，被子植物145科671属1 103种，合计175科716属1 177种。其中栽培或外来植物有277种。从区系分析看，平均每科4.1属，每属1.6种。在全部植物中，栽培或外来植物有277种，占23.5%；而野生和半野生的种类有900种，占76.5%。根据调查，福建省海岸带地区外来生物入侵现象也很明显。国家公布的90种严重入侵植物中，福建省海岸带地区已发现40余种，其中互花米草、马缨丹、蓖麻、空心莲子草、风眼莲、三裂蟛蜞菊已遍布海岸带各地，对福建省地区海岸带的生态环境已构成一定的破坏；尤其是互花米草在海岸带占据了许多沿海滩涂，造成了严重危害。

2.4.1.1 植被类型

福建省海岸带地处我国东南部，地处亚热带，植物种类仍以喜热型乔木、灌木、草本为主，地形地貌主要由平原、丘陵、泥滩构成，处于人口密集区，开发历史长，原生植被多被破坏，现存的多为人工或次生植被，形成其特有的植被类型。主要有亚热带常绿针叶林、常绿阔叶林、灌草丛、潮间带抗盐性强的沙生或盐生草本植被和红树植物群落。根据中国植被分类和本次调查技术规范要求，按植物种类组成、外貌、结构特征，以及群落优势种的分类原则，将福建省海岸带的植被划分为9个植被型81个群系，其中有7个天然植被型52个群系，2个人工植被型29个群系。

1）天然植被

福建省海岸带地貌主要由泥湾、台地、沙岸和丘陵组成，丘陵山地海拔不高，因此归属于天然植被中的主要植被类型根据调查结果有常绿针叶林、常绿阔叶林、灌丛、草丛、滨海盐生植被、滨海沙生植被、沼生水生植被7个植被型，马尾松林、杉木林、黑松林、湿地松林、栲树林、樟树林、相思树林、木麻黄林、相思树－木麻黄林、桉树林、黄槿林、香椿林、散生竹林、丛生竹林、秋茄林、蜡烛果林、白骨壤林、老鼠簕林、桃金娘灌丛、车桑子灌丛、小果黑面神灌丛、龙舌兰灌丛、马缨丹灌丛、藤金合欢灌丛、牡荆灌丛、仙人掌灌丛、露兜树灌丛、龙舌兰－铺地黍群落、枸杞－铺地黍群落、芒萁草丛、芒草丛、五节芒草丛、白茅草丛、类芦草丛、芦竹草丛、肿柄菊草丛、铺地黍草丛、南方碱蓬群落、互花米草群落、大米草群落、厚藤群落、海边月见草群落、老鼠艻群落、海滨藜群落、狗牙根群落、单叶蔓荆群落、苦郎树群落、芦苇群落、短叶茳芏群落、莲群落、凤眼莲群落、香蒲群落52个群系。

2）人工植被

人工植被是经过驯化选择而栽培的人工植物群落，如粮食植物、纤维植物、油料作物、糖料作物、蔬菜以及果树、经济林木等有经济价值的植物群落。根据调查结果，福建省海岸带地区的人工植被分为木本栽培植被和草本栽培植被两大类型，主要类型有木麻黄防护林、相思树防护林、樟树行道树林、芒果行道树林、木棉行道树林、巨尾桉行道树林、海枣行道树林、柚木行道树林、朱缨花行道树林、刺桐风景林、柠檬桉风景林、荔枝果园、龙眼果园、杧果果林、番木瓜果园、香蕉果园、柑橘果园、葡萄果园、茶园、粮食作物、油类作物、糖料作物、蔬菜作物、草坪、西瓜作物、甘蔗群落、芦笋、玫瑰茄群落和穿心莲29群落个群系。

2.4.1.2 植被分布

本次福建省统计的常绿针叶林 40 905.42 hm^2、常绿阔叶林 20 539.93 hm^2、草丛 7 524.8 hm^2、灌草丛 9 864.79 hm^2、落叶灌丛 2.44 hm^2、滨海盐生植被 5.5 hm^2、禾草型盐生植被 13 535.3 hm^2、草本沙生植被 132.1 hm^2、沼生植被 31.32 hm^2、农作物群落 69 533.68 hm^2、防护林 7 325.67 hm^2、人工草坪 94.8 hm^2、果园 7 926.65 hm^2 和经济林 2 752.7 hm^2，具体面积汇总见表2.21。

宁德市行政区域内所属海岸带种子植物热带成分属数占全部海岸带种子植物总属数的59.2%，温带成分占40.8%，热带成分仍占明显的优势。在各热带成分中，泛热带占42%，其次是热带亚洲和热带美洲间断分布占29%，旧世界热带分布占21%。在泛热带分布之外，热带亚洲（印度—马来西亚）分布占有重要地位，在温带成分中有少量东亚和北美间断分布；东亚（东喜马拉雅—日本）分布成分也较少。

表2.21 福建省海岸带植被面积汇总 单位：km^2

植被类型		宁德	福州	莆田	泉州	厦门	漳州	全省合计
天然植被	常绿针叶林	297.65	105.35	0.21	0.35	—	5.50	409.05
	常绿阔叶林	23.87	108.11	16.16	33.80	3.86	19.61	205.40
	草丛	31.49	27.28	0.25	10.21	—	6.02	75.25
	灌草丛	74.60	18.70	1.76	1.58	—	2.01	98.65
	落叶灌丛	—	—	0.02	—	—	—	0.02
	滨海盐生植被	—	—	—	0.06	—	—	0.06
	禾草型盐生植被	78.97	45.88	0.20	9.73	—	0.58	135.35
	草本沙生植被	—	1.26	—	0.06	—	—	1.32
	沼生植被	—	0.04	0.07	—	—	0.20	0.31
	小计	506.58	306.61	18.67	55.79	3.86	33.92	925.42
人工植被	农作物群落	125.50	156.71	128.07	108.44	13.58	163.05	695.34
	防护林	1.22	22.42	3.44	9.88	0.25	36.06	73.26
	人工草坪	—	—	—	—	0.95	—	0.95
	果园	24.00	1.67	1.86	1.60	0.16	49.99	79.27
	经济林	27.31	0.21	—	—	—	—	27.53
	小计	178.02	181.00	133.36	119.91	14.93	249.10	876.34
植被面积合计		684.60	487.61	152.03	175.70	18.79	283.02	1 801.75

福州市行政区域内所属海岸带种子植物热带成分属数占全部海岸带种子植物总属数

65.5%，温带成分占34.5%，热带成分占明显的优势。在各热带成分中，泛热带占42%，其次是热带亚洲和热带美洲间断分布占16%，旧世界热带分布占14.5%。这和邻近大陆不同，邻近大陆除泛热带分布之外，热带亚洲（印度—马来西亚）分布占有重要地位，在温带成分中有东亚和北美间断分布；东亚（东喜马拉雅—日本）分布成分也较少。这可能与福州海岸带目前植物区系中外来种类多，本地种类少相关。

莆田市行政区域内所属岛屿种子植物热带成分属数占全部海岸带种子植物总属数68.4%，各温带成分占31.6%，热带成分占明显的优势。在各热带成分中，泛热带占43.5%，其次是热带亚洲和热带美洲间断分布占14.1%，旧世界热带分布占12.6%。这和邻近大陆不同，邻近大陆除泛热带分布之外，热带亚洲（印度—马来西亚）分布占有重要地位，在温带成分中有东亚和北美间断分布；东亚（东喜马拉雅—日本）分布成分也较少。这可能与海岸带植物区系中草本类型多，乔、灌木种类少相关。

泉州市行政区域内所属岛屿种子植物热带成分属数占全部海岸带种子植物总属数63.6%，各温带成分占36.4%，热带成分占明显的优势。在各热带成分中，泛热带占42.8%，其次是热带亚洲和热带美洲间断分布占15.1%，旧世界热带分布占13.6%。除泛热带分布之外，热带亚洲（印度—马来西亚）分布占有重要地位，在温带成分中有东亚和北美间断分布；东亚（东喜马拉雅—日本）分布成分也较少。

厦门市行政区域内所属海岸带种子植物热带成分属数占全部海岸带种子植物总属数70.5%，温带成分占29.5%，热带成分占明显的优势。在各热带成分中，泛热带占44%，其次是热带亚洲和热带美洲间断分布占15%，旧世界热带分布占11.5%。这和邻近大陆不同，邻近大陆除泛热带分布之外，热带亚洲（印度—马来西亚）分布占有重要地位，在温带成分中有东亚和北美间断分布；东亚（东喜马拉雅—日本）分布成分也较少。这可能与厦门海岸带目前植物区系中外来种类多，本地种类少相关。

漳州市区域内所属海岸带种子植物热带成分属数占全部海岸带种子植物总属数的69.5%，温带成分占30.5%，热带成分占明显的优势。在各热带成分中，泛热带占52%，其次是热带亚洲和热带美洲间断分布占26%，旧世界热带分布占22%。在泛热带分布之外，热带亚洲（印度—马来西亚）分布占有重要地位，在温带成分中有少量东亚和北美间断分布；东亚（东喜马拉雅—日本）分布也较少。

在福建省海岸带地区，植被分布的总体特征是：天然植被的原生植被少，森林植被原生的类型少，人工次生的植被多，尤以马尾松林最为常见，木本栽培植被还有较多的荔枝和龙眼等热性果树；草本栽培植被农作物群落中粮食作物、蔬菜作物等作物各占一定比例，这些现象与福建省海岸带地区的植被生境条件有关外，还与当地的开发历史，居民的生活习惯、周边资源供给状况、当前的经济发展趋势等人为活动影响有着密切关系。

2.4.2 海洋生物资源

2.4.2.1 叶绿素a和初级生产力

1）叶绿素a季节变化和平面分布

福建沿海各水层叶绿素a季节变化，由大到小排序为：夏季、春季、秋季、冬季趋势；

各季节不同水层叶绿素 a 含量变化较大，呈现逐层降低趋势（表 2.22）。

表 2.22　福建近海各层水体中叶绿素 a 平均值季节变化　　单位：mg/m^3

月份	春季	夏季	秋季	冬季	均值
表层	2.14	4.24	1.05	0.76	2.07
10 m	1.78	3.08	0.94	0.70	1.60
30 m	1.01	1.78	0.79	0.72	1.05
底层	0.57	1.23	0.85	0.48	0.73
均值	1.62	3.17	0.94	0.71	1.59

春季：各水层叶绿素 a 平均值变化范围为 0.57～2.14 mg/m^3，变化幅度大。叶绿素 a 的平面分布呈现北部海区高南部海区低，近岸高远岸低的特点。春季海区层化现象不明显，各水层叶绿素 a 含量变化不大（图 2.22）。

夏季：各水层叶绿素 a 含量平均值在 0.22～14.42 mg/m^3 之间波动。表层叶绿素 a 含量较高，平均值达 4.27 mg/m^3 总体分布仍呈近岸高远岸低的格局。闽江口出现大于 10 mg/m^3 的高值，金门岛、海坛岛至罗源湾一带的远岸水域低于 0.5 mg/m^3。底层叶绿素 a 含量以闽江口及各大湾口处数值较高。

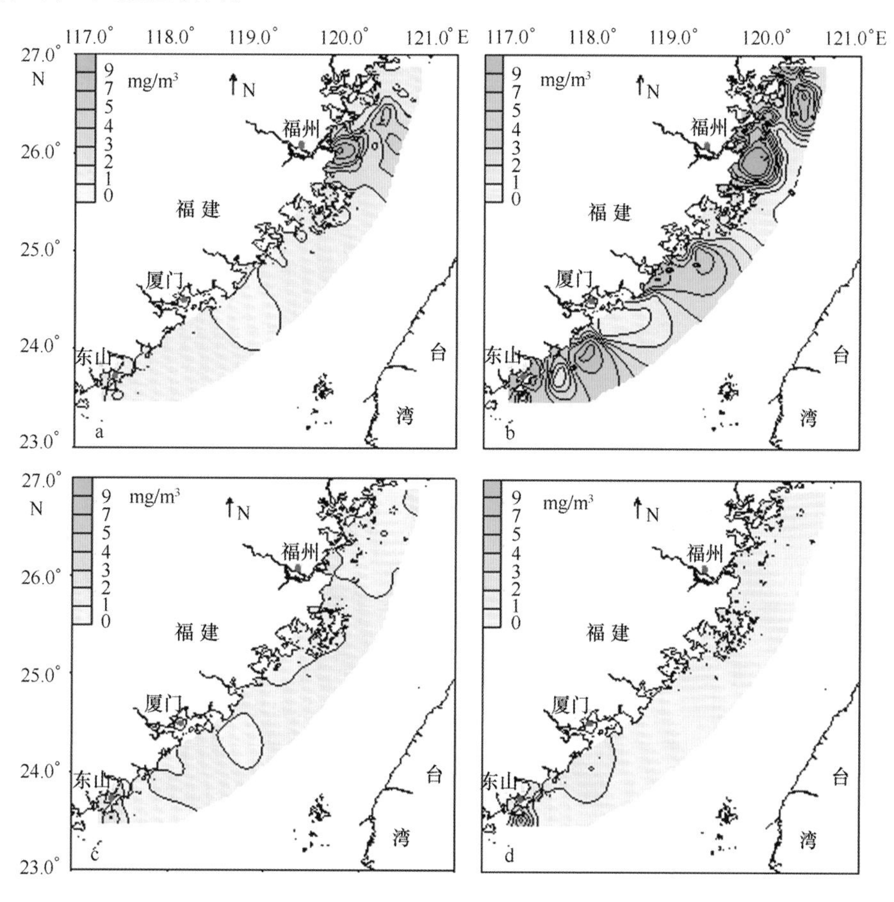

图 2.22　福建近海表层水体叶绿素 a 生物量季度分布

a. 春季；b. 夏季；c. 秋季；d. 冬季

秋季：各层叶绿素 a 的平均值在 0.77 ~ 1.05 mg/m^3 之间，变化幅度小于春季和夏季。叶绿素高值区出现在南部沿海，东山湾出现异常高值，各层均高于 3.00 mg/m^3。此外，其他区域的叶绿素 a 均低于 1.50 mg/m^3，且变化平缓。中部和北部海域，泉州湾、海坛岛附近水域和闽江口一带叶绿素 a 的含量达 1.50 mg/m^3，其他区域普遍低于 1.00 mg/m^3。

冬季：叶绿素 a 含量普遍降低，变化范围在 0.28 ~ 5.85 mg/m^3，全海区分布均匀，站位之间的含量波动不大，但叶绿素 a 分布仍然保持近岸高远岸低的布局。30 m 层叶绿素 a 含量较高，平均为 1.77 mg/m^3。南澎列岛至礼是列岛一带叶绿素 a 值较高。

2）初级生产力的季节变化和平面分布

福建北部海区和中部海区初级生产力的平均值变化情况由大到小均表现为：夏季、春季、秋季、冬季（图 2.23 和图 2.24）；南部海区略有差异，年度最低平均值处在秋季，平均仅为 190.4 $mgC/m^2 \cdot d$，平均值变化情况总体由大到小表现为：夏季、春季、冬季、秋季。初级生产力各季节平面分布见图 2.24，具体如下：

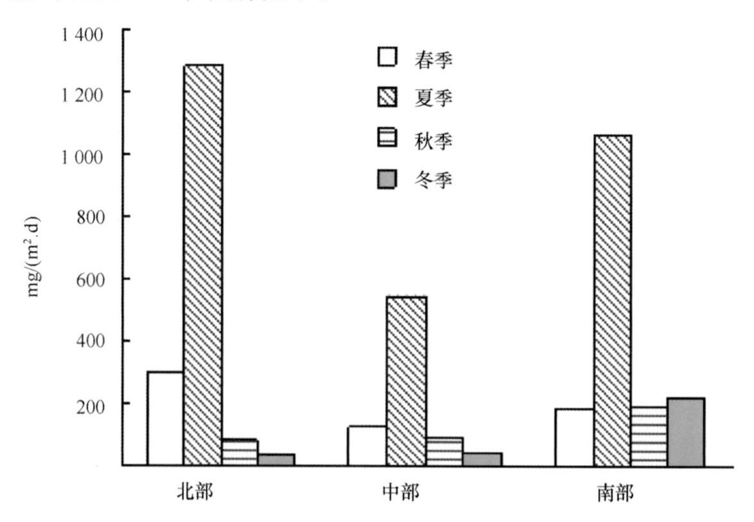

图 2.23 福建近海初级生产力季度变化

春季：初级生产力变化范围在 17.4 ~ 976.1 $mgC/m^2 \cdot d$，均值为 217.2 $mgC/m^2 \cdot d$。生产力高值区出现在闽江口外和闽东外海。沿岸水体生产力水平不高，约 100.0 $mgC/m^2 \cdot d$。

夏季：初级生产力变化范围在 61 ~ 5 763 $mgC/m^2 \cdot d$，平均值达 989 $mgC/m^2 \cdot d$，达全年最高峰。闽江口和闽东外海初级生产力值高于 1 200 $mgC/m^2 \cdot d$。泉州湾、湄洲湾外，东山湾口和漳州旧镇湾外海生产力也较高，平潭和金门以南海域出现低值区。

秋季：初级生产力变化范围在 9.3 ~ 1 297.2 $mgC/m^2 \cdot d$，平均值为 103.7 $mgC/m^2 \cdot d$。秋季近海初级生产力普遍下降，海区远岸生产力较高。300.0 $mgC/m^2 \cdot d$ 生产力出现在闽东外海和东山湾口外，其他区域均小于 100.0 $mgC/m^2 \cdot d$。

冬季：初级生产力在 13.1 ~ 179.9 $mgC/m^2 \cdot d$，均值降到 75.1 $mgC/m^2 \cdot d$。近海初级生产力进一步降低，100.0 $mgC/m^2 \cdot d$ 高生产力位于福建南部海域和东山湾附近。30.0 $mgC/m^2 \cdot d$ 以低区域在中北部沿海。

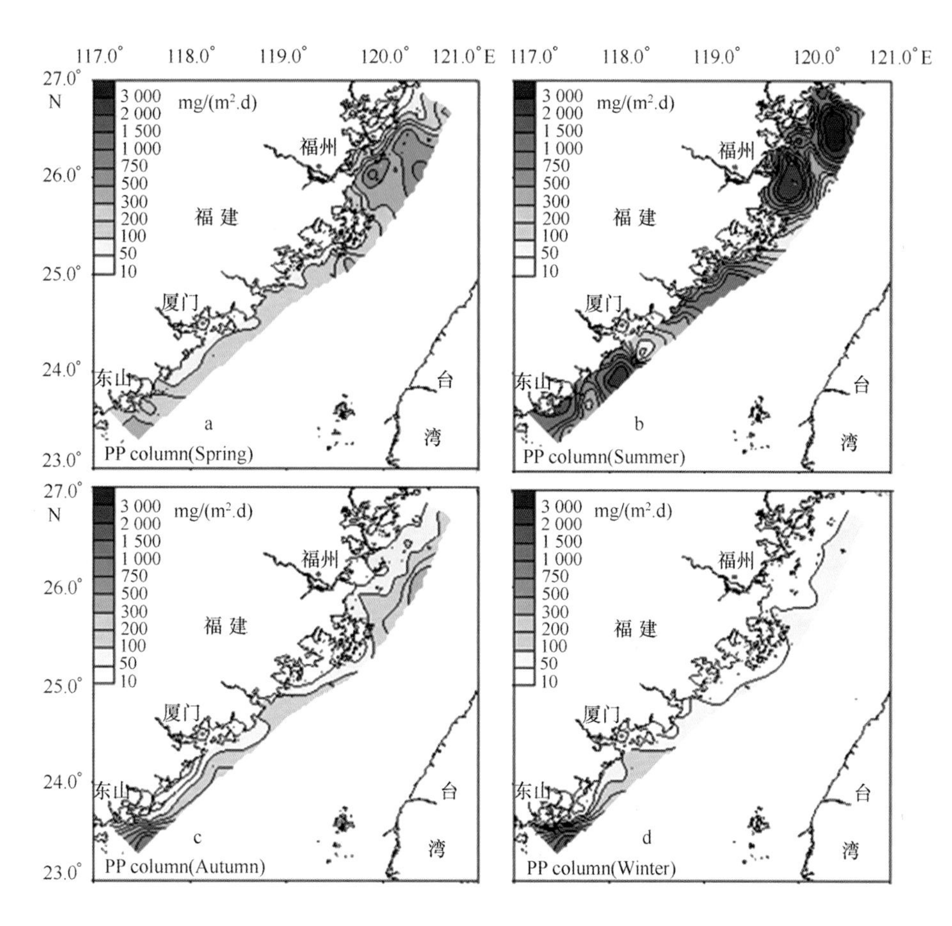

图 2.24 福建近海初级生产力季度平面分布

a. 春季；b. 夏季；c. 秋季；d. 冬季

2.4.2.2 浮游植物

1）浮游植物种类组成与生态特点

福建近海4个季度共获浮游植物100属349种，其中硅藻229种、甲藻38种、蓝藻4种、金藻4种、隐藻1种、裸藻1种，其他2种。在数量组成中占优势的种类主要类群有广温广盐种中肋骨条藻（*Skeletonema costatum*）、旋链角毛藻（*Chaetoceros curvisetus*）、洛氏角毛藻（*Chaetoceros lorenzianus*），暖温低盐种柔弱几内亚藻（*Guinardia delicatula*）等。优势种中中肋骨条藻常见于福建近岸河口和沿海富营养水体，四季均可形成高密度；旋链角毛藻多见于春季和夏季，柔弱几内亚藻在福建沿海四季常见。

浮游植物种类有明显季节变化，秋季种类数最多，为216种，夏季居第二位，有185种，春季有179种，冬季最少，为131种。

2）浮游植物总量分布

春季：浮游植物密度总平均值为3.69×10^4 cells/L，表层、底层数量分别为8.00×10^4 cells/L和0.50×10^4 cells/L。表层高密度区出现在东山湾口、漳浦外海、泉州湾口和闽江口外；特别是闽江口外密度很高，达10.00×10^4 cells/L，闽江口海域出现由近海区向外海区递增高值区。底层浮游植物密度分布与表层相似，密度低于表层。

夏季：表层和底层浮游植物密度分别 187.96×10^4 cells/L 和 24.82×10^4 cells/L，总密度均以硅藻为优势种，其次为甲藻，所占比例不足总数量的 0.1%。表层浮游植物高密度密集区出现在厦门以南外海区、东山附近海域以及闽江口外，且不均匀分布；底层浮游植物高密度区出现在福州外海区和泉州湾外海区。

秋季：浮游植物总密度平均为 0.22×10^4 cells/L，表、底层数量平均分别为 0.48×10^4 cells/L 和 0.10×10^4 cells/L。硅藻在各层浮游植物细胞总量中均居第一位，其次为甲藻。表层浮游植物较高密度区出现在东山—厦门之间海域，厦门湾外和平潭岛外局部站位密度很低；底层浮游植物密度分布为近岸密度低于外海，南部高于北部。

冬季：浮游植物总密度平均值仅 0.34×10^4 cells/L，表层、底层数量分别为 0.51×10^4 cells/L 和 0.24×10^4 cells/L，密度组成以硅藻为主，其次为甲藻。表层浮游植物密度总体密度不高，密集区与稀疏区南北分区明显，高密度区出现在东山、厦门、泉州外海区，厦门近海以及泉州湾以北福建北部海区，浮游植物密度很低，近岸高于外海。30 m 以下水层从东山湾到台湾海峡中线出现较高密度，近海低于远岸。相反，福建北部沿海浮游植物密度较低，密度在 0.50×10^4 cells/L 左右，密度梯度不明显（见图 2.25）。

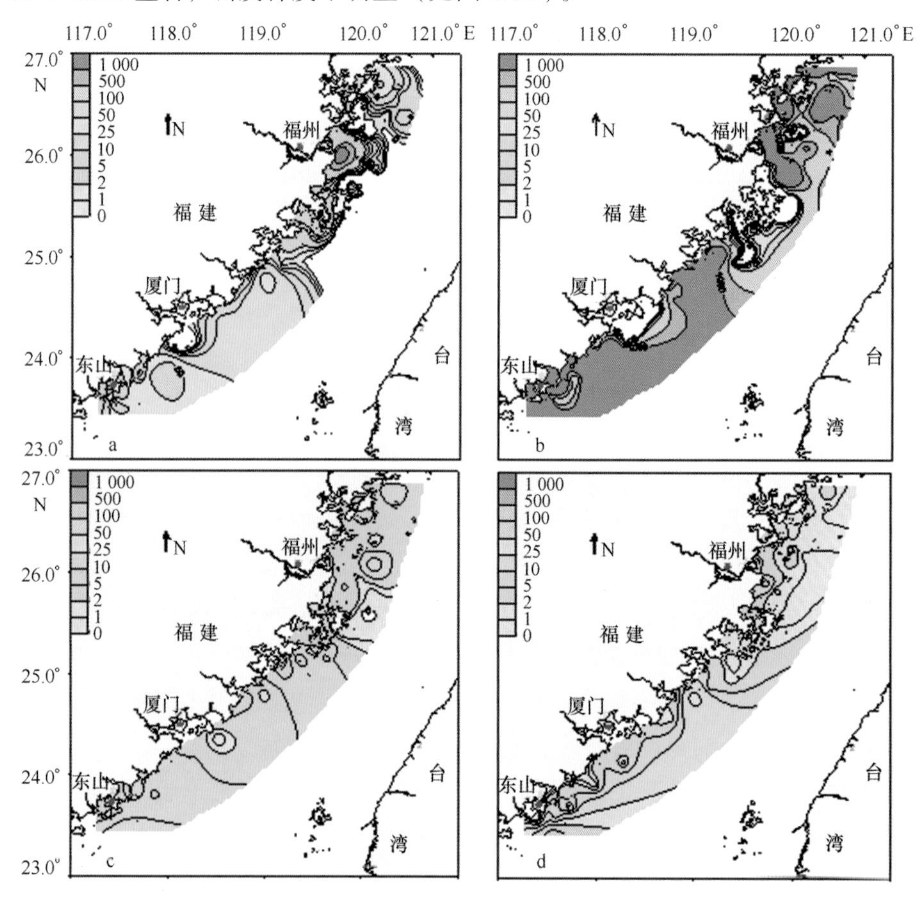

图 2.25　福建近海 4 个季度表层浮游植物密度平面分布

a. 春季；b. 夏季；c. 秋季；d. 冬季

3）主要优势种分布

春季：中肋骨条藻为第一优势种，其次为旋链角毛藻和洛氏角毛藻，平均密度分别为 6.66×10^4 cells/L、0.54×10^4 cells/L 和 0.17×10^4 cells/L。中肋骨条藻在福建北部闽东沿海和闽江口一带形成较高密度；旋链角毛藻在闽江口和厦门以南沿海均有出现；洛氏角毛藻调查期间东山口外海区出现较高密度，此外在厦门湾外也有一定数量，福建北部沿海密度很低或没有出现，详见图 2.26。

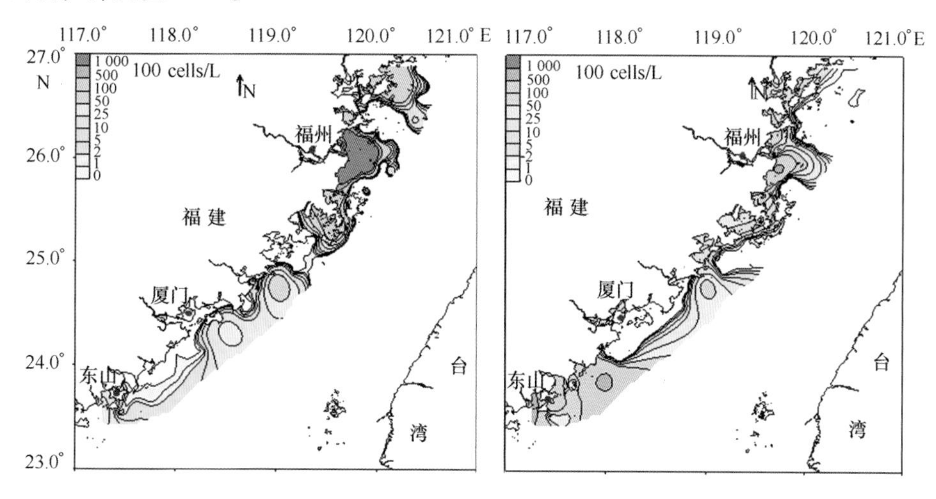

图 2.26　春季福建近海表层优势种中肋骨条藻（左）和旋链角毛藻（右）密度分布

夏季：柔弱拟菱形藻为第一优势种，表层平均密度为 82.86×10^4 cells/L，形成南部沿海平均密度 153.55×10^4 cells/L，北部沿海密度达 45.01×10^4 cells/L 的分布趋势。表层中肋骨条藻平均密度达到 36.14×10^4 cells/L，数量为春季的 6 倍，密度区出现在泉州湾外及其附近海域，高密度中肋骨条藻主要出现在湾口水体中（图 2.27）。旋链角毛藻为第三优势种，总密度不高于中肋骨条藻的 1/2，东山湾口和泉州湾口都出现较高密度区。

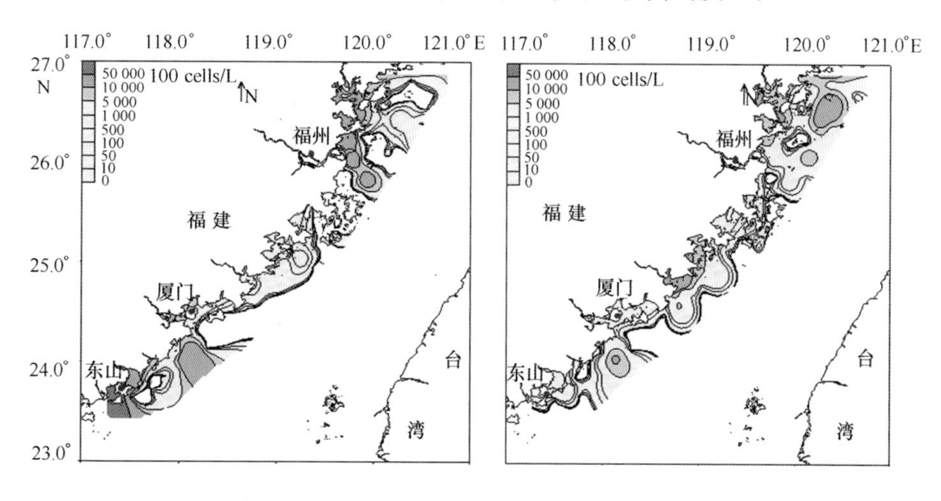

图 2.27　夏季福建近海表层柔弱拟菱形藻（左）和中肋骨条藻（右）密度分布

秋季：具槽帕拉藻为第一优势种，为底栖性近岸广布种，表层平均密度为 0.077×10^4 cells/L。

最高密度出现在湄洲湾外、泉州湾外和东山岛外个别站位上，密度超过0.3个×10^4 cells/L（图2.28）。菱形海线藻是秋季主要优势种之一，该种表层平均密度为0.036×10^4 cells/L，调查区内该种分布广泛均匀。中肋骨条藻为第三优势种，表层平均密度为0.027×10^4 cells/L，高密度区出现在福建中部沿海，在湄洲湾和兴化湾之间形成0.30×10^4 cells/L的高值区，总体上福建北部海区的数量高于南部海区。

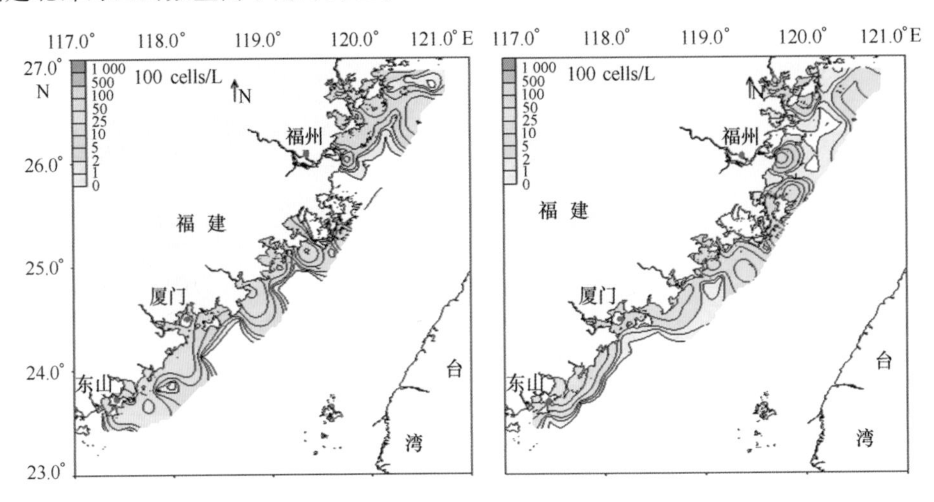

图2.28 秋季福建近海表层优势种具槽帕拉（左）和菱形海线藻（右）密度分布

冬季：柔弱几内亚藻为冬季第一优势种，表层平均密度在0.12×10^4 cells/L，高密度区出现在东山附近海域，密度达到8.29×10^4 cells/L，仅在东山外海、厦门湾外和闽江口出现。具槽帕拉藻是秋季和冬季沿海的主要优势种，平均密度为0.078×10^4 cells/L，沿海各站多有出现，在东山湾口和漳浦外海区有较高密度分布（图2.29）。中肋骨条藻为第三优势种，表层水体平均密度为0.04×10^4 cells/L，南部海区的密度高于北部。

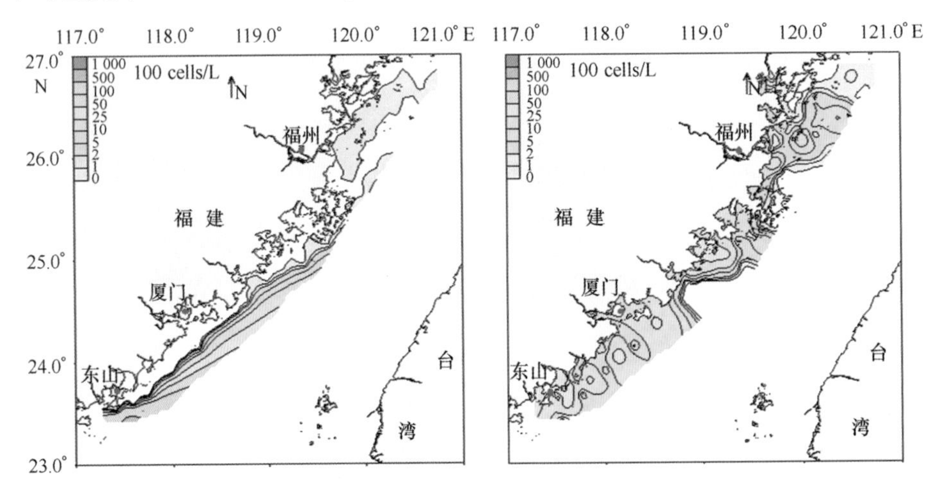

图2.29 冬季福建近海表层柔弱几内业藻（左）具槽帕拉藻（右）密度分布

4）小型浮游植物

福建沿岸海域小型浮游植物种类季节变化明显：夏季物种最多（5门63属199种），秋季次之（4 个门类 60 属 158 种），冬季（5 门 65 属 151 种）和秋季春季较少（5 门类 52 属 145 种）。密度以夏季最高（322.22×10^4 cells/m^3），其次是春季（68.31×10^4 cells/m^3），冬季和秋季最低。春季主要优势种有中肋骨条藻、洛氏角毛藻和旋链角毛藻等；夏季主要优势种有中肋骨条藻、柔弱拟菱形藻和旋链角毛藻等；秋季有钟形中鼓藻、琼氏圆筛藻和中肋骨条藻等；冬季航次为细弱海链藻、星脐圆筛藻、密连角毛藻等。各季度主要优势种均为硅藻，以链状和条形硅藻为主。春季开始，海区浮游植物优势种从广温广盐或低盐种逐渐变为广盐广温和暖温种。夏季网采样品中虽然出现部分暖水种，但没有形成主要优势种。夏季出现暖水种表明福建沿海水体呈现低盐、暖温、高营养盐的特征。

2.4.2.3 浮游动物

1）种类组成

福建近海 4 个季度浮游动物调查共记录 255 种，其中以夏季出现的种数最多（186 种），其次是春季（136 种）和秋季（114 种），冬季出现的种类数最少（91 种），见图 2.30。四季均以桡足类为优势种，此外，水母类在春季、夏季和秋季也占有较大比例，毛颚类和糠虾类也比较多。

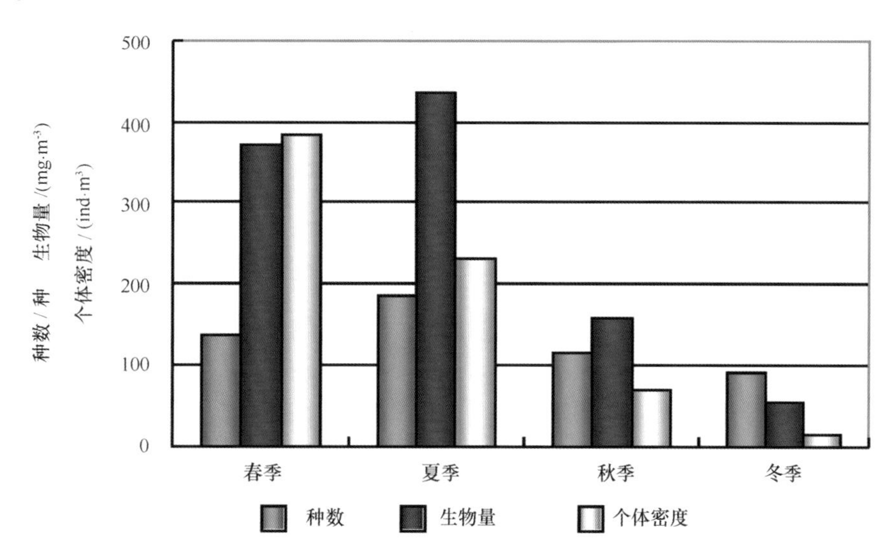

图 2.30　福建近海浮游动物种数、生物量和密度的季节变化

2）生物量变化

全年浮游动物总湿重生物量为 232.13 mg/m^3，其中以秋季（487.8 mg/m^3）最高，其次是春季（227.05 mg/m^3）和秋季（160.34 mg/m^3），冬季最低（53.31 mg/m^3）（图 2.31）。总体上生物量呈现秋季和春季高，夏季和冬季低的局面。

春季生物量在 39.27 ~ 1 938.46 mg/m^3 之间，高值区（>500 mg/m^3）主要出现在平潭岛外海和厦门以南水域。夏季生物量在 16.70 ~ 937.10 mg/m^3 之间变化，呈现近海低外海高的分布格局，闽江口外和厦门东山之间海域的外海出现高值。秋季生物量在 42.50 ~ 1 802.11 mg/m^3

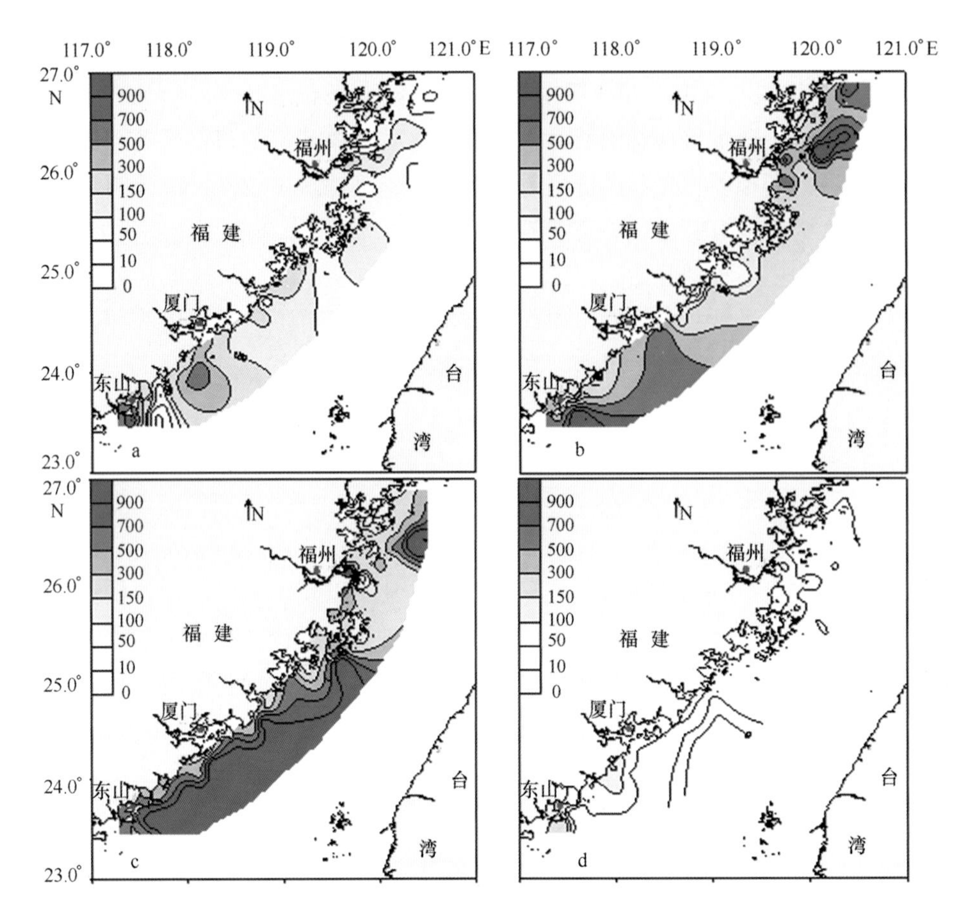

图 2.31 福建近海各季度浮游动物总生物量平面分布

a. 春季；b. 夏季；c. 秋季；d. 冬季

之间，平潭以南外海出现大片高值区（>200 mg/m³），仅平潭以北海域近岸生物量普遍较低（<150 mg/m³）。冬季生物量在 5.65 ~ 308.29 mg/m³ 之间波动，沿海各海域生物量偏低，仅东山、漳浦和闽江口近海局部海区有较高值，导致冬季的生物量为全年最低。

3）密度分布

浮游动物总个体密度年平均值为 174.9 个/m³。春季数量最高（383.9 个/m³），其次是夏季（230.7 个/m³）、秋季（68.5 个/m³），冬季（16.6 个/m³）数量很低（图 2.32）。

全年桡足类在各类群中密度百分比组成显著优势，介形类和阶段性浮游幼虫主要出现在夏季，春季和秋季也有较高的出现率。毛颚类和水母类分别在春、夏、秋出现，其中春、夏季出现比例较大。此外，磷虾类在冬季也常出现，形成优势类群，异足类、翼足类、端足类、糠虾类、十足类和枝角类等类群在各季出现的密度不高。

春季浮游动物数量在 6.3 ~ 2 300.1 个/m³，高密度区（>500 个/m³）分别位于平潭岛以北和福建南部水域。夏季浮游动物的数量在 21.4 ~ 1 145.3 个/m³，数量分布近海低外海高，高密度区位于沿海东北部。秋季浮游动物数量在 4.4 ~ 385.8 个/m³，高密度区（>200 个/m³）位于厦门以南水域，并在古雷半岛两侧分别形成了个高密度区。冬季浮游动物数量在 1.7 ~ 232.2 个/m³，高密度区位于东北部沿海。

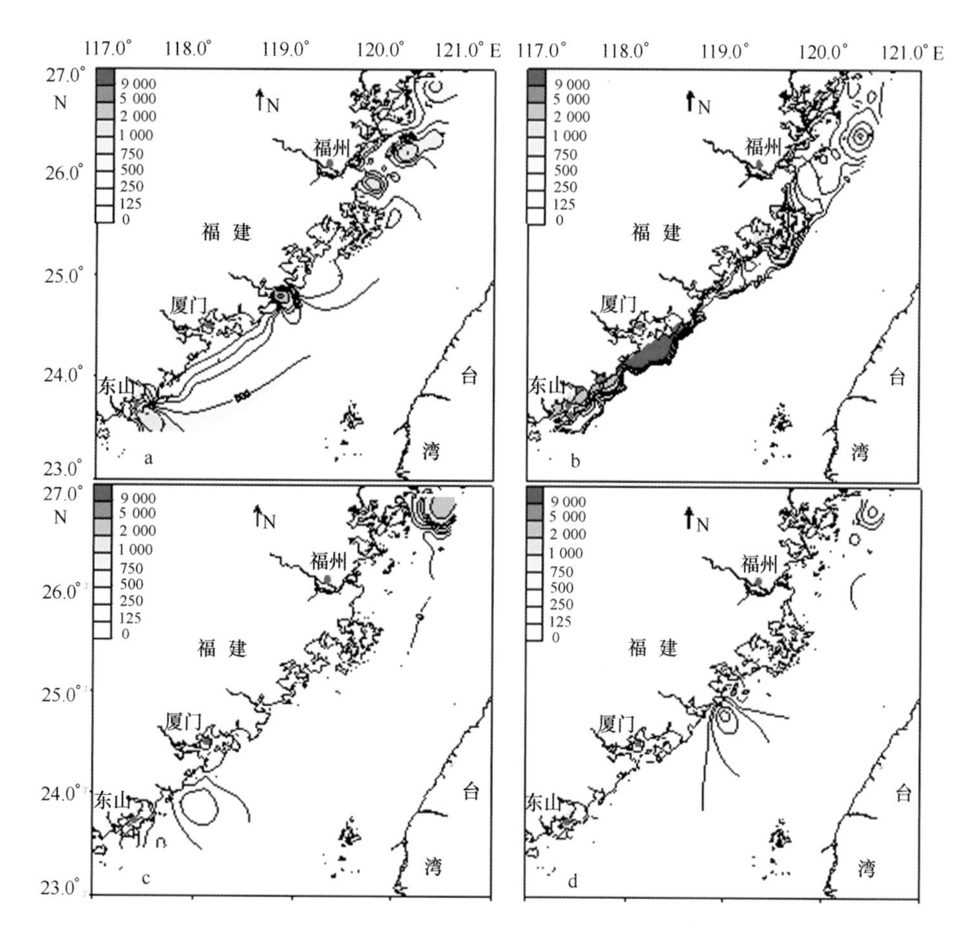

图 2.32 福建近海 4 个季度浮游动物总个体密度平面分布

a. 春季；b. 夏季；c. 秋季；d. 冬季

4）优势种

在已记录的浮游动物种类中，全年优势度（Y）达 0.02 共有 16 种，其中夏季（9 种）和秋季（8 种）较多于春季（5 种）和冬季（4 种），浮游动物中没有四季共有的优势种。

春季：中华哲水蚤高密度区主要位于密集于平潭岛以北水域，拟细浅室水母、拿卡箭虫和大西洋五角水母以闽江口以北水域密度最高，而肥胖箭虫主要出现在平潭岛以北和厦门东南沿海（图 2.33）。

夏季：齿形海萤高密度区主要位于中部沿海。此外，东北和西南外海密度也较高；肥胖箭虫和精致真刺水蚤的数量则以东北部较高（图 2.34）。

秋季：中华哲水蚤和双生水母的高密度区分别出现在海区南部和厦门东南局部水域。肥胖箭虫、百陶箭虫和亚强真哲水蚤的数量在海区南部和北部较高（图 2.35）。

冬季：中华哲水蚤高密度区主要出现在平潭岛以北海域。挪威小毛猛水蚤分别在闽江口以东海域和中部沿海有较高密度。中华假磷虾和精致真刺水蚤高密度区主要出现在厦门东南部沿海（图 2.36）。

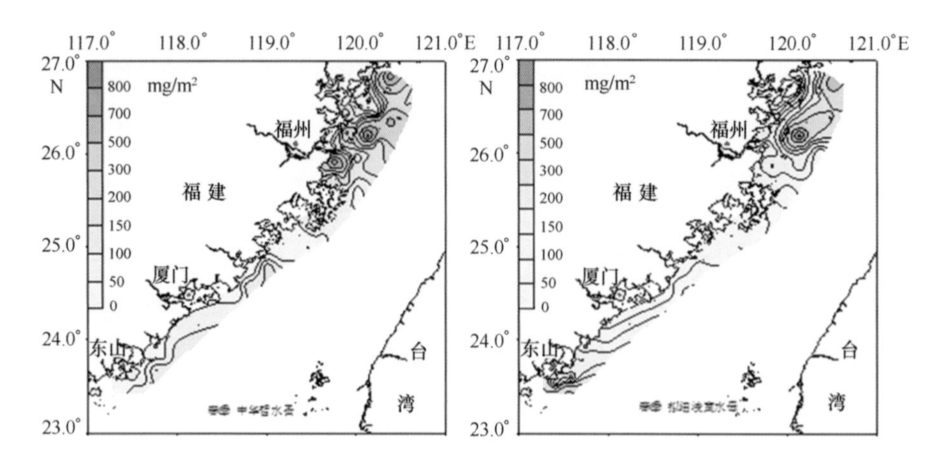

图 2.33　春季福建近海中华哲水蚤（左）和拟细浅室水母（右）密度分布

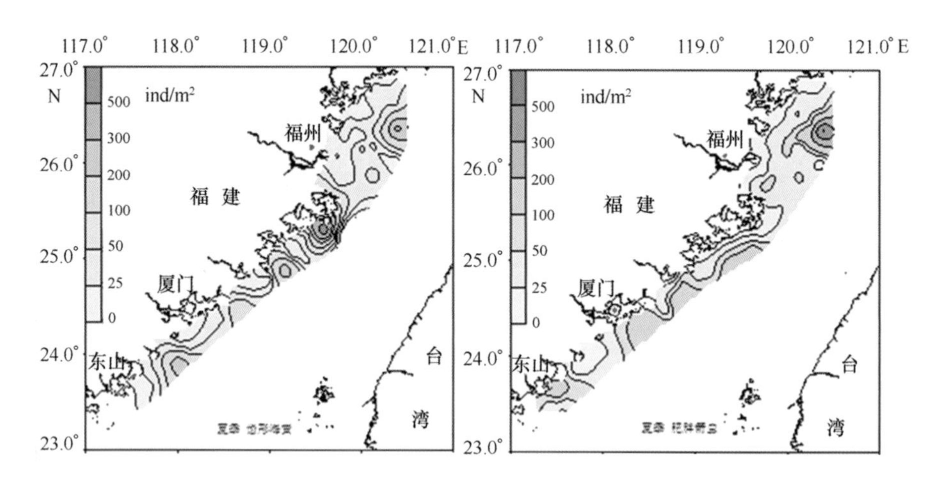

图 2.34　夏季福建近海齿形海萤（左）和肥胖箭虫（右）密度分布

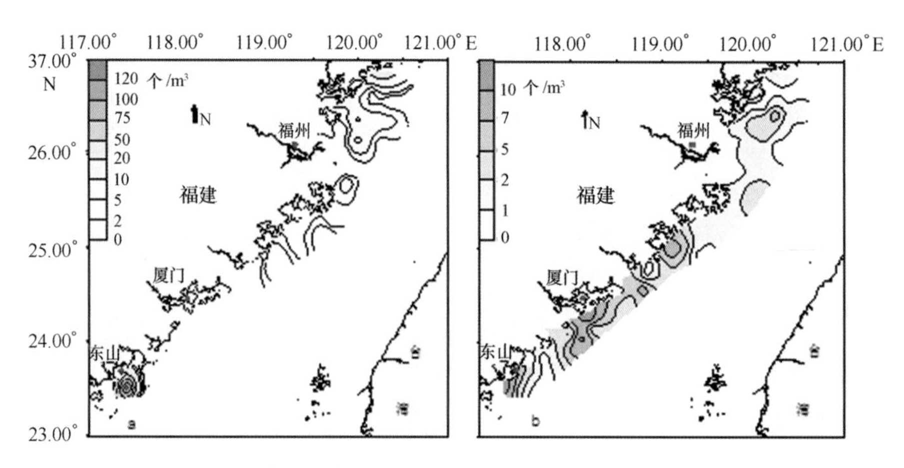

图 2.35　秋季福建近海中华哲水蚤（左）和肥胖箭虫（右）密度分布

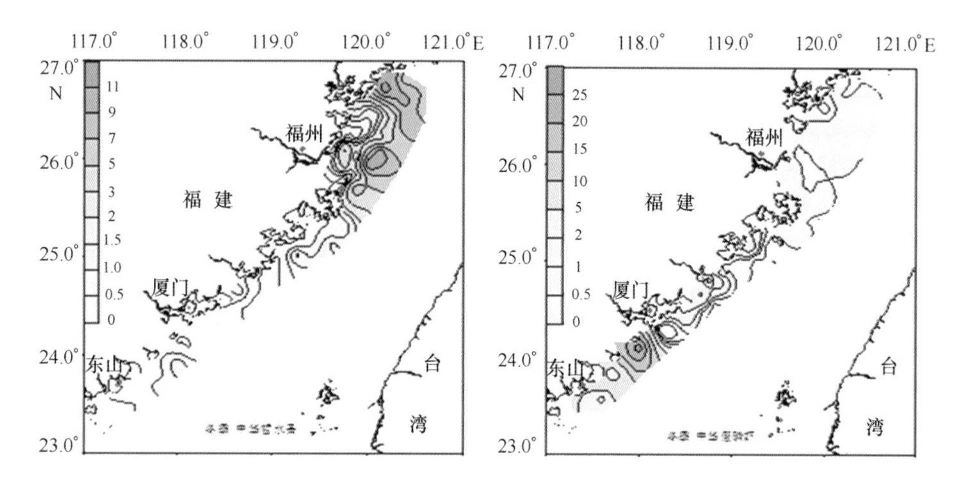

图 2.36 冬季福建近海中华哲水蚤（左）和中华假磷虾（右）密度分布

2.4.2.4 游泳生物

福建近海“908 专项”调查中，对福建连江、惠安、厦门和霞浦 4 个海区进行了 4 个季度航次游泳动物调查。以下为调查分析结果。

1）种类组成

4 个季度共记录游泳动物 320 种，其中鱼类 218 种，甲壳动物 82 种，头足类 20 种。夏季鱼类种类数量最多，其次是秋季，春季和冬季数量较少，分别为 92 种和 96 种。4 个季度中，鱼类始终是游泳动物的主要成分，其次为甲壳动物，头足类的数量最少。

夏季种类多样性最高，其次是秋季和冬季，春季种类数最低。

春季：共捕获游泳动物 148 种，其中鱼类 92 种、甲壳类 46 种、头足类 10 种。种数最多的站位出现于 JC－DH494（49 种），最少出现于 MJ28（17 种）。闽江口附近及以北海域的游泳种类数与厦门附近海域及惠安附近海域的差不多。

夏季：共捕获游泳动物 234 种，其中鱼类 154 种、甲壳类 69 种、头足类 11 种。各站位游泳动物种类数在 17～49 种之间，平均 31 种。各站位游泳动物种类数在 24～83 种之间，平均 48 种。种数最多的站位出现于厦门镇海角（83 种），最少出现于厦门五通海域（共 24 种）。闽江口附近及以北海域的游泳种类数与厦门附近海域及惠安附近海域的差不多。

秋季：共捕获游泳动物 19 种，其中鱼类 128 种、甲壳类 52 种、头足类 10 种。各站位游泳动物种类数在 29～58 种之间，平均 43 种。镇海角外海面（XM35）和泉州湾口外（ZD－MJK591）种数最多，两个站位均获得 58 种。最少出现于九龙江口南侧站位（XM33，29 种）。总体上闽江口附近及以北海域的游泳动物种类数稍低于厦门附近海域及惠安海域。

冬季：共捕获游泳动物 158 种，其中鱼类 96 种、甲壳类 48 种、头足类 14 种。各站位游泳动物种类数在 13～49 种之间，平均 33 种。四礵列岛以东海面 JC－DH494 站（49 种）种数最多。最少出现于罗源湾口外站位（MJ08，13 种）。总体上闽江口附近及以北海域的游泳种类数高于厦门附近海域（见图 2.37）。

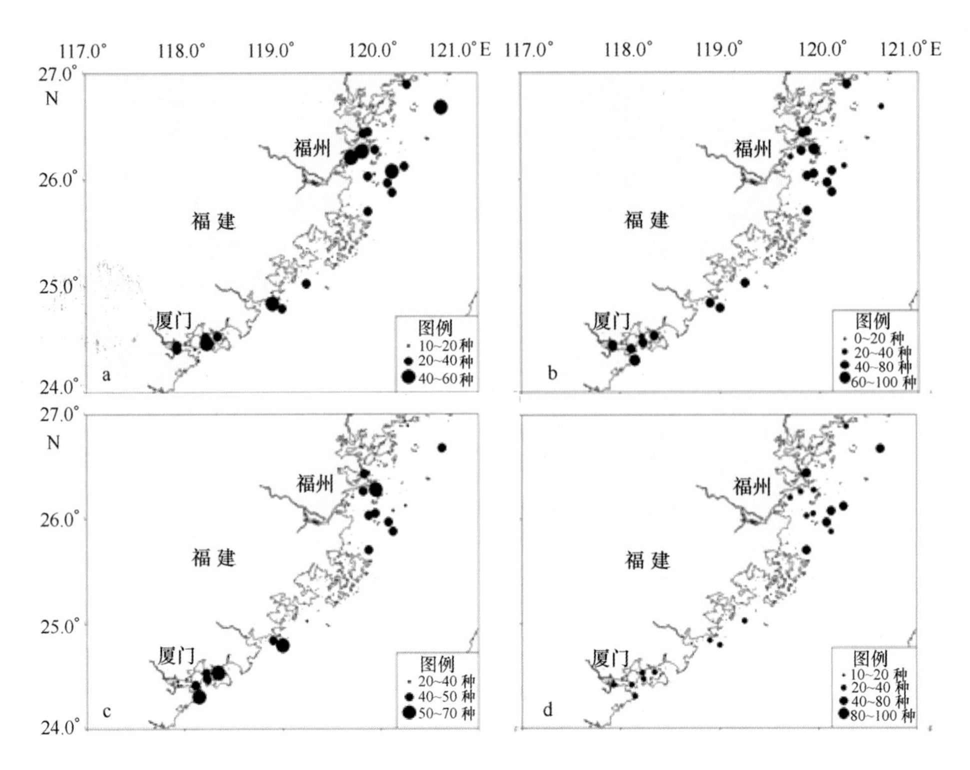

图 2.37　福建近海各季度游泳动物种类数平面分布

a. 春季；b. 夏季；c. 秋季；d. 冬季

2）密度指数分布

春季航次各站位游泳动物总密度指数波动于 173 ~ 5 206 个/h 之间，平均值为 1 149 个/h。密度指数最大的站位出现于 ZD - MJK549，密度指数较大的站位还有 XM03（5 029 个/h）、MJ20（2 346 个/h）和 MJ16（2 328 个/h）。总体来说，闽江口以北海域的游泳动物总密度指数大于闽江口以南海域。

夏季航次各站位游泳动物总密度指数波动于 286 ~ 4 508 个/h 之间，平均值生物量为 1994 个/h。密度指数最大的站位出现于 ZD - MJK563，密度指数较大的站位还有 ZD - MJK549（4 334 个/h）、XM23（3 597 个/h）和 MJ10（3 222 个/h）。总体来说，闽江口以北海域的游泳动物总密度指数大于闽江口以南海域。

秋季航次各站位游泳动物总密度指数波动于 478 ~ 17 376 个/h 之间，平均值为 3 951 个/h。密度指数最大的站位出现于 MJ26，密度较大的站位还有 ZD - MJK563（13 462 个/h）和ZD - MJK545（11 293 个/h）。可见，秋季游泳动物较高密度在闽江口以北海域，闽江口以南海域的密度较低。

冬季航次各站位游泳动物总密度指数波动于 162 ~ 5 067 个/h 之间，平均值为 1 263 个/h。密度指数最大的站位出现于 ZD - MJK591，密度指数较大的站位还有 MJ28（2 710 个/h）和 MJ26（2 048 个/h）。闽江口以北海域的游泳动物总密度指数大于闽江口以南海域（图 2. 38）。

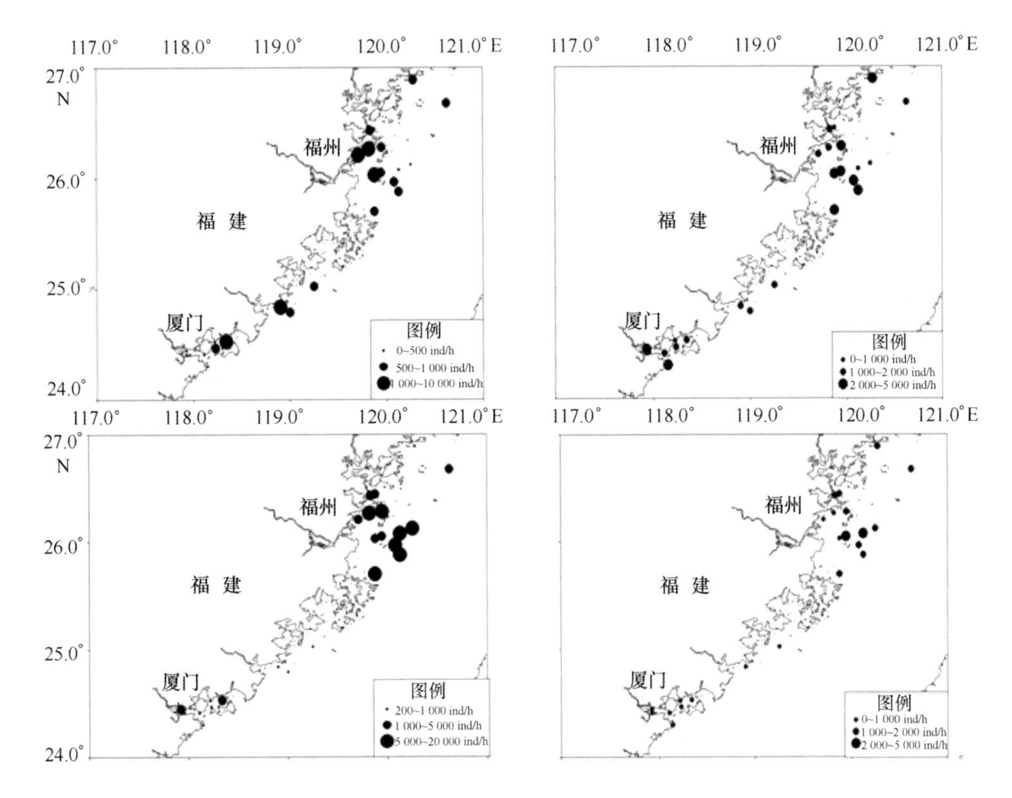

图 2.38 福建近海各季度航次游泳动物总密度平面分布

a. 春季；b. 夏季；c. 秋季；d. 冬季

3）生物量指数分布

春季：各站位游泳动物生物量指数波动于 2.43 ~ 55.20 kg/h，平均值为 17.05 kg/h。夏季：各站位游泳动物生物量指数波动于 4.648 ~ 96.896 kg/h，平均值为 33.15 kg/h。秋季：各站位游泳动物生物量指数波动于 6.54 ~ 194.36 kg/h，平均值为 58.18 kg/h。冬季航次各站位游泳动物生物量指数波动于 1.68 ~ 62.93 kg/h，平均值为 22.91 kg/h。总体来说，秋季航次游泳动物生物量指数远高于春季航次（相差约 233%）的；夏季航次游泳动物的生物量高于冬季航次（相差约 30%）。闽江口以北海域各季游泳动物的生物量均高于闽江口以南海域（图 2.39）。

4）优势种

表 2.23 中所列的优势种鱼类，龙头鱼是 4 个季度共有的种类，优势种中具有经济价值的鱼类有二长棘鲷、凤鲚、叫姑鱼、梅童鱼和中华海鲶等。虾类中哈氏仿对虾是主要捕捞种类，在 4 个季节均有出现，具有较大的经济价值。占优势的头足类动物有火枪乌贼和小管枪乌贼 2 种。本次调查中 20 世纪 80 年代出现的主要经济种类如大黄鱼、小黄鱼、鳓鱼、马鲛鱼、海鳗鱼、带鱼、中国毛虾、梭子蟹等重要的经济种类均未列入优势种名单中。

夏季蟹类中经济种类有红星梭子蟹和锈斑蟳 2 种，另外 3 种占据很大的部分，但是由于个体较小而经济价值较低。冬季优势种有 4 种，经济种类只有日本蟳一种，其他三种都是小型的蟹类经济价值较低。

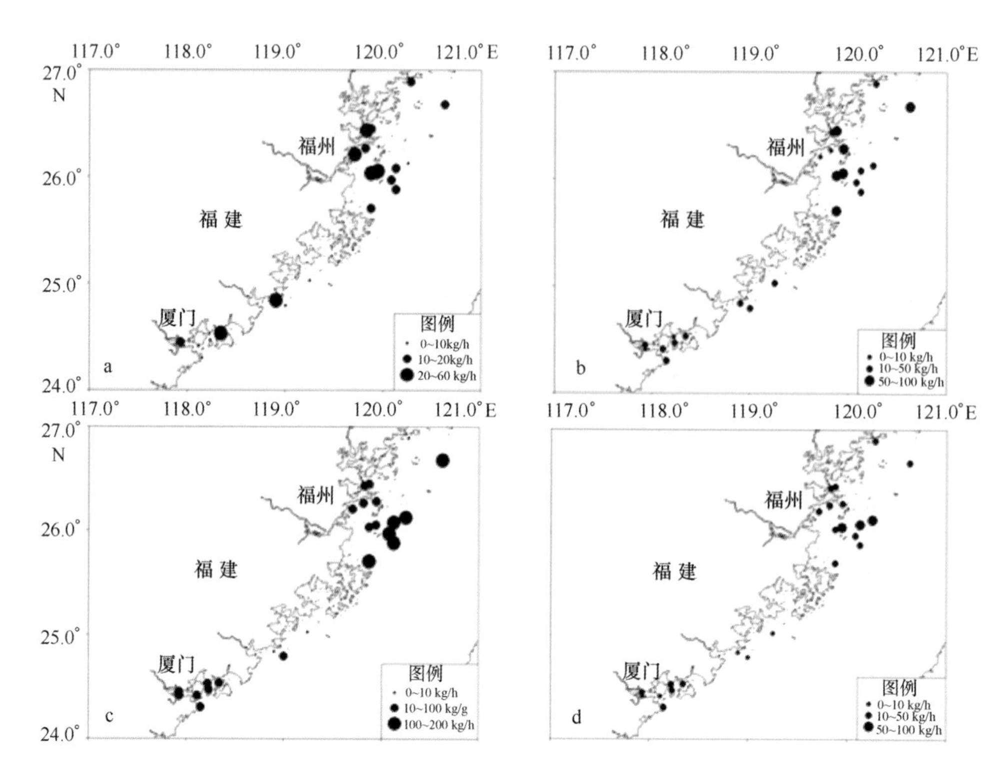

图 2.39　福建沿海各季度游泳动物生物量平面分布

a. 春季；b. 夏季；c. 秋季；d. 冬季

表 2.23　福建近海各季度游泳动物优势种组成

	春季	夏季	秋季	冬季
鱼类	龙头鱼、鹿斑鲾、二长棘鲷、黄鲫、赤鼻棱鳀、凤鲚	六指马鲅、叫姑鱼、黄鲫、龙头鱼、鹿斑鲾	龙头鱼、赤鼻棱鳀、丁氏(鱼或)、六指马鲅	龙头鱼、棘头梅童鱼、凤鲚、叫姑鱼、孔鰕虎鱼、赤鼻棱鳀、中华海鲶
虾类	哈氏仿对虾、周氏新对虾、细巧仿对虾、中华管鞭虾	哈氏仿对虾、中华管鞭虾、须赤虾、刀额仿对虾、鹰爪虾、近缘新对虾	哈氏仿对虾、中华管鞭虾、刀额仿对虾周氏新对虾	哈氏仿对虾、周氏新对虾、中华管鞭虾、日本鼓虾
蟹类	双斑蟳、隆线强蟹	纤手梭子蟹、双斑蟳、红星梭子蟹、矛形梭子蟹、锈斑蟳	双斑蟳、日本蟳、三疣梭子蟹、锈斑蟳、红星梭子蟹、矛形梭子蟹、远洋梭子蟹	双斑蟳、矛形梭子蟹、日本蟳、疾进蟳
头足类	火枪乌贼、小管枪乌贼	小管枪乌贼、柏氏四盘耳乌贼、火枪乌贼、多钩钩腕乌贼	小管枪乌贼、火枪乌贼、弯斑蛸	火枪乌贼、短蛸、弯斑蛸、小管枪乌贼、真蛸

5）资源评价

（1）鱼类生态类型

调查渔获 219 种鱼类中，从适温性来看，有暖水种和暖温性种两种类型，其中暖水性种最多，有148种，占总数的67.6%；暖温性种较少，有71种，占32.4%。这表明福建沿海鱼类区系属于热带和亚热带特征。

根据鱼类栖息水层的深度，可划分为4种栖息类型：中上层鱼类、近底层鱼类、底层鱼类和岩礁鱼类。从调查结果来看，底层鱼类占大部分，有100种，占45.7%，近底层鱼类有65种，占29.7%，中上层鱼类有38种，占17.4%，岩礁鱼类最少，有16种，占7.3%。因此，福建沿海的鱼类组成主要还是底层鱼类，岩礁鱼类的成分较低。

由于地理位置和水文特性，台湾海峡各海区在鱼类区系组成上有所不同，调查结果表明，暖水性种自北向南递增，而暖温性种自北向南递减，福建沿海由北向南鱼类的种群结构变化明显。

（2）资源量

闽江口及其附近海域渔业资源量（表2.24）：闽江口及其附近海域年平均渔业资源生物量较高（1 280 kg/km^2），高于东海的年平均水平（990 kg/km^2）以及南海北部浅海海域（390 kg/km^2），但低于黄海（2 370 kg/km^2）。秋季该海域渔业资源密度很高，达2 570 kg/km^2。鱼类年平均生物量为990 kg/km^2，低于黄海（2 320 kg/km^2），高于东海的年平均生物量（884.72 kg/km^2）和渤海近岸（275.30 kg/km^2）。甲壳类的年平均生物量为260 kg/km^2，明显高于黄海（31 kg/km^2）和渤海近岸海域生物量45.39 kg/km^2。虾蟹类的年平均生物量为148.22 kg/km^2，明显高于东海的年平均水平（31.11 kg/km^2）；头足类年平均生物量为36.77 kg/km^2，低于东海的年平均生物量72.28 kg/km^2，与黄海的19.96 kg/km^2 相差不大，而高于渤海近岸海域的8.93 kg/km^2。与其他海域相比，闽江口及其附近海域的鱼类、甲壳类的生物量较高，而头足类生物量较低（黄良敏等，2010）。

表2.24 闽江口附近海域四季度渔业资源生物量和资源量

季节	类别	资源生物量/（$kg \cdot km^{-2}$）	资源现存量/t	季节	类别	资源生物量/（$kg \cdot km^{-2}$）	资源现存量/t
春季	鱼类	464.62	1 661.69	秋季	鱼类	1 980.31	7 603.04
	虾类	20.51	73.10		虾类	67.37	248.97
	蟹类	31.15	121.41		蟹类	200.32	723.69
	虾蛄类	29.29	138.64		虾蛄类	196.10	814.32
	头足类	12.80	54.88		头足类	69.94	305.27
	合计	558.39	1 992.95		合计	2 514.07	9 248.79
夏季	鱼类	792.14	2 859.80	冬季	鱼类	609.12	2 237.26
	虾类	71.94	594.25		虾类	50.03	211.10
	蟹类	98.59	460.15		蟹类	52.98	226.80
	虾蛄类	80.18	288.97		虾蛄类	143.59	513.72
	头足类	46.79	146.81		头足类	5.66	22.61
	合计	1 089.63	4 032.83		合计	861.38	3 121.78

厦门海域的渔业资源量（表2.25）：厦门海域年平均渔业资源生物量为981.97 kg/km^2，高于南海北部浅海海域（394 kg/km^2）（戴天元，2004），略低于东海（988.11 kg/km^2）和闽江口及附近海域（1 278.77 kg/km^2），但明显低于黄海（2 375.27 kg/km^2）。秋季该海域渔

业资源生物量较高（1 261.39 kg/km²），可能与常年北上南海暖流和南下的闽浙沿岸流等因素有关。鱼类年平均资源生物量为 720.94 kg/km²，高于渤海近岸（275.30 kg/km²），略低于东海（884.72 kg/km²）和闽江口及附近海域（997.36 kg/km²），明显低于黄海（2 323.57 kg/km²）；甲壳类的年平均资源生物量（223.80 kg/km²），与闽江口及附近海域差不多（260.51 kg/km²），但明显高于黄海（31.95 kg/km²）和渤海近岸海域（45.39 kg/km²）；头足类年平均资源生物量为 37.12 kg/km²，低于东海的 72.28 kg/km²，与闽江口及附近海域的 36.77 kg/km² 和黄海的 19.96 kg/km² 相差不大，而高于渤海近岸海域的 8.93 kg/km²。与其他海域相比，厦门海域的渔业资源生物量一般，其中鱼类资源生物量处于中等，甲壳类的资源生物量较高，而头足类资源生物量较低。

表 2.25　厦门海域个季节渔业资源生物量和资源量

季节	类别	资源生物量/（kg·km⁻²）	资源现存量/t	季节	类别	资源生物量/（kg·km⁻²）	资源现存量/t
春季	鱼类	696.89	1 202.71	秋季	鱼类	870.40	1 502.16
	虾类	12.66	21.85		虾类	45.35	78.27
	蟹类	31.81	54.90		蟹类	225.17	388.60
	虾蛄类	19.52	33.69		虾蛄类	46.64	80.49
	头足类	17.36	29.96		头足类	73.83	127.42
	合计	778.24	1 343.11		合计	1261.39	2 176.94
冬季	鱼类	542.90	936.95	冬季	鱼类	773.58	1 335.07
	虾类	60.00	103.55		虾类	43.98	75.90
	蟹类	109.35	188.72		蟹类	91.15	157.31
	虾蛄类	199.92	345.03		虾蛄类	9.66	16.67
	头足类	24.76	42.73		头足类	32.95	56.87
	合计	936.93	1 616.98		合计	951.31	1 641.80

2.4.2.5　底栖生物

1）种类组成

福建近海 4 个季度调查共获得底栖生物共 581 种（类）。多毛类动物种类数最多，其次是甲壳动物和软体动物。棘皮动物种类数最少。其他类别的包括腔肠动物、苔藓动物、尾索动物、涡虫、星虫、鱼类、螠虫、纽虫和海藻等，共 51 种（类）。

总体上看，福建近海各季大型底栖生物种类丰富，其中夏季大型底栖生物种类数最高，共鉴定 337 种，平均每站可达 35 种，有 63% 的站位种类数超过 30 种；其次为冬季，鉴定有 321 种，平均每站可达 38 种，有 73% 的站位种类数在 30 种以上；春季有 318 种，平均每站可达 23 种，有 46% 的站位种类数在 30 种以上；秋季种类数相对较少，但也达到 311 种，平均每站可达 25 种，有 23 个站位种类数在 30 种以上。虽然多毛类动物种类数的变化在底栖生物种类数变化中起主要作用，但多毛类种类数最高的季节出现在冬季。各季节各类生物种类组成及季节变化见表 2.26。

表 2.26 福建近海底栖生物种类组成季节变化统计

单位：种

类别	春季	夏季	秋季	冬季	总种数
多毛类动物	151	132	137	167	224
棘皮动物	26	22	27	19	41
甲壳动物	78	76	81	73	134
软体动物	44	69	54	41	131
其他	19	38	12	21	51
小计	318	337	311	321	581

2）主要优势种

调查海区全年优势种有中蚓虫（*Mediomastus* sp.）、丝鳃稚齿虫（*Prionospio malmgreni*）、双鳃内卷齿蚕（*Aglaophamus dibranchis*）、塞切尔泥钩虾（*Eriopisella sechellensis*）、奇异稚齿虫（*Paraprionospio pinnata*）、纽虫（*Nemertinea* spp.）、模糊新短眼蟹（*Neoxenophthalmus obscurus*）、毛头梨体星虫（*Apionsoma trichocephala*）、不倒翁虫（*Sternaspis scutata*）和背蚓虫（*Notomastus latericeus*）等（表2.27）。

表 2.27 福建近海底栖生物主要优势种及数量排序

中文名	拉丁名	春季	夏季	秋季	冬季	全年
中蚓虫	*Mediomastus* sp.	1	2	1	1	1
双鳃内卷齿蚕	*Aglaophamus dibranchis*	4	3	2	7	2
模糊新短眼蟹	*Neoxenophthalmus obscurus*	3	5	3	3	3
塞切尔泥钩虾	*Eriopisella sechellensis*	5	4	7	5	4
纽虫	*Nemertinea* spp.	8	9	5	6	5
丝鳃稚齿虫	*Prionospio malmgreni*	9	6	13	4	6
奇异稚齿虫	*Paraprionospio pinnata*	14	1	10	12	7
不倒翁虫	*Sternaspis scutata*	2	8	9	13	8
背蚓虫	*Notomastus latericeus*	13	10	14	2	9
毛头梨体星虫	*Apionsoma trichocephala*	7	13	6	8	10
花冈钩毛虫	*Sigambra hanaokai*	12	11	8	9	11
叶须内卷齿蚕	*Aglaophamus lobatus*	11	7	11	10	12
背毛背蚓虫	*Notomastus aberans*	6	14	4	14	13
西奈索沙蚕	*Lumbrineris shiinoi*	10	12	12	11	14

注：表中序列数1为高密度，序列数大者密度较低。

3）生物量

福建近海底栖生物生物量四季平均总生物量为25.84 g/m^2，以棘皮动物生物量最高，其次是软体动物，多毛类生物量较低。各类底栖生物量组成比例在各季节均有所变化。软体动物在冬季生物量最高，春季和秋季较低。除了软体动物外，其他生物生物量的四季变化不大。

多毛类生物量在春季较高，夏季较低，而棘皮动物则以夏季生物量较高（表2.28）。

表2.28 福建沿海底栖生物主要门类生物量季节变化 单位：个/m²

类别	春季	夏季	秋季	冬季	平均
多毛类动物	5.57	3.32	5.40	5.38	4.91
棘皮动物	8.40	10.12	9.78	9.91	9.55
甲壳动物	4.52	2.00	4.50	5.55	4.14
软体动物	2.90	4.06	2.98	16.61	6.64
其他动物	0.29	2.10	—	—	0.60
合计	21.67	21.60	22.66	37.44	25.84

总体来看，水温较低的秋季和冬季福建近海的底栖生物总生物仍能维持较高平面，有时甚至比春季和夏季更高。

春季底栖生物总生物量21.67 g/m²，高生物量站位多见于河口外海区。总体上闽东沿海生物量较高，闽江口外生物量高达166.2 g/m²（图2.40）。

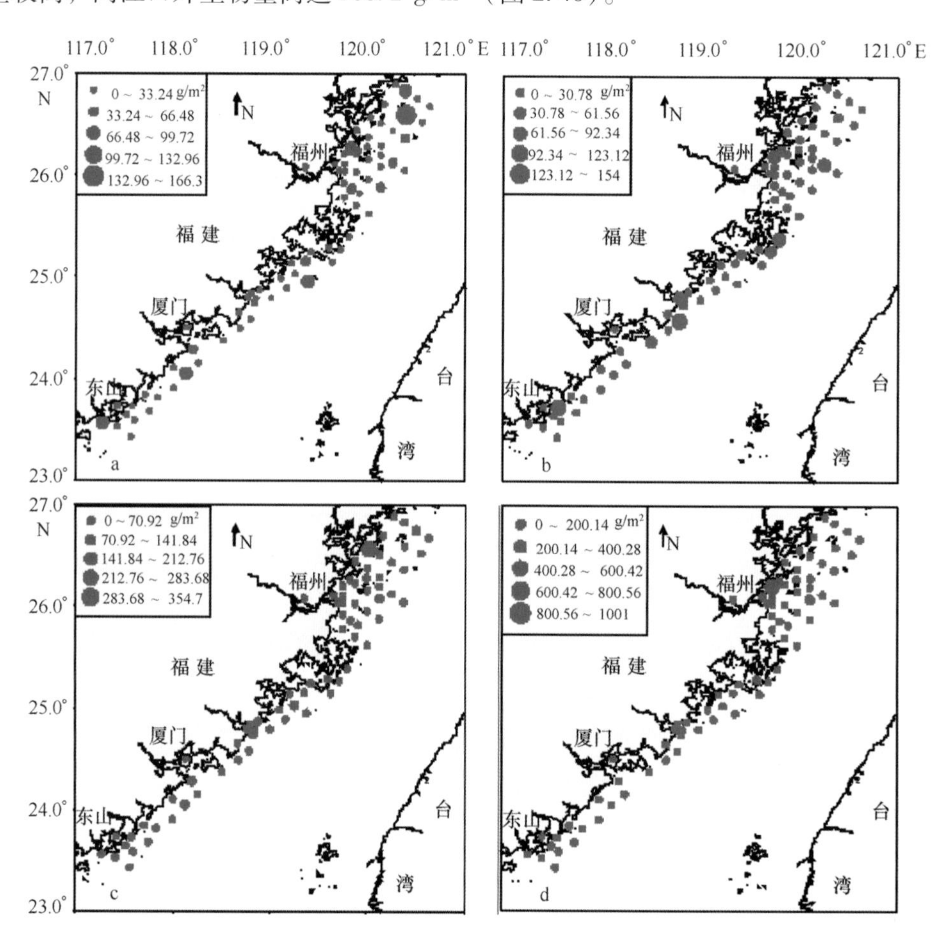

图2.40 福建近海4个季度底栖生物生物量分布

a. 春季；b. 夏季；c. 秋季；d. 冬季

夏季底栖生物总生物量达到21.60 g/m^2，高生物量区散布在闽东沿海、闽江口、平潭岛以南、泉州湾沿海和东山湾口站位上。其中，泉州湾和厦门湾之间沿海以及东山湾口站位上有较高生物量（>100 g/m^2）。

秋季底栖生物总生物量类似于夏季，达22.66 g/m^2。沿海各海区均出现生物量较高的站位，但也有部分站位生物量极低或者未检出底栖生物的。

冬季底栖生物总生物量处于较低水平，平均38.95 g/m^2。底栖生物高生物量见于平潭以北海域。其中，闽江口以南和闽东近海生物量较高。其次，湄洲湾以东也有较高生物量。生物量最高的站位在闽江口琅歧以北，达1 kg/m^2，主要生物是软体动物。此外湄洲湾口外的站位生物量高达118.3 g/m^2，主要类群为棘皮动物。南部海区生物量在20~30 g/m^{2}之间，主要类群为多毛类及其他生物类群。

4）密度

福建沿海大型底栖生物总栖息密度全年平均为512个/m^2，其中以多毛类密度最大，年平均密度达到369个/m^2，其次是甲壳类，达115个/m^2。其他类别密度相对较低。以冬季密度最高，其次为春季、夏季和秋季。多毛类密度的季节变化最为明显。同样，甲壳类有类似的变化趋势。其他类群如软体动物和棘皮动物等的密度不高，没有明显的季节分布趋势（表2.29）。

表2.29 福建沿海底栖生物主要门类密度的季节变化 单位：个/m^3

类别	春季	夏季	秋季	冬季	平均
多毛类动物	397	265	265	548	369
棘皮动物	20	13	14	20	17
甲壳动物	144	98	76	142	115
软体动物	21	13	3	9	11
其他动物	1	0	0	0	0
合计	582	389	359	720	512

春季：底栖生物总密度达582个/m^2。总体上看，闽江北口、浮鹰以东海域和厦门湾外镇海角以南海区密度较高，分别达到1 845个/m^{2}和1 825个/m^2。远岸站位密度较低。

夏季：底栖生物密度比较高，总密度达389个/m^2。底栖生物密度分布高度不均匀，其中闽江口外，泉州湾外以及厦门湾外站位上密度超过1 000个/m^2，最高达1 910个/m^2。相反，泉州湾外个别站位的密度也有低至25个/m^2。

秋季：底栖生物总密度达359个/m^2，其中漳浦外海域密度高达1 142个/m^2，东山湾口站位上的密度达940个/m^2。

冬季：底栖生物总密度可达720个/m^2，最高密度出现在漳浦岸外，达2 125个/m^2。此外，高密度区还出现在霞浦县浮鹰岛西侧，密度高达1 970个/m^{2}和1 935个/m^2。最低密度出现在闽江口外，仅5个/m^2。

2.4.2.6 潮间带生物

1）种类组成

福建潮间带生物有787种，其中多毛类动物共有190种，软体动物259种，甲壳类动物163种，棘皮类动物23种，其他类152种。春季潮间带生物有566种，秋季522种（表2.30）。

表2.30 福建潮间带生物春、秋季种类组成 单位：个

	多毛类动物	软体动物	甲壳类动物	棘皮类动物	其他类动物
春季	124	186	130	18	108
秋季	121	183	105	17	96

福建省海区秋季潮间带生物种类数量各地平均49.35种；春季潮间带生物物种数量各地平均65.35种。秋季和春季各海域潮间带生物种类数水平分布见图2.41。

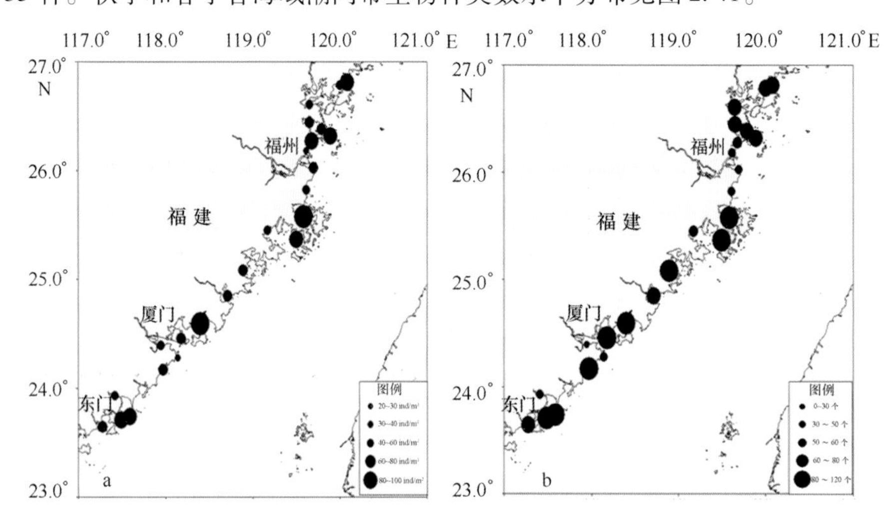

图2.41 福建省海区潮间带生物种数水平分布

a. 春季；b. 秋季

潮间带生物种类不同底质分布组成，秋季全省潮间带泥沙质有270种，占全省潮间带生物种类（522种）51.72%；泥质有192种，占36.78%；沙质有172种，占32.95%；岩礁有139种，占26.63%；红树林区有69种，只占13.22%（图2.42a）。

春季泥沙质有276种，占全省潮间带生物种类（566种）的48.76%；泥质和沙质各有种类252种，分别占全省潮间带生物种类的44.52%；岩礁有149种，占全省潮间带生物种类的26.33%；红树林区有86种，只占全省潮间带生物种类的15.19%（图2.42b）。

福建省潮间带生物垂直分布，不同潮区物种以中潮区占绝对优势。秋季中潮区平均物种数33.65种，占55.94%；高潮区平均物种数7.46种，占12.4%；低潮区平均物种数19.04种，占31.66%（图2.43a）。

春季中潮区平均物种数44.38种，占66.91%；高潮区平均物种数7.65种，占11.71%；

低潮区平均物种数30.15种，占46.14%（图2.43b）。

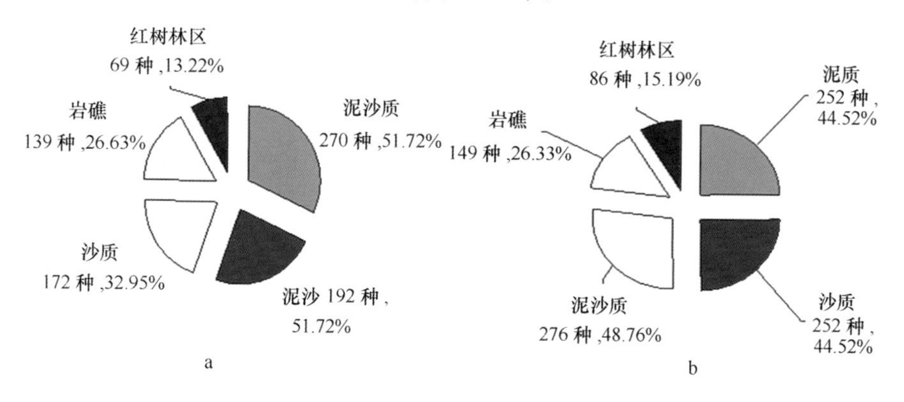

图2.42 潮间带不同底质类型物种分布组成

a. 春季；b. 秋季

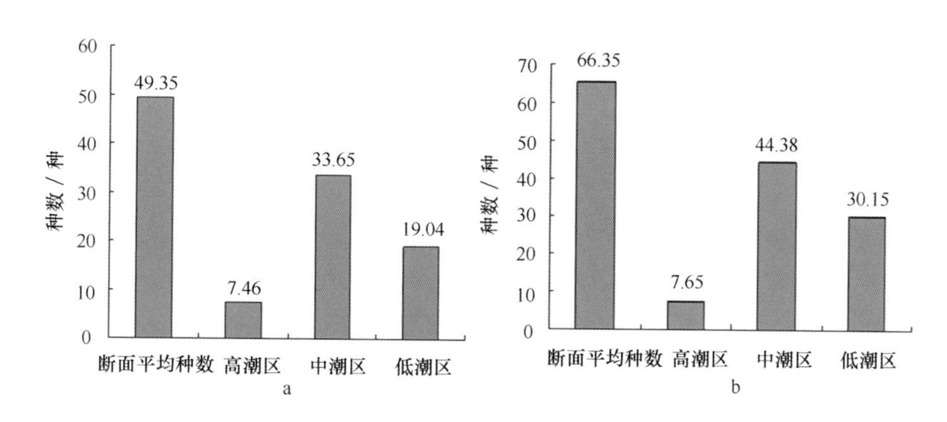

图2.43 福建省海域潮间带不同潮区物种组成

a. 春季；b. 秋季

2）物种组成及水平分布

多毛类动物的物种组成及水平分布　福建省潮间带多毛类动物共有190种。主要科有沙蚕科、裂虫科、欧努菲虫科、矶沙蚕科、索沙蚕科、花索沙蚕科、长手沙蚕科、沙蠋科、小头虫科、吻沙蚕科、角吻沙蚕科、欧文虫科、齿吻沙蚕科、叶须虫科、异毛虫科、丝鳃虫科、竹节虫科、龙介虫科、锥头虫科等。

秋季断面平均9.38种，多毛类动物垂直分布以中潮区占优势，平均6.58种，占60.26%；低潮区平均3.65种，占33.43%；高潮区平均0.69种，只占6.32%。

春季断面平均10.08种，垂直分布以中潮区占优势，平均7.35种，占整个潮间带多毛类动物平均种数的72.92%；低潮区平均4.46种，占44.25%；高潮区平均0.65种，只占6.45%。

软体动物的物种组成及水平分布　福建省潮间带软体动物共有259种。秋季调查断面软体动物平均18.54种，垂直分布以中潮区占优势，平均12.96种，占52.81%；低潮区平均8.46种，占34.47%；高潮区平均3.12种，只占12.71%。

春季福建省海域调查断面软体动物平均26.35种，垂直分布以中潮区占优势，平均19.62

种，占整个潮间带软体动物平均种数的74.49%；低潮区平均12.53种，占47.57%；高潮区平均3.23种，只占12.26%。

甲壳动物的物种组成及水平分布　福建省潮间带甲壳动物共有163种。秋季调查断面甲壳动物平均12.46种，垂直分布以中潮区占优势，平均9.12种，占57.39%；低潮区平均4.19种，占26.37%；高潮区平均2.58种，只占16.24%。

春季甲壳动物平均16.31种，垂直分布以中潮区占优势，平均11.16种，占整个潮间带甲壳动物平均种数的70.26%；低潮区平均6.38种，占39.12%；高潮区平均3.23种，只占19.80%。

棘皮动物的物种组成及水平分布　福建省潮间带棘皮动物共有23种，垂直分布以低潮区占优势，平均0.69种，占48.12%；中潮区平均0.58种，占42.69%；高潮区平均0.08种，只占6.92%。

春季棘皮动物平均只有1.15种，垂直分布以中潮区占优势，平均0.77种，占整个潮间带棘皮动物平均种数的66.96%；低潮区平均0.50种，占43.48%；高潮区均未采到棘皮动物。

其他动物的物种组成及水平分布　福建省潮间带其他类动物包括了潮间带近岸鱼类、腔肠动物以及星虫类和藻类。全省潮间带其他类共有152种。主要是鰕虎鱼类种类和海葵居多。秋季其他类动物平均只有7.46种，垂直分布以中潮区占优势，平均4.65种，占53.94%；低潮区平均3.358种，占38.86%；高潮区平均0.62种，只占7.19%。

春季调查断面其他类动物平均11.46种，垂直分布以中潮区居高，平均6.81种，占59.42%；低潮区其他类动物种类也较多平均6种，占52.36%；而在高潮区平均只有0.58种，只占5.06%。

3）密度分布

福建省潮间带生物平均栖息密度1 340.34个/m^2。福建省潮间带生物栖息密度组成以软体动物和甲壳动物为主分别占福建省潮间带生物平均栖息密度的63.37%和31.45%，多毛类和棘皮动物仅占1.65%和0.05%（表2.31）。

表2.31　福建省潮间带生物栖息密度组成　单位：个/m^2

数量	多毛类动物	软体动物	甲壳动物	棘皮动物	其他动物
密度	22.04	849.43	421.49	0.62	44.50

秋季平均栖息密度1 051.19个/m^2，最高栖息密度9 679.99个/m^2，最低栖息密度16个/m^2。栖息密度组成以甲壳动物和软体动物为主分别占福建省潮间带生物平均栖息密度的47.56%和45.58%，多毛类动物和棘皮动物仅占1.48%和0.06%。春季平均栖息密度1 629.48个/m^2，最高栖息密度达13 855.2个/m^2。栖息密度组成以软体动物为主，软体动物全省平均栖息密度达1 219.75个/m^2，占福建省潮间带生物平均栖息密度的74.86%；其次是甲壳动物，占21.08%；其他类动物和棘皮动物仅占2.01%和0.03%。

福建省潮间带生物平均栖息密度垂直分布以中潮区为最高，平均达1 882.21个/m^2，低潮区密度次之，平均1 043.68个/m^2，高潮区密度较低，平均246.98个/m^2（图2.44）。

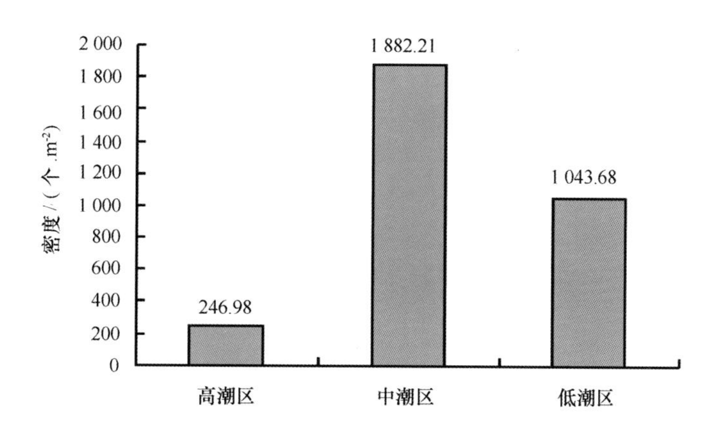

图2.44　福建省潮间带生物平均栖息密度垂直分布组成比较

秋季福建省潮间带生物平均栖息密度垂直分布以中潮区为最高，平均达1 289.28个/m^2，低潮区密度次之，平均1 091.08个/m^2，高潮区密度较低，平均295.04个/m^2。其中岩礁4个断面中潮区栖息密度6 566.99个/m^2，低潮区5 734.00个/m^2，高潮区为1 601.00个/m^{2}支撑全省潮间带生物高栖息密度。

春季垂直分布也同样以中潮区为最高，平均达2 475.13个/m^2，低潮区密度次之，平均996.28个/m^2，高潮区密度较低，平均198.92个/m^2。其中莆田鳌山、霞浦北兜岩礁断面中潮区栖息密度高达22 886.67个/m^{2}和19 256.00个/m^2，支撑全省潮间带生物中潮区高栖息密度。

4）生物量

福建省潮间带生物平均生物量303.78 g/m^2，福建省潮间带生物生物量组成以软体动物占优势，占67.52%，其次是甲壳动物，占24.27%，棘皮动物生物量最低，平均只有0.89 g/m^2，占0.29%（表2.32）。

表2.32　福建省潮间带生物生物量组成　　单位：g/m^2

数量	多毛类动物	软体动物	甲壳动物	棘皮动物	其他类动物
密度	1.60	205.12	73.72	0.89	22.45

秋季福建省潮间带生物平均生物量342.93 g/m^2，最高生物量3 128.40 g/m^2。最低生物量13.49 g/m^2。春季福建省潮间带生物平均生物量264.58 g/m^2，最高生物量1 974.99 g/m^2，最低生物量13.65 g/m^2。生物量组成以软体动物占优势，占68.02%；其次是甲壳动物，占20.86%；多毛类和棘皮动物生物量最低，只占0.73%和0.54%（图2.45）。

福建省潮间带生物生物量垂直分布以中潮区密度最高，平均达378.92 g/m^2，低潮区密度次之，平均339.51 g/m^2，高潮区密度较低，平均只有42.81 g/m^2（图2.46）。

秋季福建省潮间带生物生物量垂直分布以中潮区为最高，平均达425.93 g/m^2，低潮区密度次之，平均392.41 g/m^2，高潮区密度较低，平均只有45.52 g/m^2。其中岩礁4个断面中潮区生物量2 036.01 g/m^2，低潮区生物量1 986.77 g/m^2，高潮区生物量127.36 g/m^2，支撑全省潮间带生物生物量。

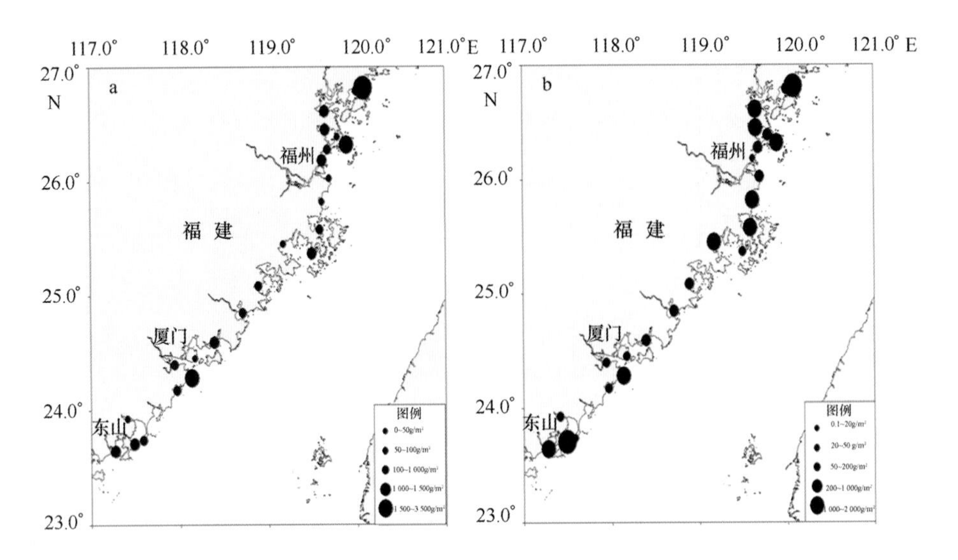

图 2.45　福建省海域潮间带生物生物量水平分布

a. 春季；b. 秋季

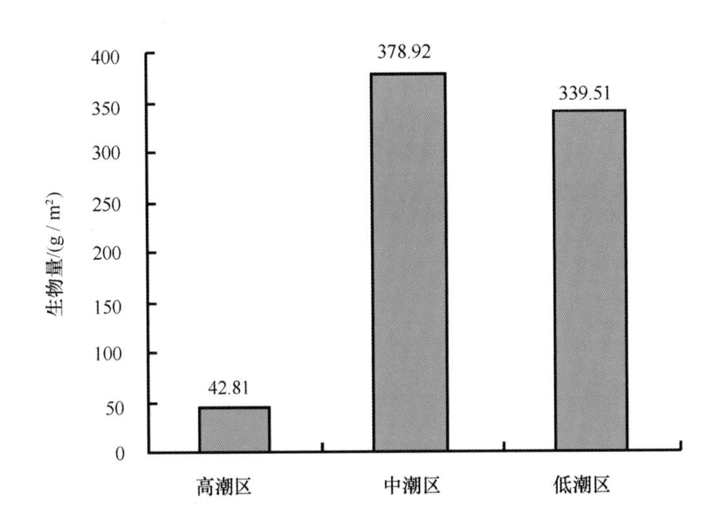

图 2.46　福建省潮间带生物平均生物量垂直分布组成比较

春季福建省潮间带生物生物量垂直分布以中潮区为最高，平均达 331.91 g/m^2；低潮区密度次之，平均 286.60 g/m^2；高潮区密度较低，平均只有 40.10 g/m^2。其中岩礁 4 个断面中潮区平均生物量 1 136.481 g/m^2，低潮区平均生物量 1 254.12 g/m^2，支撑全省潮间带生物生物量。

5）优势种分布

四索沙蚕：多毛类动物四索沙蚕在福建省海域是一个广分布种，属经济种类，平均密度 1.89 个/m^2，密度范围在 0.8～4.8 个/m^2；生物量平均 0.18 g/m^2。

长锥虫：在福建省海域是一个广分布种，平均密度 4.03 个/m^2，密度范围在 0.8～20.0 个/m^2；生物量平均 0.13 g/m^2。

长吻沙蚕：在福建省海域是一个广分布种，属经济种类。平均密度 3.49 个/m^2，密度范围在 0.8～28.0 个/m^2；生物量平均 0.54 g/m^2。

褶牡蛎：属经济种，在福建省海域广泛分布。平均密度 120 个/m^2，密度范围在 0.8 ~ 336.8 个/m^2。

蟹蛏：属经济种，主要分布在福建省海域泥质潮间带。平均密度 99.4 个/m^2，密度范围在 0.8 ~ 395.2 个/m^2，红树林区断面低潮区是蟹蛏苗种的栖息地，最大密度达 395.2 个/m^2。

珠带拟蟹守螺：在福建省海域软相潮间带广泛分布。平均密度 20.36 个/m^2，秋季最大密度出现在连江下宫断面达 43.2 个/m^2，其中一个站位样方栖息密度可达 192 个/m^2；生物量最高断面是莆田鳌山，生物量 85.44 g/m^2；春季最大密度出现在连江下宫断面达 94.4 个/m^2，其中一个站位样方栖息密度可达 480 个/m^2，本断面中、低潮区生物量平均可达 112 个/m^2 和 136 个/m^2。生物量平均 11.25 g/m^2，连江下宫断面生物量可达 40.42 g/m^2。

秀异蓝蛤：属个体较小的双壳类，在泥沙滩上表面潜伏生活，在福建省海域泥沙质潮间带中上潮区广泛分布，期栖息密度和生物量大。秋季平均密度 43.1 个/m^2，密度范围在 1.6 ~ 1 084.8 个/m^2；全省平均生物量 391.00 g/m^2。春季平均密度 688.8 个/m^2，密度范围在 5.6 ~ 688.8 个/m^2；平均生物量 313.54 g/m^2。

光滑河蓝蛤：属个体较小的经济双壳类，在福建省海域潮间带中低潮区广泛分布，期栖息密度和生物量大。平均密度 16.16 个/m^2；5 个定量采集断面平均生物量 1.01 g/m^2，最大生物量出也在长乐梅花断面达 3.29 g/m^2。

明秀大眼蟹：在福建省软相潮间带广泛分布。秋季平均密度 16 个/m^2，密度范围在 0.8 ~ 76.8 个/m^2。

日本大眼蟹：在福建省海域软相潮间带广泛分布。平均密度 7 个/m^2，密度范围在 0.8 ~ 14.4 个/m^2；全省平均生物量 1.71 g/m^2。

双扇股窗蟹：在福建省海域软相潮间带广泛分布。平均密度 17.29 个/m^2，密度范围在 0.8 ~ 45.60 个/m^2；全省平均生物量 2.2 g/m^2。

白脊藤壶：在福建省海域岩礁潮间带广泛分布。平均密度 2 475.46 个/m^2，密度范围在 116.4 ~ 6 110.4 个/m^2；全省平均生物量 312.54 g/m^2。

狐边沼潮：是小型蟹类，在福建省海域潮间带广泛分布。全省 7 个定量采集断面平均生物量 4.41 g/m^2。

日本笠藤壶：典型的岩礁上固着种类，在福建省海域潮间带广泛分布。春季 4 个定量岩礁采集断面平均密度 39.73 个/m^2；平均生物量 67.87 g/m^2。

可口革囊星：在我国南方海域潮间带有广泛分布，是我国红树林区大型底栖经济动物之一。成体加工为“沙虫干”是著名海产珍品，特别是在福建闽南地区作为小吃“土笋冻”的原料深受欢迎。秋季平均密度 41.6 个/m^2，平均生物量 17.35 g/m^2。

短吻栉鰕虎鱼：在福建省潮间带广分布，秋季平均密度 2.08 个/m^2，平均生物量 6.37 g/m^2。

凯氏细棘鰕虎：福建省潮间带平均密度 1.33 个/m^2，平均生物量 42.72 g/m^2。

2.4.2.7 海洋微生物

福建沿海微生物数量检测站位共 12 个，调查表明全海区 4 个季度微生物密度平均值为 84.73×10^6 个/L，全年最大值出现在 10 m 左右的中层水中，最低值在底层。各水层微生物数量以表层最高，中层低于表层，底层最低。底层数量约为表层的 2/3。总体上看，沿海北部微生物数量高于南部，全年最高值在福宁湾外 10 m 的中层水体中测得，达到 383.15 ×

10^6 个/s，最低值出现在平潭海峡南出口底层水体中。不同水层微生物数量的极差分布看，沿海微生物水平分布差异大，高值和低值之间的差异达到40倍（见表2.33）。

表2.33　福建近海各水层微生物的分布　　$\times 10^6$ 单位：cells/L

水层	平均值	最大值	最小值
表层	96.87	281.80	7.43
中层	89.89	383.15	13.84
底层	67.45	212.18	5.60
小计	84.73	383.15	5.56

福建近海微生物密度以春季最高，夏季次之，冬季和秋季数量较低，秋季的数量不到春季微生物数量的1/2（图2.47）。

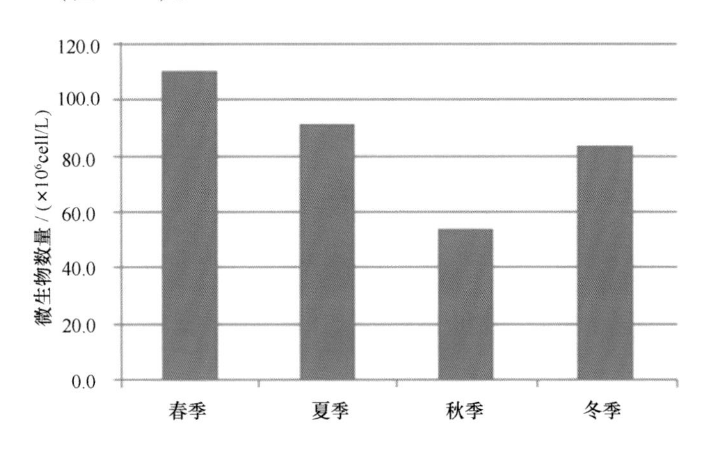

图2.47　福建近海水体微生物数量季节变化

春季福建近海微生物数量平均为 111.04×10^6 个/L，高、低值区层次分明。春季最高值见于闽江口和平潭岛之间的白犬列岛东南表层水体中，达 281.8×10^6 个/L。此外，闽东外海微生物密度也较高，低值区位于平潭以南沿海。

夏季微生物数量平均为 91.68×10^6 个/L，总体密度分布近岸高于外海。最高值见于闽江口附近海域的表层水体中，个别站位表层水体密度高达 383.15×10^6 个/L，此外，闽江口外东引岛附近海域的中层和底层水体中也出现极大值，夏季南部沿海的微生物数量较低。

秋季微生物平均密度 54.29×10^6 个/L，最高密度出现在泉州湾口表层水体中。此外，闽江口外海水域的数量也较高，北部和南部沿海数量较低。

冬季微生物平均为 83.90×10^6 个/L。最高值出现在漳浦外海、厦门湾口以及泉州湾口，除了表层外，中层和底层水体中微生物都有极大值。冬季福建北部沿海包括闽江口外水体中的微生物数量相对较低。

2.5　水资源

福建河流众多，共有29个水系、663条河流，内河长度达13 569 km，河网密度之大，全国少见。全省较大的河流有闽江、九龙江、汀江、晋江、赛江和木兰溪，即“五江一溪”。其中闽江长541 km，流域面积6.09×10^4 km^2，是中国东南沿海地区流域面积最大的河流。

福建已开发的滩涂面积约有18.67×10^4hm^2，尚未开发利用的浅海滩涂中，浅海面积约有41.33×10^4hm^2，滩涂面积约20×10^4hm^2，为进一步发展港口建设、养殖、晒盐、围垦提供了良好条件。

2.5.1 淡水资源

2.5.1.1 淡水资源类型及资源估算量

2006年，全国水资源总量为25 330 $\times10^8$ m^3，福建水资源总量占全国水资源总量的6.4%，地表水资源量占6.7%，地下水资源量占5.9%。2006年，福建全省平均降水量2 131.5 mm，折合水量2 639.84 $\times10^8$ m^3；人均拥有水资源量4 563 m^3；年供水总量187.25 $\times10^8$ m^3；年用水量187.25 $\times10^8$ m^3，其中，农田灌溉用水量92.20 $\times10^8$ m^3，占总用水量的49.24%。2006年外省入境水量为32.67 $\times10^8$ m^3（见表2.34）。

表2.34 2006年福建行政分区水资源总量

10^8 单位：m^3

分区名称	福州	厦门	莆田	泉州	漳州	龙岩	三明	南平	宁德	全省
地表水资源量	142.93	20.26	46.64	134.49	226.33	244.25	265.31	344.01	198.04	1 622.26
地下水资源量	41.85	5.61	13.26	38.68	60.02	66.66	79.53	96.86	52.13	454.60
地下水与地表水不重复量	0.31	0.00	0.30	0.19	0.42	0.00	0.00	0.00	0.00	1.22
水资源总量	143.24	20.26	46.94	134.68	226.75	244.25	265.31	344.01	198.04	1 623.48

2.5.1.2 水资源质量

1）全省主要河流水体质量

2006年是丰水年，全省主要江河总体水质状况同上年相比有所好转。通过对全省7个水系69个断面的水质监测，在2 583 km评价河长中，水质符合和优于Ⅲ类水的河长为2 197 km，占评价河长的85.06%。污染（Ⅳ类、Ⅴ类和劣Ⅴ类）河长为386 km，占14.94%，与上年相比减少了5.77%。水体的主要超标项目为氨氮、溶解氧、五日生化需氧量和高锰酸盐指数等。

闽江：水质状况与上年相比明显好转。符合和优于Ⅲ类水的河长为1 241 km，占评价河长的94.95%；污染河长为66 km，占5.05%，比上年减少了10.86%。污染主要分布在支流大樟溪凤洋段和闽江下游魁岐、马尾河段，主要超标项目为氨氮。

九龙江：水质状况与上年相比明显下降。符合和优于Ⅲ类水的河长为267 km，占评价河长的57.30%；污染河长为199 km，占42.70%，比上年增加了14.59%。污染主要分布在龙岩的东兴—漳平河段、西溪的龙山、西溪桥河段及干流的石码河段，主要超标项目为氨氮、溶解氧、高锰酸盐指数。

汀江：水质状况与上年相比相当。在评价的300 km河长中全部达标。

晋江：水质状况与上年相比明显好转。符合和优于Ⅲ类水的河长为114 km，占66.67%；污染河长为57 km，占33.33%，比上年减少了33.34%，污染主要分布在上游蓬壶和永春河段，主要超标项目为高锰酸盐指数、氨氮。

闽东诸河：水质状况与上年相比明显好转。符合和优于Ⅲ类水的河长为178 km，占93.68%；污染河长为12 km，占6.32%，比上年减少了16.84%。污染主要分布在交溪的周宁河段和金溪的东湖塘段，主要超标项目为氨氮和溶解氧。

木兰溪：水质状况与上年相比有所下降。符合和优于Ⅲ类水的河长为52 km，占评价河长的50.00%；污染河长为52 km，占50.00%，与上年相比增加了13.46%。污染主要分布在新度、仙游和涵江区河段，其中涵江区河段水体污染较为严重，主要超标项目为氨氮、溶解氧、高锰酸盐指数、挥发酚和总磷。

闽南诸小河　水质状况与上年相比相当。在所评价的45 km河长中，水质全部为Ⅱ类。

2）地表、地下引用水源质量

全省9个设区市15个主要集中式生活饮用水水源地中，水质较好的有龙岩的北门水厂水源地、宁德的金涵水库、三明的东牙溪水库和莆田的东圳水库，这4个水源地的年测次达标率分别为100%、100%、96.1%和83.3%。水质较差的是泉州晋江北渠的北峰和东湖桥2个供水水源地，这2个水源地全年没有合格测次，主要超标项目为粪大肠菌群、铁和锰。

2.5.1.3　水资源可利用量

全省年供水总量为187.25 × 10^8 m^3。其中，地表水源（蓄水、引水、提水）供水量180.04 × 10^8 m^3；地下水源供水量6.02 × 10^8 m^3；其他水源供水量1.19 × 10^8 m^3。全省年用水总量为187.25 × 10^8 m^3。农业用水量包括农田灌溉用水量和其他（林牧渔）用水量，为99.61 × 10^8 m^3，其中农田灌溉用水量为92.20 × 10^8 m^3；其次是工业用水量，为66.90 × 10^8 m^3；城镇生活用水量为13.83 × 10^8 m^3；农村生活用水量为8.56 × 10^8 m^3。

2.5.1.4　海岛淡水资源

海岛四周被海水环抱，大部分海岛的淡水补给主要靠大气降水，福建海岛多年平均年径流系数的空间分布由近陆海岛向外递减，最大值是三都岛为0.59，其余海岛在0.37 ~ 0.48之间。福建海岛地区是福建的少雨区，而且也是全省干旱发生率和强度最大的地区，多数岛屿人均淡水资源量低于600 m^3，是福建省水资源最紧缺的地区。

1）湖泊

福建省海岛湖泊主要分布在大嵛山岛、浮鹰岛、海坛岛、琅岐岛、湄洲岛、金门岛，总面积约346.3 hm^2。

大嵛山岛上有天然湖泊3座，分别为“万猪拱槽”湖、大天鹅湖和小天鹅湖，面积共18.3 hm^2，其中面积最大的是大天鹅湖，约12 hm^2。浮鹰岛湖泊分布面积约1.6 hm^2。海坛岛上有三十六脚湖和几个无名湖泊，三十六脚湖为福建省最大的天然淡水湖，面积210 hm^2，最大水深16.3 m。琅岐岛湖泊分布面积约13 hm^2。湄洲岛仅有一个湖泊，名为果石湖，面积约

4.4 hm^2，是附近水田灌溉主要淡水来源。金门岛上有两个主要湖泊面积约 99 hm^2，供金门岛居民农田灌溉及人畜饮用。

2）水库

福建省海岛水库主要分布在三都岛、西洋岛、海坛岛、琅岐岛、南日岛、厦门岛以及东山岛，总面积约 454 hm^2。

三都岛水库面积约 5 hm^2，西洋岛水库面积约 3.2 hm^2，浮鹰岛、东台山和西台山也有小面积的水库分布。海坛岛上水库主要有山桥水库、韩厝水库等小型水库，共有 20 余座，总面积约 124 hm^2。琅岐岛上有小二型水库 2 座，面积约 9 hm^2，年蓄水量约 80×10^4 m^3。南日岛水库都已经改造成养殖池塘，面积约 2.7 hm^2。厦门岛主要水库有湖边水库、上李水库以及其他几个小型的水库，水库水域面积为 154 hm^2。东山岛有小二型以上水库 25 座，总面积约有 155 hm^2，总库容 $950\times10^4 m^3$。

2.5.2 海水资源

海水资源利用主要包括海水淡化、海水冷却和海水灌溉 3 个方面。

目前，福建省海水利用主要集中在海水淡化和海水冷却两个方面。其中，海水淡化工程规模较小，仅为 57 t/d，海水淡化工程主要应用于缺水海岛，福建省仅在台山岛和东山岛有 3 套海水淡化装置投入使用，沿海城市还没有海水淡化工程建成投产。海水冷却工程主要为沿海电厂利用海水替代淡水作为工业冷却水，目前有 7 家电厂利用海水，即厦门嵩屿电厂、福州可门电厂、漳州华阳后石电厂、泉州南埔电厂、泉州鸿山热电厂、大唐宁德发电厂、湄洲湾电厂，年海水利用量约为 84.56×10^8 m^3。

2.5.3 海水化学资源

海水化学资源综合利用技术，是从海水中提取各种化学元素（化学品）及其深加工技术。主要包括海水制盐、苦卤化工，提取钾、镁、溴、硝、锂、铀及其深加工等，现在已逐步向海洋精细化工方向发展。

2005 年福建省盐田面积 6 648 hm^2，海盐产量 43.87×10^4 t，占全国盐田总面积的 1.60%，产量为全国的 1.55%。与 2004 年相比盐田面积和产量均下降。

2.6 清洁能源

海洋能是指蕴藏在海洋中的可再生能源。海洋通过各种物理过程接收、储存和散发能量，这些能量以潮汐、波浪、温度差、盐度梯度、海流等形式存在于海洋之中。随着常规能源日渐枯竭，人们把注意力转向新的能源。海洋新能源资源是指未充分开发、而随着科技进步有开发前途的、且取之不尽、用之不绝、或可再生、有利于环保的能源，诸如风能、潮汐能、波浪能、潮流能、温差能、盐差能等。

福建沿海潮差、风、浪都较大，蕴藏着大量可供开发利用的风能、潮汐能、波浪能等资源，这些新能源既可弥补福建未来常规能源之不足，又可为促进海峡西岸经济区建设与可持续发展提供部分原动力。

2.6.1 风能

风能是一种最清洁、可再生的能源之一，风能的利用是通过风力机将风的动能转换成电能、机械能或其他形式的能，其中电能是风能利用的主要形式。由于风力发电在减少温室气体排放、减轻环境污染和促进可持续发展等方面的突出作用，越来越受到世界各国的重视。福建沿海海岸线长，岛屿众多，又受台湾海峡“狭管效应”影响，拥有得天独厚的风能资源。充分开发利用沿海岛屿风能资源，对促进沿海地区经济发展，缓解能源供应紧张，将会起到积极的推动作用。

2.6.1.1 风向风速

1）风向

福建沿海（北起台山岛，南至诏安湾）海湾岛屿区，风向变化的最突出特点是东北季风与西南季风的季节变换，其风向变化较为稳定（表 2.35）。

表 2.35 部分测站季度代表月偏北、南风向频率 %

测站	N—NNE—NE				S—SSW—SW			
	1 月	4 月	7 月	10 月	1 月	4 月	7 月	10 月
台山	80	51	13	72	3	19	57	3
平潭	91	67	8	91	0	16	73	4
江阴	91	53	22	96	0	23	56	0
崇武	77	54	5	78	0	18	75	2
晋江	44	25	3	52	3	17	52	0
厦门	27	19	3	46	3	10	43	0
东山	39	23	3	51	0	13	64	0

2）风速

由于福建沿海特殊的地理位置及台湾海峡“狭管效应”作用和影响，福建沿海风速较大，年平均风速在 5.0 m/s 以上，湾外岛屿区一般在 6.0 m/s 以上，南日岛海域达 9.1 m/s；湾内岛屿区因地形地貌的遮蔽作用，风速要比湾外海域小得多，年平均风速一般不超过 3.0 m/s（表 2.36）。

表 2.36 各月平均风速 单位：m/s

测 站	1 月	2 月	3 月	4 月	5 月	6 月	7 月	8 月	9 月	10 月	11 月	12 月	全年
台山*	9.1	9.2	8.2	7.1	6.7	7.3	8.6	6.7	7.9	9.3	9.9	9.3	8.2
北礵	8.9	6.2	7.0	6.8	4.7	5.9	7.3	6.5	7.0	9.9	11.1	7.9	7.4
平潭*	7.1	7.0	6.2	5.3	5.2	5.4	5.6	5.1	6.3	8.0	8.3	7.5	6.4
小山东	8.5	6.0	8.8	6.4	6.3	7.3	5.9	5.2	5.4	9.3	9.0	9.2	7.3
崇武	5.5	4.0	4.3	4.2	3.0	3.1	3.2	3.9	4.6	6.1	6.9	4.8	4.5
南日*	11.0	10.6	8.3	7.2	7.3	7.0	6.8	6.6	9.2	10.7	13.3	11.6	9.1

续表 2.36

测 站	1月	2月	3月	4月	5月	6月	7月	8月	9月	10月	11月	12月	全年
湄洲*	6.9	7.9	6.2	4.2	5.2	6.5	4.6	4.9	6.0	8.2	9.4	7.7	6.5
江阴	5.9	6.5	4.5	4.4	4.2	3.6	5.4	4.1	5.3	5.7	4.7	6.2	5.0
霞浦	2.6	2.4	2.5	2.6	2.6	2.3	2.7	3.7	3.2	3.6	3.4	2.4	2.8
东山	8.3	8.3	7.4	6.1	5.7	5.1	4.3	4.3	6.2	8.6	8.8	8.5	6.8
秀屿	3.0	2.5	2.5	2.7	2.2	2.5	3.1	3.2	3.0	3.8	3.8	2.9	2.9
连江	1.7	1.8	2.0	1.9	1.9	1.9	2.5	2.9	2.3	2.5	2.3	1.7	2.1
晋江	3.2	3.0	2.8	2.6	2.5	2.9	3.1	3.1	3.2	3.6	2.9	2.8	3.0
小嶝	7.2	6.4	5.4	4.9	4.0	3.2	3.9	5.9	5.7	7.2	7.2	6.6	5.6
厦门	2.8	2.5	2.5	2.6	2.2	2.3	2.6	3.2	3.1	3.8	3.9	2.6	2.8
平均	5.9	5.5	5.1	4.5	4.2	4.3	4.6	4.5	5.1	6.5	6.8	5.9	5.2

注：标“*”号测站资料摘自文献，下同。

2.6.1.2 有效风速时数

福建沿海海湾岛屿区风速在3 m/s以下风级的约占35%，而风速在25 m/s以上的风级趋近于零，风速有效利用率在65%以上。风速大、有效利用率较高，是福建沿海风能资源丰富的重要原因。

湾外岛屿区的年有效风速时数较多达6 500~8 000 h，有效利用率为75%~92%，平均每天可发电18~22 h；湾内岛屿区年有效风速时数为2 500~5 000 h，平均每天仅可发电8~15 h，风速有效利用率为30%~60%（表2.37）。

表 2.37 有效风速时数与全年风速有效利用率　　单位：h

测站	1月	2月	3月	4月	5月	6月	7月	8月	9月	10月	11月	12月	全年	有效率/（%）
台山*	708	646	688	647	657	636	674	643	638	696	705	724	8 062	92
北礵	734	610	690	651	603	581	655	640	645	737	720	712	7 978	91
北茭*	653	589	608	524	536	596	638	580	594	680	666	662	7 327	84
东澳*	705	633	679	618	671	640	634	648	656	712	707	710	8 013	91
平潭*	639	590	606	556	604	582	615	605	611	696	695	672	7 471	85
江阴	646	560	503	506	486	529	638	470	615	695	557	678	6 863	79
崇武	685	488	560	553	468	531	611	536	606	715	716	616	7 085	81
小嶝	599	538	491	513	487	407	492	552	546	707	645	607	6 584	75
东山	680	492	576	528	483	371	463	456	568	731	704	646	6 698	76
霞浦	395	286	341	322	332	275	343	456	433	510	509	325	4 527	52
连江	137	137	222	191	195	193	309	331	247	307	277	138	2 684	31
秀屿	469	317	336	349	272	308	449	431	385	593	600	426	4 935	56
晋江	400	345	340	322	294	350	365	387	380	504	399	390	4 476	51
厦门	462	324	318	346	256	303	375	430	458	678	618	397	4 965	57

2.6.1.3 有效风能密度

从表2.38可以看出，台山、北礵、平潭、东澳、崇武、小嶝、东山等湾外岛屿区风速较大，年有效风能密度在 200 W/m² 以上，其中多数在 300 W/m² 以上，台山岛为 562.3 W/m²，位于海坛岛东部突出部位的东澳达 751.6 W/m²，而湾内岛屿区由于风速较小，年有效风能密度大多在 100 W/m² 以下。

有效风能密度的季节变化，与沿海岛屿区风速的季节变化关系密切，秋、冬季风大，各月平均风速在 5.5 ~ 6.8 m/s 之间，比春夏季平均风速（4.2 ~ 5.1 m/s）大约 1.5 m/s（表 2.45），秋、冬季各月平均风能密度变化于 300.0 ~ 400.0 W/m² 之间，亦明显高出春夏季各月平均风能密度 130.0 W/m² 以上。

表 2.38　有效风能密度　　单位：W/m²

测站	1 月	2 月	3 月	4 月	5 月	6 月	7 月	8 月	9 月	10 月	11 月	12 月	全年
台山*	628.0	628.0	461.0	420.0	365.0	586.0	577.0	532.0	536.0	709.0	739.0	566.0	562.3
北礵	589.9	239.0	371.4	370.2	167.6	308.4	469.7	392.5	498.5	855.0	1 013.3	508.1	482.0
北茭*	206.0	298.0	230.0	206.0	193.0	186.0	298.0	261.0	397.0	405.0	391.0	348.0	284.0
东澳*	1 022	1 026	751.0	611.0	479.0	277.0	402.0	436.0	840.0	937.0	1 277	961.0	751.6
平潭*	280.0	272.0	214.0	201.0	150.0	162.0	214.0	226.0	252.0	338.0	366.0	248.0	243.6
江阴	238.9	400.3	216.0	161.6	197.8	64.0	201.2	128.9	171.9	173.5	146.4	238.9	195.0
崇武	424.0	437.0	341.0	245.0	185.0	171.0	169.0	194.0	291.0	479.0	522.0	437.0	324.6
小嶝	504.6	406.7	479.6	293.0	161.9	78.5	229.9	576.2	488.5	387.0	473.8	467.6	378.9
东山	393.0	377.4	383.9	330.9	110.2	55.7	46.3	127.4	250.8	401.8	482.7	340.1	275.0
霞浦	35.8	42.6	40.2	45.0	47.5	38.6	58.4	139.6	87.5	103.1	55.5	37.9	61.1
连江	33.5	34.9	36.1	41.7	40.8	41.9	48.8	127.6	67.9	56.4	42.0	29.4	50.1
秀屿	37.8	39.2	40.5	42.0	37.5	43.3	52.0	75.2	61.7	67.2	52.6	41.9	49.2
晋江	47.5	43.7	55.5	52.4	50.2	46.3	62.2	56.1	56.2	63.5	54.4	49.4	53.1
厦门	29.1	29.6	36.1	31.4	28.1	29.6	28.7	68.9	44.2	49.2	56.5	28.8	38.4
平均	319.3	305.3	261.2	217.9	158.1	149.2	204.1	238.7	288.8	358.9	405.2	307.3	267.8

2.6.1.4　有效风能及风能储藏量

1）有效风能

有效风能的大小，取决于有效风速时数和有效风能密度。福建沿海风能分布规律与风速分布规律基本相似，也是湾外岛屿区大，湾内岛屿区小。湾外岛屿区的年有效风能在 1 800 kW · h/m² 以上，且多数在 2 400 kW · h/m² 以上，部分岛屿在 4 500 kW · h/m² 以上，东澳达 6 022.4 kW · h/m²。而湾内岛屿区一般不超过 300 kW · h/m²（表 2.39 和图 2.48）。

表 2.39　有效风能　　单位：kW · h/m²

测站	1 月	2 月	3 月	4 月	5 月	6 月	7 月	8 月	9 月	10 月	11 月	12 月	全年
台山*	444.6	405.7	317.2	271.7	239.8	372.7	388.9	342.1	342.0	493.5	521.0	409.8	4 549.0
北礵	433.0	145.8	256.2	241.0	101.1	179.2	307.7	251.2	321.5	630.1	729.6	361.7	3 958.1
北茭*	134.5	175.5	139.8	107.9	103.4	110.9	190.4	151.4	235.8	275.4	260.4	230.4	2 087.6
东澳*	720.5	649.5	509.9	377.6	321.4	177.3	254.9	282.5	551.0	667.1	902.8	682.3	6 022.4
平潭*	178.9	160.5	129.7	111.8	90.6	94.3	131.6	136.7	154.0	235.2	254.4	166.7	1 844.4

续表 2.39

测站	1月	2月	3月	4月	5月	6月	7月	8月	9月	10月	11月	12月	全年
江阴	154.3	224.2	108.6	81.8	96.2	32.6	128.3	60.6	105.7	120.6	81.5	161.9	1 356.3
崇武	290.4	213.3	191.0	135.5	86.6	90.8	103.3	104.0	176.3	342.5	373.8	269.2	2 299.7
小嶝	302.3	218.8	235.5	150.3	78.8	31.9	113.1	318.1	266.7	273.6	305.6	283.8	2 578.5
东山	267.2	185.7	221.1	174.7	53.2	20.7	21.4	58.1	142.5	293.7	339.8	219.7	1 997.8
霞浦	14.1	12.2	13.7	14.5	15.8	10.6	20.0	63.7	37.9	52.6	28.2	12.3	295.6
连江	4.6	4.8	8.0	8.0	8.0	8.1	157	42.2	16.8	17.3	11.6	4.1	148.6
秀屿	16.8	11.8	13.0	13.7	9.5	12.5	22.1	30.7	22.6	38.3	30.9	17.0	238.9
晋江	19.0	15.1	18.9	16.9	14.8	16.2	22.7	21.7	21.4	32.0	21.7	19.3	239.7
厦门	13.4	9.6	11.5	10.9	7.2	9.0	10.8	29.6	20.2	33.4	34.9	11.4	201.9

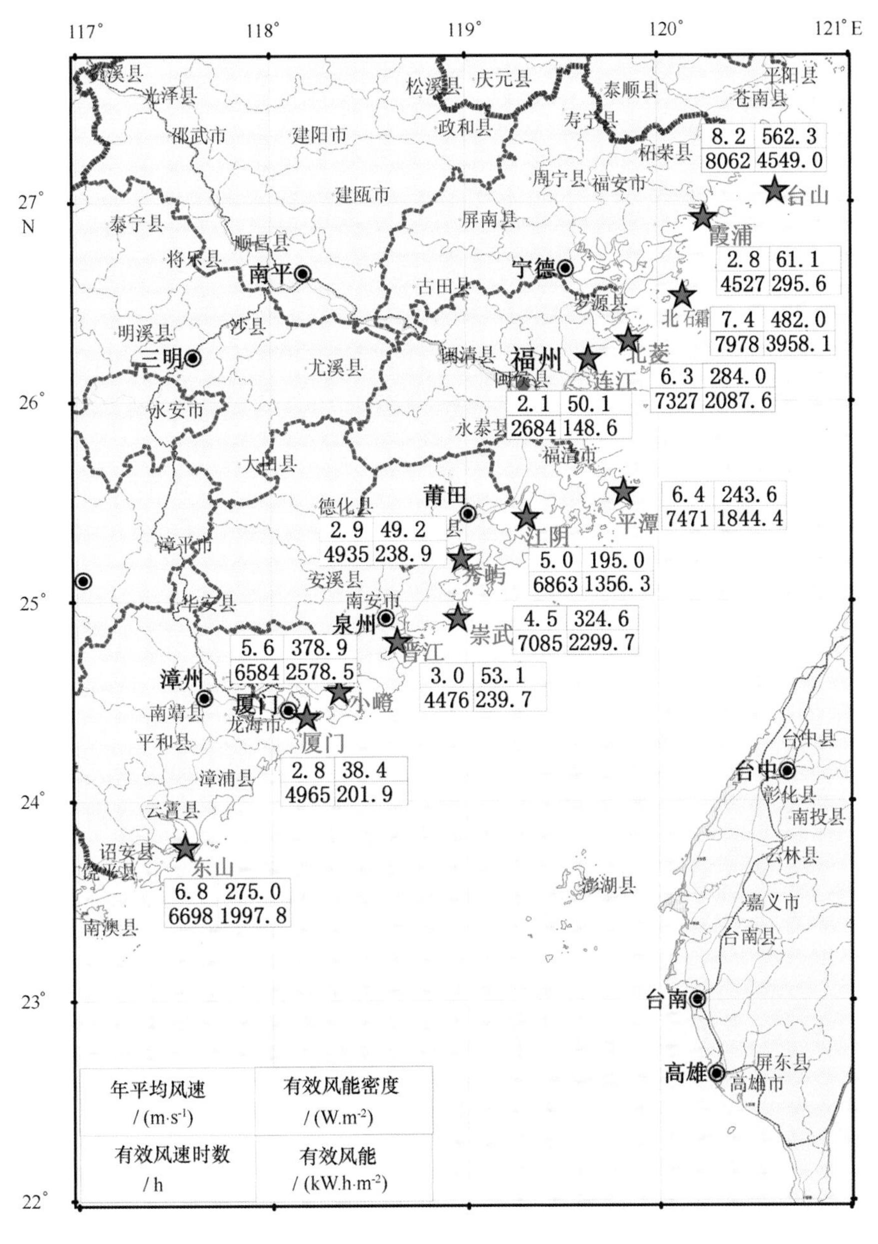

图 2.48　福建省沿海风能资源分布

2）风能储藏量

福建沿海湾外岛屿，尤其是湾外面积大的岛屿，年风能储藏量十分丰富，如平潭岛达 50.61×10^8 kW·h，东山岛 43.52×10^8 kW·h，台山、北礵、南日、小嶝岛等岛屿，虽然年有效风能大，但由于岛屿面积较小，使其年风能储藏量不及东山、平潭岛多（表2.40）。

表2.40　沿海部分岛屿的年风能储藏量　　单位：kW·h

岛名	台山	北礵	平潭	江阴	南日	小嶝	厦门	东山
年有效风能/（kW·h·m^{-2}）	4 549.0	3 958.1	1 844.4	1 356.3	4 628.1	2 587.5	201.9	1 997.8
岛屿面积/km^2	2.13	2.11	274.33	76.07	45.08	14.62	129.51	217.84
风能储藏量（kW·h）	9.70×10^7	8.35×10^7	50.61×10^8	10.32×10^8	21.00×10^8	3.78×10^8	2.61×10^8	43.52×10^8

注：岛屿面积摘自“福建省海岛志”，福建省海岛资源综合调查办公室，1994。

2.6.1.5　优先开发岸段及岛屿选择

按照国家的风能资源区划标准：年有效风能密度大于等于200 W/m^2（10 m高度，下同）、有效风速大于等于3.0 m/s年累计时数大于5 000 h，为风能资源丰富区；年有效风能密度150～200 W/m^2、有效风速大于等于3.0 m/s年累计时数4 000～5 000 h，为风能资源较丰富区；年有效风能密度50～150 W/m^2、有效风速大于等于3.0 m/s年累计时数2 000～4 000 h，为风能资源可利用区。对照福建沿海岛屿区年有效风速时数（表2.37）和有效风能密度（表2.38）的统计结果，福建沿海岛区的湾外岛屿风能属于风能丰富区或较丰富区，而湾内岛屿区基本上属于风能可利用区。

福建沿海岛屿区风能资源丰富，这些地区也正是最需要电力的地方，因此开发利用这些地区的风能资源，既风力自然条件好，又有显著的社会经济效益。

福建省电力勘察设计院对全省风力资源进行了较全面的调查，在初步评估的基础上，筛选出可供福建近中期开发的沿海陆地良好风电场址17处、近海海域风电场址14处。17处沿海陆地良好风电场址是：长乐的午山、江田，福清的江阴、高山，莆田的南日岛、石城、石井、东峤，霞浦的长春、三沙，漳浦的六鳌、古雷，以及惠安的崇武，东山的澳角，诏安的梅岭，连江的北茭和平潭的海岸边等；14处近海海域风电场址是：福鼎的黄岐、大嵛山，霞浦的高岗、大京，平潭的青峰、大沃、潭角尾，莆田的石城、石井、湄洲岛，以及连江的晓澳、崇武的溪底，石狮的祥芝，漳浦的古雷沙滩等。

2.6.2　潮汐能

潮汐是地球上的海水受到月球和太阳的共同作用产生的一种有规律的上升下降运动，潮流则是与此同时产生的周期性水平流动。海水的垂直升降所携带的势能——潮汐能，与涨、落潮的潮水量和潮差成正比。

2.6.2.1　潮汐资源概况

福建省沿岸海岛海域的潮汐系为太平洋潮波传入所引起的谐振潮，潮汐类型除浮头湾

（六鳌半岛）以南海区为不正规半日混合潮外，其余海区则全为正规半日潮。受台湾海峡及本省沿岸地形影响，沿海的潮差相当大，本省总的潮差分布为厦门岛以南较小，厦门岛以北较大，有不少港湾的平均潮差都在 5 m 左右或 5 m 以上，三都岛和南日岛的实测最大潮差分别为 8.51 m 和 8.10 m，是我国仅次于杭州湾的第二大潮差海区。

本书在收集福建潮汐能有关资料的同时，根据《近海可再生能源调查技术规程》中有关潮汐能资源的统计方法和公式，对福建省近海各主要海湾的潮汐能资源进行了统计计算，其结果列于表 2.41 和图 2.49 ~ 图 2.51，沿岸可开发潮汐能资源统计见表 2.42 和图 2.52。

表 2.41　福建主要海湾潮汐能资源统计

序号	站址名称	湾外界线宽度/m	平均库容面积/km^2	潮差/m		可开发资源量			潮位站（资料年限）
				最大 Am	平均 A	N 装机容量/($\times 10^4$ kW) 0.02FA²/($\times 10^4$ kW)	E 年发电量/(kW·h) 单向/($\times 10^8$ kW·h)	双向/($\times 10^8$ kW·h)	
1	沙埕港	1 760	59.32	7.22	4.22	21.127 9	4.225 6	5.810 2	沙埕（1982 年 1 月 1 日—1982 年 12 月 31 日）
2	三沙湾	288 0	533.45	8.51	5.49	313.416 8	62.683 4	86.189 6	三都（1996 年 12 月 1 日—1996 年 12 月 31 日）
3	罗源湾	1900	123.53	7.47	4.97	61.026 0	12.205 2	16.782 2	门边（1978 年 1 月 1 日—1978 年 12 月 31 日）
4	福清湾	13 580	85.79	7.35	4.91	41.362 3	8.272 5	11.374 6	元洪（1994 年 4 月 1 日—1995 年 3 月 31 日）
5	兴化湾	16 090	513.12	7.82	5.11	267.972 8	53.594 6	73.692 5	兴化（2005 年 12 月 1 日—2006 年 11 月 30 日）
6	湄洲湾	23 140	372.77	7.39	4.82	173.206 8	34.641 4	47.631 9	鲤鱼尾（1985 年 6 月 1 日—1986 年 5 月 31 日）
7	泉州湾	23 750	214.49	6.47	4.25	77.484 5	15.496 9	21.308 2	崇武（2007 年 1 月 1 日—2007 年 12 月 31 日）
8	深沪湾	4 270	18.62	6.28	4.31	6.917 7	1.383 5	1.902 4	深沪（1997 年 9 月 1 日—9 月 30 日、1997 年 11 月 8 日—12 月 8 日）
9	厦门湾	56 620	1 025.73	6.36	4.03	333.175 6	66.635 1	91.623 3	厦门（2007 年 1 月 1 日—2007 年 12 月 31 日）
10	旧镇湾	2 960	39.75	4.55	2.72	5.881 7	1.176 3	1.617 5	T01 站（2006 年 1 月 15 日—2006 年 2 月 15 日）
11	东山湾	5 310	214.94	3.97	2.32	23.137 3	4.627 5	6.362 8	东山（2007 年 1 月 1 日—2007 年 12 月 31 日）
12	诏安湾	7 820	143.09	3.11	1.73	8.764 3	1.752 9	2.410 2	诏安（2005 年 12 月 25 日—2006 年 1 月 24 日、2006 年 4 月 12 日—5 月 11 日）
全省						1 333.476 7	267.417 8	367.699 5	

注：平均库容面积 F = 海域总面积 - 围垦面积 - 0.5 × 滩涂面积

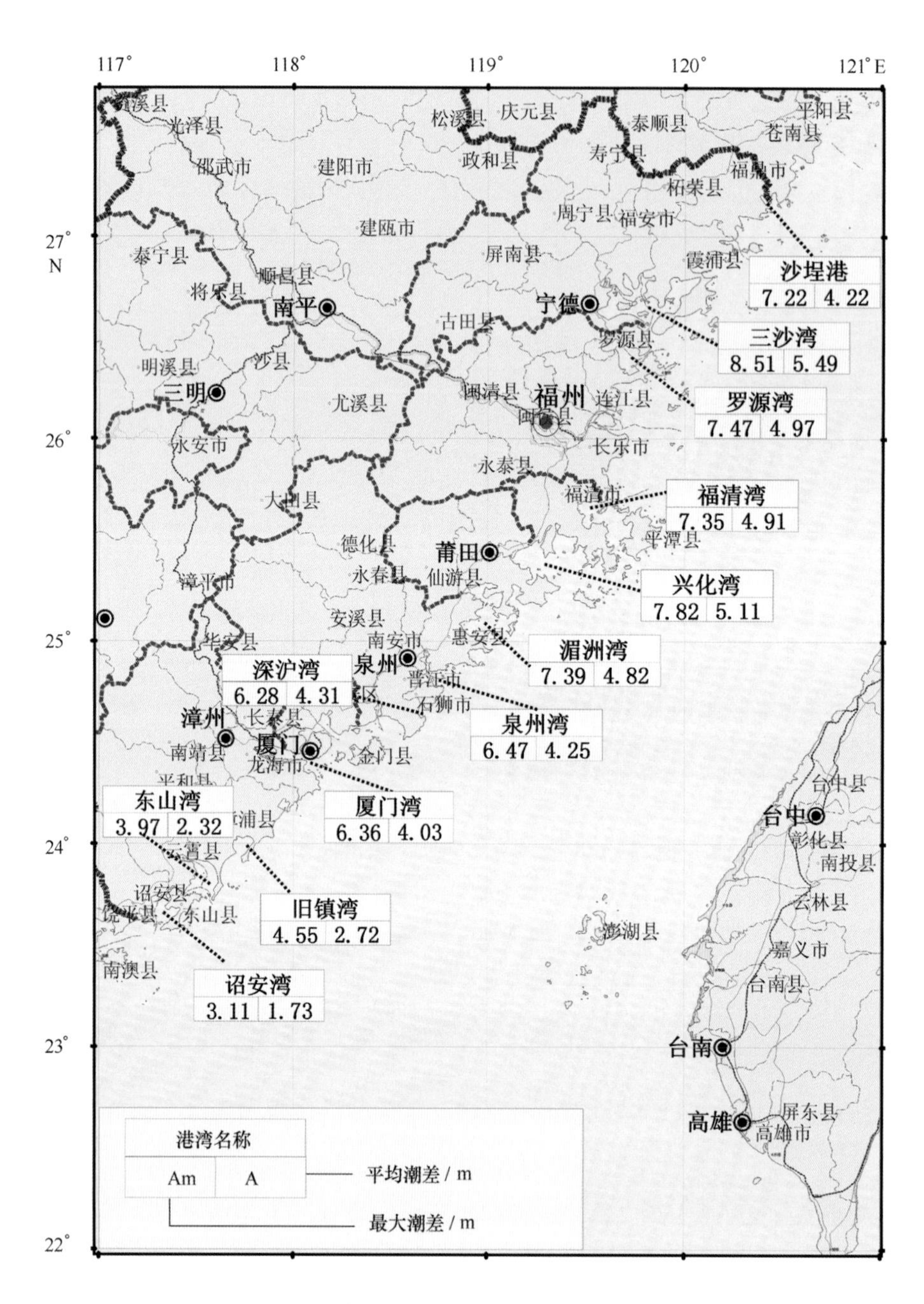

图 2.49 福建主要海湾最大潮差和平均潮差分布

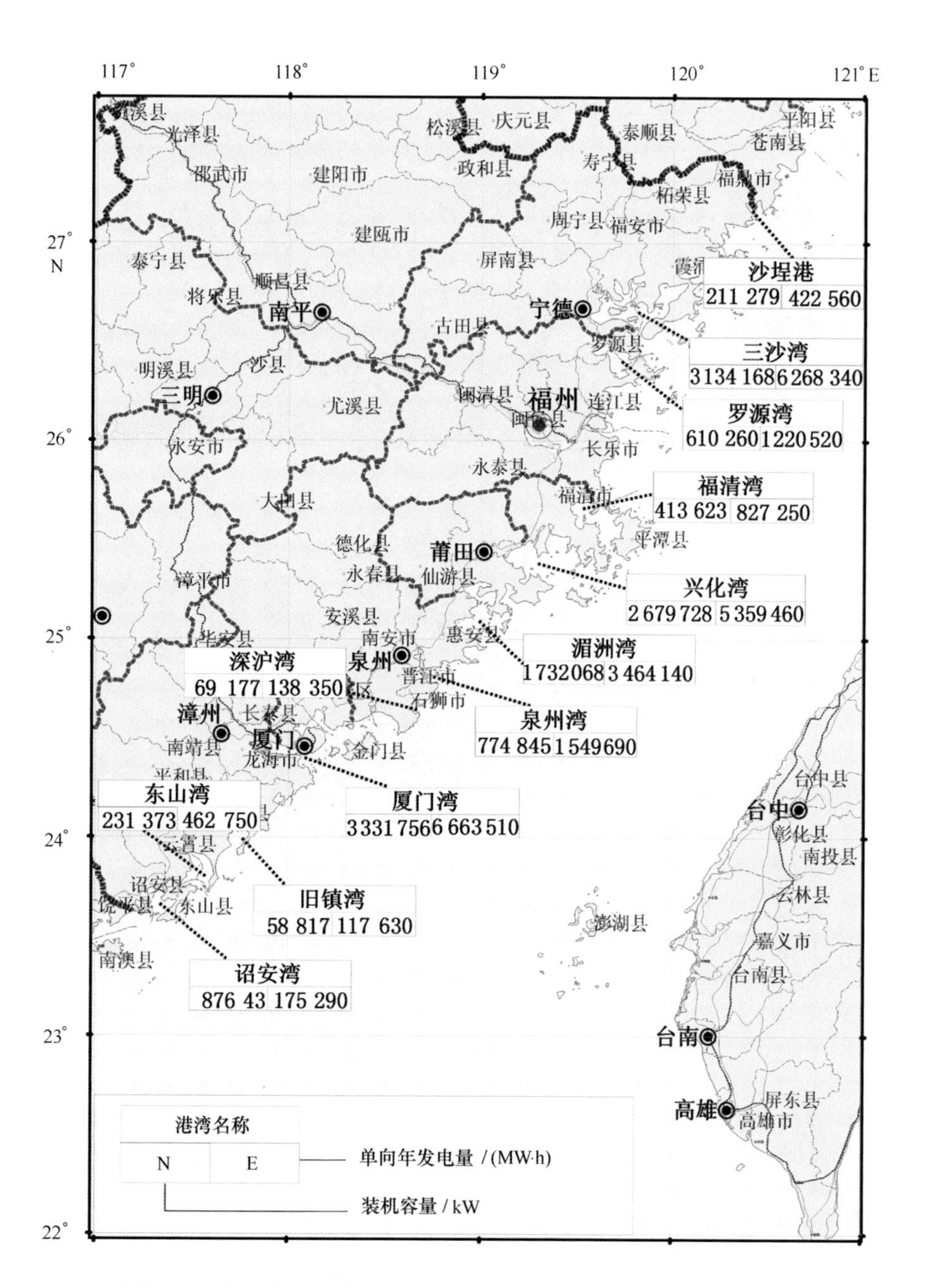

图 2.50　福建各主要海湾可开发潮汐能资源分布（单向年发电量）

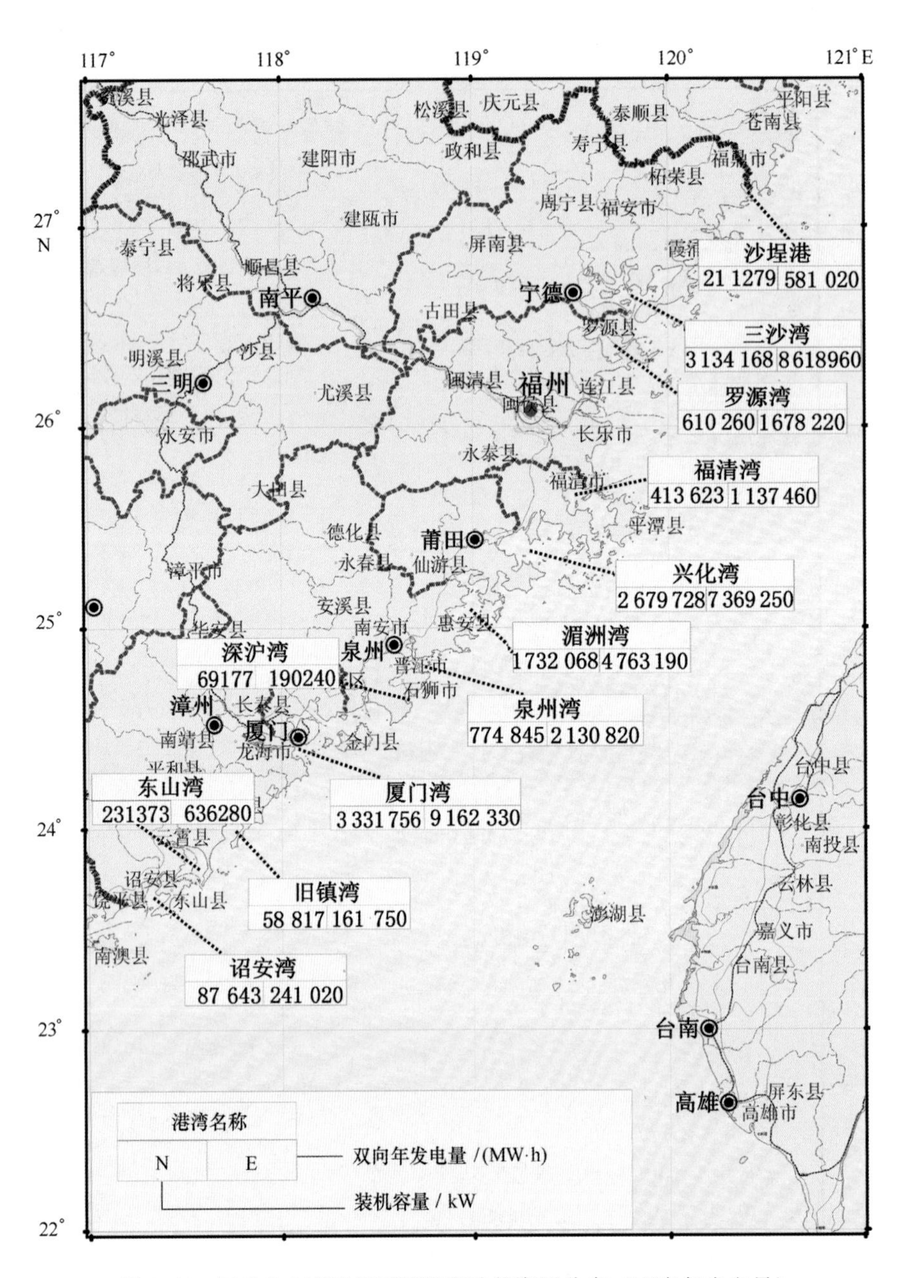

图 2.51　福建各主要海湾可开发潮汐能资源分布（双向年发电量）

表 2.42 福建省沿岸可开发潮汐能资源统计

序号	电站（坝址）名称	站址所在海岛	坝长/m	平均库容面积/km²	潮差/m		可开发资源量	
					最大值	平均值	装机容量/kW	年发电量/（MW·h）
1	南招岙*	福鼎市	350	0.17	6.95	4.18	595	1 630
2	备湾*	福鼎市	450	0.10	6.95	4.18	350	960
3	沙埕港	福鼎市	1 300	66.665	6.9	4.15	229 628	631 480
4	小白露	福鼎市	1 700	4.751	6.92	4.16	16 444	45 220
5	大白露	福鼎市	1100	1.288	6.92	4.16	4 458	12 260
6	川石	福鼎市	1 700	2.42	6.92	4.16	8 376	23 030
7	西台	福鼎市	300	0.08	6.95	4.18	280	770
8	东台	福鼎市	350	0.10	6.95	4.18	350	960
9	下池岙	福鼎市	500	0.15	6.95	4.18	525	1 440
10	秦屿	秦屿湾	2 000	4.14	6.93	4.17	14 398	39 590
11	硖门	硖门湾	2 000	5.03	6.95	4.18	17 577	48 340
12	牙城	牙城湾	1 300	7.56	6.97	4.19	26 545	73 000
13	协岙	福鼎市	500	0.15	6.97	4.19	527	1 450
14	下湖	福鼎市	350	0.08	6.97	4.19	280	770
15	后港	霞浦县	5 000	29.98	7.03	4.23	107 286	295 040
16	长门	霞浦县	4 600	10.183	7.05	4.24	36613	100 690
17	积石	霞浦县	4 600	18.045	7.06	4.25	65 188	179 270
18	海尾	霞浦县	1 100	1.146	7.06	4.25	4 140	11 380
19	小京	霞浦县	500	0.17	7.06	4.25	6.14	1 690
20	东澳*	霞浦县	350	0.10	7.11	4.28	3.66	1010
21	闾峡	霞浦县	900	1.55	7.11	4.28	5 679	15 620
22	柘兰	霞浦县	1 700	2.893	7.11	4.28	10 599	29 150
23	下浒塘	霞浦县	5 200	10.231	7.54	4.32	38 187	105 010
24	院坪*	霞浦县	450	0.10	7.88	5.02	5.04	1 390
25	东吾洋	霞浦县	3 900	144.53	8	5.1	751 845	2 067 570
26	三都澳	霞浦县	5 700	233.02	8.38	5.34	1 293 426	3 556 920
27	岗后	罗源县	500	0.15	7.88	5.02	756	2 080
28	黄澳	罗源县	400	0.25	7.08	4.51	1 000	2 800
29	大建	连江县	600	0.513	7.75	4.42	2 004	5 510
30	黄歧	连江县	600	0.313	7.89	4.5	1 268	3 490
31	赤澳	连江县	5 400	18.75	7.87	4.49	75 600	207 900
32	筱埕	连江县	1 600	1.35	7.84	4.47	5 395	14 840
33	东坪	连江县	500	1.2	7.82	4.46	4 774	13 130
34	后沙	连江县	800	0.24	7.89	4.50	964	2 650
35	鉴江	罗源县	1 600	3.2	7.88	5.02	16 128	44 350
36	古郁	罗源县	600	0.325	7.88	5.02	1 638	4 500

续表 2.42

序号	电站（坝址）名称	站址所在海岛	坝长/m	平均库容面积/km²	潮差/m		可开发资源量	
					最大值	平均值	装机容量/kW	年发电量/（MW·h）
37	圣塘	罗源县	800	0.71	7.72	4.92	3 437	9 450
38	牛澳	罗源县	700	1.6	7.57	4.82	7 434	20 440
39	百步	罗源县	900	1.063	7.31	4.66	4 617	12 700
40	吉壁	罗源县	800	0.288	7.16	4.56	1 193	3 290
41	罗源湾	罗源县	1 340	153.95	7.82	4.46	612 462	1 684 270
42	初芦	连江县	400	0.275	7.82	4.46	1 094	3 010
43	松皋	连江县	1 000	1.563	7.82	4.46	6 218	17 100
44	达奇	连江县	1 500	3.9	7.75	4.42	15 238	41 910
45	闽江口	福州市	1 700	120.41	6.48	4.09	270 149	742 910
46	福清湾	福清市	9 900	326.08	7.82	4.21	1 155 895	3 178 710
47	猫头垅	平潭县	700	0.67	7.54	4.31	2 489	6 850
48	伯塘	平潭县	4 200	10.94	7.36	4.2	38 596	106 140
49	流水	平潭县	5 000	15.54	7.13	4.06	51 231	140 890
50	吉钩	平潭县	800	0.19	7.16	4.54	780	1 570
51	竹屿港	平潭县	6 000	4.5		4.27	3 000	7 500
52	平潭	平潭县	5 700	26.845	7.27	4.15	92 468	254 290
53	谭东	平潭县	4 600	8.365	7.34	4.21	29 652	81 540
54	芬尾	平潭县	3 700	13.44	7.34	4.19	47 191	129 770
55	东汉	平潭县	1 600	3.28	6.69	4.21	11 627	31 970
56	高山	平潭县	1 200	13.685	8.17	4.68	59 947	164 850
57	万安	平潭县	600	2.605	7.89	4.5	10 550	29 010
58	东岱	莆田市	400	0.25	8.10	4.64	882	1 760
59	港里	莆田市	1 200	0.16	8.10	4.64	680	1 380
60	坑口	莆田市	800	0.605	8.1	4.64	2 605	7 160
61	浮叶	莆田市	1 400	1.23	7.34	4.2	4 339	11930
62	寨里	莆田市	1 000	1.015	8.1	4.64	4 371	12 020
63	兴化湾	莆田市	12 900	451.89	8.74	5.15	2 397 051	6 591 890
64	赤坡	莆田市	4 700	12.765	7.75	4.42	49 876	137 160
65	忠门	莆田市	3 800	31.92	7.75	4.42	124 720	342 980
66	湄洲湾	莆田市	5 700	289.515	7.96	4.55	1 198 737	3 296 530
67	大岞	惠安县	4 600	47.365	6.51	4.25	171 106	470 540
68	大岞山	惠安县	600	0.25	6.15	4.25	903	2 480
69	泉州	泉州市	3 800	72.62	7.45	4.25	191 134	525 620
70	深沪	晋江市	4 200	21.15	6.99	3.99	67 342	185 190
71	斗美	晋江市	300	0.125	7.4	4.2	441	1 210
72	梧沙	晋江市	350	0.225	7.0	4.0	720	1 980

续表 2.42

序号	电站（坝址）名称	站址所在海岛	坝长 /m	平均库容面积 /km²	潮差/m		可开发资源量	
					最大值	平均值	装机容量 /kW	年发电量 /（MW·h）
73	石井	南安县	800	9.52	6.99	3.99	30 296	83 310
74	厦门东港	厦门市	3500	80.7	7.06	4.03	262 112	720 810
75	北山	金门县	500	1.59	6.78	3.87	4 763	13 100
76	田埔	金门岛	150	0.275	6.8	3.9	832	2 290
77	金龟山	金门岛	150	0.175	6.8	3.9	532	1 460
78	金门	金门岛	500	0.325	6.8	3.9	988	2 720
79	溪边	金门岛	950	0.33	6.8	3.9	1 000	2 750
80	峰上	金门岛	800	0.25	6.8	3.9	760	2 090
81	九龙江口	厦门市、漳州市	4 300	91.92	6.92	3.95	201 087	552 990
82	佛昙	龙海市	1300	14.58	5.52	3.18	29 488	81 090
83	六鳌	漳浦县	2 100	53.15	5.05	2.88	88 169	242 490
84	旧镇*	漳浦县	600	0.6	5.1	2.9	1 000	2 750
85	东山湾	云霄县、漳浦县	3 200	242.5	4.1	2.27	249 916	687 270
86	陈城	诏安县	5 600	146.03	2.84	1.62	76 648	210 780
87	诏安	诏安县	400	7.78	2.66	1.52	3 595	9 890
88	腊州*	诏安县	500	0.55	2.7	1.5	248	680
全省	电站（坝址）数量	88	13 100				10 332 853	28 412 940

注：大湾中的小湾，闽江口、竹屿、东岱、泉州、诏安等站装机容量和年发电量按调节计算；吉钩和港里站按式 $E=0.40\times10^6\ FA^2$ 单向发电计算，其余各站年发电量按式 $E=0.55\times10^6\ FA^2$ 双向发电计算。

由表 2.41、表 2.42 和图 2.49 ~ 图 2.52 可见，福建省海湾潮汐能资源具有以下特点：

1）福建省近海主要海湾的潮汐能资源合计装机容量约为 $1\ 333.476\ 7\times10^4$ kW，单向年发电量约为 $267.417\ 8\times10^8$ kW·h，双向年发电量约为 $367.699\ 5\times10^8$ kW·h。厦门以北海域的潮差较大，历史最大潮差 8.51 m，平均潮差大于 4.0 m；潮汐能能量密度较高，主要集中在三沙湾、兴化湾、湄洲湾和厦门湾。

2）福建省沿岸 88 个可供开发的站址的潮汐能资源总装机容量约为 $1\ 033.285\ 3\times10^4$ kW，年发电量可达 $284.128\ 4\times10^8$ kW·h。

3）福建省沿海地质、地貌条件比较优越，资源开发条件好。海岸曲折，岛屿众多，形成了许多港湾，湾中有湾，湾中有岛，有利于潮汐能资源的开发，可结合土地围垦、港湾整治等进行综合开发利用。

2.6.2.2 潮流能资源概况

从《中国沿海农村海洋能资源区划》对福建省沿海 19 处水道潮流能统计（表 2.43）可见，福建省潮流能资源理论平均功率为 128.049×10^4 kW。其中，海坛岛以北 14 处，理论平均功率为 112.1×10^4 kW，占全省的 87.5%。尤其是三都澳资源最为丰富，最大能流密度达

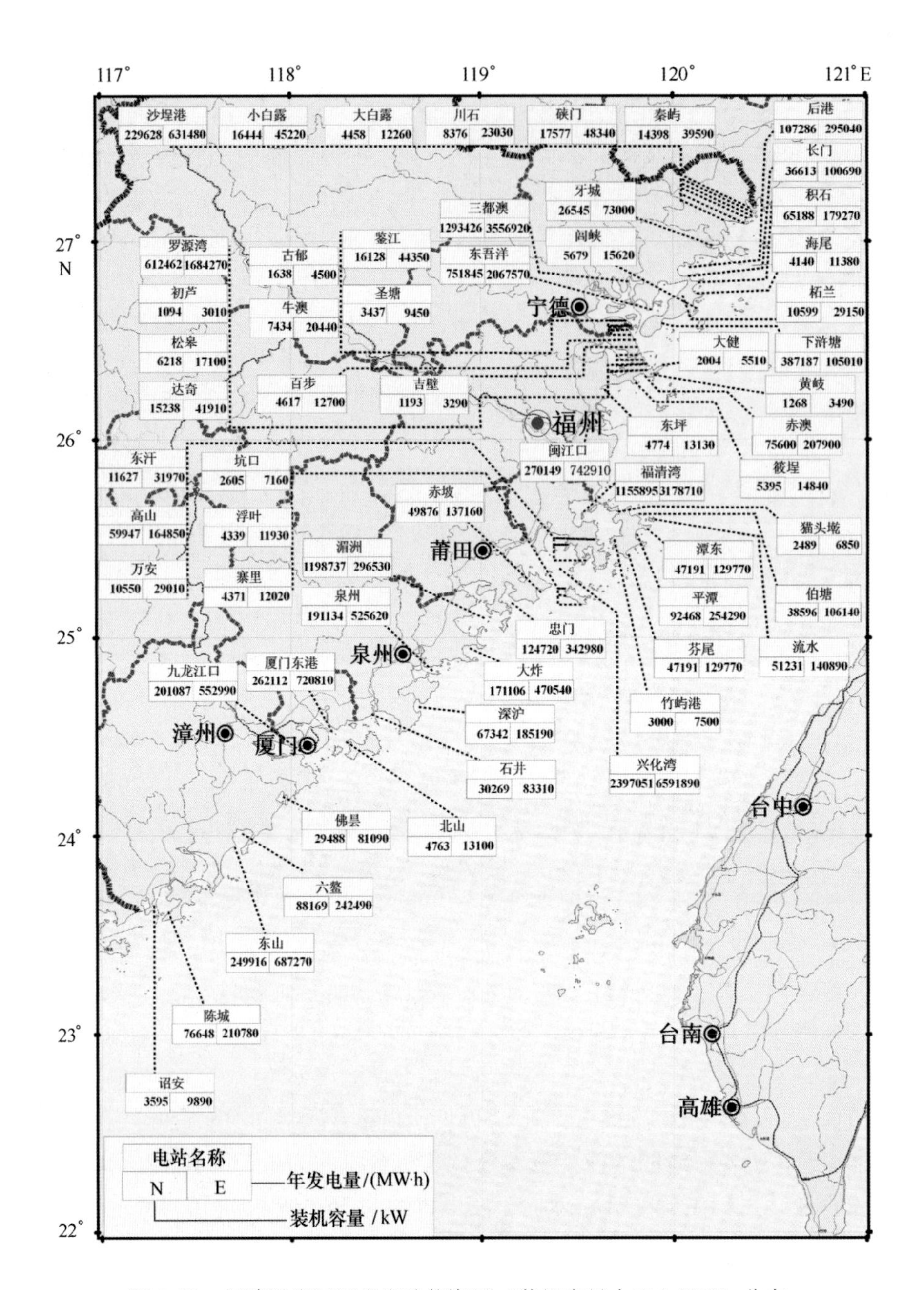

图 2.52　福建沿岸可开发潮汐能资源（装机容量大于 1 MW）分布

15.11 kW/m^2，理论平均功率达 78.5 × 10^4 kW，占全省的 61.4%。三都澳的潮流能资源具有能流密度高，理论蕴藏量大，伸入内陆开发利用方便等优点，应列为优先开发的站址。

表 2.43　福建省沿岸潮流能资源统计表

序号	水道名称	水道宽 /m	平均水深 /m	最大流速/（m · s^{-1}）		能流密度/（kW · m^{-2}）		理论平均功率/（× 10^4 kW）
				大潮	小潮	最大	平均	
1	瓜园北海	1 100	20	1.80	1.04	2.99	0.69	1.518
2	华光屿东	4 000	9	1.54	0.89	1.87	0.43	1.548

续表 2.43

序号	水道名称	水道宽/m	平均水深/m	最大流速/（m·s^{-1}）		能流密度/（kW·m^{-2}）		理论平均功率/（×10^4 kW）
				大潮	小潮	最大	平均	
3	三都岛东	4 300	25	2.01	1.23	4.16	1.00	10.750
4	青山岛东	6 000	35	2.06	1.26	4.48	1.08	22.680
5	三都角西北	3 100	40	3.09	1.88	15.11	3.64	45.136
6	可门水道	1 800	45	1.70	1.04	2.52	0.61	4.941
7	乌猪港口	4 500	2	1.54	0.94	1.87	0.45	0.405
8	壶江—川石之间	2 100	4	2.06	1.26	4.48	1.08	0.907
9	大练岛西南	9 300	4	1.29	0.81	1.10	0.27	1.004
10	壁头角西南	3 600	6	1.29	0.83	1.10	0.28	0.605
11	南宫屿西	3 200	18	1.54	0.99	1.87	0.47	2.707
12	野马屿南	8 100	16	1.80	1.15	2.99	0.75	9.720
13	仁屿南	9 100	13	1.70	1.09	2.52	0.63	7.453
14	大屿南	1 300	10	2.57	1.59	8.69	2.12	2.756
15	大竹航门	3 200	18	2.47	1.53	7.72	1.88	10.829
16	小坠门	1 900	3	1.70	1.05	2.52	0.62	0.353
17	金门东北水道	2 300	10	1.54	0.95	1.87	0.46	1.058
18	金门水道	1 800	16	1.96	1.22	3.86	0.94	2.707
19	礼是航门	2 700	12	1.34	0.83	1.23	0.30	0.972
	全省							128.049

2.6.2.2 优先开发的海湾、岛屿选择

福建沿岸是全国潮汐能最丰富的省份之一。沿岸 88 个可开发站址的年发电量 361.769 4 × 10^8 kW·h，装机容量达 1 033.29 × 10^4 kW，约占全国可开发装机容量 2 179.60 × 10^4 kW 的 47.4%，居全国首位（表 2.44）。

表 2.44 福建近岸可开发潮汐能及潮流能资源蕴藏总量 10^4 单位：kW

能源	潮汐能	潮流能
全国	2 179.60	1 396.5
其中：福建	1 033.29	128.049
百分比/（%）	47.4	9.2

对于潮汐能资源的开发利用，应以面向需求，着眼未来，实现多能互补，综合利用，规模化开发，保护生态环境和改善能源结构为目标。“福鼎市八尺门潮汐电站”、“连江大官坂万千瓦级潮汐电站”和“厦门市马銮湾潮汐电站”都已作了可行性研究报告，已有一定的开发基础，因此，可作为重点站址来进一步研究并开发利用。

2.6.3 波浪能

波浪能是指海洋表面波浪所具有的动能和势能，是一种在风的作用下产生的，并以位能

和动能的形式由短周期波储存的机械能。波浪能是一种取之不竭的可再生清洁能源，但又是能量最不稳定的一种海洋能源，具有能量密度高、分布面积广等优点。

2.6.3.1 波浪能资源概况

福建省近海海域具有典型的南亚热带海洋性季风气候特征，多年平均风速2.2～8.2 m/s。福建省海岸线曲折，突出的半岛、岬角众多，沿岸岛屿连绵不绝。这些半岛、岬角、海岛多为基岩海岸，深水逼岸，波浪较大，因此福建省沿岸也是我国波浪能资源丰富、波功率密度较高，开发条件优越的地区之一。

表2.45和图2.53为依托SWAN波浪数值模式模拟计算所获得的福建各海洋站代表海域的波浪能计算结果。显而易见，福建沿岸波浪能资源分布具有如下特点：

表2.45 福建沿海海域波浪计算

海域	经度（E）	纬度（N）	$H_{1/3}$/m	$\overline{T}$/s	水深/m	F/（kW·m^{-1}）	距离/km	N/MW
东山	117.52	23.78	0.64	3.73	20.50	2.62	47.95	125.63
厦门	118.07	24.45	0.81	3.70	10.00	3.44	36.11	124.22
围头	118.57	24.52	0.85	4.60	12.40	4.86	31.10	151.15
崇武	118.92	24.92	0.93	3.48	15.50	4.62	64.06	295.96
平潭	119.85	25.45	1.09	4.28	22.00	5.21	67.22	350.22
北茭	119.56	26.22	1.01	3.99	16.00	5.33	45.70	243.58
北礵	120.20	26.42	1.13	3.92	27.00	7.31	51.82	378.80
三沙	120.17	26.97	1.00	4.01	13.00	5.36	48.52	260.07
台山	120.70	27.00	1.02	4.05	13.20	5.68	49.44	280.82
总和								2 210.45

1）波浪能资源南北分布很不均匀

福建沿海波浪能资源的大多分布于海坛岛以北沿岸，这是因为北部沿岸面向开阔的东海，风区长、波高大、周期长，所以波浪能平均密度也大，均在4.5 kW/m以上。其中，尤以北礵地区波浪能平均密度最大，达7.31 kW/m，波功率达1 513.49 MW。而南部沿岸处在台湾海峡西岸，虽然风速也较大，但没有广阔的水域，风区短，因而波浪相对较小，波功率密度也相对较低。

2）波功率密度受季风和台风影响，具有明显的季节变化

福建省沿海受季风控制，又正面迎着东北季风，吹程长，波浪的波高大、周期长。波功率密度变化总趋势是：秋冬季较高，春夏季较低。而福建省沿岸地区因受台风影响，春末和夏季（南部为5—8月、北部为7—10月）波功率密度也较高，甚至会出现全年最高值。

据本文统计，福建省沿岸单位岸线长度上的波浪能平均密度为2～6 kW/m，全省波浪能资源蕴藏量2 210.45 MW，占全国波浪能理论蕴藏总量的29%，位居第二。

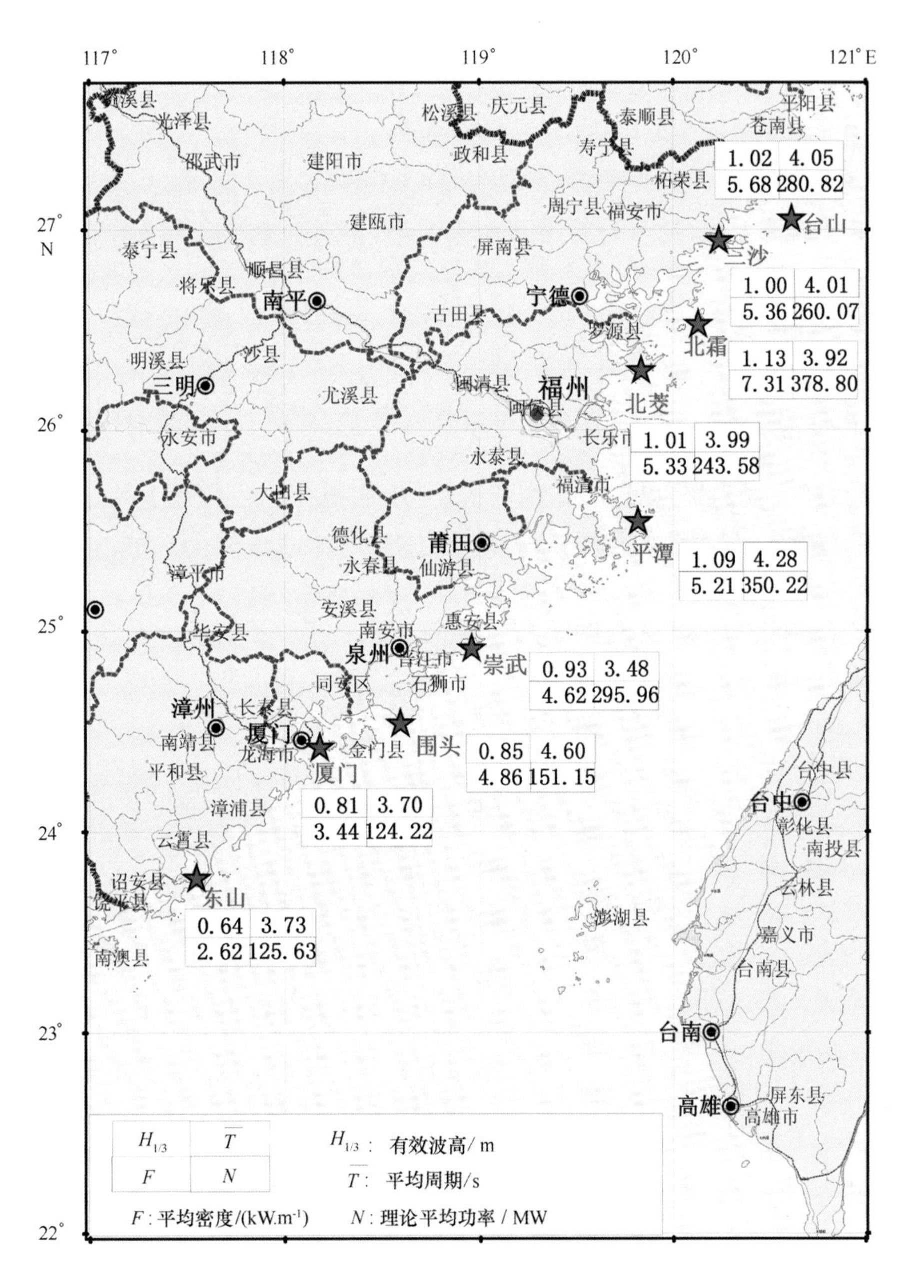

图 2.53　福建省沿海波浪能资源分布

2.6.3.2　优先开发海区选择

按照中国沿岸波浪能资料区划标准（以年平均波高为指标，一类区：$1.3 \leqslant H_{1/10}$，二类区：$0.7 \leqslant H_{1/10} < 1.3$ m，三类区：$0.4 \leqslant H_{1/10} < 0.7$ m，四类区：$H_{1/10} < 0.4$ m）划分，福建省出东山区段为三类区外，其他均为一类、二类区，具有良好的开发前景。其中台山、北礵和海坛为一类区，而北礵更是属于开发条件较好的区段。

由于福建省近岸波浪能能流密度相对较低，在现有技术条件下，要将其成本降低至目前风能发电的水平尚存在较大的难度。但是波浪能在解决岛屿等常规能源难以供应场所的供电问题方面，具有明显的优势。因此，福建省发展波浪能技术，应在降低发电成本的同时，着力提高装置的发电稳定性、环境适应性与生存能力，着眼于利用波浪能解决边远海岛等特殊场所的用电问题。选择平均波浪能流密度较高的台山、北霜或海坛岛，引进广州能源研究所研制的高效漂浮式波浪能装置，组建漂浮式波浪发电站。

如以海岛供电为目标，选择平均波浪能流密度较高的台山、北霜或海坛岛，组建波浪发电的试验站。

2.7 旅游资源

2.7.1 调查情况

本次福建省滨海旅游资源调查共调查了291个旅游资源单体，按照国家标准《旅游资源分类、调查与评价》，福建省滨海旅游资源涵盖8大主类的全部，涉及23种亚类，70种基本类型，占全部基本类型的45.2%，资源丰度属于中等到较高水平，形成较为丰富的旅游产品体系。旅游资源构成中，以建筑设施类和地文景观类集聚度较高，其中建筑设施类占50.2%，而地文景观类占全部资源的28.5%，这两类资源共占全部资源总数的78.7%。从调查的结果看，福建省滨海旅游资源品种较为齐全，类型较为丰富，人文与自然资源相互交融，可开发成多种旅游产品，形成丰富的旅游产品体系。

福建省滨海旅游资源等级分布为：五级旅游资源单体12个，四级旅游资源42个，三级旅游资源88个，二级旅游资源80个，一级旅游资源64个、无等级旅游资源5个。优良级旅游资源单体共有142个，占到旅游资源总数的48.8%，说明旅游资源总体品质是优良的。

6个沿海设区市中，厦门市滨海旅游资源的单体数量最多，占全区旅游资源单体总量的25.0%，其次是泉州、漳州、福州、莆田和宁德。厦门、漳州、泉州闽南金三角地区滨海旅游资源的总和，占福建省滨海旅游资源总量的60.9%，远远大于宁德、福州、莆田三市滨海旅游资源总和。且闽南金三角地区的资源特色和结构在空间上的延续性、历史和文化的同质性都比较明显，在旅游产品的经营上还起到了一定的规模效应。

2.7.2 功能评价

福建滨海旅游资源集陆地与海洋之胜，融自然与人文景观于一体，具有多种多样的旅游功能。

1）游览观赏功能：游人既可登山上奇峰、游幽洞、访古胜、观日出和领略云雾变幻的人间仙境，也可在岸边垂钓、听潮和饱赏海岸奇观的自然美景，还可下海玩水和乘船游览海岛绚丽风光、海港和滨海城市风姿；也可潜入海里，遨游五彩缤纷的“海底龙宫”。

2）健身、娱乐旅游功能：福建沿岸沙滩，拥有众多优良海水浴场，是沙浴、阳光浴和海水浴的理想场所；沙滩后缘浓密防护林地则可开辟森林浴。宽阔海湾适宜划船、冲浪等海上运动，其岬角两侧及岛礁都是垂钓的好地方，个别海岛还是狩猎娱乐胜地。

3）避暑和疗养的功能：福建海岛风光秀美，环境幽静、空气清新，富含阴离子，有海风调剂，处处给人以秀美、宁静、舒展之感，是消夏避暑、度假、休养理想胜地。福州、漳州市中心、厦门市郊温泉资源丰富，适合开辟温泉疗养中心。

4）科学考察等专项旅游功能：福建滨海地区适宜开展以下专项高级旅游：①古海岸线

科学考察旅游；②海岸地貌科学考察和教学实习旅游；③古火山口考察和教学实习旅游；④红树林科学考察旅游；⑤古地震遗迹科学考察旅游；⑥旧石器时代和新石器时代遗址科学考察旅游；⑦古港、古船考察旅游；⑧宗教朝圣旅游。

5）采集、品赏、购物的功能：福建海滩有不少美丽的海贝，可供游人采集留作纪念。沿海地区盛产“二水”（水产和水果），人们可品尝到异地不同风味的海鲜和佳果，并可买到自己所喜爱的土特产品和工艺品，以作留念或馈赠亲友。

2.7.3 总体评价结论

通过以上对普查结果的定量分析，福建滨海旅游资源总体特征是：数量较多，类型颇丰，品质较优，各类都有特色，各区都有亮点。

1）总量丰富、类型多样，自然旅游资源与人文旅游资源兼容并蓄

福建滨海旅游资源单体丰度和储量丰度都很高，共有291个单体，涵盖8个主类，23个亚类，涉及70种基本类型；自然旅游资源与人文旅游资源均拥有较多的单体、较高的储量和较丰富的类型，自然旅游资源有110个，占全部旅游资源总数时37.7%；人文旅游资源有181个，占全部旅游资源总数的62.3%。旅游资源形成以自然资源为主，人文资源为辅，自然旅游资源与人文旅游资源兼容并蓄的局面。

2）资源平均品质高、优良级旅游资源多，且有不少极品级资源单体

福建滨海地区共有142个优良级旅游资源单体，占全部资源单体总数的48.6%，其中包括12个五级旅游资源单体和42个四级旅游资源单体。福建滨海旅游资源整体品质较好，这一优势为福建滨海地区着力打造有市场号召力的“海峡旅游”精品、不断提升旅游产品档次提供了有利条件。

3）各类资源的丰度和品质差异显著，但均有精品和亮点

福建各类滨海旅游资源尽管在资源丰度和平均品质上存在很大的差异，但均有不少优良级旅游资源单体可供开发。其中地文景观类有43个优良级，水域风光类有18个优良级；建筑与设施类有59个优良级；生物类有2个优良级；气象类有1个优良级；商品类有5个优良级；人文活动类有8个优良级；遗址类有6个优良级。

4）旅游资源分布区域特色明显，呈众星拱月、协调发展的格局

福建滨海旅游资源主要集中在厦门、泉州、福州，但其他市也有相当数量的分布。具体而言，福建滨海旅游资源形成以厦门、泉州、福州为中心，南北拓展分布，众星拱月、协调发展的良好局面。

2.7.4 滨海旅游资源的基本结论

福建省滨海旅游资源丰富，无论从已开发的旅游资源的潜力挖掘，还是新发现或未利用旅游资源的开发上都具有很大的潜力。

1）滨海旅游资源开发潜力评价

（1）自然类旅游资源开发潜力评价

第一大类：滨海自然类旅游资源一般开发评价基本结论

第一，世界级旅游资源有：坛南湾、鼓浪屿、海岛滨海火山国家地质公园、五缘湾湿地公园。

第二，国家级旅游资源有：太姥山、石牌洋、漳江口红树林国家级自然保护区、湄洲岛国家旅游度假区、清源山、环马祖澳、厦门岛、三都澳海上渔村、霍童山、海坛天神、观音山海滨浴场、东壁岛旅游度假区、东方海岸、湿地古榕公园、闽江河口鳝鱼滩湿地公园、风动石景区、东山乌礁湾景区、下沙海滨度假村、东山马銮湾景区、金沙澳旅游度假区、青芝山、大嵛山岛、金刚腿、天竺山国家森林公园、院前海水温泉、仙人境、古火山、日月谷温泉、九龙江口红树林、六鳌崂岈山海蚀抽象岩画群、沁前海上温泉、狐尾山公园、筼筜湖、莱屿列岛风景区、火烧屿生态乐园、野山谷、莲花山国家森林公园、石狮闽南黄金海岸、大佰岛、琅岐岛、牛栏岗海滨浴场、南日岛、川石岛、深沪湾国家地质公园、晴川海滨大员当天然海滨浴场、斗姥风景、平海嵌头沙滩、马銮湾湿地公园、十二龙潭、龙凤头海滨浴场、半月湾、洛阳江、香山岩、台山岛、高罗海滨度假村、三都岛、小白鹭浴场、三十六脚湖、衙口沙滩、濂澳村灰鹤栖息地、青山岛。

第三，省级旅游资源有：五虎礁、君山、大坠岛、洛阳桥湿地、南太武山、后沙海滨浴场、环岛海滨浴场、双龟把口、围头金沙湾、青峰岩、东山金銮湾景区、东冲半岛葛洪山、外浒沙滩、杨家溪风景区、湖边水库、龙池岩、东门屿景区、旧镇狮头海水温泉、小嵛山岛、鳄鱼屿、东山宫前湾景区、枫亭塔斗山风景区、南寨山、赤湖海滨森林公园、泉港区惠屿岛旅游区、瑞竹岩、九侯山、龙角峰、风母礁、青山湾、紫云岩、大蚶山、大京沙滩、吉壁村沙滩、泉港后龙湾五里海沙、凤凰山沙坡、西沙湾、石梯旅游景区、漳浦玄武岩峡谷、目屿岛、南北澳旅游度假区、白鹿洞、莲峰度假区、白塘湖风景区、雁阵山、粗芦岛。

第四，地方级旅游资源有：猴屿洞天岩。

第二大类：自然类旅游资源潜在性评价基本结论

第一，潜在性评价总分最高的旅游资源是：三都澳海上渔村、鼓浪屿、野山谷、泉港区惠屿岛旅游区、莱屿列岛风景区、风动石景区、东山马銮湾景区、东山乌礁湾景区、院前海水温泉。

第二，新业态开发潜力最大的旅游资源是：三都澳海上渔村、风动石景区、东山马銮湾景区、东山乌礁湾景区、院前海水温泉、环马祖澳、仙人境、缘湾湿地公园、金沙澳旅游度假区、湄洲岛国家旅游度假区。

第三，规模扩展潜力最大的旅游资源是：鳄鱼屿、斗姥风景、君山、香山岩、泉港后龙湾五里海沙、青山湾、东门屿景区、东山金銮湾景区、东山宫前湾景区、后沙海滨浴场、川石岛、五虎礁、目屿岛、雁阵山、青峰岩、赤湖海滨森林公园、双龟把口、莲峰度假区、粗芦岛。

第四，深度开发潜力最大的旅游资源是：鼓浪屿、野山谷、泉港区惠屿岛旅游区、莱屿列岛风景区、霍童山、青山岛、君山、香山岩、泉港后龙湾五里海沙、青山湾、东门屿景区、东山金銮湾景区、东山宫前湾景区、台山岛、后沙海滨浴场、川石岛、五虎礁、目屿岛、南寨山、洛阳桥湿地、雁阵山、衙口沙滩、洛阳江、石梯旅游景区、吉壁村沙滩、双龟把口。

第五，原生开发潜力最大的旅游资源是：五缘湾湿地公园、清源山。

（2）人文类旅游资源开发潜力评价

第一大类：滨海人文类旅游资源一般开发评价基本结论

第一，世界级旅游资源有：黄岐半岛战地风光旅游区、五缘湾帆船俱乐部、厦门园博园、南普陀寺、琴江满族村、开元寺、闽菜佛跳墙、鳌园、中国闽台缘博物馆、厦门市博物馆、厦门高崎国际机场、灵山圣墓、厦门国际会展中心、海峡奥林匹克高尔夫球场、妈祖信俗、厦门大桥、厦门大学、厦门环岛路思明区路段、福州三宝。

第二，国家级旅游资源有：郑成功纪念馆、厦门第一村——马塘村、万石植物园、海峡工艺美术城、妈祖宴、南音、福州小吃、五缘湾特色商业街、梵天寺、厦门博饼民俗园、南太武高尔夫乡村俱乐部、海沧大桥、坂美村闽南古民居、草庵摩尼教遗址、厦门大嶝对台小额商品交易市场、SM城市广场、莆田桂圆、湖里公园、航空旅游城、莆田荔枝、瑞成休闲农庄、小岞妇女林场、青礁慈济宫、英雄三岛、集美学村、显应宫、泉州提线木偶、崇武古城风景区、泉州博物馆、真武庙、解放军烈士庙、郑成功史迹、将军山、九仙山景区、胡里山炮台、东湖公园、天后宫、福州闽剧、大岞惠女民俗村、泉港刘氏古民居群、西湖公园、高甲戏、安平桥、蔡氏古民居、丰泽桃源山庄、杏林湾钓鱼基地、豪翔石材展示中心、白礁慈济祖宫、华侨博物馆、清净寺、圣水寺、龙山寺、洛阳桥、永宁卫城、五通客运码头、陈嘉庚先生故居、归来堂、归来园、泉州海交馆、西山岩寺。

第三，省级旅游资源有：仙岳公园幸福洋风电场、石湖塔、飞来双塔、福龙体育公园、龙头山寨遗址、厦门中山公园、平海天后宫、姑嫂塔、江头台湾街、同安孔庙、五峰村、虎岫禅寺、长乐海蚌公园、蒲竺寺、奇达渔村、陈埭丁氏宗祠、苏颂故居、蔡襄祠、净峰寺、平海卫城城隍庙、凯歌高尔夫俱乐部梅妃故里、梅山寺、大鹤海滨森林公园、南顺鳄鱼园、翠微涧龙首寺、妈祖城、金熊观赏园、万安古塔、“惠安暴动”红军二团军事会议旧址、贤良港天后祖祠、同安影视城、青山宫、宋代瓷窑遗址、汀溪水库、泉港沙格灵慈宫、天一总局、航天测控站、青龙寨、陈靖姑祖庙、五缘湾运动馆、资国寺、峡门畲族乡、大岞山新石器时代文化遗址、泉州浦西江滨体育公园、钟宅畲族民俗村、西柯镇吕厝村的送王船仪式、忠仑公园、真寂寺、石码杨家古大厝、乌石天后宫、莲花寺、碧岩寺、镇海堤、赤岸村海空纪念堂、乌山自然风景区、三沙留云洞、石室禅院、紫霄洞、大京古堡、莆仙戏、百户澳、上塘珠宝城、妈祖阁、古檗山庄、灌口凤山庙、六鳌古城、明代石牌坊、流米禅寺、莆禧古城、岳庙、五恩宫、晏海楼、定海古城遗址、松山天后宫、在田楼、芦山堂、罗源湾游艇娱乐中心、传胪古堡、翠郊古民居、施氏大宗祠、LNG液化天然气厂、沙西海月岩景区、宁海桥、仙女洞、蚶江对渡、福州评话、走马埭现代农业游览区、镇海卫城、深土锦江楼、江东桥、浯屿天妃宫。

第四，地方级旅游资源有：凤山公园、永泽堂林氏义庄、万松关、宋明寺庙、蔡襄纪念馆、郑和广场、亿豪度假村、郰山讲堂、秀屿港/秀屿码头。

第二大类：人文类旅游资源潜在性评价基本结论

第一，潜在性评价总分最高的旅游资源是：仙女洞、乌山自然风景区。

第二，新业态开发潜力最大的旅游资源是：大鹤海滨森林公园、百户澳、仙女洞、丰泽桃源山庄、泉州浦西江滨体育公园、西湖公园、崇武古城风景区、金熊观赏园、万石植物园、天一总局、乌山自然风景区。

第三，规模扩展潜力最大的旅游资源是：资国寺、翠微涧龙首寺、大京古堡、郑和广场、百户澳、福州评话、蔡襄纪念馆、宁海桥、莆仙戏、仙女洞、亿豪度假村、平海卫城城隍庙、秀屿港/秀屿码头、上塘珠宝城、丰泽桃源山庄、泉州浦西江滨体育公园、飞来双塔、蚶江对渡、施氏大宗祠、郇山讲堂、万松关、晏海楼、浯屿天妃宫、镇海卫城、明代石牌坊、宋明寺庙。

第四，深度开发潜力最大的旅游资源是：翠郊古民居、莲花寺、资国寺、翠微涧龙首寺、流米禅寺、碧岩寺、罗源湾游艇娱乐中心、凤山公园、定海古城遗址、郑和广场、万安古塔、福州闽剧、福州评话、妈祖阁、蔡襄纪念馆、梅妃故里、宁海桥、仙女洞、莆仙戏、亿豪度假村、秀屿港/秀屿码头、上塘珠宝城、东湖公园、泉港沙格灵慈宫、泉州浦西江滨体育公园、大岞山新石器时代文化遗址、古檗山庄、草庵摩尼教遗址、飞来双塔、蚶江对渡、施氏大宗祠、石室禅院、青龙寨、灌口凤山庙、宋代瓷窑遗址、汀溪水库、同安影视城、郇山讲堂、万松关、浯屿天妃宫、镇海卫城、乌山自然风景区、明代石牌坊、宋明寺庙。

第五，原生开发潜力最大的旅游资源是：闽菜佛跳墙、福州三宝、开元寺、灵山圣墓、厦门国际会展中心、万石植物园。

2）滨海旅游资源开发价值评价

（1）自然类旅游资源开发价值评价

具有很高的开发价值和潜在开发价值的资源（景点）为：鼓浪屿、三都澳海上渔村、风动石景区、院前海水温泉、环马祖澳等。

开发价值中等，但具有较高的潜在开发价值，是今后旅游开发的重点的资源（景点）为：青山岛、泉港区惠屿岛旅游区、鳄鱼屿、君山、东门屿景区等。

开发价值和潜在开发价值相对较低，但在区域旅游资源开发中，可以作为补充资源（景点），丰富区域旅游资源（景点）的类型和内容的资源（景点）为：小白鹭浴场、杨家溪风景区、三都岛、凤凰山沙坡、围头金沙湾、龙池岩、瑞竹岩、紫云岩等。

具有相对较高的开发价值，但开发潜力相对较低的资源（景点）为：坛南湾、海岛滨海火山国家地质公园、漳江口红树林国家级自然保护区、东壁岛旅游度假区、厦门岛、东方海岸、马銮湾湿地公园等。

（2）人文类旅游资源开发价值评价

具有很高的开发价值和潜在开发价值的资源（景点）为：西湖公园、东湖公园、万石植物园、厦门第一村——马塘村、南太武高尔夫乡村俱乐部等。

开发价值中等，但具有较高的潜在开发价值，是今后旅游开发的重点的资源（景点）为：翠微涧龙首寺、大鹤海滨森林公园、梅妃故里、金熊观赏园、青龙寨、天一总局、石室禅院等。

开发价值和潜在开发价值相对较低，但在区域旅游资源开发中，可以作为补充资源（景点），丰富区域旅游资源（景点）的类型和内容的资源（景点）为：龙头山寨遗址、厦门中山公园、五峰村、江头台湾街、五缘湾运动馆、钟宅畲族民俗村、航天测控站等。

具有相对较高的开发价值，但开发潜力相对较低的资源（景点）为：琴江满族村、开元寺、闽菜佛跳墙、厦门市博物馆、海峡奥林匹克高尔夫球场等。

2.8 海岛资源

福建省海岛总数 2 214 个，其中有居民海岛 100 个，无居民海岛 2 114 个。面积大于等于 500 m^2 及以上的海岛有 1 321 个，面积小于 500 m^2 的海岛 893 个（图 2.54）。

1）福建海域北部和中部海岛分布多，南部海岛分布少。兴化湾湾口南岸南日群岛以北（含南日群岛）的海岛数量占全省的约 72%，且北部和中部海岛大多分布距离大陆海岸较远，一般在大陆海岸线以外至 20 m 等深线范围之内，有少数分布在 30 m 等深线附近。而南日群岛以南海域海岛分布少，且距离大陆海岸远的海岛较少。

2）海岛分布相对集中，呈明显的链状、密集型分布，多数以列岛或群岛的形式出现，全省有群岛 11 个、列岛 12 个。

3）从与大陆距离远近上看，大部分海岛分布在沿岸海域，距离大陆小于 10 n mile。尤其在

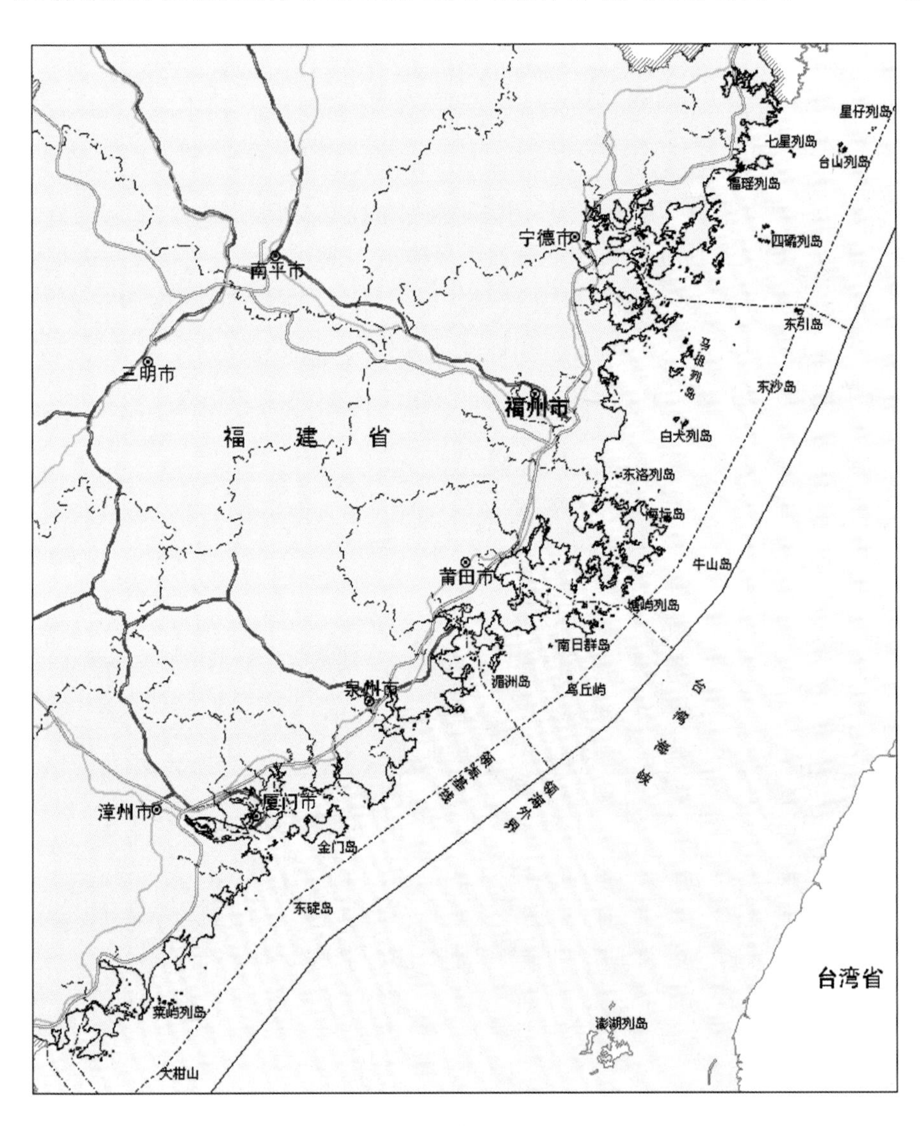

图 2.54　福建省海岛分布

大陆海岸线曲折率大，并向海域延伸较大的半岛周围海域以及向内陆深凹的海湾内，常为海岛密集分布区，如沙埕港、三沙湾、福清湾、兴化湾、厦门湾、东山湾等。少数岛屿离大陆10～20 n mile，其中，连江县所属的东引岛距大陆28 n mile，是福建省距离大陆最远的海岛。

2.8.1 按成因类型划分

福建省海岛按成因类型可分为大陆岛和冲积岛两类，大陆岛占据绝对优势，共2 201个，占总数的99.4%，于全省各处均有分布；冲积岛多形成在江河入海口处，系由径流携带的泥沙堆积而成的岛屿，地势低平，福建冲积岛共13个，占总数的0.6%，一般分布闽江口、九龙江口等海区。

2.8.2 按物质组成类型划分

海岛分类按物质组成可分为基岩岛、沙泥岛或珊瑚岛3类。福建省基岩岛的物质组成主要是有花岗岩、火山岩和变质岩组成。闽江口以北海域多数岛屿属于基岩岛，岛礁形态比较陡峭；泥沙岛多形成于江河入海口处，系由径流携带的泥沙堆积而成的岛屿；珊瑚岛主要由海洋中造礁珊瑚钙质遗骸和石灰藻类生物遗骸堆积形成的岛屿，该类型岛屿福建省内未见。

2.8.3 按有无居民居住的海岛

根据海岛是否为户籍管理的住址登记地分为有居民岛或无居民岛。全省有居民海岛共100个，无居民海岛共2 114个。有居民海岛中乡镇以上建制的海岛19个，包括厦门岛1个市级岛，海坛岛、东山岛、金门岛3个县级海岛和三都岛、西洋岛、大嵛山、马祖岛、琅岐岛、东庠岛、大练岛、屿头岛、草屿、南日岛、湄洲岛、小金门岛、大嶝岛、鼓浪屿、浒茂洲等15个乡镇或街道建制海岛；有86个村级海岛（包括行政村和自然村）（图2.55）。

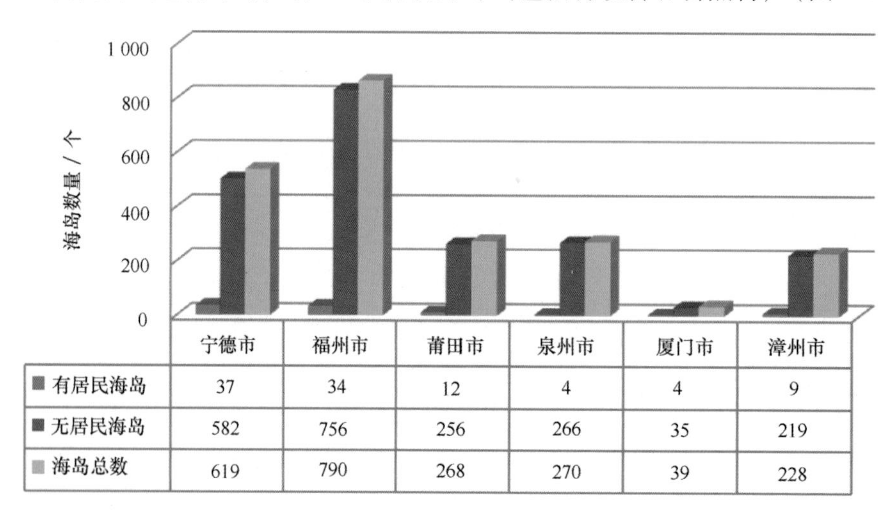

	宁德市	福州市	莆田市	泉州市	厦门市	漳州市
有居民海岛	37	34	12	4	4	9
无居民海岛	582	756	256	266	35	219
海岛总数	619	790	268	270	39	228

图2.55 福建省分市海岛数量统计图（按有无居民分类）

2.8.4 按面积划分

海岛根据面积大小可分为特大岛、大岛、中岛和小岛（图2.56）。

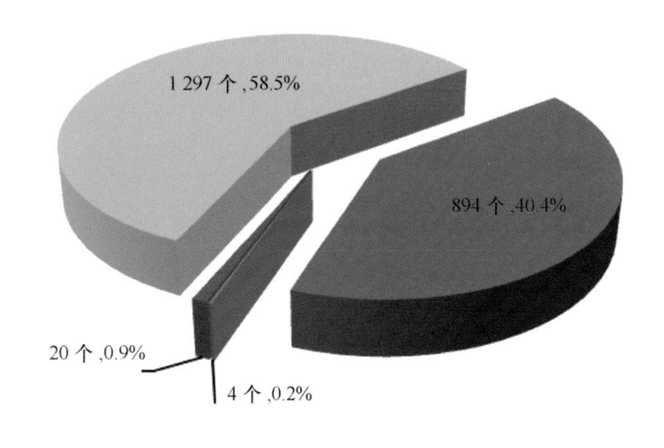

图 2.56 福建省海岛按面积分类数量统计图

特大岛：系指面积大于 2 500 km^2 的海岛，福建省内无该类型海岛。

大岛：系指面积小于 2 500 km^2 且大于 100 km^2 的海岛，在福建省该类海岛共有 4 个。按面积从大到小分别是海坛岛、东山岛、厦门岛和金门岛。

中岛：系指面积在小于 100 km^2 且大于 5 km^2 的海岛，在福建省该类海岛共有 20 个，都是有居民海岛。

小岛：系指面积小于 5 km^2 且大于 500 m^2 的海岛，在福建省该类海岛数量最多，共有 1 297 个。约占全省海岛总数的 58.58%。

微型岛：系指面积小于 500 m^2 的海岛，共有 893 个，约占全省海岛总数的 40.33%。

2.9 海域资源开发利用现状

2.9.1 近岸海域空间资源开发利用现状

根据“908 专项”福建省海域使用现状调查的成果，福建省已利用管理海域总面积 167 532.18 hm^2，其中主要为渔业用海约占 73.84%，其次为围海造地用海约占 12.02%，交通运输用海位居第三，约占 4.83%（表 2.46）。

表 2.46 福建省各类用海海域使用面积 单位：hm^2

沿海市	渔业	交通运输	工矿	旅游娱乐	海底工程	排污倾倒	围海造地	特殊用海	其他用海	已利用海域
福州市	22 627.42	1 148.35	787.32	7.63	348.18	27.81	7 087.85	3 145.27	288.32	35 468.15
宁德市	29 633.46	856.68	476.57	17.52	134.9	—	3 999.64	11.81	35.39	35 165.97
莆田市	25 930.38	265.49	872.27	9.17	476.32	—	862.13	0.02	1 102	29 517.78
泉州市	15 517.79	1 026.79	2 014.78	118.24	181.71	267.75	5 395.86	74.12	10.12	24 607.16
厦门市	136.87	3 475.91	33.35	10.23	232.59	—	1 969.92	100.49	899.9	6 859.26
漳州市	29 854.38	1 319.31	2 812.35	150.58	29.29	2.4	826.49	842.6	76.46	35 913.86
合计	123 700.3	8 092.53	6 996.64	313.37	1 402.99	297.96	20 141.89	4 174.31	2 412.19	167 532.18

2.9.2 港口航运资源开发利用现状

2.9.2.1 港口岸线开发利用现状

截至2007年，福建全省已开发利用的港口岸线长约49.02 km，开发利用率约14.19%；深水港口岸线已开发37.04 km，开发利用率约12.68%，见表2.47。说明表中数据为6沿海地市港口数据按照整合后3大港合并。

表2.47 2007年岸线利用现状统计

港区	规划作业区个数	规划可利用岸线长度/km	其中：规划深水岸线长度/km	已开发利用岸线长度/km	其中：已开发利用深水岸线长度/km	规划岸线开发利用率/(%)	规划深水岸线开发利用率/(%)
福州港	36	127.164	115.346	12.87	11.64	10.12	10.09
湄洲湾港	25	143.324	116.337	15.73	7.41	10.98	6.37
厦门港	13（原厦门港7个港区）	75.060	60.337	20.42	17.98	27.20	29.80
全省	74	345.548	292.020	49.02	37.04	14.19	12.68

虽然福建省岸线资源丰富，深水岸线所占比例高，但不管是总体的规划港口岸线，还是规划深水岸线的开发利用率都相对较低。而随着2009年《福建省港口体制一体化整合总体方案》出台，海峡西岸沿海将建起三大港口群——北部福州与宁德两市港口整合、中部莆田和泉州两市港口整合、南部厦门和漳州两市港口整合，福建省将进一步整合充分利用港口资源。

2.9.2.2 近年来港口码头利用效率分析

根据2003—2007年《福建省港口航道统计年鉴》的数据，分析福建省港口利用效率，如表2.48所示，2003年至2007年福建港口总利用效率均超过了100%，说明福建省现有港口不能满足实际运输需要，港口码头超负荷运行；从集装箱港口利用效率看，2003年、2004年集装箱港口利用效率超过了100%，而2005年以后集装箱码头利用效率降低，从全省角度看，集装箱货运量出现短缺现象，或集装箱码头建设出现过剩问题。

表2.48 福建省港口利用效率 %

年份	港口总利用效率	集装箱港口利用效率
2003	140.068 2	120.943 5
2004	160.857 0	101.354 8
2005	167.023 8	96.000 0
2006	164.109 8	97.861 9
2007	136.669 9	85.651 69

根据《福建省港口航道统计年鉴》统计，各大港口总利用效率见表2.49，各大港货物吞吐量均超过设计通过能力，湄洲湾港最大达2倍多。

表 2.49 福建省各港港口总利用效率 %

年份	福州港	湄洲湾港	厦门港
2003	165.98	129.44	125.81
2004	207.55	158.46	130.99
2005	219.97	152.76	139.24
2006	185.53	181.40	135.41
2007	115.81	212.66	114.92

各大港集装箱码头利用效率统计见表 2.50，前几年各大港有些集装箱效率大于 1 至 2007 年各大港集装箱利用率平均值均小于 1，可见福建省集装箱货物相对短缺，或存在集装箱港口建设相对过剩的现象。

表 2.50 福建省各港集装箱港口利用效率 %

年份	福州港	湄洲湾港	厦门港
2003	112.75	102.33	127.55
2004	133.57	81.90	100.07
2005	131.79	61.89	99.92
2006	100.49	81.53	101.48
2007	86.06	98.91	83.07

2.9.2.3 港口规划效率分析

根据各港口规划设计的通过能力与港口吞吐量预测的对比，至 2020 年，全省港口货物吞吐量预测值为 6.3×10^8 t，而规划通过能力合计为 30.5×10^8 t，可见规划通过能力大大超出预计的货物吞吐量。从表 2.51 可见，福州港的规划通过能力超出预测吞吐量最多，厦门港最少，也达 2 倍多。

表 2.51 港口规划与预测符合性对比 10^4 单位：t

	全省	福州港	湄洲湾港	厦门港
2010 年预测吞吐量	33 000	12 310	13 900	15 898
2020 年预测吞吐量	63000	26 230	27 300	29 656
规划通过能力	305 225	116 817	119 025	69 383
规划与 2020 年预测比值	4.84	4.45	4.36	2.34

注：表中全省数据较老，不等于后面 3 大港数据之和。

2.9.2.4 港口规划与海洋功能区划符合性分析

沿海各港口大部分港口规划与福建省功能区划功能基本一致，范围会有所差别，而有些港口规划会占用围海造地区、其他工程用海区、限养区、增殖区、养殖区、海底输油管道预留区、海底排污管线区、跨海桥梁预留区、盐田区、旅游区、砂矿区等其他功能区，规划中会多出一些作业区、航道或锚地，功能区划也有些港口航运功能区在规划中没有出现。

根据《中华人民共和国海域使用管理法》，海洋功能区划是海域法的基本制度，福建省海洋功能区划是经福建省人民政府审核同意后，报国务院批准，故具有较高的法律地位；各港口规划应当与海洋功能区划相衔接；海洋功能区划统筹安排各有关行业用海，而当港口规划与海洋功能区划中其他用海相矛盾时，港口规划应根据海洋功能区划的内容进行调整。另外，没在港口规划中出现且未建设的港口航运功能区可作为潜在的港口资源。

2.9.3 矿产资源开发利用现状

目前福建省海砂开发利用主要存在开采的无序状态，资源保护意识不强，生态环境进一步恶化，工农业生产和人民生活受到严重影响的问题。主要表现在：海砂开采不当造成海岸侵蚀后退，随着浅滩的消退，水动力平衡也被打破，海浪以相当于浅滩未被破坏前几倍的冲击力直接冲击海岸，导致海岸线侵蚀后退。海砂开采不当直接破坏了沿海防护林，经过几十年的不懈努力营造起来的沿海防护林，是预防和减轻风沙灾害的重要屏障，乱挖海砂毁坏防护林的情况时有发生。另外，浅海底砂赋存条件的改变，还威胁到了一些海洋生物的生殖繁育，影响了海洋经济的发展。

2.9.4 生物与水产资源开发利用现状

2.9.4.1 海水养殖业

1）海水养殖现状

2000 年以来福建省海水养殖持续健康发展，根据《福建省渔业统计年鉴》，2008 年全省浅海、滩涂和其他养殖（包括海水池塘、高位池、工厂化养殖）总面积为 120 704 hm^2，总产量 2 836 841 t。其中，滩涂水产养殖面积 48 111 hm^2，产量 919 407 t，占养殖总面积和总产量的 39.86% 和 32.41%；浅海养殖面积 51 543 hm^2，产量 1 733 359 t，占 42.70% 和 61.10%；其他养殖面积 21 050 hm^2，产量 184 075 t，占 17.43% 和 6.49%。2008 年养殖面积相对于 2000 年的 130 283 hm^2 略有减少，减幅为 7.35%，但养殖产量仍保持持续增长的态势，比 2000 年的 2 292 397 t 增长 23.75%。

2008 年鱼类养殖面积和产量为 10 735 hm^2 和 144 965 t，占养殖总面积和总产量的 8.89% 和 5.11%；虾类为 11 687 hm^2 和 39 858 t，占 9.68% 和 1.41%；蟹类为 7 522 hm^2 和 35 970 t，占 6.23% 和 1.27%；贝类为 64 565 hm^2 和 2 093 068 t，占 53.49% 和 73.78%；大型藻类 25 820 hm^2 和 520 734 t，占 21.39% 和 18.36%；其他养殖种类 375 hm^2 和 2 246 t，占 0.31% 和 0.08%。福建省的海水养殖规模和产量均以贝类最高，大型藻类居其次。

养殖模式主要有池塘养殖、底播养殖、筏式养殖、网箱养殖和工厂化养殖等。随着海水养殖设施的现代化，福建省海水养殖模式也在不断的变化和发展。由原来的粗养为主，逐步发展为以半精养为主，粗养和精养为辅；由劳动密集型向技术型和集约化养殖转型。先进的育苗设施、养殖设施、机械增氧设施及水处理设施的应用，进一步促进了海水养殖业现代化的进程。

养殖种类有鱼类、甲壳类、贝类、藻类和其他类 5 大类。福建省海水养殖结构已从相对单一化向多元化转化，养殖品种多种多样，名优珍稀养殖品种越来越多，海水养殖种类结构不断优化，实现了向优质化、多元化、合理化、高效化的转变。

福建省海水养殖业近年来取得了巨大的成绩，但也存在一定的问题，主要表现在资源利用不合理、病害频发、良种化水平低、养殖技术及其配套装备研发滞后、养殖环境质量下降、传统养殖区域退缩、大型企业少、养殖规范标准普及率低、抗灾能力弱等方面。

福建省海水养殖病害多发，造成的经济损失每年高达亿元以上；海水养殖病害已经成为福建省海水养殖的制约因素之一。海水养殖病害主要包括：病毒性病害、细菌性病害、寄生虫病、真菌性病害和其他病害等。比较常见的有：细菌性溃烂病、弧菌病、红体病、白斑病、弧菌病、白芒病、片盘虫病、腹水病、纤虫病、脓包病、饱水病、假单胞菌病、贝尼登虫病、刺激性隐核虫病、瓣体虫病、粘孢子虫病、烂鳃病、涡虫病、烂苗病、淋巴囊肿病等。其中以细菌性疾病和寄生虫病最为多发。

2）主要养殖品种

目前福建省海水养殖种类有鱼类、甲壳类、贝类、藻类和其他类 5 大类，约 100 种。鱼类主要有大黄鱼、真鲷、黄鳍鲷、黑鲷、平鲷、鲈鱼、斜带石斑鱼、赤点石斑鱼、青石斑鱼、褐石斑鱼、云纹石斑鱼、鲻鱼、高体鰤、眼斑拟石首鱼（美国红鱼）、鮸鱼、浅色黄姑鱼、鮸状黄姑鱼、双棘黄姑鱼、褐蓝子鱼、黄斑蓝子鱼、中华乌塘鳢、大弹涂鱼、卵形鲳鲹、双斑东方鲀、菊黄东方鲀、黄鳍东方鲀、红鳍东方鲀、花尾胡椒鲷、斜带髭鲷、断斑石鲈、牙鲆、大菱鲆等；虾类主要有凡纳滨对虾（南美白对虾）、斑节对虾、长毛对虾、日本对虾、刀额新对虾等；蟹类主要有拟穴青蟹、三疣梭子蟹、远海梭子蟹等；贝类主要有葡萄牙牡蛎、太平洋牡蛎、缢蛏、菲律宾蛤仔、泥蚶、文蛤、翡翠贻贝、华贵栉孔扇贝、波纹巴非蛤、凸壳肌蛤、方斑东风螺、九孔鲍、皱纹盘鲍等；大型藻类主要有海带、坛紫菜、江蓠、羊栖菜等；其他种类主要有海蜇、仿刺参、短蛸、真蛸、光裸方格星虫、双齿围沙蚕等。

3）海水养殖容量评价

（1）滤食性贝类养殖容量

采用沿岸海域生态系统能流分析模式估算罗源湾、深沪湾和诏安湾的滤食性贝类养殖容量，分别为 372 497 t、44 321 t、98 469 t。其中罗源湾单位面积容量最高，达 22.91 t/hm^2，与其初级生产力较高的情况密切相关；深沪湾次之，单位面积容量为 15.85 t/hm^2；诏安湾由于初级生产力最低，导致单位面积容量最低，仅为 6.18 t/hm^2。

（2）大型藻类养殖容量

采用无机氮和无机磷供需平衡法分别估算罗源湾、深沪湾和诏安湾的海带、紫菜养殖容量，估算的数值取低值作为该港湾的养殖容量。单养海带时，养殖容量分别为 483 049 t、75 518 t、402 280 t；单养紫菜时，养殖容量分别为 71 789 t、17 903 t、59 784 t。其中罗源湾和诏安湾的无机磷供应较为充足，而无机氮成为藻类生长的限制因子，海带单位面积容量分别为 29.71 t/hm^2 和 25.25 t/hm^2，紫菜单位面积容量分别为 4.42 t/hm^2 和 3.75 t/hm^2；深沪湾则相反，无机氮供应较为充足，而无机磷成为藻类生长的限制因子，海带和紫菜的单位面积容量分别为 27.01 t/hm^2 和 6.40 t/hm^2。

（3）网箱养殖容量

对网箱养殖容量评价采用福建省水产研究所完成的《福建省三都湾水产养殖容量监测与养殖规划研究》项目成果，2006年该项目在三沙湾（三都湾）内长腰岛北部海域、青山岛西北部白基湾海域、青山岛与斗帽岛之间海域、三都岛南部海域和东安岛西南部海域5片网箱养殖区开展调查并进行网箱养殖容量研究，得出网箱养殖密度与硫化物含量之间的趋势方程为 $y=0.0068x+7.182$（其中 y 代表养殖密度，x 代表硫化物含量），推算网箱养殖的容量（单位网箱水体的载鱼量）为9.22 kg/m^3。以湾内可养网箱的水域的面积为1 072 hm^2，平均深度约8 m计，三沙湾内可容纳规格为4 m×4 m×5 m的标准网箱714 667口，鱼类养殖产量 79×10^4 t。

（4）发展潜力评估

滤食性贝类发展潜力：由于重点示范区港湾初级生产力水平呈现上升趋势，本次滤食性贝类养殖容量估算结果相对于《福建主要港湾水产养殖容量研究》（福建省水产研究所，2000—2001）的估算值有所提高；深沪湾滤食性贝类的单位面积容量增加2.19倍，罗源湾增加1.46倍，诏安湾增加26.64%，由此可见，重点示范区港湾的滤食性贝类养殖仍具有相当可观的发展潜力。尽管目前3个重点示范区滤食性贝类养殖都面积较大，但仍可通过改进养殖模式和设施，提高产量。

大型藻类发展潜力：由于重点示范区港湾营养盐供应量互有增减，本次大型藻类养殖容量估算结果相对于《福建主要港湾水产养殖容量研究》的估算值增减不一。诏安湾海带和紫菜的单位面积容量分别增加43.55%和43.13%，罗源湾增加35.72%和36.0%，深沪湾减少19.13%和19.70%。由此可见，罗源湾和诏安湾的大型藻类养殖仍具有相当可观的发展潜力。特别是罗源湾目前藻类养殖主要为海带和江蓠轮养，养殖面积大、产量高，但仍可以通过改进养殖模式和设施，提高藻类产量。诏安湾目前藻类养殖很少，可以通过推广江蓠和紫菜养殖，有效利用港湾氮磷营养盐，发挥藻类养殖潜力。深沪湾的藻类养殖目前仅为少量的紫菜，尽管单位面积容量有所减少，但藻类养殖很少，仍具有较大的发展潜力，可以通过增加养殖面积，引进江蓠和海带养殖，开展贝藻套养，充分利用湾内海域资源。

4）新型潜在增养殖区选划

在“908专项”综合调查成果的基础上，结合全省海水增养殖发展的历史背景、海洋功能区划和相关规划，综合分析和评估福建省沿海海域环境、海洋资源开发现状、增养殖技术水平、发展潜力及其在社会经济发展中的价值，选划出新型潜在增养殖区，为各级政府和行业部门制定科学合理的海洋经济发展战略和政策提供决策依据，保障海水增养殖业可持续发展。

潜在增殖区：选划新型潜在海水增殖区7处，总面积28 149.2 hm^2。其中海洋经济生物增殖区3 003.7 hm^2，海洋生物繁殖保护区23 870 hm^2，渔业资源增殖区1 276 hm^2（表2.52）。选划区大多受到过渡捕捞或海洋环境污染的影响，资源呈现衰退的趋势，因此必须根据实际情况，采取相应的增殖保护措施。

表 2.52 福建省海域潜在增殖区选划

选划区	类别	面积/hm^2	增殖/保护对象
兴化湾缢蛏增殖区	海洋经济生物增殖区	2 648	缢蛏
旧镇湾菲律宾蛤仔繁育区	海洋经济生物增殖区	356	菲律宾蛤仔
厦门文昌鱼繁殖保护区	海洋生物繁殖保护区	4 870	文昌鱼
官井洋大黄鱼繁殖保护区	海洋生物繁殖保护区	19 000	大黄鱼
牛山岛西部礁区	渔业资源增殖区	295	渔业资源
南日岛礁区	渔业资源增殖区	608	渔业资源
莱屿列岛礁区	渔业资源增殖区	373	渔业资源

潜在养殖区：根据全省海岸带和海域特征，选划新型潜在海水养殖区 26 处，总面积 36 843 hm^2。其中筏式养殖区 21 799 hm^2，底播养殖区 4 035 hm^2，网箱养殖区 11 009 hm^2。宁德市海域选划面积 15 414 hm^2，福州市 11 743 hm^2，漳州市 5 141 hm^2，莆田市 2 687 hm^2，泉州市 1 858 hm^2（表 2.53）。

表 2.53 福建省海域潜在养殖区选划

海域	选划区	养殖模式	面积/hm^2	底质	适宜养殖种类
宁德市海域	福鼎冬瓜屿海域潜在筏式养殖区	筏式养殖	1 230	泥	紫菜、鲍鱼、海参、牡蛎、海带
	福鼎晴川湾海域潜在筏式养殖区	筏式养殖	2 495	泥	紫菜、鲍鱼、海参、牡蛎、海带
	福鼎大嵛山西北海域潜在网箱养殖区	网箱养殖	1 959	泥	大黄鱼、真鲷、黑鲷、青石斑鱼、黄姑鱼、鲍鱼、海参
	福宁湾潜在筏式养殖区	筏式养殖	7 235	泥	紫菜、鲍鱼、海参、牡蛎、海带
	大京海域潜在筏式养殖区	筏式养殖	1 042	泥	紫菜、鲍鱼、海参、牡蛎、海带
	浮鹰岛海域潜在网箱养殖区	网箱养殖	1 453	泥	大黄鱼、真鲷、黑鲷、青石斑鱼、黄姑鱼、鲍鱼、海参
福州市海域	东洛岛海域潜在网箱养殖区	网箱养殖	1 064	泥	大黄鱼、真鲷、黑鲷、青石斑鱼、黄姑鱼、海参
	苔菉海域潜在网箱养殖区	网箱养殖	892	泥	大黄鱼、真鲷、黑鲷、青石斑鱼、黄姑鱼、鲍鱼、海参
	黄岐海域潜在网箱养殖区	网箱养殖	1 997	泥	大黄鱼、真鲷、黑鲷、青石斑鱼、黄姑鱼、鲍鱼、海参
	粗芦岛潜在滩涂养殖区	底播养殖	578	泥	缢蛏、牡蛎、青蟹
	南猫岛海域潜在底播养殖区	底播养殖	715	沙	西施舌、江瑶、花蛤
	下沙海域潜在底播养殖区	底播养殖	1 256	沙	西施舌、江瑶、花蛤
	长江澳海域潜在网箱养殖区	网箱养殖	1 596	沙	真鲷、黑鲷、黄鳍鲷、青石斑鱼、赤点石斑鱼、黄姑鱼、海参、鲍鱼
	塘屿岛海域潜在网箱养殖区	网箱养殖	1 794	泥沙	真鲷、黑鲷、黄鳍鲷、青石斑鱼、赤点石斑鱼、黄姑鱼、海参、鲍鱼
	目屿浅海筏式养殖区	筏式养殖	1 851	泥	紫菜、海带、鲍鱼、海参、江蓠

续表 2.53

海域	选划区	养殖模式	面积/hm^2	底质	适宜养殖种类
莆田市海域	平海湾海域潜在筏式养殖区	筏式养殖	2 096	泥	紫菜、鲍鱼、海参、江蓠、牡蛎
	湄洲下山海域潜在筏式养殖区	筏式养殖	337	泥	紫菜、海带、鲍鱼、海参、江蓠
	小碇岛海域潜在网箱养殖区	网箱养殖	254	泥沙	真鲷、黑鲷、黄鳍鲷、青石斑鱼、赤点石斑鱼、黄姑鱼、海参、鲍鱼
泉州市海域	山龙屿浅海筏式养殖区	筏式养殖	1 047	泥沙	紫菜、鲍鱼、海参、江蓠、牡蛎
	浮山浅海筏式养殖区	筏式养殖	811	沙	紫菜、鲍鱼、海参、江蓠、牡蛎
漳州市海域	牛头山浅海底播养殖区	底播养殖	402	沙	紫菜、鲍鱼、江蓠、羊栖菜
	林进屿浅海底播养殖区	底播养殖	509	沙	紫菜、鲍鱼、江蓠、羊栖菜
	佛坛湾口潜在底播养殖区	底播养殖	575	沙	紫菜、鲍鱼、江蓠、羊栖菜、青蛤
	将军澳潜在筏式养殖区	筏式养殖	344	沙	紫菜、鲍鱼、江蓠、牡蛎、羊栖菜
	旧镇湾口潜在筏式养殖区	筏式养殖	1 867	沙	紫菜、鲍鱼、江蓠、牡蛎、羊栖菜
	诏安湾口海域潜在养殖区	筏式养殖	1 444	泥	紫菜、鲍鱼、江蓠、牡蛎、羊栖菜

与现有传统养殖区相比，选划区普遍存在浪大流急的特点，但随着近年新技术的发展，新技术、新品种、新材料的出现，如抗风浪网箱、消波堤、耐流新品种等，潜在海水养殖区的利用将成为可能。

2.9.4.2 海洋捕捞业

福建是我国海洋捕捞大省，渔业产量仅次于山东和浙江两省位居全国第三位。海洋捕捞业是福建省海洋渔业传统的支柱产业，据统计 2009 年福建省拥有从事海洋捕捞作业的各类船只 33 745 艘、总吨位 609 260 t、总功率 1 836 887 kW；平均功率 54.43 kw/艘、平均吨位 18.05 t/艘。目前福建省海洋捕捞主要的作业方式除传统的拖、围、流、钓和定置网外，20 世纪 80 年代初发展起来的光诱敷网作业和 90 年代发展的笼捕作业也一直保持稳步地发展，并成为一些地区的特色作业。据统计 2009 年福建省海洋捕捞总产量 164.9×10^4 t。主要捕捞对象有鲐鲹鱼、带鱼、鳀鱼、鲳鱼、鳗鱼、鲷科鱼、石首鱼、马面鲀、鲅鱼、梭鱼、石斑鱼、鲥鱼、玉筋鱼、虾类、蟹类和头足类等。其中鱼类占海洋捕捞总产 76.87%、甲壳类占 13.45%、头足类占 5.15%、其他种类如贝类、藻类、水母等约占 4.53%。

福建省现有的海洋捕捞作业类型主要有拖网、围网、流刺网、钓、定置网、敷网、笼捕 7 大类。这些作业构成福建省海洋捕捞力量的 78% 以上；此外，还有一些传统的沿岸小型作业如地拉网、耙刺、抄网、掩罩、陷阱类，这些沿岸小型作业、其产量低、所占份额小，是福建省海洋捕捞业的补充，渔业统计上将其划归其他类的杂渔具。

1）主要作业渔船数量、功率及生产的基本情况

2009 年全省共投入渔船数量 333 745 艘，其中刺网 11 938 艘占 35% 居第一位，其次是张网占 22%、拖网 14%、钓具 4%、围网 3% 及其他作业约占总船数的 22%，图 2.57 所示。

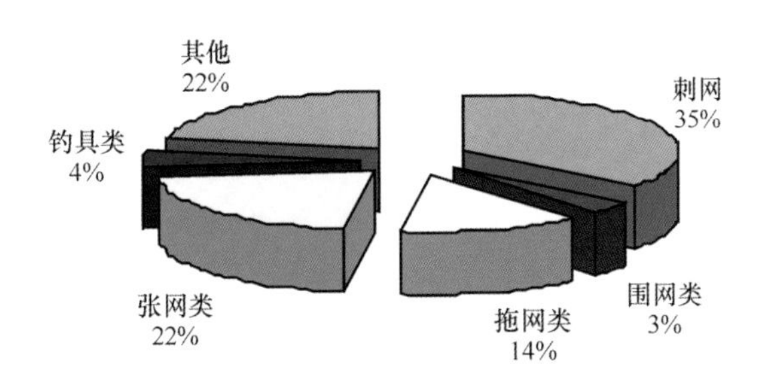

图 2.57 福建省 2009 年主要作业渔船数量分布

从渔船功率的分布情况来看，渔船的总功率为 1 836 887 kW，拖网类 828 054 kW 占 44%，刺网占 18%、张网类 12%、围网类 6%、钓具 3% 及其他作业约占 17%（见图 2.58）。

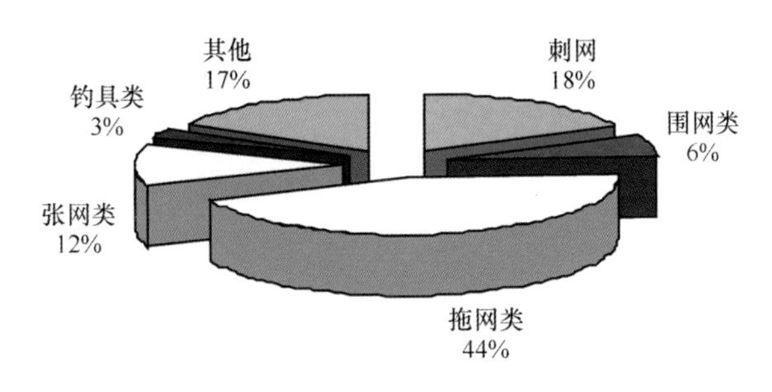

图 2.58 福建省海洋捕捞各种作业类功率分布

从年度的生产情况看，海洋捕捞产量 164.5×10^4 t，拖网作业产量 71.9×10^4 t 占总产量的 44%，张网占 27%、刺网占 15%、围网类 11%、钓具类 2%，其他作业产量约占 1% 图 2.59 所示。

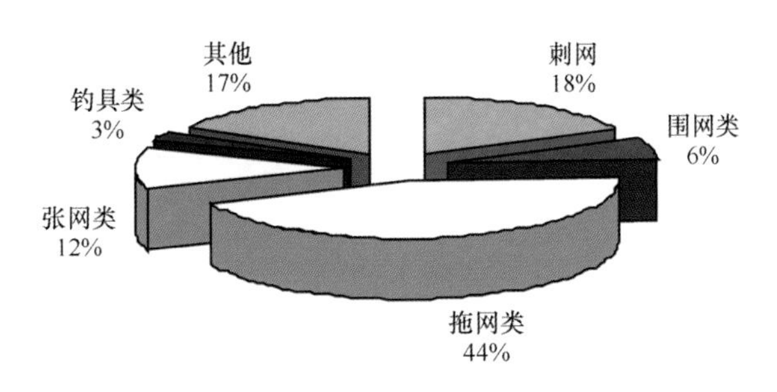

图 2.59 福建省主要捕捞作业的产量组成

2）各主要作业概况

流刺网：是福建省船数最多的作业类型，据统计 2009 年全省约有作业船数 11 938 艘，约占全省作业船数的 35.0%，总功率为 329 844 kW，约占全省的 18%，平均功率 27.6 kW/艘，总产量 24×10^4 t，占海洋捕捞的 14.6%。船数多、功率低、船只小是该种作业的主要特点，其中小型的流刺网作业遍布全省各村。从年产量来看，福州地区的流刺网生产以连江县最高，达 2.97×10^4 t（连江县也是全省流刺网产量最高的县），其他依次为平潭、福清、长乐县市，年产量在 $4\times10^3\sim7\times10^3$ t 之间。泉州地区主要流刺网作业大县是惠安县，其年产量约 $2.7\times$

10^4 t、其余的县市年产量较小，均在 5×10^3 t 以下。宁德地区刺网生产主要分布在霞浦、福鼎，其年产量分别为 1.38×10^4 t 和 1.53×10^4 t，其他县市一般年产量在 $2\times10^3\sim3\times10^3$ t 之间；莆田市的流刺网作业主要集中在秀屿区，其年产量约 2.22×10^4 t；漳州地区主要分布在漳浦、诏安和东山县，其年产量分别为 1.41×10^4 t、1.21×10^4 t 和 0.92×10^4 t，其他县市产量均在 3×10^3 t 以下。多年来，福建省的一些流刺网作业大县市也一直积极拓展外海深水区生产，据不完全统计全省功率在 73 kW 以上大型流刺网作业船只已达千艘以上，连江、平潭、霞浦、福鼎的外海流刺网渔船已达 500～600 艘，功率在 73～300 kW 之间，其中大部分船只功率在 200 kW 以上，作业渔场远到长江口外及济州岛南部海域，水深 120～150 m。流刺网的主要捕捞对象是马鲛、鲳鱼和鳓鱼。闽中、闽南的大型外海流刺网也有 300～400 艘，功率一般在 100 kW 左右，主要分布在惠安、漳浦、诏安等县，作业渔场北至浙江外海，南可到广东、海南外海等，主要捕捞马鲛、鲳鱼和鳓鱼。

拖网：2009 年福建省拖网渔船数为 4 606 艘，占全省总作业船数的 14%，总功率 828 054 kW，占全省总功率的 44%，功率位居全省各种作业之首。拖网是海洋捕捞业的能耗大户。全省拖网产量为 71.9×10^4 t，约占全省海洋捕捞总产量的 43.6%。拖网有双拖和单拖两种作业形式，连江县、石狮市是福建省双拖作业的重点县市，其余平潭县、龙海市、秀屿区等也有一些双拖作业，宁德地区的霞浦县也有少量的双拖作业；主要捕捞底层鱼类为主。单拖捕捞作业大县，依产量排次分别为石狮市、东山县、龙海市、晋江市、长乐市等，其中石狮市的单拖主要以大网目快拖为主，主捕对象为鲐鲹鱼，但各作业船只一般都携带多种规格尺寸的网具，随不同季节和捕捞对象而变换。福建省的大型拖网作业，功率一般都在 146 kW 以上。其中有相当部分船只是钢质的，功率均在 441 kW 以上，这些船主要集中在闽东的连江、闽中的石狮祥渔村、晋江深沪，闽南龙海的吴屿村，这些作业船只是福建省投资最大、设备最好的海洋捕捞力量，少数拖网船还配备有速冻冷藏舱，能适应远洋捕捞生产。东山县的拖网以往以木制小型拖网为主，总体经济效益较差，近年来有向大功率、钢质化发展趋势，效益也有一定的改善。

围网：2009 年福建省围网作业船只 1 061 艘，约占全省总作业船数的 3%、总功率的 6%。根据 2009 年的统计资料全省围网产量，约占全省海洋捕捞总产量的 11.2%。历史上福建省的围网作业曾盛极一时，20 世纪 70 年代大围缯作业闻名全国，其产量曾占当年海洋捕捞总产量的 38%。目前，福建省灯光围网主要集中在闽南地区；作业渔场主要以浙江南部的闽外渔场、闽南、台浅渔场为主。主要捕捞中上层的鲐鲹鱼，从 20 世纪 80 年代中期起，由于种种原因，灯围作业船数不断下滑。但从其平均单位年产量来看，则是逐年增加，其原因除作业船只功率增大和捕捞技术不断提高外，目前中上层鱼类的资源相对稳定也是主要原因。福建省灯光围网作业主要分布在泉州地区的晋江、惠安、石狮和漳州的诏安，该两地的产量占到全省围网总产量的 75% 以上；此外，宁德地区的霞浦和福鼎也有少数围网作业。

张网：2009 年福建省共有定置网（张网）作业船数约占全省作业船数的 22%；总功率约占全省作业船数总功率的 12%，产量约占全省海洋捕捞产量的 27.3%。定置网作业投入少、人员配备简单，能耗低，但对渔业资源破坏大，历来是主要调整对象。历史上其产量曾占到全省总产量的 40% 以上，近年来，张网作业所占比例有所降低。目前张网作业主要分布在福州地区的连江县，其年产量达 12.37×10^4 t，其次为平潭占第二位 9.12×10^4 t，长乐 2.76×10^4 t。宁德地区主要分布在福鼎和霞浦，年产量分别是 4.09×10^4 t 和 5.48×10^4 t。泉州地区目前只有惠安还有些作业，马力均较小，年产量不足万吨；石狮、晋江近年来由于大量发展拖网、围网等大型作业，张网这种传统的作业方式在该两个市已逐渐淘汰。漳州地区目前漳浦县还保持一定数量，年产量约 3×10^4 t；东山县也是传统的张网作业大显，但近年来也趋向发展拖网作业，定置作业数量也逐渐减少。

钓具：2009 年福建省钓船钓占全省总船数的 4%，总功率占全省作业船只总功率的 3%，平均单船功率 13.75 kW，产量占全省的 2%。钓曾是福建省传统的特色作业，著名的惠安带鱼大钓艚曾闻名全国，但由于作业的艰辛、加上资源的波动，已基本消失了；目前只有鱿鱼手钓还保有一定的数量，其年产量 $6\times10^3\sim7\times10^3$ t，位居全省钓业第一位，经济效益也不错；其次，连江县的鳗鱼钓业也有一定的规模，连江东水村是福建省著名的鳗鱼钓专业村，约有专业钓船 80 多艘，主要钓捕鳗鱼、鲨鱼等。闽东地区目前只有霞浦县仍有一定数量的钓作业，年产量约 2×10^3 t。

笼捕：福建省的笼捕作业是 20 世纪 90 年代初发展起来的作业，目前福建省共有登记在册的笼捕船 1 157 艘，笼捕作业虽然产量低，但产值高；笼捕作业主要捕捞蟹类、螺和章鱼等。目前福建省笼捕作业主要集中在诏安、东山、平潭、连江、霞浦、龙海等地。

光诱敷网：光诱敷网是 20 世纪 80 年代石狮市东浦村渔民从台湾引进的捕捞技术，主要捕捞枪乌贼和中上层鱼类。石狮市东浦村光诱敷网经过 20 多年的发展，已成为福建省的一个特色作业、现约有作业船只 200 多条，产量约 1.8×10^4 t。2003 年闽东地区也开始发展光诱敷网作业，目前霞浦、福鼎两地约有 100 多条船，年产量 $2\times10^3\sim3\times10^3$ t；惠安县和平潭县近年来也有少数船只从事敷网作业。从作业渔场和捕捞对象分析，闽东和闽中光诱敷网有一定的区别。闽中石狮的光诱敷网作业船只马力较小，主要在近岸的作业，捕捞的对象以中国枪乌贼和杜氏枪乌贼为主，主要捕捞地方性群体。闽东的光诱敷网是近年来才发展起来的，作业船只马力大，设备好，有的船只配有速冻设备，具有外海作业的能力，作业渔场是闽东外海、东海南部渔场，捕捞的是东海南部群体，主要种类以剑尖枪乌贼和杜氏枪乌贼为主。

综上所述，20 世纪 80 年代以来，福建省作业结构的变化情况是拖网产量一直呈上升趋势，张网、刺网的产量呈逐步下降趋势，且下降较明显，围网产量萎缩较严重，较 20 世纪 80 年代下降 20 个百分点，其与中上层鱼类资源变动密切相关。钓具产量在逐渐回升。

福建省的海洋捕捞产业，在政府相关部门多年的产业结构调整、捕捞零增长、渔船“双控”、伏季休渔、渔船转产转业等多项政策的合力作用下，产业结构调整初显成效，海洋捕捞结构趋向优化与合理。主要表现在以下几个方面：

（1）近年来福建省海洋捕捞总产量一直保持小幅的增长或减少的态势，基本实现零增长的目标。

（2）内、外海捕捞产量所占比例接近 1∶1；以 2007 年生产为例，2007 年内海捕捞产量 97.08×10^4 t，比上年略有减少，约减少 12.57×10^4 t，降幅 11.46%，外海产量为 95.02×10^4 t，比上年同期增加 15.34×10^4 t，增幅 19.25%，内、外海资源利用的的程度较平衡，趋于合理。

（3）从捕捞网具产量构成看，对渔业资源破坏较大的拖网基本保持与往年持平或略有下降；定置网作业产量所占比例逐年下降，从过去的占比 40% 多降到目前的 24% 左右，对近海渔业资源的压力有所减轻；相反，一些选择性较好的渔具如流刺网、围网钓等所占比例有所提升，这些现象均对资源的保护有着积极意义。

（4）随着传统的主要经济鱼种资源的衰退，一些原来高度集群的鱼种如大、小黄鱼等已形不成鱼汛，而近年来的头足类、虾、蟹资源及其他低质鱼类资源产量略有增加，渔业资源表现出替代现象。这些现象的出现使得海洋捕捞工具呈多样化发展，大围缯作业的消失，光诱敷网、虾拖网、笼捕等作业方式的崛起就是适应海上渔业资源更替、捕捞对象变化而变化的，这种捕捞方式的多样性发展有利于分散过去某些品种的资源压力过于集中、造成过度捕捞的情况，增加渔业资源的多样性、合理性利用，这对目前福建省海洋渔业资源的保护和合理利用是有利的，值得提倡。

2.9.4.3 海洋生物与水产资源开发利用评价

福建省海域有海洋生物 3 312 种，生物资源十分丰富。鱼、虾、贝、藻种类繁多，渔业经济生物多达数百种。辽阔的海洋，富饶的生物资源，为福建省海洋渔业生产提供了优越的自然条件，是福建省海洋捕捞业和海水养殖业的物质基础。

1）海洋生物资源开发利用评价

（1）浮游植物的开发利用

据统计，2009 年福建浅海滩涂贝类养殖面积达到 69 378 hm^2、年产量 212.58×10^4 t。福建贝类养殖以滤食性种类为主体，主要品种有葡萄牙牡蛎、菲律宾蛤仔、缢蛏和泥蚶等“四大传统经济贝类”，以及太平洋牡蛎、紫贻贝、华贵栉孔扇贝、江瑶等品种，年产量 209.37×10^4 t；草食性的养殖种类鲍鱼和螺类年产量仅有 3.21×10^4 t。由于福建海区滤食性贝类养殖生物规模大、产量高，根据食物链的转化效率，滤食性贝类养殖生物每年摄食利用天然海域浮游植物可达上千万吨。贝类养殖生物可间接吸收大量营养盐，对改善渔业水域环境有积极的作用。

（2）浮游动物的开发利用

桡足类的开发利用：福建是海水养殖大省，由于鱼类苗种培育的需要，1986 年开始利用定置张网从河口区域捕捞饵料生物“桡足类”，经 10 多年的改进发展逐步形成“桡足类渔业”，有力地促进了福建省海水鱼类苗种培育产业的稳定发展，至 2009 年海水鱼类苗种培育产量达到 27.227 万尾。近几年，每年春、秋鱼类苗种培育季节，有 150 ~ 200 艘定置张网渔船、配置桡足类定置张网专用网具 2 000 ~ 3 000 张，在闽东和闽中沿海河口区域从事桡足类活体饵料生物（包括枝角类和糠虾类等）的捕捞生产，年产量可达 4 000 ~ 5 000 t，年产值 1.2 亿 ~ 1.5 亿元。福建沿海河口区域桡足类、枝角类和糠虾类等天然饵料生物资源丰富，资源繁殖能力强，开发利用的潜力巨大。

中国毛虾的开发利用：中国毛虾是福建定置张网作业传统的主要捕捞对象，也是福建省浮游动物资源开发利用产量最大的经济品种。定置张网在中国毛虾生产旺季渔获物可占总渔获产量的 70% 以上。闽东海区张网调查船在 2007 年 4 月中国毛虾产量占总渔获产量的 25.9%。2008 年中国毛虾产量 53 753 t，占张网作业产量的 11.71%、占海洋捕捞总产量的 2.62%。

海蜇的开发利用：福建近岸海蜇开发利用的种类主要有海蜇、黄斑海蜇、叶腕海蜇和霞水母。福建近岸海蜇资源年间波动很大，大多年份年产量只有几千吨，产量差的年份仅有几百吨，年产量上万吨较少出现。2009 年海蜇产量 13 157 t，占海洋捕捞总产量的 0.70%。福建近岸海蜇资源变动的原因非常复杂，其资源受气候、水温、海况等环境因子的影响很大。

2）水产资源开发利用评价

（1）潮间带水产资源的开发利用现状

福建潮间带生物品种繁多，除了少数品种外，大多生物量均不大。潮间带海洋生物开发利用的种类以软体动物和甲壳类动物为主，多毛类动物、棘皮动物、海藻类及其他种类开发利用产量均很小。潮间带海洋生物数量相对较大的优势品种仅有10多种，如葡萄牙牡蛎、缢蛏、菲律宾蛤仔、长锥虫、明秀大眼蟹、日本大眼蟹、双扇股窗蟹、狐边沼潮、短吻栉鰕虎鱼、凯氏细棘鰕虎鱼、珠带拟蟹守螺、白脊藤壶、日本笠藤壶、秀异蓝蛤。经济品种主要有葡萄牙牡蛎、缢蛏、菲律宾蛤仔、泥蚶、四索沙蚕、长吻沙蚕、可口革囊星虫、光滑河蓝蛤；形成生产性大宗开发利用的品种主要有葡萄牙牡蛎、缢蛏、菲律宾蛤仔、明秀大眼蟹、日本大眼蟹、双扇股窗蟹、拟穴青蟹、黑斑口虾蛄、大弹涂鱼；地方特色经济品种主要有尖刀蛏、双线紫蛤、等边浅蛤、四角蛤蜊、长竹蛏、仙女蛤、厚壳贻贝、龟足。软体动物的开发利用以讨小海为主，甲壳类动物主要为定置张网渔具所利用。

软体动物的开发利用现状：福建潮间带软体动物种类最多、群体数量和生物量亦较大，是潮间带海洋生物最主要的利用类群。软体动物大多分布于潮间带的中潮区和潮下带水域。其中，有葡萄牙牡蛎、缢蛏、菲律宾蛤仔和泥蚶等“四大经济贝类”；有尖刀蛏、长竹蛏、光滑河蓝蛤、双线紫蛤、等边浅蛤、仙女蛤、突壳肌蛤、四角蛤蜊等地方特色经济品种。其主要经济品种开发利用状况如下：

葡萄牙牡蛎主要生长在潮间带中下区，属于分布面最广、分布范围最大，生存适应能力和资源再生能力最强的优良种类，也是潮间带野生种类种质资源和资源状况保持最好的少数品种之一。潮间带区域葡萄牙牡蛎的野生苗种资源非常丰富，福建省多采取半人工采苗养殖的方法来培殖葡萄牙牡蛎。由于牡蛎养殖业的发展，目前在潮间带采捕天然牡蛎的产量已经很小。

菲律宾蛤仔主要分布于潮间带或潮下带滩涂水域的泥砂底质中。福建沿海菲律宾蛤仔分布面很广，野生数量的分布以连江、长乐、福清、莆田和漳浦为多。由于长期的过度开发利用，菲律宾蛤仔天然繁育区内的资源数量均不大，资源普遍处于严重衰退状态。根据调查研究，福建浅海滩涂菲律宾蛤仔资源衰退除了与过度开采幼蛤造成亲贝数量下降有关外，还与菲律宾蛤仔繁育区受到大量侵占、局部海区潮流不畅引起地质泥化含砂量下降造成繁育区面积缩小有密切关系。在资源利用方面，菲律宾蛤采捕数量以幼蛤为主体的开发利用方式也是非常不合理的。

缢蛏主要分布于软泥或砂泥底质的中、低潮区。福建省从福鼎到诏安沿海均有分布。历史上，福建沿海曾有4大天然蛏苗繁育区域。由于围垦、污染等原因，目前繁殖保护状况相对较好的仅存三沙湾缢蛏繁育区和兴化湾缢蛏繁育区，2007年蛏苗年产量分别为1 152.6 t和477.7 t，缢蛏苗种基本可保障福建省缢蛏养殖业的需求。福清湾西部缢蛏繁育区早已经被围垦造地填埋掉，泉州湾洛阳桥一带缢蛏繁育区也受到海域污染的严重损害。围垦造地和工业污染是当前缢蛏天然蛏苗繁育区面临最为严重的问题。

泥蚶主要分布于内湾潮间带的软泥滩中。福建沿海泥蚶主要分布于宁德二都、漳浦旧镇、云霄竹塔、诏安的四都和宫前等地滩涂水域。历史上，福建沿海泥蚶资源丰富，利用天然蚶苗养殖泥蚶已有四五百年的历史。比较有名的有漳江口竹塔泥蚶繁育区，在20世纪50年代资源鼎盛时期，年产量曾经达到500 t。由于20世纪90年代以来，漳江口海滩泥沙沉积日趋严重，竹塔泥蚶繁殖区滩面上升，滩面干露时间延长，从而影响泥蚶的繁衍生长。加上长期高强度的过度采捕，导致亲蚶数量逐年减少，资源急剧衰退。总体上看，20世纪80年代中期以来，由于围填造地、环境污染和过度捕捞等原因，福建省宁德二都、漳浦旧镇、云霄竹塔、诏安的四都和宫前等地泥蚶繁育区域均遭受严重破坏。目前，福建省沿海泥蚶繁殖区域已大为缩小，野生泥蚶资源数量十分稀少，已经连续10多年失去生产性开发利用价值，资源处于几近枯竭的严重境地，泥蚶养殖用苗仅依靠人工培育的苗种来维持生产。

尖刀蛏、长竹蛏、仙女蛤、等边浅蛤、光滑河蓝蛤、双线紫蛤、突壳肌蛤、四角蛤蜊等经济品种也是福建潮间带讨小海的主要采捕种类。其中，尖刀蛏、长竹蛏、仙女蛤、等边浅蛤和四角蛤蜊属于分布面较窄、群体数量小的经济品种，开发利用的产量虽然均不大，但对资源的影响却较大，应适当加以控制；光滑河蓝蛤、双线紫蛤、突壳肌蛤分布面广、群体数量也较为庞大，资源可承受较大的采捕压力。

甲壳类的开发利用现状：在福建沿海潮间带，甲壳类动物的开发利用以小型大宗蟹类为主，经济蟹类的产量低、幼蟹比重大。小型大宗蟹类是潮间带中潮区定置张网的主要捕捞对象，该作业方式主要分布于闽中和闽南沿海，全年均可捕捞生产。小型大宗蟹类的优势种类主要为明秀大眼蟹和日本大眼蟹，均属非经济小型种类，渔获物大多作为动物饲料。潮间带经济蟹类的主要种类有拟穴青蟹、三疣梭子蟹、红星梭子蟹。潮下带经济蟹类的主要种类有日本蟳、善泳蟳、三疣梭子蟹、拟穴青蟹。潮间带和潮下带是经济幼蟹群体索饵栖息生长的重要场所。潮间带经济幼蟹主要为讨小海所利用，捕获量不大；潮下带经济幼蟹苗种主要为蟹苗张网所开发，供养殖用苗需求的海区经济蟹苗捕捞产量较大，对三疣梭子蟹、拟穴青蟹苗种资源威胁很大。

鱼类的开发利用现状：鱼类是福建沿海的最主要类群，但在潮间带数量分布并不大。在福建沿海潮间带，经济鱼类的开发利用以大弹涂鱼苗种为主、非经济鱼类的开发利用以鰕虎鱼类为主。如兴化湾大弹涂鱼野生苗种的开发利用始于20世纪80年代，2003年以后随着土池大弹涂鱼养殖技术的推广应用，大弹涂苗种的开发力度迅速加大，形成年产量上亿尾的大批量生产规模。由于大弹涂鱼野生苗种主要开发利用的范围为高潮区，中低潮区的苗种和亲鱼讨小海人员难于抵达捕获，加上体长生长至25 mm以上的幼鱼群体就具备营穴居习性而不易被捕获，这些状况使得目前大弹涂鱼野生苗种产量仍较为稳定，资源状况良好。从全省大弹涂鱼野生苗种分布与开发利用状况看，大弹涂鱼苗种属自然海区鱼类苗种捕捞产量最高、资源状况保持较好的经济品种，但经过多年的大力开发利用，苗种资源已经得到较为充分的利用。鰕虎鱼类属于潮间带定置张网的兼捕对象，主要捕捞种类有短吻栉鰕虎鱼、凯氏细棘鰕虎鱼。潮间带鰕虎鱼类的种类繁多，但单品种的群体数量不大。由于鰕虎鱼类的习性，定置张网作业对其开发利用的力度不大，资源状况相对较好。

海藻类的开发利用现状：海藻类是福建沿海潮间带的主要类群，生物量分布以岩石岸为最高，经济种类有坛紫菜、条斑紫菜、石花菜、海萝、江蓠、绳江蓠、鹧鸪菜、鹅肠菜、马尾藻和浒苔等。由于潮间带海藻类经济种类分布面较狭小，资源量均较低，讨小海采捕藻类未形成规模，且经济效益低下，加上福建省沿海坛紫菜、江蓠、海带等藻类养殖规模大、产量高，也在一定程度上缓解了野生藻类资源的采捕压力。总体上看，福建省沿海潮间带经济海藻类的人为采捕量不大、人为采捕利用对藻类资源的压力较小。海藻类对海洋环境具有一定程度的调控、净化作用，合理利用和繁殖保护潮间带海藻资源对控制港湾赤潮的发生、减缓海域富营养化趋势有一定的积极作用。

（2）沿岸、近海渔业资源的开发利用现状

渔业资源的优势种类：福建沿岸、近海水产资源品种繁多，但种群的数量均不大，经济优势种类仅有40多种。其中，鱼类的优势种类有带鱼、蓝圆鲹、龙头鱼、叫姑鱼、白姑鱼、二长棘鲷、刺鲳、黄鲫、六指马鲅、丁氏鰔、中华海鲶、金色小沙丁鱼、鲐鱼、脂眼鲱、凤鲚、银鲳、灰鲳、乌鲳、海鳗、多鳞鱚、多齿蛇鲻、长蛇鲻、大头狗母鱼、棘头梅童鱼；甲壳类的优势种类有哈氏仿对虾、中华管鞭虾、鹰爪虾、周氏新对虾、须赤虾、细巧仿对虾、中国毛虾、拥剑梭子蟹、红星梭子蟹、三疣梭子蟹、远海梭子蟹、锈斑蟳、善泳蟳、日本蟳；头足类的优势种类有中国枪乌贼、杜氏枪乌贼、曼氏无针乌贼、火枪乌贼、短蛸和真蛸等。小型大宗品种仅有10来种，如赤鼻棱鳀、孔鰕虎鱼、鹿斑鲾、双斑蟳、纤手梭子蟹、隆线强蟹、矛形梭子蟹、柏氏四盘耳乌贼和多钩钩腕乌贼。

各类群渔业资源的利用结构：福建海区渔业资源结构由鱼类、甲壳类、头足类、贝类、藻类、水母类等类群组成，鱼类、甲壳类和头足类是福建海区渔业资源的主体。据调查统计，2009年度福建海区鱼类占海洋捕捞总产量75.96%、甲壳类占14.85%、头足类占5.24%、其他种类仅合占3.95%。

沿岸鱼类资源的开发利用：分布于40 m水深以浅的沿岸性鱼类资源主要为定置张网所利用，该海域也是经济幼鱼幼体分布较为集中的海域，定置张网作业对经济幼鱼幼体的损害非常严重。根据2007年伏休前后闽东海区闽鼎渔3106号张网调查船渔获物种类组成分析结果，4月调查船在闽东海区出海生产12天，渔获个体数量568.2×10^4个、渔获产量3 250 kg。其中，龙头鱼、带鱼、黄鲫、七丝鲚、叫姑鱼、二长棘鲷、竹荚鱼、鲐鱼、灰鲳和棘头梅童鱼10种经济鱼类的渔获个体数量64.65×10^4个、渔获产量2 357 kg，平均体重仅3.65 g，经济幼鱼占总渔获重量的72.52%；7月调查船出海生产12天，渔获个体数量345.8×10^4个、渔获产量12 900 kg。其中，带鱼、黄鲫、白姑鱼、蓝圆鲹、海鳗、六指马鲅、黄鳍马面鲀7种经济鱼类的渔获个体数量165.12×10^4个、渔获产量8 408.3 kg，平均体重仅5.09 g，经济幼鱼占总渔获重量的65.18%（表2.54）。闽南海区调查船2007年4月生产27天，渔获数量375.14×10^4个、渔获产量5 614 kg，渔获个体平均体重仅1.50 g。其中，二长棘鲷、竹荚鱼、木叶鲽、刺鲳、带鱼、龙头鱼、斑鲆、北原左鲆、多鳞鱚、青缨鲆、黄鲫、黑尾吻鳗12种经济鱼类的渔获个体数量242.19×10^4个、渔获产量3 680.7 kg，平均体重仅1.52 g，经济幼鱼占总渔获重量的65.56%；2007年7月生产16天，渔获数量243.76×10^4个、渔获产量7 620 kg，渔获个体平均体重也仅3.13 g。其中：蓝圆鲹、带鱼、黄鲫、二长棘鲷、刺鲳、丽叶鲹、叫姑鱼、白姑鱼、大甲鲹、多鳞鱚、乌鲳、横纹东方鲀、条鰏、康氏马鲛、穴鳗、拟大眼鲷、金线鱼、长体鳝、蛇鳗、沟鲹、棕腹刺鲀、黑尾吻鳗、日本康吉鳗等经济鱼类的渔获个体数量62.82×10^4个、渔获产量5 778.40 kg，平均体重9.20 g，经济幼鱼占总渔获重量的75.83%（表2.55）。

表 2.54　2007 年伏休前后闽东海区张网作业调查船渔获物种类组成分析

种类	4 月份渔获情况			7 月份渔获情况		
	渔获数量 / ($\times10^4$ 个)	渔获重量 /kg	平均体重 /g	渔获数量 / ($\times10^4$ 个)	渔获重量 /kg	平均体重 /g
经济鱼类	64.65	2 357.06	3.65	165.12	8 408.3	5.09
小型大宗鱼类	1.66	35.80	2.15	84.50	930.74	1.11
中国毛虾	501.7	843.21	0.168	—	—	—
中型虾类	—	—	—	47.10	3193.4	6.78
头足类	0.151	13.92	9.22	0.645	43.86	6.80
其他种类	0.036 6	0.010	0.027	48.45	323.70	0.668
合计	568.20	3 250.00	0.572	345.82	12 900.00	3.73

注：数据引自“908 专项”“福建近海经济生物苗种资源调查”资料。

表 2.55　2007 年伏休前后闽南海区张网作业调查船渔获物种类组成分析

种类	4 月份渔获情况			7 月份渔获情况		
	渔获数量 / ($\times10^4$ 个)	渔获重量 /kg	平均体重 /g	渔获数量 / ($\times10^4$ 个)	渔获重量 /kg	平均体重 /g
经济鱼类	242.19	3 680.70	1.52	62.82	5 778.40	9.20
小型大宗鱼类	17.70	36.40	2.06	168.60	1 351.00	0.80
中小型经济虾类	49.59	684.79	1.38	8.89	369.58	4.16
蟹类	60.30	632.86	1.05	2.52	69.37	2.75
头足类	2.68	90.32	3.38	0.75	37.82	5.04
其他种类	2.68	488.93	18.24	0.18	13.83	7.68
合计	375.14	5 614.00	1.50	243.76	7 620.00	3.13

注：数据引自“908 专项”“福建近海经济生物苗种资源调查”资料。

近海鱼类资源的开发利用：近海性鱼类广泛分布于水深 40 ~ 100 m 的渔业水域。这一类型种类的群体数量通常较近岸性鱼类为大。绝大多数的近海性鱼类在生命周期的某一阶段也曾广泛栖息分布于近岸海域，而成为近岸捕捞作业的渔获对象，所不同的是在近岸海域栖息分布的时间较短暂，且多为幼鱼群体和产卵群体。近海主要经济鱼类大多为暖温性和暖水性种类。近海底层和近底层主要经济鱼类以暖温性种类居多，其洄游分布范围较小，作为拖网捕捞对象的暖温性种类，种的替代较为频繁，绝大多数种类已遭受过度捕捞，资源出现严重衰退。中上层鱼类大多属暖水性种类，分布偏南、偏外，洄游分布较广，主要为灯光围网、疏目快拖和光诱敷网作业所利用。蓝圆鲹、金色小沙丁鱼、鲐鱼、颌圆鲹、竹荚鱼、羽鳃鲐、大甲鲹、眼镜鱼等中上层鱼类资源状况较好，不少品种仍有一定的开发利用潜力，但其资源受气候、水温、海况等环境因子的影响较大。

甲壳类资源的开发利用：福建海区的甲壳类有 200 余种。虾类以哈氏仿对虾、中华管鞭虾、须赤虾和鹰爪虾的群聚数量相对较大，分布也较广，是全省沿海各地的主要捕捞虾种。除日本囊对虾和长毛明对虾等少数种类个体较大外，多数属中小型虾类。福建海区的蟹类绝大多数属于沿岸性和近海性的种类，经济种类数量以拥剑梭子蟹最大，其次为红星梭子蟹、三疣梭子蟹、日本蟳、善泳蟳、锈斑蟳、远海梭子蟹和拟穴青蟹等。福建海区甲壳类资源为多种捕捞作业所利用，其中以定置张网和底层拖网传统作业的捕捞产量最高。但传统的定置张网作业和底层拖网作业网目小、渔获物选择性差，在高效利用沿岸近海甲壳类资源的同时，对经济幼虾和幼蟹资源的损害普遍较为严重。20 世纪 80 年代逐步发展起来的横杆虾拖网是捕捞虾类资源的专用作业，虽然在开发利用虾类资源的捕捞效益方面明显优于传统底层拖网作业，但仍存在作业网目偏小，对经济幼虾资源还有一定的损害。1994 年以来，在三疣梭子蟹人工养殖需求的驱使下，福建沿海相继开发出捕捞活体蟹类苗种的蟹苗张网作业方式。活体蟹类苗种的捕捞作业方式也带动了沿岸活体渔获物张网作业方式的发展，使得蟹类等经济种类的市场价值大为提高。以活体蟹类为主捕对象的定置延绳笼壶渔具，在 20 世纪 90 年代以来也得到快速发展。定置延绳笼壶渔具捕获的蟹类群体均为活体蟹类，极大地提高了蟹类渔获物的经济价值。由于在经济利益的驱使下，定置延绳笼壶渔具普遍存在网目过小，成蟹、幼蟹一起诱捕，对经济幼蟹资源的损害程度也不容忽视。总体上看，福建海区甲壳类资源的种类多、生长速度快、生命周期短、世代更新快、再生能力强，资源通常能承受较大的捕捞压力，资源的开发利用相对较为合理。

头足类资源的开发利用：福建海区的头足类有 47 种，经济种类数量以中国枪乌贼最大，其次为杜氏枪乌贼、火枪乌贼、莱氏拟乌贼、曼氏无针乌贼、诗博加枪乌贼、短蛸和真蛸等；小型优势种类有柏氏四盘耳乌贼和多钩钩腕乌贼。福建头足类资源主要分布水深为 10 ~ 60 m 一带海域，杜氏枪乌贼和火枪乌贼分布相对偏内，常见于沿岸港湾、河口等处；莱氏拟乌贼分布相对偏外；曼氏无针乌贼遍布全省沿海，以往闽东最多，闽中其次，闽南较少；中国枪乌贼则主要分布于闽南—台湾浅滩渔场，闽中数量较少。福建海区头足类资源原为定置张网和底层拖网作业的兼捕对象。闽南—台湾浅滩渔场鱿鱼延绳钓作业虽然历史悠久，但开发利用中国枪乌贼、杜氏枪乌贼和火枪乌贼等枪乌贼类资源的产量并不高。20 世纪 80 年代发展起来的光诱敷网作业，是以枪乌贼资源为主捕对象的专用作业。在闽南、闽中海区，光诱敷网作业主要捕捞种类以中国枪乌贼和杜氏枪乌贼为主；在闽东海区，光诱敷网作业主要利用种类以剑尖枪乌贼和杜氏枪乌贼为主。短蛸和真蛸等经济种类主要为近岸定置延绳笼壶渔具的所利用。曼氏无针乌贼原为福建省四大海捕种类之一，20 世纪 70 年以来底拖网作业的大量发展严重地损害了曼氏无针乌贼产卵场的生态环境，致使其资源出现极其严重的衰退，至今已经连续 20 多年未能重新恢复形成产卵渔汛。总体上看，福建海区头足类经济种类多、生长速度快、生命周期短、世代更新快、再生能力强，除了曼氏无针乌贼繁育场所遭受严重破坏资源出现严重衰退外，其他经济种类资源利用较为合理，目前资源状况尚好。

渔业资源的开发利用的总体评价：当前，福建省沿岸、近海捕捞业面临最为突出的问题是捕捞能力大大超过近海渔业资源的再生能力，资源遭受极其严重破坏。在长期高强度捕捞压力下，近海渔业资源结构基本解体，而为新成长的次生物群落或食物链的更下一层次所替代，其结果是海区渔业资源的高中级肉食鱼类减少和低级肉食鱼类及作为食物链中间环节的虾蟹类增加，渔获对象的平均营养级不断降低。尽管它可为捕捞提供更为丰富的资源基础，支撑着近 10 年来海洋捕捞产量维持在较高的水平上，但它反映在产量上则是短生命周期的中小型鱼虾产量和经济幼鱼比例不断上升，渔获物中优质品种的比例不断下降，资源结构朝着越来越不利于人们利用的方向发展。实际上，沿岸、近海捕捞产量维持在较高水平上是以超高捕捞力量的投入和损害渔业资源为代价，换取大量低值、劣质渔获物而得到的。海水鱼类网箱养殖业对低值、劣质海捕鱼获物饵料的大量需求也对优化渔业资源的捕捞结构形成很大的市场阻力。

2.9.4.4 海洋生物与水产资源开发利用保护对策

随着福建省海洋开发力度的持续加大，在创造巨大经济效益和社会效益的同时，也引发了海洋生物与水产资源利用过度，潮间带区域重要水生生物的栖息地不断缩小，污染日趋严重，生存条件不断恶化，海洋生物多样性损害程度加剧，水产资源繁育区域遭受严重破坏，海洋生态保护与建设面临巨大的挑战。

1）潮间带海洋生物资源的保护对策

严格控制填海造地规模，保护重要水生生物的繁育区域。福建省潮间带海洋生物资源保护面临最为突出的问题是超前、超大规模的填海造地工程导致重要水生生物栖息地大量减少，生物多样性遭受严重损害。缺乏科学论证的盲目填海造地工程不仅导致了许多分布于潮间带重要水生生物的繁育区域被直接填埋掉，填海造地工程还从根本上改变了滩涂水域的自然属性，并导致港湾纳潮量减少，水动力条件改变，港湾环境容量严重下降，被过度填埋掉的浅海滩涂今后就无法像陆地“退耕还林”那样恢复自然状态。因此，建议政府有关部门今后对围填海造地工程应严格把关，严格控制港湾填海造地规模，保持滩涂淤长和围填动态的基本平衡。浅海滩涂围填要根据海洋生态的自然规律，科学区划布局，对围填工程进行科学论证，尽量做到科学、合理、适度。严格区分重点开发区域、限制开发区域、一般开发区域和禁止开发区域，尽量避开重要经济种类、地方特色经济品种和珍稀濒危种类的繁育区域，以保护潮间带海洋生物多样性和海洋生态环境。

加大海洋污染的治理力度，保护潮间带生态环境。随着临港工业区建设的快速发展，尤其是电镀、漂染、造纸、植绒、制革、制鞋等企业排污造成的污染，已导致潮间带局部区域有机物、无机磷浓度明显上升，重金属和无机氮普遍超标，生态环境不断恶化，养殖水域污染事故不断增加，野生动植物栖息地和繁育地功能明显退化，水域生产力急剧下降。为此，建议加强陆域污染源排放企业的综合治理力度，切实履行对重污染企业的监管职能、坚决打击违法排污企业，加快重点港湾、江河流域的综合整治进度；制定海洋生态保护与治理规划，落实项目治理资金，加快环保基础设施建设进度。同时，在沿海招商引资中，对引进项目或建设实行环保准入制，坚持走新型工业化发展道路，着力从源头上防止杜绝污染。

开展潮间带重要水生生物资源调查与繁育区域选划工作。潮间带历来是海洋生物栖息、生长与繁衍的优良场所，也是发展海水增养殖业的重要载体。建议在全省沿海范围内开展潮间带重要水生生物资源专题调查与繁育区域选划工作。全面调查福建省潮间带重要水生生物种类组成、分布区域、繁育区域的分布范围、资源开发利用状况、生态环境现状。在调查的基础上，将重要经济种类、地方特色品种，以及珍稀濒危种类的天然苗种场、产卵场和幼鱼幼体索饵场所作为生态保护区域加以选划，为水产资源的繁殖保护与合理利用、海洋生物多样性的保护，以及海洋功能区划的修编提供科学依据，避免重要海洋生物繁育区域误遭围填破坏。

实施禁渔期、禁渔区制度，保护潮间带生物资源。由于福建省潮间带区域未实施禁渔期、禁渔区制度，沿海渔村许多家庭妇女主要依靠采捕潮间带海洋经济贝类、甲壳类、藻类等生物资源作为谋生手段。这种讨小海的采捕方式每天可采捕 2 个潮水，长年累月的采捕活动已经使得分布于潮间带海洋生物资源不堪重负，大多海洋经济生物在幼体阶段便被采获，尤其是经济贝类资源损害最为严重。过度地大量采捕幼体资源，不但资源利用不甚合理，也造成许多经济种类的资源出现严重衰退，过度开发利用已是造成潮间带生物资源衰退的重要因素之一。为此，建议在开展潮间带重要水生生物资源调查与繁育区域选划工作的基础上，通过有关程序，在潮间带区域实施禁渔期、禁渔区制度，以利于潮间带生物资源的可持续利用，保护潮间带区域生物的多样性和生态平衡。

2）沿岸、近海渔业资源的保护对策

根据当前福建海洋渔业资源的开发现状与存在问题，今后，海洋渔业的发展应正确处理好产量与质量、短期利益与长远利益、发展速度与经济效益及生态效益的关系。要淡化产量意识，转变观念，从单纯捕捞开发型渔业逐步转向增殖保护管理型渔业发展。走优质、高产、低耗、高效、可持续发展的路子。因此，主要应抓好以下几项工作：

一是调整近海捕捞作业结构，减轻经济幼鱼、幼体的损害程度。今后，应通过不同作业的税费征收、配额捕捞等渔业管理措施，改变以往注重投入管理，忽视产出管理的倾向。限制底层拖网和定置张网的盲目发展，引导部分中小型底层拖网作业轮作、兼作流刺网、光诱鱿鱼敷网和笼捕等“优高”作业，鼓励大功率底层拖网渔船通过技术改造，因地制宜地发展疏目快拖作业，以捕捞资源状况较好的蓝圆鲹，金色小沙丁鱼等中上层鱼类，减轻对经济幼鱼的损害。大力压缩沿岸、近海定置张网的数量规模和作业范围。积极扶持对资源利用较合理，且仍有一定开发潜力的流刺网、灯光围网、钓船和笼捕等优良作业。

二是加强渔业资源和环境动态监测力度，继续开展海区人工苗种放流增殖工作。为了恢复和优化近海生态系统，必须加强经常性的渔业资源和水域环境动态的监测调查，以及海区生物生态基础性的调查研究工作。并根据海区食物链重组的需要，增选新的适宜的放流种群，通过试验不断扩大放流的品种和规模，以达到优化海区资源的品种和数量结构。

三是继续贯彻执行伏季休渔制度的同时，仍应加强重要经济鱼类的产卵场、索饵场、越冬场和重要水生生物及其生态环境的保护。积极开展主要经济品种的最大允许渔获量（TAC）及实施TAC管理制度配套措施的可行性研究。对渔业资源实行TAC管理，系当今国际上通用且比较有效的渔业管理方法。我们应及早开展这方面的研究，在借鉴国外配额捕捞的先进管理模式的同时，结合福建省海洋捕捞的实际情况，设计、研究出切实可行、可供渔业管理部门实际操作的配额捕捞管理模式。

2.9.5 水资源开发利用现状

2.9.5.1 淡水资源开发利用方式

1）全省蓄水及用水情况

（1）地表水蓄水量

2006年根据对全省17座大型水库和87座中型水库资料统计，2006年末总蓄水量70.04×10^8 m^3，比上年末总蓄水量69.82×10^8 m^3增加0.22×10^8 m^3。其中大型水库2006年末总蓄水量60.52×10^8 m^3，比上年末增加0.61×10^8 m^3。

（2）全省行政区用水量（表2.56、表2.57）

表2.56 2006年行政分区用水情况

单位：$\times10^8$ m^3

分区名称	福州	厦门	莆田	泉州	漳州	龙岩	三明	南平	宁德	全省
农田灌溉	11.70	1.84	5.34	9.30	12.29	12.33	13.48	16.94	8.98	92.20
工业用水	13.62	1.88	1.76	14.78	4.53	9.45	9.78	7.15	3.95	66.90
城镇生活	3.11	1.49	1.07	2.81	1.46	0.86	0.94	1.16	0.93	13.83
农村生活	1.45	0.24	0.67	1.70	1.29	1.00	0.70	0.73	0.78	8.56
其他用水	1.69	0.41	0.25	0.40	1.30	0.18	0.78	0.25	0.50	5.76
总用水量	31.57	5.86	9.09	28.99	20.87	23.82	25.68	26.23	15.14	187.25

表2.57 2006年行政分区用水指标

分区名称	人均水资源量/m^3	人均综合用水量/m^3	万元GDP用水量/m^3	万元工业增加值用水量/m^3	农田灌溉亩均用水量/m^3	城镇人均生活用水量/（L/d）	农村居民人均生活用水量/（L/d）
福州	2 142	470	191	201	716	229	104
厦门	870	252	49	31	674	216	105
莆田	1 665	322	215	85	749	219	98
泉州	1 733	377	153	142	651	209	99
漳州	4 804	442	292	169	677	211	101
龙岩	8 882	866	531	503	767	217	100
三明	10 084	973	569	638	693	231	95
南平	11 952	911	664	601	694	238	92
宁德	6 514	498	393	330	648	215	99
全省	4 563	526	247	198	696	220	99

2）用水量变化趋势、需水量预测及供需平衡分析

（1）用水量变化趋势

全省用水量持续增长，全省用水量从1980年的137.64×10^8 m^3，增加到2007年的196.28×10^8 m^3，年均增长1.32%。用水结构也发生了较大变化，生活、工业用水量增长较快，占总用水比重不断上升；相同来水频率年份农业用水量总体趋势是下降，占总用水比重在逐年下降。生活、工业、农业用水结构比例分别从1980年的6.52%∶1.54%∶91.95%；调整为11.8%∶38.2%∶50.0%。

（2）需水量预测

随着经济社会持续快速发展，人民生活水平不断提高，对水提出更高要求。考虑自1980年以来用水定额和用水量的变化趋势，从生活、工业、农业、生态环境需水等四方面进行需水预测，预测结果：采用强化节水措施，到2020年、2030年，遇枯水年全省年需水量分别约达240×10^8 m^3、251×10^8 m^3。

（3）新增可供水量预测

经规划福建省技术上可开发的中型以上蓄水工程86座、引水工程25座、调水工程9座，这些地表水工程增加可供水量约82.8×10^8 m^3，据有关预测地下水可新增供水0.85×10^8 m^3，其他水源可新增供水1.48×10^8 m^3。合计福建省技术经济可开发利用的水资源工程可增加供水量约85.13×10^8 m^3。

（4）水资源供需平衡分析

现状福建省水资源供需基本平衡，但供水量中有少量为水质不合格供水量和地下水超采量，水质不合格供水量主要在闽南一带经济发展较快而自身水资源相对缺乏的晋江等地区；龙岩等利用地下水地区，一些地方出现超采地下水现象，若扣除水质不合格供水量与超采地下水供水量，现状年缺水约8 000×10^4 m^3，缺水率约0.45%。

按现有供水能力，采取强化节水措施后，至2030年全省枯年份缺水将达55×10^8 m^3，缺水率达到22%，闽东南沿海地区的缺水情况相对突出，部分地区呈现工程性、资源性和水质性缺水并存的现象。

总体上看，随着用水量的持续增长和用水结构的进一步调整，对供水水质和保障程度的要求更高，加上水环境质量变化趋势不容乐观，水资源供需矛盾将日趋突出，如不采取有效措施，水资源的供需矛盾将进一步扩大，将一定程度上制约区域经济社会发展。

2.9.5.2 海水资源与海水化学资源

1）海水资源

海水资源的利用主要包括海水淡化技术、海水直接利用。海水淡化通过各种脱盐的方法和技术，从海水中提取大量淡水以供饮用，海水直接利用应用海水做业冷却用水，生活杂用水，可节省大量的淡水，以缓解日益严重的淡水危机。

（1）海水淡化

海水淡化技术主要有蒸发法，膜法（反渗透、电渗析）和冷冻法。与蒸发相比，膜法淡化海水具有投资省、能耗低（7 kW·h/m^3，而蒸发法为65 kW·h/m^3），占地少、建设周期短、操作简便、易于自控、启动迅速等优点。膜法主要指反渗透（RO）技术，它利用半透膜，在压力下允许水透过而使盐分和杂质被截留的技术。因此，膜法，特别是以反渗透（RO）技术为主的膜技术，自30年前进入海水淡化技术市场以来，其工程应用一直呈上升趋势。目前以反渗透为主的海水淡化技术在国内还没有形成大规模应用的局面。伴随着可再生的清洁能源问题解决，反渗透海水淡化不失为解决我国沿海与海岛区域水资源匮乏的一项行之有效的技术措施。

（2）海水直接利用

海水直接利用技术是指不经过淡化，直接用海水代替淡水的技术。海水直接利用主要在两个方面：一是用海水代替淡水直接接做工业用水，其次还用在消防、洗涤、除尘、冲灰、冲渣、化盐等；二是做生活杂用水，主要是做冲厕用水。海水直接利用是解决沿海城市工业用水和大生活用水的重要途径，沿海城工业用水占城市用水的80%，而工业冷却水占工业用水的80%左右。城市生活用水中，冲厕用水占43%，也可以直接用海水代替。

目前海水直接利用涉及的问题主要集中在防止海水腐蚀和生物附着上。防止海水腐蚀的主要措施有选用耐腐材料、涂层防腐和阴极保护技术；防止生物附着技术主要人工机械清除及液氯法。

海水化学资源主要是指海盐、钾盐、溴素及镁盐4大主体要素，该主体是我国国民经济的基础化原料。现阶段我国在海水制盐及海水中的溴素、钾盐和镁的提取方面有较为深入的研究和广泛的基础，但是仍存在不少问题。

2.9.6 清洁能源开发利用现状

2.9.6.1 风能

1）开发利用现状

福建省拥有良好的风力发电条件，全省可供近、中期开发的陆地风场有17处，总装机容量可达156×10^4 kW，年发电量约43×10^8 kW·h，是我国南部的风能富集区，被世行与国家确定的可再生能源4大试点省份之一。

2000年起，福建先后在平潭、东山、莆田、漳州等地建成商业化运行风力发电场，成为我国发展风能较快的省份，但还是处于起步阶段。截至2007年底，福建已建成投产风电项目7个，累计安装风电机组176台，装机总量达到23×10^4 kW，累计发电3×10^8 kW·h。目前，福建在建风电项目22×10^4 kW，27个项目正开展前期工作，规划总装机79×10^4 kW。

2）存在问题与难点

风能开发利用也存在着不利因素，一是风力发电的不稳定性，需要与其他能源互补，如并网，海岛上潮汐能丰富，利用有利地形，建水库蓄能，与风能进行互补；二是沿海热带气旋活动频繁，猛烈的狂风容易损坏风机，导致风能开发成本增加；三是沿海地区经济发达，人口稠密，风能开发用地受到一定的限制，且部分岛屿面积小，不宜规模性的开发利用；四是风能虽然是洁净的能源，对环境不会产生大的不利影响，但在风能开发的同时，有可能会产生其他的环境影响，如较大型风电场风机运作会产生较大噪声，对雷达信号有干扰，且对鸟类栖息环境、迁徙路径等带来不利影响等。

2.9.6.2 潮汐能

1）开发利用现状

福建省沿海可利用的潮水面积约3 000 km²，近海各大海湾的潮汐能资源合计装机容量有$1\ 311.913\times10^4$ kW，年发电量为361.769×10^8 kW·h。沿岸可开发的潮汐能蕴藏量在$1\ 033\times10^4$ kW以上，年可发电量约284×10^8 kW·h，约占全国潮汐能的40%。福建省是我国利用潮汐能最早的省份之一。

1991年水电部华东勘测设计院也进行了闽浙沿海潮汐电站选点规划，并对两省普查选出的85个站点进行筛选，选出浙江省的黄墩港、狮子港、岳井洋、键跳港、乐清湾（江沿山），福建省的八尺门、长屿、大官坂、罗源湾（担屿）、马銮湾和厦门综合潮汐开发工程等11个站点开展选点规划。

福建省的潮汐能资源条件和前期工作基础较好。虽然厦门集美太古潮汐电站、龙海港口潮汐电站和平潭幸福洋潮汐电站建成运行不久就无法使用以至报废，却为福建省的潮汐能开发积累了不少经验和教训，对福建省今后潮汐能的开发利用有一定的借鉴和推动作用。

2）存在问题与难点

福建省潮汐能开发也存在不利因素，主要是潮汐能能量密度低，单位装机造价高；还有潮汐不等现象导致的潮汐能能量不稳定，呈周期性变化。

2.9.6.3 波浪能

福建省波浪能的分布有以下特点：

1）波功率密度低，但适于密集。

波功率密度的高低取决于波高的大小，但波高大面积或长时间的平均值一般较小，福建省沿海波高虽然相对而言较大，也不过1～2 m，因此，福建省波浪能的评价波功率密度是很低的。然而，波浪能又是海洋能中最适于密集的。

2）资源分布广泛，但波浪能资源分布不均匀。

波浪能资源的70%分布于平潭岛以北沿岸，理论平均功率两种情况计算值达1 301.12 MW。福建平潭岛以北的北茭、北礵、三沙和台山的平均波高大于1 m，周期在4 s以上，波功率密度相对较高，储量最丰富。其中，尤以北礵地区波功率密度最大，为378.80 MW。

3）波功率密度随季节变化。

福建省沿海岛区受季风控制，又正面迎着东北季风，吹程长，因此福建省岛域波浪的波高高、周期长。福建省沿岸单位岸线长度上的波能流密度为2～6 kW/m，占全国波浪能理论蕴藏总量的29%。

4）能量具有多向性。

福建省沿海对位于台湾海峡内，由于海峡的狭管效应和壁垒效应，因此福建省海洋能多向性更加明显和强烈。由于波浪的多向性，所以福建省的波浪能量和波能功率密度数值包含了来自各个方向的能量。波浪及其能量的多向性给波浪能的转换，特别是装置吸能效率造成一定影响。因此，如何更好地选择波浪能电站的方向和波浪能装置布置方向，是福建省波浪能开发利用工作者应充分注意的一点。

2.9.7 海岛开发利用现状

2.9.7.1 福建省海岛资源开发利用现状

改革开放以来，福建省海岛开发已取得了长足发展。一是已初步形成海洋捕捞、海水养殖、海岛旅游休闲、海洋矿产和海洋运输等产业开发为重点的海岛经济结构；二是几个县级以上海岛经济逐步壮大，海岛经济已成为海洋经济强省建设的重要组成部分；三是渔业是海岛经济的核心和主体，渔业产量稳步提升；四是先后批准成立的东山岛创汇农业实验区、湄洲岛旅游度假区、平潭综合实验区、琅岐岛“菜篮子”工程等，对海岛特色经济发展和海岛建设起到重要的推动作用。

海岛的开发利用主要有如下途径：通过筑堤围海，使海岛成为堤连岛或者堤内岛，或者填成陆地；在部分海岛建水产育苗池和养殖池，在海岛周围海域发展海水养殖；修建堤岸、防波堤、码头、导航标志等，开发港口航运资源；修建供电铁塔、电线杆、电信发射塔，架设电线，建设基础设施；开发海岛旅游景点，建设旅游设施，挖井，开采地下水；在海岛上开山采石，现有部分海岛保留有早期垦荒开垦的耕作地，种植作物，有的已荒废；其他还有修建房屋、小庙、坟墓等。

近年来，随着海洋经济的发展，由于没有处理好眼前利益与长远利益的关系，使得海洋环境遭到较大破坏，海岛破坏也较为严重。炸岛填海的现象时有发生，海岛周边海洋环境被污染，影响了海洋发展整体战略的实施。

1）有居民海岛开发利用现状

港口航道资源和空间利用：福建省有居民海岛，深水岸线资源丰富，能适应国际、国内经贸发展和船舶大型化发展的大趋势；深水岸线资源相对集中，具有立体开发和组合开发的双重优势。海岛港口资源已得到一定程度的开发。

海洋生物资源和海洋产业开发：海岛周边海域面积大，海洋生物资源丰富，海域生态环境优越，宜于多种鱼类和其他海洋生物的繁衍、生殖和栖息。福建省海岛周围海域的海洋生物资源的开发和利用逐步发挥其优势，并推进了相关海洋产业的发展。

旅游资源和海洋环境资源开发：福建海岛的群岛旅游优势明显，且群岛旅游可集多种资源和活动内容于一体发挥群体优势，旅游资源和海洋环境资源得到了相当程度的开发，大力提高了海洋经济的发展。

2）无居民海岛开发利用现状

福建省无居民海岛数量众多，无居民海岛拥有丰富的海洋资源、港口岸线资源和旅游资源，其开发利用的潜在价值较大；同时福建省无居民海岛地处我国东南沿海区域，部分海岛是国防前沿阵地，在空防和海防预警体系中起着重要的战略作用。但无居民海岛开发利用的程度总体上不高，尤其是距离大陆较远的无居民海岛，基本上仍保持相对原始状态；有些靠近大陆和港湾内无居民海岛或毗邻有居民岛的小岛，岛上资源开发利用程度相对比较高，部分岛屿在开发中因不注重保护，造成海岛资源和生态环境的破坏。

福建省无居民海岛开发利用现状表现在以下几个方面：①港口资源相对丰富，但受水域宽度、航道深度和风浪的影响，开发利用难度较大；②船舶锚地较多而水深不够，仅能供万吨以下的船舶锚泊；③滩涂资源丰富而利用率低，基本处于未开发状态，可用于水产养殖或围涂造地；④岛陆部分基础设施原始落后，常规能源缺乏，生态系统原始脆弱，环境承载力低，土地贫瘠，蓄水条件差；⑤风能、潮汐能十分丰富，开发利用前景相当广阔。

2.9.7.2 福建省海岛保护区建设现状

自1990年以来，相关管理部门日益重视对海洋与海岛的保护，特别是自《中华人民共和国海洋环境保护法》、《中华人民共和国海域使用管理法》等法律法规颁布实施以来，各市县加强对海洋与海岛资源和生态环境进行保护，建立海洋自然保护区和海洋特别保护区。截至2011年底，福建省海域内已建5个国家级自然保护区、6个省级自然保护区、3个市级自然保护区和6个市级特别保护区、4个县级自然保护区和26个县级海洋特别保护区，其中涉及海岛保护的保护区共有42个。此外，有些无居民海岛实施封岛栽培，保护海岛周围的海洋生态环境和渔业资源，如连江县兀屿岛、平潭综合实验区的大墩岛、东山县的西屿等。

与海岛相关的海洋自然保护区建设有3种类型：①以海岛为主体，周围海域为依托。县级政府批准建立的26个海岛生态特别保护区主要属于该类型，如牛山岛海岛生态特别保护区。②以海域为主体，海岛是区域内的组成部分。该类保护区面积一般较大，国家级和省级的保护区多属种类型，如泉州湾河口湿地自然保护区。③海岛与其周边的海域均是保护区的重要组成部分，两者唇齿相依，缺一不可，如东山珊瑚省级自然保护区。

2.9.7.3 福建省海岛开发利用存在的问题

福建省海岛资源的开发和保护存在的主要问题体现在：围、填海工程改变海岛及周围海域的自然环境，海洋生物资源面临严重威胁，淡水资源紧张，周围海域污染严重，海岛生态环境日趋恶劣；海岛管理机制不健全，适应开发的海岛资源管理机制未完全建立，资源遭受破坏以及浪费等问题仍比较严重；海岛开发经济效益低下，基础设施差、交通不便利和产业布局不合理等原因导致海岛经济基础薄弱，规模较小，发展速度慢。

3 海洋灾害

福建省地处我国东南沿海，频繁遭受台风、赤潮、外来物种入侵、海岸侵蚀、港湾淤积以及突发性污染等海洋灾害。随着海洋经济的发展，海洋灾害造成的经济损失日益增大，直接妨碍了福建省经济持续协调发展。

3.1 环境灾害

3.1.1 风暴潮灾害

风暴潮是由于强烈的大气扰动（如强风和气压骤变）所导致的潮位异常升降现象，甚者海水漫溢而酿成大灾。一般通称风暴潮灾害为“潮灾”，我国就是风暴潮灾害的高发地区。

福建省地处我国东南沿海，濒临西北太平洋，风暴潮灾害主要是台风诱发的风暴潮，所造成的灾害亦最为剧烈。福建省沿海地面高程较低，每年几乎都有台风侵袭福建省，引发风暴潮灾害，使福建省损失惨重。统计表明，从1986年到2008年短短的23年间，福建沿海每年平均发生2.3次风暴潮，年最多次数为5次；共发生特大台风暴潮灾害16次。2000年至2009年先后有17次台风在福建登陆，2次在闽浙交界登陆，均对福建省造成灾害损失；另外，这10年间在广东和浙江登陆的以及消失于台湾海峡的台风中，有5次对福建造成重大影响。热带气旋或台风所引起的巨浪、强风暴潮叠加天文大潮，造成福建沿海地区普遍出现了超历史记录和接近历史记录的高潮位。如TC0519号台风“龙王”。

3.1.1.1 灾害性台风周期性分析

台风风暴潮是台风引发的海洋灾害，西太平洋生成的台风影响福建沿海的情况见图3.1。根据统计结果，从1949年到2008年的60年间，共有97个台风登陆福建，有369个台风影响福建海域，平均每年有1.6个台风登陆福建，6.2个台风影响福建海域；其中，1990年登陆次数最多，达到5个，最少的年份为1950年、1951年、1954年、1968年、1979年、1988年、1991年、1995年、2002年，无台风登陆福建；1961年影响福建海域的台风最多，达到了12个，1993只有2个台风影响，为最少的年份。

3.1.1.2 台风与风暴潮周期性相关分析

西北太平洋台风生成频数有30年和15年的周期振荡。根据分析，西北太平洋副热带高压指数中，只有副高脊线位置与福建沿海6—7月登陆台风次数和有明显的相关，而副高北界位置则与福建沿海8—9月登陆台风次数有明显的相关。

1986—2009年24年间，福建沿海主要验潮站出现超警戒水位的台风个数共有34个（图

3.2)，平均每年达到1.4个；其中，出现超警戒水位台风个数最多的年份为2001年，达到了4个；最少的年份分别是1993年、1995年、1996年和1998年，当年均未出现超过警戒水位的高潮位。以福建沿海主要验潮站出现超警戒水位作为灾害性台风风暴潮出现的判断因子之一，对近24年的统计资料进行谱分析。分析结果表明，福建沿海发生台风风暴潮的显著周期约为5年。

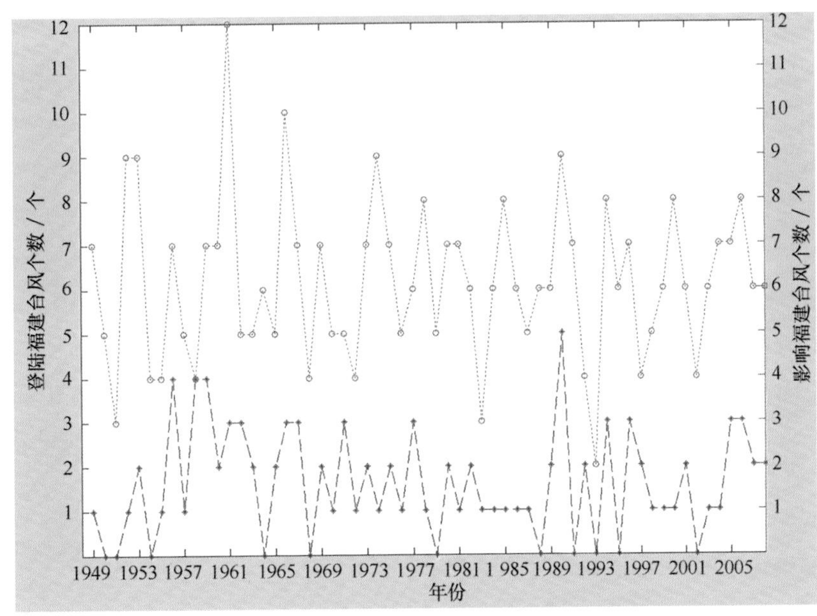

图3.1　近60年来登陆及影响福建台风个数变化

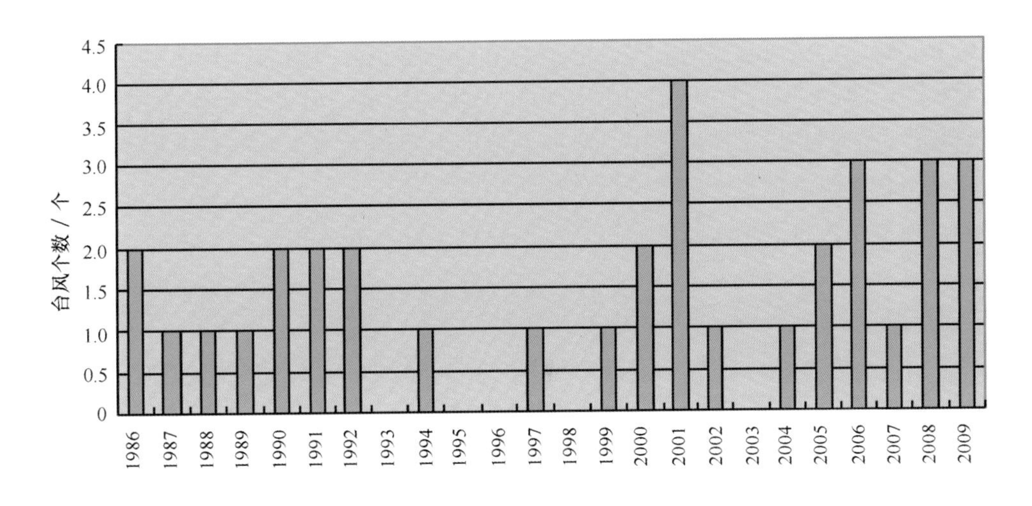

图3.2　福建主要验潮站出现警戒水位的台风个数年际分布

3.1.1.3　台风路径与沿海风暴潮的空间分布

相同的台风，在不同地区诱发的台风暴潮特点和规律不尽相同，引发的台风风暴潮灾害损失也不尽相同。台风影响路径与地形地势是造成风暴潮灾害损失大小不可忽视的诸多重要因子。分析登陆和影响福建省台风及其风暴潮历史资料，福建省沿海引发较大风暴潮高潮位的主要台风路径有以下几种：第一，经过台湾北部海面直接在福建省登陆；第二，先登陆台湾岛，后横穿台湾海峡又在福建省二次登陆；第三，穿过巴士海峡直接在福建省登陆；第四，虽然未在福建省登陆，但在毗邻福建省沿海北部的浙江沿海或南部的广东沿海地区登陆，在福建省沿岸造成较大的增水影响。根据影响福建的台风路径情况，将影响福建省的台风分别命名为4个主要类型：①岛北型：从台湾岛北部海面经过的登陆大陆或者转向外海；②穿岛型：从台湾岛东侧登陆穿过台湾岛登陆大陆或者转向；③岛南型：从台湾岛南部海面经过登陆大陆或者转向；④其他类型。1986—2008年间影响福建省的台风中，53%的台风为穿岛型台风，为影响福建主要的台风类型，风暴潮历史资料的统计也显示，穿岛型台风造成的台风风暴潮灾害最为严重。岛南和岛北分别占20%、23%，其他类型占1%。诸多的台风路径影响，决定了福建沿海是我国台风风暴潮的多发岸段之一。从风暴潮影响实例的实测结果和数值模拟分析看，穿岛型台风诱发的风暴潮影响到整个福建沿海和港湾；岛南型台风如在闽南沿海登陆，造成的风暴潮增水一般对福建南部沿海影响较大，可致100～150 cm的增水，对福建中北部沿海影响较小，但也有30～80 cm的增水；岛北型台风则对福建北部沿海影响较大，一般多有100～150 cm的增水，对福建中部和南部沿海影响相对较小；其他类型的台风则要看台风路径和登陆地点具体分析。总的来说，中北部沿海和港湾所受的风暴潮影响要大于南部沿海。

从地理位置上分析，福建省海岸带地处太平洋西岸的我国东南沿海地区，扼东北亚和东南亚航运航道的要冲，北接浙江省、南连广东省，又处于东海和南海的交接处，尤其是东临台湾海峡，与台湾岛仅有一水之隔。沿海地区地势总体是西北高而向东和东南方向逐渐降低，从陆地向海由低山和丘陵过渡到台地和平原，地势低平，风暴潮波可长驱直入，波及的范围都很广。由于台湾岛的屏障作用可削弱在福建省登陆台风的强度，理论上使福建省不易遭受特强台风风暴潮的灾害，但是由于台湾岛和台湾海峡特殊地形造成的狭管效应，影响福建沿海的风暴潮在传播过程中相互干扰和影响，出现多元化消长的变化格局，使得影响福建省的同一风暴潮过程中，沿海各地区出现最大增水时间自北向南滞后，增水过程有时会出现双峰，即当台风位于台湾岛北端或穿过台湾岛刚进入台湾海峡时，福建沿海各地区出现第一次台风增水峰；而后当台风临近登陆福建省沿岸时，还将出现第二个台风增水峰；有时第一个台风增水峰要比第二增水峰还大，结果使台风风暴潮的灾害历时增长，灾情加大。

以福建沿海主要验潮站代表不同沿海地区，在风暴潮影响福建沿海的空间分布上（表3.1），闽江口至崇武的闽中沿海，梅花、白岩潭受影响的次数最多，崇武以南的闽南沿海，东山、厦门、崇武次之，闽江口以北的闽北沿海，三沙、沙埕站较其他站偏少。闽中地区两站可能主要受到径流的影响，次数偏多，闽北地区偏少可能与港口地理环境有关。

表3.1 风暴潮影响次数统计

单位：次

站点	东山	厦门	崇武	平潭	白岩潭	梅花	三沙	沙埕
风暴潮潮影响次数	84	90	81	68	114	125	52	55

闽南沿海地区除了1993年没有受影响外，其他年份受影响的站次稳定地维持在30% ~ 40%；闽中沿海与闽北沿海地区的受影响次数具有0.77的负相关关系，闽北沿海地区的年变化较明显。

3.1.1.4 风暴潮出现频率

1）年变化

以福建沿海主要验潮站代表不同的沿海地区进行统计。1986—2008年，平均每年有27.8个站次受到风暴潮的影响；其中1990年有55个站次受到风暴潮影响，为最多年份；最少年份为1993年，只出现2个站次。1995年至1999年连续5年较常年偏少，随后出现2 ~ 3年的周期变化，近3年来较常年偏少。

2）月变化

风暴潮的影响期间主要集中在6—10月的5个月份。其中，8月共有187个站次受到风暴潮影响，为最多月；依次月份分别为9月、7月、10月、6月。最早出现台风风暴潮的月份为4月份，出现4站次，最晚出现的月份为12月份，出现3站次；冬春季的1—3月份没有台风风暴潮的影响。近几年来，一年中台风暴潮影响的时间跨度有增长的趋势，出现台风暴潮的时间提早，结束的时间推迟。

3.1.1.5 风暴潮影响程度

1）增水情况

根据1986—2008年资料统计，23年间全省共出现216站次增水大于100 cm（表3.2）。从以上数据可以看出，福建省台风增水发生频率是相当高的，其中尤以150 cm以下的台风增水最为常见。从福建省沿海风暴潮增水重现期频率分析看，北部沿海的风暴潮威胁要大于南部沿海，见表3.3。

表3.2 风暴潮增水次数统计

项目 站点	>50 cm	>100 cm	>150 cm	>200 cm
东山	84	13	0	0
厦门	90	22	0	0
崇武	81	12	1	0
平潭	68	19	5	4
白岩潭	114	61	27	8
梅花	125	71	30	13
三沙	52	11	1	1
沙埕	55	7	2	0
合计	669	216	66	26

表 3.3　风暴潮多年一遇增水　　单位：cm

站名	重现期 TR /年								
	2	10	20	25	50	100	200	500	1 000
马尾	118	185	210	219	243	268	293	326	350
厦门	86	133	151	157	174	192	209	232	250

2）潮位影响情况

从表 3.4 可以看出，共有 237 站次出现超过当地警戒水位的高潮位。

表 3.4　风暴潮过程高潮位超过警戒水位情况统计表　　单位：次

站点	警戒潮位（m、黄零）	>0 cm	>30 cm	>80 cm	历史最高潮位（m、黄零）
东山	2.50	28	6	0	2.80
厦门	3.76	15	4	0	4.15
崇武	3.50	25	13	1	4.26
平潭	3.43	20	9	1	3.75
白岩潭	3.30	36	15	1	4.83
梅花	3.60	34	15	3	4.20
三沙	3.41	35	15	3	3.94
沙埕	3.10	44	19	4	3.90
合计		237	96	13	

3）风暴潮与高潮增水的相关特征与风暴潮灾害发生规律（见图 3.3）

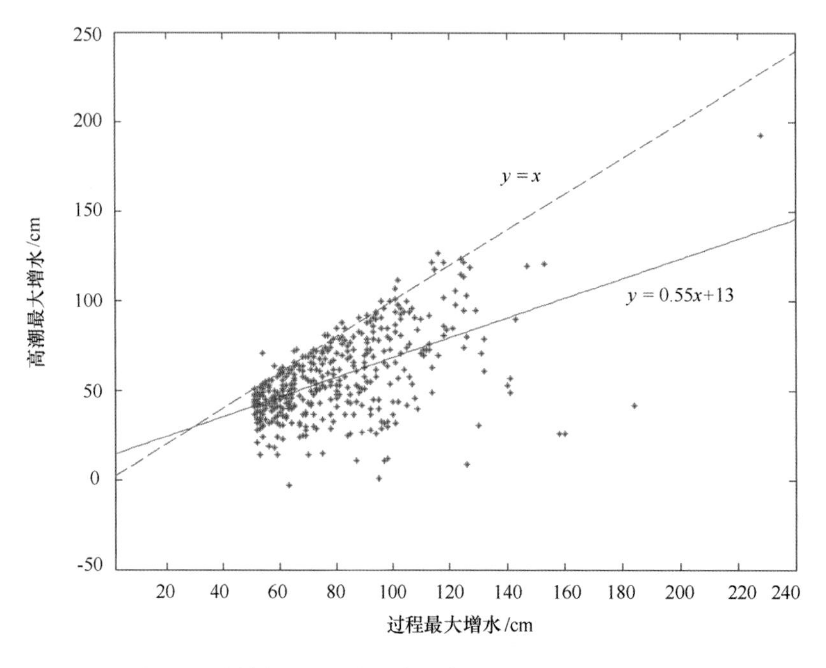

图 3.3　风暴潮过程最大增水与高潮时最大增水相关分析

风暴潮过程整点最大增水平均比高潮最大增水的平均值大约 22 cm，9% 的站次高潮最大增水是大于风暴潮过程整点最大增水的；也就是说，91% 的站次最大增水没有出现在高潮上。从两者的相关分析计算出其相关系数约为 0. 56，没有明显的相关性，主要分布在 $y = x$ 线的下方。

风暴潮影响力度按风暴潮的增水强度大小可分为 6 级，如表 3. 5 所示。

表 3. 5　风暴潮影响力度等级表

级别	名 称	增水/cm
0	轻风暴潮	30 ~ 49
1	小风暴潮	50 ~ 79
2	中等强度风暴潮	80 ~ 119
3	强风暴潮	120 ~ 179
4	特强风暴潮	180 ~ 219
5	罕见特强风暴潮	≥220

风暴潮的影响区域和沿海抗灾能力，是风暴潮灾害损失的重要影响因素。风暴潮影响的区域大小除了与风暴潮影响力度即增水强度密切相关外，也与风暴潮发生时天文潮讯的特点和规律直接关联。总体而言，风暴潮影响力度与潮灾发生的一般规律如下。

发生中等强度的风暴潮侵袭，若又适逢天文大潮汛期，沿海地区往往会普遍出现略超警戒水位的高潮位，但一般不会成灾或只发生轻度潮灾；若风暴潮发生在非天文大潮汛期，沿海地区往往不会出现超警戒的高潮位，不会致灾。

发生强风暴潮的侵袭，且适逢天文大潮汛期，沿海地区往往会普遍出现超警戒水位 50 cm 左右的高潮位，从而引发较大潮灾或严重潮灾；若风暴潮发生在非天文大潮汛期，沿海地区往往会普遍出现略超警戒的高潮位，引发轻度潮灾。

发生特强及以上风暴潮的侵袭，且适逢天文大潮汛期，沿海地区往往会出现超警戒水位 80 cm 以上的高潮位，从而引发特大潮灾；若发生风暴潮在非天文大潮汛期，沿海地区往往会普遍出现超警戒水位 30 cm 左右的高潮位，从而引发较大潮灾或严重潮灾。

3. 1. 1. 6　福建沿海风暴潮灾害发生状况

1）风暴潮等级

依据目前我国灾害预警工作情况，一般把风暴潮灾害划分为 4 个等级，即特大潮灾、严重潮灾、较大潮灾和轻度潮灾。各级潮灾所对应的参考灾情及风暴潮位如表 3. 6 所示。

表 3. 6　风暴潮灾害等级

等级	特大潮灾	严重潮灾	较大潮灾	轻度潮灾
参考灾情	死亡千人以上或经济损失数 50 亿元以上	死亡数百人或经济损失 10 亿 ~ 50 亿元	死亡数十人或经济损失 1 亿元左右	无死亡或死亡少量或经济损失数千万元以下
超警戒水位参考值	>2 m	>1 m	>0. 5 m	超过或接近

2）福建省风暴潮灾害概况

据统计，1951—2008年的58年中，福建沿海共发生不同程度的潮灾124次，过程最大增水超过1 m的台风风暴潮91次，风暴潮增水超过2 m的7次（表3.7）；按灾情损失评估，共造成特大潮灾17次（表3.8）。

表3.7　福建省台风风暴潮及潮灾统计（1951—2008年）

等级年	风暴潮增水		潮灾次数	等级年	风暴潮增水		潮灾次数
	≥1 m	≥2 m			≥1 m	≥2 m	
1951	2		2	1961	2		3
1952	1		1	1962	1		2
1953	2		2	1963	1		1
1954				1964	1		1
1955				1965	2		3
1956	4		4	1966	2		2
1957	1		1	1967	1		2
1958	3		3	1968	1		1
1959	3		3	1969	3	1	4
1960	1	1	2	1970	1		1
10年小计	17	1	18	10年小计	15	1	20
1971	4	1	5	1981	3		5
1972	2		2	1982		1	1
1973	1		2	1983	1		2
1974	2		4	1984	1		1
1975			1	1985	1		1
1976	1		1	1986	2		2
1977	1		3	1987	1		1
1978	1		1	1988	1		1
1979	2		2	1989	1		1
1980	1		1	1990	3		4
10年小计	15	1	22	10年小计	14	1	19
1991			1	2001	4		5
1992	1		2	2002	1		2
1993				2003	1		2
1994	4		5	2004	2		4
1995	1		1	2005	3	1	4
1996	1	1	2	2006	4		5
1997	1		1	2007	3		3
1998				2008	2	1	3
1999	1		4	8年小计	20	2	28
2000	1		1	58年合计	91	7	124
10年小计	10	1	17	58年平均	2		2

表 3.8 福建省特大台风风暴潮灾统计

中国台风编号及国际名称	台风登陆时强度		最大风暴潮增水/m	经济损失及人员伤亡			备注
	最低气压/hPa	最大风速/（m/s）		发生地区	死（伤）人员	经济损失/亿元	
6911 Elsie	965	35	2.38	闽江口	1 554（---）	数亿元	经济损失均为当年物价指数下的直接经济损失
9018 Dot	975	35	3.84	闽江口	110（---）	12.2	
9406 Tim	975	35	1.57	莆田	17	>23	
9417 Fred	960	40	1.23	福建省	—	10.8	
9418 Gladys	975	35	1.04	福清	7	20.5	
9608 Herb	970	33	2.33	福建省	55	46	
9914 Dan	965	38	1.32	闽南沿海	72	40	
0102 Chebi	970	35	1.14	福建省	71	45.2	
0104 Utor	970	30	1.03	闽南沿海	7	6.93	
0216 Sinlaku	965	37	1.1	福建省	1	25.59	
0505 Haitang	975	33	1.97	福建省	3	26.33	
0513 Tailim	970	35	2.03	福建省	4	37.2	
0519 Longwang	975	33	1.01	福建省	67	74.67	
0601 Chanchu	960	35	1.56	福建省	15	38.06	
0604 Bils	975	30	1.65	福建省	—	50.62	
0608 Saomai	920	60	1.84	福建省	215	63.87	
0709 Sepat	975	33	1.94	福建省	18	22.03	

根据1986—2008年的资料统计（表3.9），近23年间福建省共发生风暴潮灾害54次，风暴潮潮灾年平均为2.3次；其中，特大潮灾16次，严重潮灾4次，较大潮灾12次和轻度潮灾22次；年发生最多的次数为5次，分别是1994年、2001年和2005年。其中2003—2009年，福建省较大潮灾6次，严重潮灾4次，特大潮灾7次。

表 3.9 福建省台风风暴潮及潮灾统计（1986—2008年）

等级 年份	潮灾等级				合计
	特大	严重	较大	轻度	
1986				2	2
1987				1	1
1988				1	1
1989				1	1
1990	1	1	1	1	4
1991				1	1
1992			1	1	2
1993					0
1994	3		1	1	5
1995				1	1

续表 3.9

年份＼等级	潮灾等级				合计
	特大	严重	较大	轻度	
1996	1			1	2
1997			1		1
1998					0
1999	1			3	4
2000			1		1
2001	2		2	1	5
2002	1			1	2
2003			2	0	2
2004		1		3	4
2005	3		1		4
2006	3	1	1	0	5
2007	1			2	3
2008		1	1	1	3
合计	16	4	12	22	54

改革开放以来，尽管沿海人口急剧增加，但死于潮灾的人数已相对明显减少。不过，随着滨海城乡工农业的发展和沿海基础设施的增加，承灾体日趋庞大，每次风暴潮的直接和间接损失却在加重，58 年来发生的特大潮灾，绝大部分是在近 23 年间发生的。风暴潮灾害已成为沿海地区社会经济发展和扩大对外开放的一大制约因素。

3.1.2 海浪灾害

海浪是指风在海洋中造成的波浪，包括风浪、涌浪和海洋近岸波等。通常波长为几十厘米至几百米，周期为 0.5 ~ 25 s，波高几厘米至 20 m 以上，特殊情况下波高可超过 30 m。灾害性海浪是由热带气旋（台风、飓风）、温带气旋和强冷空气大风等强烈大气扰动所引起并造成巨大灾害的海浪。

灾害性海浪伴随着狂风肆虐，在海上常能掀翻船舶，摧毁海上工程和海岸工程，给海上航行、海上施工、海上军事活动、渔业捕捞等带来危害。福建沿海地区由于其地理位置的特殊性，海浪灾害经常发生，每年都会造成不同程度的经济损失。

3.1.2.1 灾害性海浪的定义

海浪分为风浪、涌浪和近岸浪 3 种基本波动。灾害性海浪主要由台风、温带气旋，寒潮的大风作用下形成的台风浪、气旋浪和寒潮大风浪。

寒潮浪由秋冬季影响我国的冷空气（寒潮）形成，每年可在海上造成 20 ~ 30 次 4 m 以上的灾害性海浪过程，尤其是当南部海域有热带气旋时，灾害性海浪维持时间较长。

台风浪是由台风的强风引起的巨大海浪，其波高有时可超过 20 m。平潭海洋站于 1976 年 8 月 10 日实测到最大波高 16.0 m 的怒涛，这是福建沿海有海浪记录以来出现的最高值。如此巨大的波高在海上所到之处几乎摧毁所有的东西，所以在海洋上航行的船舶、海上施工作业、渔业捕捞和海上军事活动等单位，十分关心台风的动向。当台风浪移近海岸时，它相伴风暴潮可使堤岸决口，港口设施毁坏，港湾避风浪的船舶受损。

温带气旋浪是由气旋强风引起的海浪。气旋浪同样给海上航行、海上施工等活动带来威胁。气旋浪主要特点是冷锋后的西北风区以风浪为主，冷锋前的西南风区和暖锋前的偏东风区以涌浪和风浪并存的混合浪为主，它的大浪中心在冷锋附近；另外，气旋浪具有生成快、消衰快的特点。由于通常不如台风浪强，容易被人忽视，因此更具有潜在的危险性。

台风浪、气旋浪和寒潮浪亦称风暴海浪，是海上主要的灾害性海浪。灾害性海浪是一个相对的概念，它本身并没有确切的定义，只能是根据海上不同级别的船只和设施，而分别给出相应级别的定义。中国国家海洋局在《2009 年中国海洋灾害公报》中，将波高大于或等于 4 m 的海浪称为灾害性海浪。

3.1.2.2 福建沿海灾害性海浪的时空分布

1）福建沿岸海区的波浪特征

福建省沿岸海区的波浪较大，从北至南分布了十大浪区：台山、四礵、闾峡、北茭、梅花浅滩、牛山、大岞、围头、镇海和古雷头海区。由沿海 8 个波浪观测站资料统计，福建省沿岸海区的波浪特征是：$H_{1/10}$的月平均值范围为 0.6 ~ 2.0 m，周期月平均值范围是 3.3 ~ 6.2 s；实测最大波高是 16 m（平潭站），最大周期 14.5 s（北礵站）。

从沿岸空间分布上，闽江口以北的北部海区 $H_{1/10}$的年平均值为 1.3 m，闽江口至崇武的中部海区为 1.1 m，崇武以南的南部海区为 1.0 m，北部海区的波浪大于中部、南部海区。由于沿岸的地形影响，港湾区的波浪多为风浪和涌浪形成的混合浪，单纯的风浪少见。由于福建省地处季风区，沿海地区 10 月至翌年 4 月以东北风为主，6 月至 8 月多为偏南风，5 月和 9 月尾季风转换期，风向多变。因此，沿海地区波浪明显受到季风影响，浪向季节变化显著。

2）福建沿海灾害性海浪的分布特征

灾害性海浪破坏力大，它不仅对海上活动造成严重威胁，而且近岸可轻易摧毁滨海人工构筑物，并加剧海岸侵蚀退化，恶化岸滩生态环境，危害极大。

由于一次大风过程产生的灾害性海浪，其持续时间相差不一，短的仅几个小时，长的历经数天甚至十几天，所以有时采用灾害性海浪的影响天数来描述其影响程度。福建海区由冷空气（寒潮）引起灾害性海浪的天数比台风引起的灾害性海浪天数要多，福建沿海台风以外的灾害性海浪天数，每年有 100 多天，其中绝大多数是由冷空气引发的。每年福建沿海出现 8 级以上大风的天数年平均在 100 d 以上，大风发生天数与灾害性海浪的发生天数相当。

据统计，1949—2008 年的 60 年间，共有 466 个热带气旋或台风影响福建海域，其中的 97 个登陆福建；平均每年影响福建沿海的热带气旋数为 7.8 个，造成灾害性海浪的约 3.1 个，平均每个热带气旋发生 2.3 d 灾害性海浪。2003—2008 年近 6 年来的灾害性海浪发生次数统计显示，台风浪的发生次数为 32%，但台风引起的大浪远远大于寒潮和温带气旋产生的波浪，沿岸海区实测的波高年极值往往是在台风期间造成的。根据历史资料的不完全统计，福建沿海出现的最大波高至今仍为平潭站的 16.0 m，是 7613 号台风引起的。沿岸测站的波浪极值也均为台风浪。台风浪的浪向，北部沿岸海区以 N 向浪为主，其中 NE（NNE）向浪出现频率在50%以上；中部沿岸海区以偏S向浪为主，如平潭站ESE向浪出现频率为45%；南部沿岸海区则以S向浪为主，其中ESE—SSE向浪占34%以上。

3.1.2.3 福建沿海灾害性台风浪发生频率和影响程度

1）发生频率

福建沿海是台风浪灾害较频繁、严重的区域之一。与台风在海上掀起的惊涛骇浪相比，台风近岸浪伴随着狂风、风暴潮和暴雨，破坏力更强，对福建沿海的危害更大。1990—2008年的19年间，福建沿海出现3 m以上的大浪共计125次，平均每年6.6次；其中4 m以上的台风灾害性海浪出现59次，年均3.1次。台湾海峡发生6 m以上的狂浪134次，平均每年7.1次；其中57次为台风浪，年均3次；出现狂涛以上的灾害性海浪20次（其中17次为台风浪），年均超过1次。福建沿海每年出现3 m以上大浪的次数与台湾海峡每年发生6 m以上灾害性海浪的次数，以及福建沿海4 m以上灾害性台风浪的年发生次数与台湾海峡发生6 m以上灾害性台风浪的年发生次数，两者之间存在着明显的线性正相关。

据1990—2008年资料统计，近19年给福建沿海带来较大灾害的台风浪有57次，平均每年约为3次；台风浪灾害发生最多的年份为1994年有6次，未发生较大规模台风浪灾害的年份有4年（潮灾等级）。台风浪发生天数共计135天，平均每个台风浪的影响天数约2.4天，扣除1993年和2003年两年，台风浪年均发生天数将近8天。

台风浪灾害发生的月份跨度是5—10月，其中6月占5次，7月占13次，8月占17次，9月占14次，10月占7次，5月仅1次。所以，7—9月是福建台风浪灾害多发的月份。

2）影响程度

台风浪对福建沿海的影响程度，呈现出几个特点。第一，最近33次台风浪中，有17次（占51%）是穿岛型台风造成的，由于台湾山脉的屏障作用，穿岛型台风进入台湾海峡后势力大大减弱，因此台风浪造成的灾害相较其他直接登陆的台风浪灾害稍小。第二，台风浪灾害的连续发生。一年内，多次台风浪相继连续发生时，沿海堤防等连续遭受台风近岸浪的冲击而损坏，使得遭受的灾害加剧。第三，台风浪常常伴随着风暴潮、狂风、暴雨等致灾因子共同作用。

3）台风浪对福建沿海主要港湾的影响特征

为分析台风浪对福建沿海主要港湾的影响特征，弥补现场调查资料的不足，采用数值方法，对2005—2009年期间对福建省产生重大影响的10个台风：0513“泰利”、0519“龙王”、0601“珍珠”、0605“格美”、0709“圣帕”、0719“罗莎”、0808“凤凰”、0815“蔷薇”、0903“莲花”、0908“莫拉克”，模拟重现台风登陆过程中福建省沿岸台风浪的演变过程。通过选取11个主要港湾波浪特征要素在台风过程中的逐时变化，分析和统计台风过程中港湾经受台风浪影响的不同程度和影响分布情况，从中大体划出台风浪灾害的敏感海区和港湾。

从数据统计结果可以看出，当台风穿过台湾岛，大部分波浪能量在台湾东海岸得到衰减，台风在跨越台湾海峡过程中，由于地形的狭管效应仍形成了较大的波高。相对于台湾东部海区，海峡西岸福建沿海海区的水深明显变浅，波浪向近岸传播进入浅水区域后，波浪能量的耗散比较激烈，有效波高呈明显的衰减。但仍能够在福建省沿海地区造成破坏性较大、影响面积较广和影响程度较强的台风浪。

表3.10是台风浪过程中沿海港湾有效波高的最大值分布。数据显示，最大值出现在深沪湾口，为5.7 m；最小值1.0 m，有效波高出现在东山湾口。近5年来，影响福建沿海的台风过程中，深沪湾在11个港湾中经受的影响频率最高，影响程度最大，10次台风浪均为巨浪，有8次最大有效波高出现在该湾，全省沿海有效波高的最大值也出现在该湾，在各次台风过程仍能够达到5 m左右的有效波高。其次是泉州湾（最大波高5.6 m，3次大浪，7次巨浪）、兴化湾（最大波高5.4 m，2次大浪，8次巨浪）、三沙湾（最大波高4.9 m，3次大浪，6次巨浪，1次中浪），台风浪均造成了较大的影响。所以应重点加强上述四个港湾沿岸的台风浪防御措施。至于台风浪增水，较大的影响区域是罗源湾，其次是湄洲湾和福清湾，虽然台风浪增水相对于台风暴潮增水幅度小，但不可忽视；尤其是影响区域较大的上述3个港湾，一旦耦合上天文大潮和较大的风暴潮增水，台风增水的破坏程度加剧。相对来说，厦门湾以南至东山湾的南部海区，近5年来受台风浪影响的水平明显低于福建省其他海区，这与近年来台风移动路径与登陆地点的相对集中形成了比较明显的相关性。另外，虽然福建中部沿海台风浪影响程度较高，但湄洲湾在历次台风浪的影响中却处于相对安全的状态，有效波高最大值的时间分布与厦门湾类似，量值不超过2 m；这两个港湾湾口均分布有较为复杂的掩护岛链，可能对风浪的成长起了一定的阻挡和耗散作用。

表3.10 台风过程福建沿海最大的有效波高分布 单位：m

港湾＼台风	泰利	龙王	珍珠	格美	圣帕	罗莎	凤凰	蔷薇	莲花	莫拉克
三沙湾	4.9	4.1	3.5	3.3	4.8	4.3	4.4	4.4	2.3	3.6
罗源湾	2.3	2.2	2.0	2.0	2.3	2.2	2.1	2.2	1.6	2.0
福清湾	3.1	2.9	2.6	2.7	3.0	3.0	2.8	3.1	2.4	2.5
兴化湾	5.4	4.9	3.6	4.2	5.0	5.1	4.4	5.2	3.0	4.0
湄洲湾	1.8	1.9	1.8	1.9	1.8	1.8	1.7	1.8	1.6	1.6
泉州湾	4.6	5.6	5.5	5.4	4.1	3.4	3.8	4.8	4.3	3.4
深沪湾	5.3	5.7	5.7	5.6	5.0	4.8	4.7	5.3	4.5	4.3
厦门湾	1.6	1.7	1.9	1.7	1.6	1.4	1.4	1.7	1.6	1.2
旧镇湾	1.8	1.8	2.1	1.8	1.7	1.7	1.5	1.9	1.7	1.3
东山湾	1.6	1.4	1.7	1.3	1.5	1.4	1.2	1.7	1.2	1.0
诏安湾	1.8	1.5	2.0	1.4	1.6	1.6	1.2	1.8	1.4	1.0

3.1.2.4 福建沿海海浪灾害发生概况

福建沿海海浪灾害事故发生区域为：北至福鼎沙埕港、南至漳州诏安宫口湾，包括整个福建省沿海海区。2003—2008年福建沿海台风浪灾害共有22起；除此之外，福建沿海因雾碰撞、因风走锚、因流搁浅、因浪翻沉等非人为因素发生的海上灾害事故，累计385起。根据中国海洋灾害公报和福建省海洋环境状况公报的官方数据，经过对比和查证，确认其中47起是因海浪造成的海难事故。

2003—2008 年福建沿海共发生海浪灾害事故 69 起，平均每年发生灾害性海浪事故 11.5 次；其中由冷空气引起的海浪灾害事故每年为 7.2 起；由台风引起的海浪灾害事故每年为 3.7 起；由温带气旋等其他天气系统引起的海浪灾害事故较少，6 年间共发生 4 起；从月份和季节分布来看，冬（春）和秋季发生灾害性海浪事故较多，夏季发生灾害性海浪事故（不含台风近岸浪）相对较少，主要是台风浪引起的。

2009 年中国海洋灾害公报只公布了福建省台风浪灾害的损失数据，2009 年福建省海洋环境质量状况公报公布了福建沿海的海浪灾害事故 5 起、死亡 1 人的数据，但未提供灾害的直接经济损失，我们根据 2009 年福建省渔业船舶水上生产安全事故统计表，确认其中 16 起是因海浪造成的船舶灾损事故，但由于未记录海浪是何种天气系统造成的，因此 2009 年的海浪灾害起数未列入表 3.11 的福建省沿海海浪灾害事故统计表中。但均列入以后各项灾害损失的统计中。

表 3.11　2003—2008 年福建沿海海浪灾害事故统计

系统	2003 年	2004 年	2005 年	2006 年	2007 年	2008 年	总数	平均	百分比/(%)
冷空气	4	4	8	8	15	4	43	7.2	62
温带气旋	0	0	1	0	0	3	4	0.7	6
热带气旋	0	4	4	4	5	5	22	3.7	32
总数	4	8	13	12	20	12	69	11.5	

3.1.3　海雾灾害

海雾是影响航海安全的主要天气现象。因其在海面低层大气中形成水汽凝结且长时间呈乳白色悬浮，带来海上的不良水平能见度（通常小于 1 km），使航行和作业的船舶迷失航路，加上沿海海域航道狭窄、岛礁众多，造成船舶碰撞、触礁、搁浅等海损、海难事故，所以海雾是一种频发的海洋灾害。对于沿海城市，海雾明显加重了大气污染。因此也属于气象灾害之一。

3.1.3.1　福建沿海海雾的时空分布

海雾由于成因不同，通常可分为平流雾、混合雾、辐射雾和地形雾 4 种类型。福建沿海地区的海雾多为暖湿空气流经海面时受较冷海水（流）影响产生的平流雾。因此，从地域分布上，沿海海岛和半岛地区海雾出现的几率高于港湾和沿海陆地，北部海区海雾出现的几率高于南部海区。福建各海区海雾频率的时空分布也不尽相同。北部海区：8—12 月为该海区频率最低季节，在 1% 以下；其次是 1—2 月，频率 3% ~4%；3 月频率逐步上升到 6% ~7%，4—5 月频率升到最高，达 11% 左右；6 月福建北中海区频率下降到 3% 以下，7 月福建北部海区已降到 1% 以下。福建南部海区：6—9 月频率 2% 以下；10—11 月频率为全年最低季节，其频率都在 0.8% 以下；12 月至翌年 1 月频率在 1% ~2% 之间；2 月频率明显上升到 3%；3—4 月为该海区频率最高季节，可达 7%；5 月频率下降到 4% 以下。

统计表明，福建沿海及其岛屿全年雾日平均在 20 d 左右，海岛和半岛地区全年雾日则多在 30 d 以上；北部海区如位于闽东北的岛屿及半岛如台山、北礵、北茭、三沙等可达 60 ~80 d，而福建沿海岸的港湾内和陆上，一般只有 10 d 左右。究其原因，乃福建海区冬春季节受自北向南的沿岸流（冷洋流）影响的结果。由于沿岸流使海水及沿岸近地面温度降低，气层稳定，使得南来的暖湿气流容易达到饱和状态而有利于雾的形成。

3.1.3.2 福建沿海海雾的时序变化

福建沿海海雾出现的季节性较强，多发生于冬春两季，集中于2—5月（表3.12）。夏季，台湾海峡和福建沿岸雾日明显减少。入秋后夜间辐射冷却逐渐加强，每当冷空气南侵后，在晴朗无风的夜晚陆地上容易出现辐射雾，故内陆的雾日多出现于10月至翌年1月。

表3.12 福建沿海2—6月雾日数及累年雾日数 单位：d

站名	2月	3月	4月	5月	6月	年平均
福鼎	1.8	2.4	3.1	1.4	0.8	14.7
台山	6.3	10.7	14.5	16.8	13.0	81.2
三沙	4.7	7.8	13.8	11.3	7.0	58.3
三都	0.9	1.6	3.8	2.2	0.9	10.2
北茭	3.1	6.0	9.3	8.4	3.4	34.6
福州	3.1	4.7	4.4	2.9	2.6	23.6
平潭	2.6	4.3	6.6	4.8	1.6	25.5
莆田	1.8	3.2	3.5	1.8	1.0	12.8
崇武	2.8	5.5	8.4	6.6	2.0	29.8
厦门	3.9	6.7	7.0	5.0	1.7	30.6
龙海	1.7	2.1	1.8	1.2	0.4	11.5
东山	3.4	5.6	7.7	4.2	2.5	30.5
诏安	1.7	3.1	2.3	0.7	0.3	12.4

注：本表参考《福建省气象志》、《福建省海洋志》并利用收集的最新数据整编。

雾的日变化，沿海与陆地上的表现差异很明显。福建沿海及台湾海峡上的雾多为平流雾，冬末到夏初为平流雾的盛期，这类雾日变化小，在海上或小岛屿上，一天24 h都可能出现，只是程度有些差别。陆地上的雾多为辐射雾，这类雾多形成于下半夜，清晨5—7时达到高峰，一般在上午9时前就消失。

雾的形成和消失受天气形势影响。沿海平流雾形成后，若天气形势未改变，雾就会持续下去，其范围可能逐渐扩大，浓度也逐渐增大。从一次雾的持续时间（统计时中间允许中断2 h）来看，北部沿海岛屿持续时间较长，在春季一次雾的持续时间从小于1 h到12 h都可能出现，而大于7 h的频率可达33%～48%，与内陆的低平地带成明显对照。随着夏季的来临各地成雾机会减小且持续时间也短了。

据10年资料统计，福建沿海岛屿，出现单天雾占总数一半以上，连日（有日变化）出现机会从隆冬到仲春逐渐增多。雾的持续时间最长的地方也是出雾几率最高地方。统计表明，1—4月福建沿岸海岛和半岛地区多年最长连续雾日数可达6～8 d，闽东北沿岸可达12 d，其他地区一般为4～5 d。雾的最长连续时段一般在4—5月份。随着春尽夏来连续雾日出现率越来越小，海上在秋季达到最小。

3.1.3.3 海雾灾害

海雾是福建沿海冬春季天气的特色之一，影响范围广，多雾区相对集中在近海主航线和渔业、海事繁忙区。客观上讲，海雾多数属水平能见度距离在1~10 km之间的轻雾，对海上航行和作业一般影响不大。而较高等级的海雾（水平能见度距离小于1 km的雾、在200~500 m之间的大雾、在50~200 m之间的浓雾和距离不足50 m的强浓雾），的确不利于船舶的海上航行和作业，是海损、海难事故的诱发因子，但海雾真正造成灾害性事故，往往与船舶忽视海雾预报、违反雾航安全规定、船员疏忽瞭望、应急处置不当等人为因素密切相关。

1989年6月6日，某部575船在福建东山海域执行任务时，与浙海103船碰撞，造成103船沉没、9名船员失踪、1名溺亡的重大事故。这次海难事故除了海雾天气外，主要原因在于船长严重违章航行。据海事部门统计，闽南沿海的湄州湾至南澳岛海域，1998—2002年的5年间共发生各类船舶交通事故101件，死亡（失踪）34人，直接经济损失达10 009.13万元。其中碰撞、搁浅、触礁、触损事故占了一半以上，分析致灾原因，除了海雾、大风浪等客观因素外，更多的是人为灾害！

3.2 地质灾害

3.2.1 海岸侵蚀

3.2.1.1 福建海岸侵蚀特点及分布规律

福建沿海海岸侵蚀分布特征取决于众多因素，诸如区域地质背景、海岸地形地貌、海岸类型、海岸动力条件、沉积物来源多寡以及人类活动等都对海岸侵蚀有较大影响。在当今全球气候变暖引发海平面上升、风暴浪潮增强，以及入海沙量锐减的大背景下，福建省的海岸侵蚀现状如同全国其他省区一样，具有侵蚀范围广泛性、侵蚀程度区域差异性、侵蚀原因多样性，以及人为影响与侵蚀发展加剧性的总体特征。下面根据本次大面普查结果，结合前面海岸概况的综述，对本区具体的海岸侵蚀特点与分布规律分析如下：

1）福建沿岸的地质地貌特征与侵蚀风险的区域性差异

福建省海岸中新生代的构造演化，特别是新构造运动时期形成的海岸构造格架，造成本区海岸呈现出以山丘或台地港湾海岸为主，并与滨海平原（含沿海河流港湾平原及滨岸沙丘地带）海岸交错分布的明显特征，这既是影响本区海岸性质及其发展演变的宏观背景，又是影响海岸带物质平衡，进而影响海岸稳定性的一级控制因素。从地质地貌大尺度地域变化对海岸侵蚀影响的角度而言，可将福建省沿岸划分为北部岸段、中部岸段、南部岸段和大河河口岸段4类区域性岸线。

（1）北部岸段

北部岸段位于闽江口以北，地壳以沉降为主，发育了典型的溺谷港湾海岸。该岸段的区域地质地貌具有以下几个特征：①不仅形成了诸如沙埕港和三沙湾等许多三面山丘环抱，湾中有湾之深邃港湾，而且也使在沿海分布的红壤型风化壳残积地层被深埋于第四纪沉积层之下；②区内山地丘陵面积占全区总面积在80%以上，地形显现山峦重叠起伏，群峰逶迤而连绵不断，山谷纵横交错，其中仅于小山间盆谷可看到第四纪的冲、洪积沉积物；③由于断块山体直逼海岸，沿岸岸线十分曲折，岬湾更迭，岬角突出，且海岸多为陡崖峭壁；④海岸类型，在开敞海岸系由中生代火山岩和燕山期花岗岩类岩石构成的基岩海岸占绝大多数，在港湾内部则主要为淤泥质海岸，而砂砾质海岸长度仅占总岸线的3.7%；⑤区内入海河流多为流注港湾内部，其河口平原不发育。总之，北部岸段之开敞海岸的第四纪“软岩类”地层不发育，仅局部山坡、沟谷可见少量残坡积、洪冲积等陆相地层，而且在潮上带也少见海积、潟湖（或湖沼）积、风积等沉积物。因此，本岸段的海岸侵蚀主要表现在突伸入海的半岛和开阔海域中岛屿的基岩海岸，而由第四纪地层构成的典型侵蚀海岸虽也可见到，但分布有限。

（2）中部岸段

中部岸段位于闽江口以南至九龙江口以北，乃是处在长乐—诏安以东断块之地壳轻微上升区的地带。本岸段区域地质地貌特征如下：①地势西高东低，地貌类型从内地向海大体由低山丘陵过渡为台地、滨海平原，唯半岛地带才复由台地到丘陵；②第四纪地层分布广且成片，例如由红壤型风化壳残坡积物、老红砂层、沙丘岩、海滩岩，以及海积、风积、冲海积和冲洪积等沉积物构成的“软岩类”海岸所占的比例远大于其他岸段；③海岸类型与北部岸段相比，砂砾质海岸长度明显增加（约占总岸线长度的1/3）；④本区入海河流，如鱼溪、木兰溪、洛阳江、晋江和汀溪等的近河口段均有冲海积平原发育，其中以莆田平原和泉州平原为最大。显然，在开敞海区，红壤型风化壳残坡物等第四纪“软岩类”地层之广泛分布，是本区海岸频频发生典型侵蚀现象（含强烈岸线蚀退和海滩下蚀）的内在因素。

（3）南部岸段

南部岸段位于九龙江口以南，系长乐—诏安以东断块轻微上升区的南段，其区域地质地貌状态与中部岸段有些类似。不同的地方在于：①本区北部晚第三纪到第四纪初期曾发生过基性火山喷发，形成了福建沿海唯一的新生代火山岩喷发带；②沿岸侵蚀剥蚀台地虽也分布较广，但与中部岸段相比，多呈规模较小的不连续片状分布；③风成沙地甚为发育，尤其是在漳浦—东山沿海下沉亚区，沙丘海岸比比皆是；④区内佛昙溪、赤湖溪、浯江溪、漳江和东溪等主要入海河流的流程均较短，其河口平原亦较小。总之，南部岸段的区域地质地貌背景表明其海岸稳定性与中部岸段大体相近，但发生典型的海岸侵蚀现象稍逊之；然而与北部岸段相比，却仍存在着大得多的侵蚀风险。

（4）大河口岸段

闽江口、木兰溪口、晋江口和九龙江口等大河口是在大断陷构造的基础上形成的河口湾淤泥质海岸。它们虽然也属“软岩类海岸”，且其海岸低平，陆地地形宽阔单一，但泥沙供给丰富，岸前潮间带海滩宽广，能有效地消耗向岸入射的波能，故海岸侵蚀现象并不明显。即使在闽江口外的南侧开敞海岸（长乐县东岸），在强烈的风与浪的作用下，形成了宽阔的风成沙地和夷直型砂质海岸，其岸滩地貌亦多呈现弱侵蚀—堆积状态。

综上所述，福建沿海地区在中新生代形成的海岸带构造的基本格架，所体现出的海岸地质地貌轮廓及海岸稳定性具有明显的区域差异性。由此，从海岸侵蚀的内在因素考虑，在宏观尺度上可将福建省海岸划分为4类具有不同侵蚀风险的岸线：其中，中部岸段的海岸侵蚀风险最大，南部岸段次之，北部岸段较低，而沿海局部构造断凹区构成的大河河口岸段则处于相对弱侵蚀—堆积状态。

2）福建沿岸动力特征与海岸侵蚀分布

福建处于台湾海峡西岸，海岸轮廓多为东侧面海，岸线走向总体为NE向。受海峡管束效应的影响，福建省潮差、潮流及偏 NE 向的风浪都较大，而且又是频繁遭受台风浪、潮袭击的地区。沿岸动力条件作为外在因素是诱发海岸侵蚀的主导原因，其中波浪场的波要素是最具活跃的因子。如表 3.13 所示，福建沿岸各海区常年的盛行波浪浪向均在 NNE—E 方向的范围内。这样，对于总体走向为 NE 向的福建省海岸岸线，沿岸波生流产生的主体输沙方向将为自北向南。因此，福建省沿岸开敞的岬湾型海岸，通常在其北部岸段具有较明显的侵蚀势态，如黄岐半岛南岸黄岐湾、湄洲湾南侧的墩南—净峰岬湾、晋江半岛的深沪湾、厦门岛东岸和漳浦的后蔡湾与将军湾等。

福建省外动力条件对海岸侵蚀的影响是多方面的。上述正常波况作用所表现出海岸侵蚀特征与分布状态，虽属"隐形"的侵蚀态势，但具有长期性、潜在性、累积性和广泛性，它对台风、风暴潮、洪水和大潮等"显形"的短期侵蚀事件的发生有着推波助澜的作用，常使"显形"的海岸侵蚀破坏难以得到逆转。

3）福建海岸侵蚀的主要表现形式

福建省海岸侵蚀的主要表现形式从空间尺度上考虑，主要有 3 种：①岸线后退，以发生在无海堤工程措施护岸的"软岩类"海岸（如第四纪沉积层、红壤型风化壳残坡层等构成的海岸）为显著；②海滩滩面下蚀，从而导致零米等深线向陆侧移动，多见于有海堤护岸的岸段；③高滩相对稳定，低滩下蚀，这通常是由于潮下带受岸外潮流冲刷侵蚀所致。

就发生侵蚀的时间尺度而言，可大体划分为两类：①长周期趋势性的"隐形"海岸侵蚀，它主要是由于海平面上升、入海河流来沙减少或不合理的海岸工程引发的负面环境效应等所造成的海岸相对平衡的输沙态势发生变化，使得海岸在新的海洋动力泥沙条件下，通过长期的调整过程而缓慢发生侵蚀；②短周期突发性的（显形）海岸侵蚀，通常是在台风发生期间，由于风暴浪、潮的肆虐而造成的具有明显破坏性的侵蚀状态。

3.2.1.2 福建海岸线蚀淤现状统计及分析

福建海岸线的蚀淤动态，按《简明规程》分类法，根据前面所述海岸地质地貌背景，结合各岸段海岸接纳泥沙数量和海洋动力因素强度以及他们的互相作用过程的分析，分别将海岸的稳定性划分为侵蚀型岸滩、相对稳定型岸滩和淤涨型岸滩 3 种类型。各类型岸滩的蚀淤情况统计见表 3.13。针对表 3.13 的统计数据，这里拟讨论以下 3 个方面的问题：

表 3.13 福建省海岸线蚀淤状况统计

地区	岸线类型	长度/km	占总岸线/(%)	岸线蚀淤情况								
				侵蚀型岸线			相对稳定型岸线			淤涨型岸线		
				长度/km	占本类型岸线/(%)	占总岸线/(%)	长度/km	占本类型岸线/(%)	占总岸线/(%)	长度/km	占本类型岸线/(%)	占总岸线/(%)
宁德市	砂砾质岸线	42.47	3.70	32.33	76.13	2.82	8.31	19.57	0.72	1.82	4.30	0.16
	淤泥质岸线	572.89	49.95	19.36	3.38	1.69	58.79	10.26	5.13	494.74	86.36	43.13
	基岩岸线	531.64	46.35	448.12	84.29	39.07	83.52	15.71	7.28	0.00	0.00	0.00
	总岸线	1 147.00	25.16	499.81	43.58	43.58	150.62	13.13	13.13	496.57	43.29	43.29

续表 3.13

地区	岸线类型	长度/km	占总岸线/(%)	岸线蚀淤情况								
				侵蚀型岸线			相对稳定型岸线			淤涨型岸线		
				长度/km	占本类型岸线/(%)	占总岸线/(%)	长度/km	占本类型岸线/(%)	占总岸线/(%)	长度/km	占本类型岸线/(%)	占总岸线/(%)
福州市	砂砾质岸线	303.91	23.20	130.41	42.91	9.96	75.66	24.90	5.78	97.83	32.19	7.47
	淤泥质岸线	528.88	40.37	23.13	4.37	1.77	175.14	33.11	13.37	330.61	62.51	25.24
	基岩岸线	477.21	36.43	415.91	87.15	31.75	61.30	12.85	4.68	0.00	0.00	0.00
	总岸线	1 310.00	28.73	569.46	43.47	43.47	312.10	23.82	23.82	428.44	32.71	32.71
莆田市	砂砾质岸线	133.34	30.10	103.56	77.67	23.38	27.54	20.65	6.22	2.24	1.68	0.51
	淤泥质岸线	146.10	33.00	7.17	4.90	1.62	48.36	33.10	10.92	90.57	61.99	20.44
	基岩岸线	163.56	36.90	146.99	89.87	33.18	16.57	10.13	3.74	0.00	0.00	0.00
	总岸线	443.00	9.72	257.72	58.18	58.18	92.47	20.87	20.87	92.81	20.95	20.95
泉州市	砂砾质岸线	246.27	37.43	152.35	61.86	23.15	87.95	35.71	13.37	5.96	2.42	0.91
	淤泥质岸线	236.87	36.00	0.60	0.25	0.09	53.67	22.66	8.16	182.61	77.09	27.75
	基岩岸线	174.86	26.57	146.24	83.63	22.22	28.62	16.37	4.35	0.00	0.00	0.00
	总岸线	658.00	14.43	299.19	45.47	45.47	170.24	25.87	25.87	188.57	28.66	28.66
厦门市	砂砾质岸线	33.55	14.84	14.99	44.67	6.63	17.37	51.78	7.69	1.19	3.55	0.53
	淤泥质岸线	150.87	66.75	1.49	0.99	0.66	42.48	28.16	18.80	106.90	70.86	47.30
	基岩岸线	41.59	18.40	24.81	59.67	10.98	16.77	40.33	7.42	0.00	0.00	0.00
	总岸线	226.00	4.96	41.29	18.27	18.27	76.62	33.90	33.90	108.09	47.83	47.83
漳州市	砂砾质岸线	228.66	29.50	132.53	58.03	17.10	70.40	30.79	9.08	25.73	11.25	3.32
	淤泥质岸线	336.61	43.43	1.88	0.56	0.24	54.60	16.22	7.05	280.13	83.22	36.15
	基岩岸线	209.73	27.06	164.02	78.30	21.16	45.71	21.80	5.90	0.00	0.00	0.00
	总岸线	775.00	17.00	298.43	38.55	38.51	170.71	22.03	22.03	305.86	39.47	39.47
全省	砂砾质岸线	988.19	21.68	566.17	57.29	12.42	287.24	29.07	6.30	134.78	13.64	2.96
	淤泥质岸线	1 972.22	43.26	53.63	2.72	1.18	433.04	21.96	9.50	1 485.56	75.32	32.59
	基岩岸线	1 598.59	35.06	1 346.09	84.20	29.53	252.50	15.80	5.54	0.00	0.00	0.00
	总岸线	4 559.00	100.00	1 965.89	43.12	43.12	972.77	21.34	21.34	1 620.34	35.54	35.54

1）砂砾质岸线的分布格局

如前所述，福建省沿海砂砾质沉积物的物质来源，主要是沿岸“软岩类海岸”遭受侵蚀的来沙，仅少量为溪河、沟谷川流携带入海或可能在海侵时期由于“滨面转移”而来自外海。如表 3.13 所示，福建是我国沿岸砂砾质岸线比例较高的省份之一。在福建省砂砾质岸线中，侵蚀型海岸占据了一半多，淤涨型海岸仅占 13% 左右。各地区侵蚀型砂砾质岸线长度占该区总岸线长度比值的分布趋势也相同。本区沿岸砂砾质岸线的这种区域性分布格局与区域新构造运动之区域差异性有着明显的相关关系，即闽江口以北的北部岸段由于地壳相对下降形成了断陷区，该区现代海岸几乎难以见到如在中、南部岸段广泛分布的由红壤型风化壳残积物，或由古海岸风积成因的老红砂地层等“软岩类”构成的海岸，而是以基岩山坡海岸为特征。因此，北部岸段在类似的波浪条件下，少见砂砾质海滩是不言而喻的。

2）侵蚀型岸线的分布状况

福建省沿岸侵蚀型岸线长度以莆田市和泉州市为最高，其次为宁德市和福州市，再次为漳州市，厦门市。宁德市侵蚀型岸线长度占其总岸线长度的比值为43.58%，其中基岩岸线的长度远远大于砂砾质岸线和淤泥质岸线；位于中部岸段的莆田市和泉州市沿岸，在侵蚀型岸线中砂砾质岸线的长度却与基岩岸线基本相当。中部岸段侵蚀型岸线中砂砾质岸线长度与总岸线长度的比值远远大于北部岸线，充分地印证了中部岸段海岸地质条件的脆弱性与潜在易损性，即其发生严重灾情的典型侵蚀现象的几率要大得多。

3）淤涨型岸线及其分布势态

淤涨型岸线主要发生在淤泥质海岸，淤涨的砂砾质海岸则短得多。不同地区淤涨型岸线占该区总岸线长度的比值情况如下：宁德市和厦门市由于港湾内澳海岸较为发育，其比值都相对较高；其次为福州市和漳州市，而位于中部岸段的莆田市和泉州市相对较低。福建省沿岸淤涨型岸线除少数出现在大河河口区岸段（因陆域泥沙供应充裕，促使三角洲及附近海岸淤涨）和部分的岬湾型海岸（因处于沿岸输沙之下游段而发生淤积）之外，大多数是出现在隐蔽的港湾内部。后者沉积环境南、北岸段略有差别：在北部岸段，主要是基岩港湾岸背景下，长期接受较多的河流物质和近海侵蚀物质充填的结果，其河口平原海岸及港湾淤积海岸较发育；在中、南部岸段主要是在台地溺谷海湾的背景下发生沉积的结果，其物质来源除河流来沙和近海泥沙注入外，更重要的是海湾周边台地侵蚀剥蚀入海的泥沙。

3.2.1.3 侵蚀岸段海岸侵蚀速率统计

福建省沿岸各侵蚀岸段海岸侵蚀现状的统计资料如表3.14所示。

表3.14 福建省海岸侵蚀现状统计

岸段	岸线类型	侵蚀岸段长度/km	侵蚀现状			备注
			侵蚀年段	侵蚀速率/（m·a^{-1}）	数据来源	
沙埕港湾口南侧 大白鹭	砂质岸线	0.2、0.25	1970—1988	1.2	地形图对比	
沙埕港湾口南侧 川石	砂质岸线	1.0	1970—1988	-1.5	地形图对比	
晴川湾北岸筼筜	砂质岸线	0.6	1970—1988	-2.1	地形图对比	
里山湾口北侧青屿头	基岩岸线			0	地形图对比	
里山湾口南侧青官蓝	砂砾岸线	0.3	1970—1988	3.6	地形图对比	
里山湾口南侧花竹	基岩岸线			0	地形图对比	
里山湾口南侧古镇北	砂质岸线	0.17	1970—1988	-2.1	地形图对比	
福宁湾北岸三澳	人工岸线				地形图对比	目前已填海造地
福宁湾北岸三农	砂质岸线	0.2	1970—1988	-2.1	地形图对比	已修筑人工护岸

续表 3.14

岸段	岸线类型	侵蚀岸段长度/km	侵蚀现状			备注
			侵蚀年段	侵蚀速率/（m·a^{-1}）	数据来源	
福宁湾南岸沙塘街	粉砂淤泥质岸线	5.0	1960—2007	-0.7	地形图对比	
福宁湾南岸渔洋埠	砂质岸线	2.5	1960—2007	-0.4	地形图对比	
福宁湾南岸秋竹港	砂质岸线	1.5	1960—2007	-0.7	地形图对比	
高罗澳西岸下洋城	砂砾岸线	2.1	1960—2007	0.3	地形图对比	
高罗澳西岸积石	砂质岸线	1.5	1960—2007	-0.6	地形图对比	
大京村沙滩北侧剖面 DJ—1	砂质岸线	2.5	2007-08—2009-04	0.48	现场重复测量对比	
大京村沙滩南侧剖面 DJ—2	砂质岸线		2007-08—2009-04	0.67	现场重复测量对比	
闾峡港闾峡	砂质岸线	1.0	1970—1988	1.9	地形图对比	
东冲半岛南岸留金	砂砾岸线	0.7	1970—1988	-1.5	地形图对比	
东冲半岛南岸外浒村东	人工岸线（砂砾海滩）	1.7	1970—1987	-1.6	地形图对比	滩肩后方修筑了简易护岸
东冲半岛南岸外浒村南	砂砾岸线	0.2	1970—1987	-1.2	地形图对比	
东冲半岛南岸企牌	砂砾岸线	0.1	1970—1987	0.75	地形图对比	
黄岐半岛北岸后湾	基岩岸线			-1.1	地形图对比	
黄岐半岛北岸大建澳	人工岸线（砂质海滩）	0.6	1970—1987	-1.8	地形图对比	
黄岐半岛北岸沙澳	砂质岸线	1.5	1970—1987	-2.1	地形图对比	
黄岐湾北段风贵长江村南	砂砾岸线	0.2	1970—1987	-1.7	地形图对比	
黄岐湾南段山溪里村	砂质岸线	2.5	1970—1987	1.1	地形图对比	
定海湾西段蛤沙	人工岸线（砂质海滩）	1.2	1970—1987	1.15	地形图对比	
琅岐岛东岸云龙（建兴）	人工岸线（砂质海滩）	2.0	1960—2007	1.7	地形图对比	
琅岐岛南岸东岐	砂质岸线	3.0	1960—2007	-1.5	地形图对比	
长乐东北岸大鹤	砂质岸线	0.6	1970—1987	-0.8	地形图对比	
长乐东北岸滋澳	砂质岸线	5.0	1970—1987	-0.85	地形图对比	
长乐江田东岸后园厝	砂质岸线	3.0	2007-07—2008-03	-1.5	JT-1 剖面监测	结合 20 世纪 60 年代岸线与 2004 年省功能区划岸线对比
长乐江田东岸南寨下	砂质岸线	2.0	2007-07—2008-03	-2.3	JT-2 剖面监测	
长乐松下东岸山前	砂质岸线	1.7	1970—1987	-2.8	地形图对比	

续表 3.14

岸段	岸线类型	侵蚀岸段长度/km	侵蚀现状			备注
			侵蚀年段	侵蚀速率/（m·a^{-1}）	数据来源	
平潭长江澳北段	砂质岸线	1.7	1970—1987	2.1	地形图对比	
平潭长江澳中段	砂质岸线	1.7	1970—1987	-2	地形图对比	
平潭长江澳南段	砂质岸线	1.7	1970—1987	2.3	地形图对比	
平潭大澳南岸流水	砂质岸线	0.6	1980—2007	-1.9	地形图对比	
平潭大澳南岸横镜	砂质岸线	1.0	2007-07—2008-08	-1.94	XL-6岸线及剖面监测	
平潭大澳南岸大澳	砂质岸线	1.0	2007-07—2008-08	-1.35	XL-4岸线及剖面监测	
平潭大澳南岸西楼	砂质岸线(部分人工岸线)	1.5	2007-07—2008-08	1.84	XL-1岸线监测及XL-2剖面监测	部分岸段2002年建护堤，2004年被冲蚀坍塌
平潭海沄湾北岸 上楼	人工岸线（砂质海滩）	4.0	1970—1987	2.4	地形图对比	
平潭观音澳玉井	砂质岸线(部分人工岸线)	3.5	1987—2007	-2.9	地形图对比	
平潭谭南湾田美澳	砂质岸线	1.5	1987—2007	-2.5	地形图对比	
平潭谭南湾渔庄	砂质岸线	2.0	1987—2007	0.6	地形图对比	
海坛海峡西岸北陈	粉砂淤泥质岸线	2.0	1969—1987	-3	地形图对比	
海坛海峡西岸北楼	砂质岸线	0.6	1969—1987	4.9	地形图对比	
海坛海峡西岸北坑	砂质岸线	0.7	1969—1987	-3.2	地形图对比	
龙高半岛东南端海亮	砂质岸线	1.3	1969—1987	0.6	地形图对比	
龙高半岛南端莲峰	砂质岸线(部分人工岸线)	1.5	1969—1987	2.4	地形图对比	
南日岛北岸西高东段	砂质岸线	2.2	1987—2007	0.6	地形图对比	
南日岛北岸西高中段	砂质岸线	1.5	1987—2007	-0.9	地形图对比	
南日岛北岸西高西段	砂质岸线	1.5	1987—2007	-1.8	地形图对比	
南日岛东岸浮叶	砂质岸线	1.8	1987—2007	1.05	地形图对比	
南日岛南岸云万	砂质岸线	3.0	1987—2007	-0.7	地形图对比	
兴化湾南岸汀江	粉砂淤泥质岸线	3.0	1987—2007	-1.9	地形图对比	整个海湾已建堤围海
兴化湾南岸后郑	砂质岸线	4.0	1987—2007	1.8	地形图对比	
兴化湾南岸汀港	砂质岸线	2.0	1987—2007	-0.8	地形图对比	
南日水道西侧翁厝北段	砂质岸线	2.2	1987—2007	-2	地形图对比	
南日水道西侧翁厝南段	砂质岸线	3.2	1987—2007	-4.1	地形图对比	

续表 3.14

岸段	岸线类型	侵蚀岸段长度/km	侵蚀现状			备注
			侵蚀年段	侵蚀速率/(m·a^{-1})	数据来源	
平海湾口北岸石井	砂质岸线	2.3	2007-08—2008-04	-1.76	PH-1 剖面监测	
平海湾口北岸平海	砂质岸线	2.0	2007-08—2008-04	-2.28	PH-2 剖面监测	
平海湾北岸东潘	砂质岸线(部分人工岸线)	1.5	1987—2007	0.75	地形图对比	
湄洲湾口北岸乌垞	人工岸线(粉砂淤泥质海滩)	6.0	1987—2007	-1	地形图对比	整个海湾已建堤围海
湄洲岛东岸莲池	砂质岸线(部分人工岸线)	2.0	1987—2007	-1.2	地形图对比	
湄洲岛东岸日纹坑	砂质岸线	1.1	1987—2007	-3	地形图对比	
泉港区海岸肖厝—峰尾	人工岸线(砂质海滩)	3.0	1987—2007	-2.1	地形图对比	
东周半岛西北岸松村	砂质岸线	0.7	1987—2007	-0.9	地形图对比	已堤围建造船厂公路
东周半岛东岸北段杜厝	砂质岸线	1.2	1987—2007	-2.9	地形图对比	
东周半岛东岸南段坑园	砂质岸线	0.7	1987—2007	-2.4	地形图对比	
东周半岛南侧墩南	砂质岸线	2.0	2007-08—2008-08		JF-1 剖面监测	已建人工护岸
东周半岛南侧净峰	砂质岸线	2.5	2007-08—2008-08	-1.1	JF-2 剖面监测	
小岞半岛北岸后内	砂质岸线	1.5	1987—2007	-1	地形图对比	
大港西岸赤湖	砂质岸线	2.5	1987—2007	-2	地形图对比	
崇武半月湾西段	砂质岸线	1.0	2007-08—2008-08	-3.5	CW-1 剖面及岸线监测	
崇武半月湾东段	砂质岸线	1.0	2007-08—2008-08	-1.5	CW-2 剖面监测	
崇武西侧南岸下坑	砂质岸线	4.0	1987—2007	-1.4	地形图对比	
石狮市东岸新沙堤	砂质岸线	1.5	1987—2007	-0.4	地形图对比	
深沪湾北段衙口	砂质岸线	4.3	2007-08—2008-08	-0.95	地形图对比	
深沪湾南段华峰	砂质岸线(部分人工岸线)	3.8	2007-08—2008-03		地形图对比	侵蚀岸崖前已建护堤
晋江半岛东南岸东山	砂质岸线	0.8	1987—2007	-1.5	地形图对比	
围头湾北岸塔头	砂质岸线(部分人工岸线)	9.0	1987—2007	-0.95	地形图对比	

续表 3.14

岸段	岸线类型	侵蚀岸段长度/km	侵蚀现状			备注
			侵蚀年段	侵蚀速率/（$m \cdot a^{-1}$）	数据来源	
围头湾北岸塘东沙嘴	砂质岸线	1.4	2007-08—2008-03	-2.58	WT-2 剖面监测对比	
围头湾顶区营前	砂质岸线(部分人工岸线)	1.3	1987—2007	-1.4	地形图对比	
围头湾顶区建设	人工岸线(砂泥混合滩)	1.0	1987—2007	-1.2	地形图对比	侵蚀崖前已建护堤
大嶝岛东岸东埕	人工岸线(淤泥质海滩)	3.5	1987—2007	0.9	地形图对比	侵蚀崖前已建护堤
大嶝岛南岸双沪	人工岸线(淤泥质海滩)	2.5	1987—2007	-0.5	地形图对比	
厦门岛东北岸五通	人工岸线(砂泥混合滩)	2.5	1987—2007	-1.5	地形图对比	侵蚀岸崖前已建护堤
厦门岛东北岸香山	人工岸线(砂泥混合滩)	2.5	1987—2007	-2.1	地形图对比	侵蚀岸崖前已建造人工沙滩
厦门岛东岸椰枫寨	人工岸线（砂质海滩）	2	1987—2007	-1.9	地形图对比	现侵蚀主要表现为占滩建筑物被淘蚀
厦门岛东岸黄厝	人工岸线（砂质海滩）	3	2008-07—2009-01	1.35	地形图对比	
厦门岛南岸曾厝垵	人工岸线（砂质海滩）	1.5	1987—2007	-1.9	地形图对比	现侵蚀主要表现为滩面下蚀
厦门岛南岸珍珠湾	人工岸线（砂质海滩）	2.0	1987—2007	-1.2	地形图对比	已建人工护岸
九龙江河口湾北岸后井	人工岸线(淤泥质海滩)	3.0	1987—2007		地形图对比	沿岸原有避风坞，现已大面积围海建码头
龙海隆教湾海头圩	砂质岸线	2.5	1987—2007	0.65	地形图对比	沙嘴向北延伸，南段侵蚀
漳浦后蔡湾山寮	砂质岸线	2.0	1987—2007	1.85	地形图对比	北端岬角突出，南段淤积
漳浦前湖湾前湖	砂质岸线	6.5	1987—2007	-2.7	地形图对比	
漳浦将军湾南段 新厝	砂质岸线	4.5	1987—2007	0.9	地形图对比	
漳浦将军湾北段 大店	砂质岸线	6.0	1987—2007	-2.45	地形图对比	
漳浦大澳湾南段虎头山东侧	砂质岸线	2.0	1987—2007	-1.85	地形图对比	
漳浦大澳湾北段 大澳	砂质岸线	5.0	1987—2007	2.6	地形图对比	
漳浦浮头湾南段 古雷	砂质岸线	9.0	1987—2007	-1.35	地形图对比	
漳浦浮头湾南侧 杏仔	砂质岸线	3.5	1987—2007	-1.29	地形图对比	
东山岛金銮湾（后港）北段	砂质岸线(部分人工岸线)	2.4	2007-09—2008-03	-0.97	DS-1 剖面监测	

续表 3.14

岸段	岸线类型	侵蚀岸段长度/km	侵蚀现状			备注
			侵蚀年段	侵蚀速率/(m·a⁻¹)	数据来源	
东山岛金銮湾（后港）南段	砂质岸线	2.3	2007-09—2008-03	-1.14	DS-2 剖面监测	
东山岛乌礁湾北段	砂质岸线	3.0	1987—2007	-2.5	地形图对比	
东山岛乌礁湾中段	砂质岸线	3.0	1987—2007	-2.1	地形图对比	
东山岛乌礁湾南段	砂质岸线	3.0	1987—2007	-1.05	地形图对比	
东山岛澳角湾湖仔	人工岸线（砂质海滩）	2.0	1987—2007	-2.4	地形图对比	
东山岛宫前湾前坑	人工岸线（砂质海滩）	3.0	1987—2007	1.1	地形图对比	
宫口半岛东南端岸段	砂质岸线	2.0	1987—2007	-2.9	地形图对比	

3.2.1.4 海岸侵蚀稳定性分级

福建省海岸侵蚀稳定性分级图见表3.15。综观福建省海岸侵蚀分布，淤涨海岸类型主要为分布于大河河口附近和隐蔽性海湾内部的粉砂淤泥质海岸，以福建省北部为多见，此外，部分沙嘴也呈现淤涨趋势；稳定海岸主要为基岩海岸，因为其抗蚀能力较强，侵蚀速率非常慢；微侵蚀海岸在砂质海岸和粉砂淤泥质海岸都有发生，一般出现于湾口或湾外较开敞区域；强侵蚀海岸主要见于开敞高能海区的砂质海岸，其中人类作用引起的海岸建筑上游侵蚀下游堆积也常见；侵蚀最严重的海岸主要为岸崖组成为老红砂，强风化壳等的砂质海岸。

表 3.15　海岸侵蚀分级

海岸状态	岸线侵蚀速率		岸滩下蚀
	砂质海岸/(m·a⁻¹)	粉沙淤泥质海岸/(m·a⁻¹)	下蚀速率/(cm·a⁻¹)
稳定	<0.5	<1	<1
微侵蚀	0.5~1	1~5	1~5
侵蚀	1~2	5~10	5~10
强侵蚀	2~3	10~15	10~15
严重侵蚀	≥3	≥15	≥15

3.2.2 河口与海湾淤积

3.2.2.1 重要河口淤积

1）闽江口

现场调查发现，敖江口至闽江口北岸一带海域长期处于淤涨状态，造成滩涂淤泥增厚，水深变浅，航道变窄，航行不畅，养殖受损，这种现象在连江浦口镇山坑村、晓澳镇海湾村下岐村及琯头长安村均可见到；闽江口南岸海域淤积现象多见。海图对比结果表明，1913—2005年近百年的时间里，总体表现为面积增加（表3.16），仅1986—1999年间面积减小。

表3.16　闽江口0 m线以浅面积及变化统计　　单位：$\times 10^8$ m^2

年份	1913	1950	1975	1986	1999	2005
面积	0.65	0.85	0.86	1.07	0.82	0.92

2）九龙江河口

九龙江河口海图对比资料表明，1976—1986年间，浅滩面积变化不大；1986—2005年间，浅滩面积急剧扩大，增长约53.6%（表3.17）；紫泥岛东侧浅滩，1976年时未与海门岛西北侧的河口拦门沙相连，2005年时已经连成完整的一片（见图3.4）。

表3.17　河口浅滩面积变化　　单位：km^2

海图出版年	不含河道	河道部分
2005年	51.31	2.64
1986年	33.40	3.061
1976年	34.41	—
1976—2005年变化	16.90	

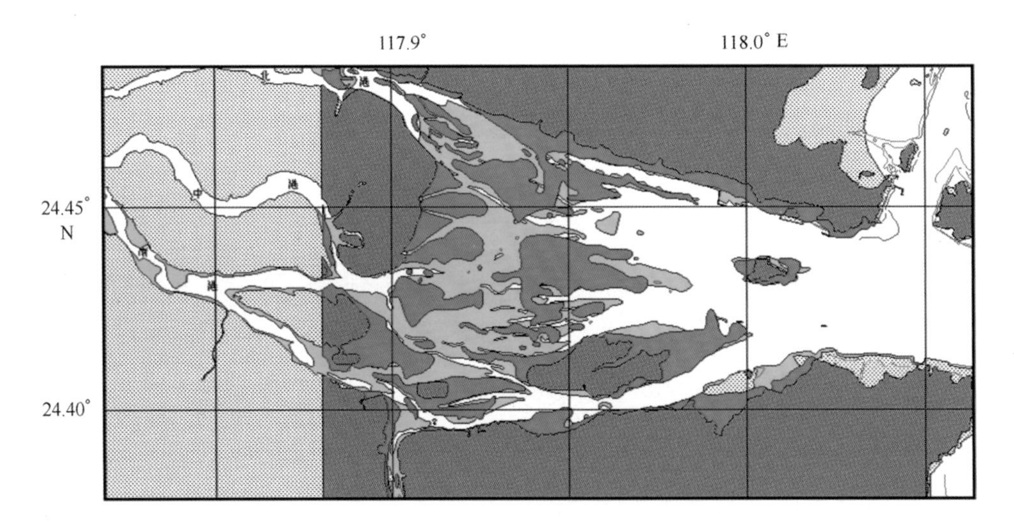

图3.4　1976—2005年间河口湾内浅滩分布变化

绿色区为2005年浅滩、粉色区为1976年浅滩

3.2.2.2　主要海湾淤积

1）沙埕港

近年来沙埕港滩涂面积逐渐扩大，淤泥增厚，航道变浅、变窄的灾害更加严重。淤积现

象分布在福鼎白琳镇白岩村的八尺门和后岐村、点头镇丹岐村、店下镇阮洋村石头尾滩涂、福鼎佳阳乡罗唇村、沙埕镇流江村滩涂。此外，晴川湾和里山湾滩涂也处于淤涨。整个沙埕港，特别是仁安—青屿西北海域因物质来源丰富，水动力条件弱，而处于快速淤涨状态。根据柱状样测年结果，沙埕港潮间带地区沉积速率约为1.11 cm/a。

2）福宁湾

在宁德霞浦县沙江镇沙塘里滩涂、霞浦县松港街道后屿驾校周边滩涂、福宁湾北部牙城湾凤阳海滩，海湾淤积严重，泥沙落淤加剧，滩涂淤泥增厚，水道变浅。特别是福宁湾东部，十多年来淤高2~3 m，航道变浅，行船困难，滩涂的养殖功能减弱或丧失。

3）三沙湾

从北壁—下浒三洲—长春埕坞—长春祖厝沿岸长25 km，以及东吾洋北岸几公里长岸滩，自20世纪80年代以来大米草大量占据滩涂，使水动力条件减弱，造陆作用加强，滩涂扩大，水变浅，航道变窄，行船困难，据调访，几十年来淤泥增厚1~4 m不等。根据柱状样测年结果，三沙湾西南侧潮间带地区多年平均沉积速率为1.92 cm/a，但自20世纪80年代以来，沉积速率显著提高，该时段平均沉积速率约为2.59 cm/a。

4）罗源湾

罗源湾海湾淤积主要发生在湾顶及海湾南侧和西南侧海域，如连江马鼻镇南门村—浮曦，长7 km岸段，滩涂长期处于淤涨，近十几年来，淤高0.5~1.5 m不等；在湾顶先锋村—罗源码头—碧里乡—癞头村长10 km的滩涂处于淤涨状态，使碧里乡亭下村海边的一个古渡口如今被淤泥所覆；罗源湾东北岸段沉积速率为2.1 cm/a。

5）兴化湾

木兰溪是全省泥沙含量高的河流之一，加上沿岸小溪冲沟向海的输沙，沿岸流携带泥沙随涨潮流向湾内输沙，使海域宽，潮流较强，流向复杂的兴化湾在泥沙供应充足的情况下，淤积现象日趋严重。1964—1980年，单木兰溪河口北侧淤泥质海岸向海扩淤2 500 m，其全岸段扩淤数百千米至数千米，沉积速率1.1 cm/a。

6）湄洲湾

湄洲湾港湾淤积主要出现在湾顶及比较隐蔽的小型港湾内。根据海图资料对比分析，石门澳海域也出现较为严重的淤积，1955年海图0 m等深线相比1970年向海延伸最大距离为660 m，平均延伸长度为360 m，年均向海推移速率为22.5 m/a；2 m等深线和5 m等深线也出现向海延伸的趋势；而1970年以来淤积逐渐减缓。

7）泉州湾

泉州湾顶从乌屿—浔美—后渚—东边村，西海岸的西方村—白沙一带，北岸的下埭—秀余—垵头，以及湾内石狮蚶江，晋江洋埭村海堤，其所围成范围，都属于河口淤涨型海岸；晋江、洛阳江是福建省含沙量最大的河流，受其下泄泥沙影响，整个泉州湾处于淤涨夷平状态。后渚港泥沙进出的结果使白沙—秀涂岸段浅滩不断向西淤涨，而西侧岸滩向东扩张。深槽变浅变窄，淤涨现象比比皆是。

8）厦门湾

安海湾是围头湾内一个潟湖湾，淤泥质海岸占80%。潮滩宽阔平缓，最宽2 km，口门拦门沙发育，湾内水浅，加上近20~30年来大面积围垦，纳潮量减少，潮流减缓，淤泥加速淤积使航道变窄变浅，滩涂淤泥增厚，晋江安海东港航道仅能供单船通过。而安海西港因天然和人为因素已处于淤涨夷平状态，港口功能已丧失，南安水头—石井的出海通道因大米草发育，落淤加强，港口通海航道功能减弱。

1956年高集海堤建成以后，同安湾成了半封闭的海湾，同安湾泥沙随涨潮流向湾内推进使海堤东侧浅滩不断扩大，形成大面积潮滩。为了整治同安湾淤积严重的现状，厦门市政府于2006—2007年对同安湾进行清淤，高集海堤开口改造工程正在启动，届时厦门港西海域及同安湾的淤积灾害将得到控制。东屿湾长期以来处于淤积状态，原来大面积红树林曾起到促淤作用，近几年来，海沧大道修建以后，滩涂航道淤积更明显。

9）旧镇湾

由于湾口泥沙随涨潮流向湾顶移动，陆地溪流下泄泥沙丰富，又有岸边风成沙地的沙在风浪作用下重新落淤堆积，使泥滩扩大，泥层增厚，水道变浅变窄。如六鳌镇新厝村西海岸—龙美村就明显见泥层淤高，滩涂扩淤。

深土镇白沙村吾江河口因泥沙供应充足，湾顶水动力条件弱，使河口长期来处于淤涨状态。20世纪70年代末，该地区在低潮时水道宽度为500~600 m，现在仅有超过100 m。漳浦县霞美镇河口淤涨更惊人。由于河口贝壳沙嘴、沙坝、浅滩、三角洲等不断发育，水道变窄变浅，民船都难以进入港内避风，群众生产生活受到威胁。

10）诏安湾

原双口海湾边成半封闭型但口海湾后，海湾成为水动力弱能区，沉积物淤积加快。1963—1983年现场观测结果西部湾顶沉积速率达10 cm/a，不同时期海图对比资料也表明，在20世纪60—70年代之间八尺门海域平均沉积速率可达到10 cm/a，属于快速淤涨。造成灾害有海底泥沙层增厚，潮流不畅，滩上海蛎石沉没等。2007—2008年现场调查发现，前楼镇西埔港湖塘滩涂、杏陈镇高陈前滩涂、杏陈镇向阳海堤南堤前沿滩涂、诏安县四都镇东梧村海堤外滩涂等处，都因大面积吊养，水动力条件减弱，使泥沙堆积增厚，海蛎石沉没，滩涂养殖受损。

11）宫口湾

据2007—2008年现场调查群众反映，20世纪70—80年代的近20年间，甲洲以南潮滩向南扩淤750 m，平均每年扩淤30~40 m。目前湾内因围垦而纳潮量减少，使湾内淤积严重。拦门沙发展更为严重，水变浅，影响航道稳定，已危及宫口港的安全与发展。由于湾口沙坝及拦门沙坝形成使大量泥沙充填，加剧了宫口湾淤涨。

2008年现场调查中发现，诏安县桥乐镇洪洲村及甲洲村边滩，梅岭镇腊洲村边滩等处泥沙供应充足而处于淤涨状态。近十几年来，由于滩涂大规模养殖，因吊养、架养、围堰养殖及海蛎条石等措施阻碍，水动力条件减弱，泥沙俱沉，形成许多沙质或泥质边滩、沙嘴、沙坝，整个宫口湾处于淤涨状态。如桥东镇甲洲村民反映，几十年前水深 10 ~ 15 m，现在航道变浅，水深仅 4 ~ 5 m，造成航行及靠泊的不便。

3.2.2.3 河口海湾淤积机理

1）自然环境对河口与海湾淤积的影响

首先是泥沙来源、水动力对淤积的影响，近年来由于流域开发活动强度加大，引水及水电工程大量建设，导致河流入海泥沙量显著减少，致使河口泥沙平衡被打破。其次河流径流季节性差异对淤积的影响。福建在地质上属于浙闽隆起地带，山地丘陵广布，河流多为山溪性河流，并且地处亚热带气候环境下，河流径流量具有非常显著的积极性变化。一般洪季河流径流量占全年径流量的 70% 以上，并且在强降雨期间径流量更大，强降雨带来的大量泥沙入海后快速沉积在河口地区，致使河口部分地区出现短期淤积。最后是风暴骤淤影响，福建属于台风重灾区，每年夏季台风影响次数较多，台风期间的大风浪使周边海底沉积物发生再悬浮，并对河口区的沉积物进行重新分布，导致港口航道浚深区出现骤淤。

2）人类开发活动对淤积的影响

人类开发活动对河口与海湾淤积的影响表现在：①围填海工程改变了海湾的形态和水动力条件；②海堤、码头建设、泥沙倾废、航道疏浚、湾内养殖等其他人类开发活动改变沉积物分布格局及水下地形特征。其中，围填海是引起河口、海湾淤积的重要因素。

3.2.3 海平面上升与海水入侵

海平面上升是一种长期累积的缓发性海洋灾害，其共识性的诱因来源于全球气候变暖，导致海平面上升。海平面变化具有明显的趋势性和波动性，趋势性表示海平面长期变化的总体趋势，波动性由若干周期性和随机变化组成。中国沿海海平面变化波动较大，但总体呈上升趋势。福建省平均海平面变化与全国的变化趋势相似，处于上升中，海平面上升速率、幅度和变化具有自己的区域特征。

3.2.3.1 2000—2009 年福建省沿海海平面的年际变化

根据中国海平面年度公报公布的数据，21 世纪的前十年，福建省沿海年平均海平面上升幅度值列于表 3.18。2000—2009 年，福建沿海年平均海平面变化呈波动起伏上升的趋势。每年均高于常年海平面，平均年增幅为 62 mm。2007—2009 年的近 3 年来，福建沿海海平面上升幅度显示出逐渐上升的格局，根据 2009 年中国海平面公报的预测，预计未来 30 年福建沿海海平面将比 2009 年升高 70 ~ 110 mm。

表 3.18　2000—2009 年福建省沿海海平面变化　　单位：mm

年份	与常年*比较	与上一年度比较	预测比当年增加幅度
2009	65	11	未来 30 年：70～110
2008	54	6	未来 30 年：69～110
2007	48	-20	未来 10 年：24
2006	68	36	
2005	32	-35	
2004	67	10	
2003	57	-12	
2002	69	-19	
2001	88	13	
2000	75		

注："*"依据全球海平面监测系统（GLOSS）的约定，将 1975—1993 年的平均海平面定为常年平均海平面（简称常年）；该期间的月平均海平面定为常年月均海平面。

3.2.3.2　2007—2009 年福建沿海海平面上升的月际变化

2009 年，福建沿海各月海平面均高于常年同期，其中，受夏季异常高温等因素影响，比常年同期高。2009 年 8 月、9 月和 10 月福建沿海海平面比常年同期分别高 81 mm、118 mm 和 83 mm（图 3.5）。

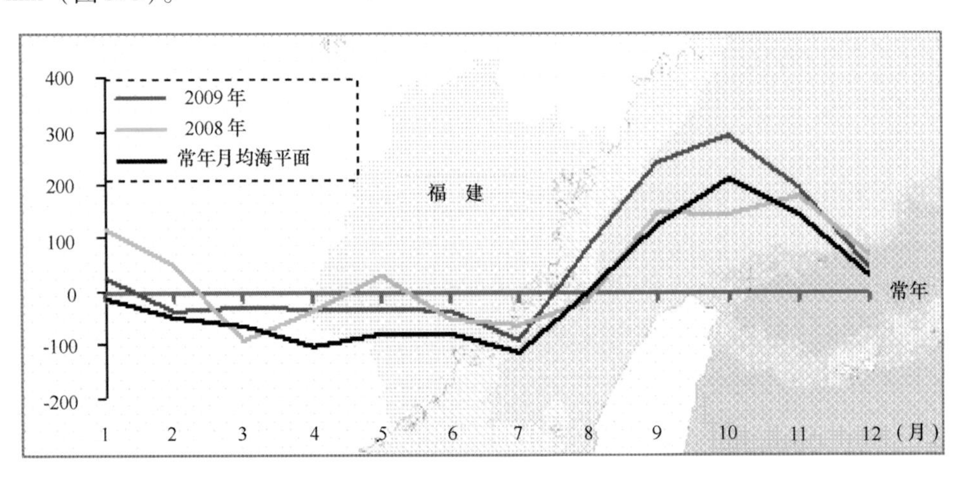

图 3.5　2009 年福建沿海月平均海平面变化（单位：mm）

2008 年福建沿海海平面月际变化比较活跃，呈现出季节性的波动；1 月、5 月海平面均比常年同期高出 100 mm 以上；3 月、8 月则略低于常年同期，9—11 月，福建沿海海平面处于全年最高，其中 11 月比常年同期高约 18 mm，而 10 月却低于常年同期 60 mm（图 3.6）。

2007 年，福建沿海月平均海平面与常年基本接近，3 月、5 月和 7 月低于常年同期，其余月份均高于常年同期；受夏秋季副热带高压影响，11 月海平面变化异常，比常年同期高 180 mm（图 3.7）。

中国沿海属季风气候，受季风和海洋环流等季节性因素的共同影响，海平面存在着明显

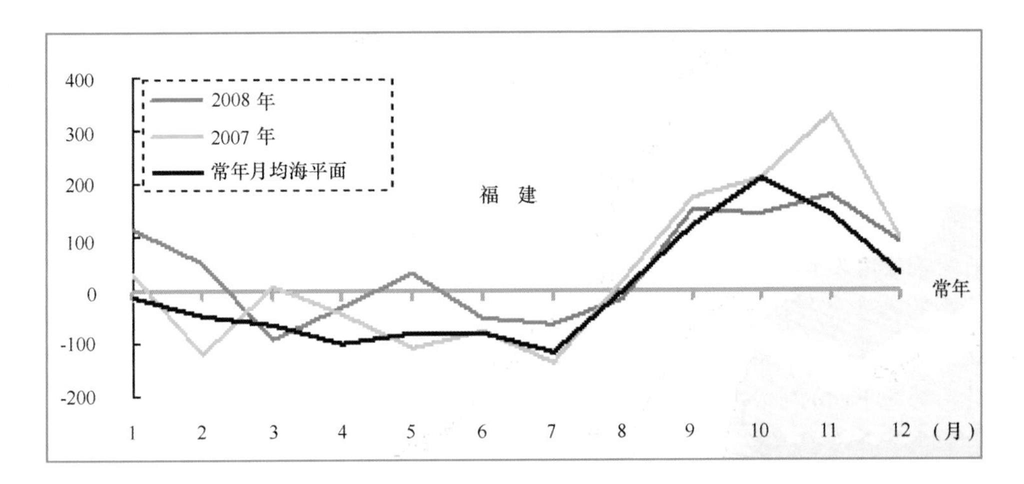

图 3.6 2008 年福建沿海月平均海平面变化（单位：mm）

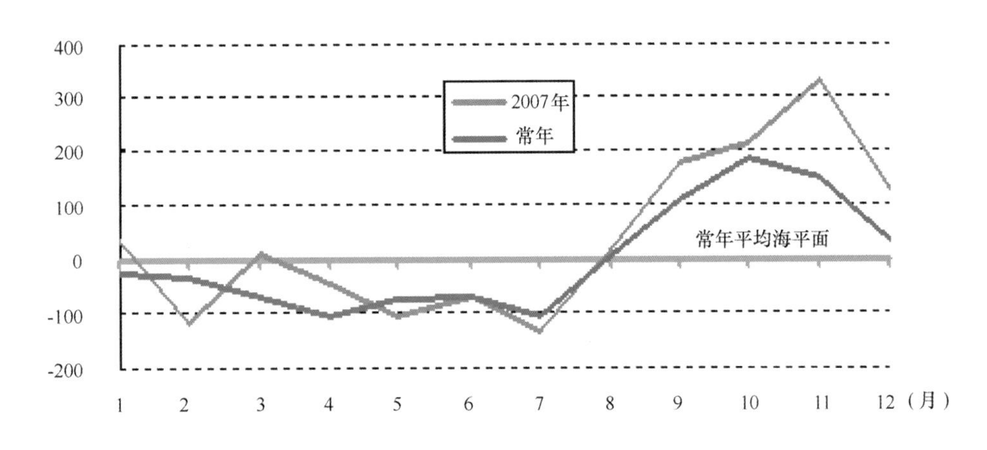

图 3.7 2007 年福建沿海月平均海平面变化（单位：mm）

的季节变化。福建沿海也不例外，从常年月平均海面的变化曲线看，福建沿海 12 月至翌年上半年的冬春季海平面较低，下半年夏、秋季海平面较高；最高季节性海面出现于 10 月介于东海的 9 月和南海的 10 月以后之间。这种海平面的季节性变化与季风气候和海流变化的共同影响以及台湾海峡特殊地理位置和地形有直接关联。2007—2009 年 3 年福建沿海月平均海平面，除 2007 年和 2008 年各有 3 个月低于常年同期，其余月份均高于常年同期，所以这 3 年的年平均海平面均高于常年；但这 3 年海平面的月际变化，与常年月平均海平面的变化基本上是一致的，即冬春季月份海平面相对较低，夏秋季月份则海平面较高，年内的月均最大值出现在此间，尤其是 2009 年，虽然当年各月份的海平面均高于常年，但月际变化的趋势与常年相对吻合，月最高值和最低值出现的月份也相同（10 月和 7 月）；比较异常的是 2007 年和 2008 年的月平均海平面最高值均滞后一个月，出现于当年的 11 月。

3.2.3.3 福建沿海海平面上升速率的分析和预测

至 2003 年，福建沿海海平面的平均上升速率为 2 mm/a 左右。至 2006 年，福建沿海海平面平均上升速率为 2.2 mm/a。

2007 年，预计未来 10 年，福建沿海海平面将比 2007 年上升 24 mm；按此数据推算，未来10年福建沿海海平面平均上升速率为2.4 mm/a。

2008年，预计未来30年，福建沿海海平面将比2008年升高68～110 mm。据此推算，未来30年福建沿海海平面平均上升速率为2.3～3.6 mm/a。

2009年，预计未来30年，福建沿海海平面将比2009年升高70～110 mm。据此推算，未来30年福建沿海海平面平均上升速率为2.3～3.6 mm/a。

从各年福建沿海海平面上升速率的分析、比较和预测看，福建沿海海平面上升速率有逐年缓慢提高的趋势，未来的上升速率不低于2.3 mm。如果考虑到由于地质构造原因，闽粤沿岸的继续沉降，那么在全球海平面上升的背景下，叠加上沉降因素和台湾海峡的水文气象效应，福建沿海海平面的平均上升速率有可能大于2.3 mm。

3.2.3.4 海平面上升与海水入侵等海洋灾害

海平面上升虽然是一种缓慢的演变过程，但它作为缓发性的海洋灾害，是风暴潮等海洋灾害突发事件的背景和基础，海平面上升，将加重福建沿海地区风暴潮等灾害增强、加剧，使原有防潮设施的防御标准及防御能力降低，加重沿海地区的海水入侵，淹没次数增多、淹没范围加大，使潮灾灾情加重，给当地经济社会的可持续发展和人民群众的日常生活造成了一定影响。同时，其长期累积的效应还将加剧海岸侵蚀、土壤盐渍化和咸潮入侵等海洋灾害的致灾程度。

2009年8月，福建沿海海平面比常年同期高81 mm，台风“莫拉克”登陆福建沿海，形成大范围、长时间的风暴潮增水。2008年8—10月，处于高海平面期间的福建沿海多次遭受风暴潮的侵袭，造成较大经济损失，给当地人们正常的生产和生活带来一定影响。2007年，台风“圣帕”登陆福建沿海期间，由于季节性海平面较低，也未遇天文大潮，造成的损失相对较小。2004—2006年，福建先后遭遇到5次灾害性台风的正面登陆袭击，造成了200多亿元的直接经济损失，受灾人口超过1 600万人。

海平面上升使潮差和波高增大，加重了海岸侵蚀的强度，也加剧了沿海地区海水水位与淡水水位的失衡，使海水渗入陆地淡水层，形成海水入侵；加上沿海经济发展，大量抽取地下水造成淡水水位下降，两种因素的叠加作用加大了海水入侵的程度，入侵距离和入侵面积持续扩大，海水入侵地的生态环境受到破坏，地下水水质变咸，造成生活用水困难，村镇、工厂被迫向内地整体搬迁，影响了沿海地区的社会经济发展。福建省近年来坚持在福州、泉州、厦门、漳州沿海等地开展了海水入侵监测，在漳州漳浦县开展了土壤盐渍化监测。根据2009年福建省海洋环境状况公报，由于海平面上升，福建沿海局部区域发生了不同程度的海水入侵，最严重的海水入侵区为漳州漳浦，已伸入陆地近3 km。福州长乐、泉州泉港区海水入侵范围略有增加，近岸个别监测站位由于过度开采地下水，地下水位下降，氯度和矿化度呈上升趋势，泉港监测区内的部分农用水井和饮用水井已受海水入侵影响。厦门部分沿海有轻度的海水入侵。海水入侵导致土壤盐渍化，监测结果表明，漳浦的盐渍化程度比较严重，尤其是4月采集到的土壤样品均为盐渍化土。

3.3 生态灾害

3.3.1 赤潮

3.3.1.1 福建赤潮概况

1）赤潮定义

赤潮（red tide）泛指由于海洋浮游生物（主要是甲藻类，包括一些大型藻类和动物）的过度繁殖造成海水变色的异常。大多数情况下赤潮的颜色为红色，但由于赤潮生物不同、密度不一样，赤潮不一定都呈现红色。赤潮的颜色有褐色、灰色等，有的甚至是无色。赤潮不仅造成破坏海洋景观，而且给海洋生物和养殖业带来严重危害。赤潮产生的毒素累积在贝类体内，被动物和人类食用后，可导致人畜中毒死亡。频频发生的赤潮影响沿海生态、经济和社会正常运行，成为沿海的生态灾害。

2）福建赤潮概况

福建沿海是我国赤潮的多发海区之一，赤潮发生频率高、持续时间长，有毒赤潮生物发生的比例高，对渔业和养殖业生产的破坏性大，严重影响福建省海洋经济的持续发展和社会安定。福建闽东沿岸、闽江口近岸和厦门近岸海域3个海域赤潮的发生次数占福建省赤潮的77.8%。闽东沿岸、闽江口、平潭沿岸和厦门近岸海域4个赤潮监控区成为福建省赤潮多发区。当前福建沿海赤潮灾害历年不断，发生面积逐年扩大。

据统计1962—2009年福建沿海共记录赤潮199起（有毒赤潮占45起），其中甲藻类赤潮107起，占赤潮总数的56.3%；硅藻赤潮75起，占赤潮总数的39.5%；还出现少数蓝藻类、金藻类、隐藻类和原生动物赤潮。福建沿海经常引发赤潮的种类有硅藻门的中肋骨条藻、角毛藻，甲藻门的夜光藻、东海原甲藻、米氏凯伦藻、裸甲藻和金藻门的球形棕囊藻等。

3）赤潮危害和损失

1979—2009年，福建沿海有毒赤潮引起人类中毒死亡的特大事件有2起；赤潮引起渔业生物直接经济损失额达千万元以上的重大事件有6起。

1980—2009年期间，福建沿海赤潮引起渔业生物直接经济损失额达千万元以下百万元以上的大型事件有15起；水产生物直接经济损失额十万元至百万元之间的中型事件有11起。

4）主要赤潮生物

福建沿海潜在的赤潮生物有121种，其中硅藻82种，以近岸种为主；甲藻31种，近岸性暖温种占多数；此外，其他藻类8种，包括蓝藻4种，定鞭藻2种，隐藻1种，裸藻1种。福建省主要的赤潮生物种类见表3.19。

表 3.19 福建省沿海主要的赤潮生物种类

序号	中文名	拉丁文名	备注
1	日本星杆藻	*Asterionella japonica*	分布广泛，数量多
2	中华盒形藻	*Biddulphia sinensis*	分布广泛，数量多
3	窄隙角毛藻	*Chaetoceros affinis*	分布广泛，数量多
4	扁面角毛藻	*Chaetoceros compressus*	分布广泛，数量多
5	旋链角毛藻	*Chaetoceros curvisetus*	分布广泛，数量多
6	柔弱角毛藻	*Chaetoceros debilis*	* 5 月份曾在厦门西海域诱发赤潮
7	双突角毛藻	*Chaetoceros didymus*	分布广泛，数量多
8	洛氏角毛藻	*Chaetoceros lorenzianus*	分布广泛，数量多
9	拟旋链角毛藻	*Chaetoceros pseudocurvisetus*	在厦门海域 4—6 月数量多
10	聚生角毛藻	*Chaetoceros socialis*	* 3 月底曾诱发赤潮
11	中心圆筛藻	*Coscinodiscus centralis*	* 5 月 20 日曾在同安湾诱发赤潮
12	格氏圆筛藻	*Coscinodiscus granii*	分布广泛，数量多
13	辐射圆筛藻	*Coscinodiscus radiatus*	分布广泛，数量多
14	地中海指管藻	*Dactyliosolen mediterraneus*	* 5 月份曾在厦门西海域诱发赤潮
15	布氏双尾藻	*Ditylum brightwellii*	* 5 月份曾在厦门西海域诱发赤潮
16	短角弯角藻	*Eucampia zoodiacus*	* 5 月份曾在厦门西海域诱发赤潮
17	北方劳德藻	*Lauderia borealis*	分布广泛，数量多
18	丹麦细柱藻	*Leptocylindrus danicus*	分布广泛，数量多
19	尖刺拟菱形藻	*Pseudo - nitzschia pungens*	* 5 月份曾在厦门西海域诱发赤潮
20	翼根管藻	*Rhizosolenia alata*	分布广泛，数量多
21	笔尖根管藻	*Rhizosolenia styliformis*	分布广泛，数量多
22	中肋骨条藻	*Skeletonema costatum*	* 福建沿海广泛分布，春、夏季出现
23	掌状冠盖藻	*Stephanopyxis palmeriana*	分布广泛，数量多
24	菱形海线藻	*Thalassionema nitzschioides*	分布广泛，数量多
25	伏恩海毛藻	*Thalassiosthrix frauefelldii*	分布广泛，数量多
26	威氏海链藻	*Thalassiosira weissflogii*	* 夏季东山八尺门网箱养殖区诱发
27	三叉角藻	*Ceratium trichoceros*	* 1984 年 10 月在三沙湾出现赤潮
28	三角角藻	*Ceratium tripos*	分布广泛
29	具尾鳍藻	*Dinophises caudata*	分布广泛，具腹泻性贝毒
30	塔玛亚历山大藻	*Alexandrium tamarensis*	* 虾池赤潮
31	米氏凯伦藻	*Karenia mikimotoi*	* 2001 年 5—6 月多次诱发赤潮
32	膝沟藻	*Gonyaulax* sp.	经常出现，具有神经性贝毒
33	旋沟藻	*Cochlodinium* sp.	* 在泉州至围头海域出现赤潮
34	简单裸甲藻	*Gmnodinium simplex*	* 在虾池出现赤潮
35	裸甲藻	*Gymnodinium* sp.	* 在春、秋季有诱发赤潮的记录
36	夜光藻	*Noctiluca scintillans*	* 主要赤潮种，赤潮多发生在春季
37	东海原甲藻	*Prorocentrum donghaiense*	* 近年主要赤潮生物，多次诱发赤
38	球形棕囊藻	*Phaeocystis globosai*	* 10 月份在厦门海域出现赤潮
39	红海束毛藻	*Trichodesmium erythraeum*	* 20 世纪 60 年代在平潭出现赤潮

注：* 曾经在福建海域诱发赤潮的种类。

3.3.1.2 赤潮发生特点

福建沿海赤潮发生频率和危害程度呈上升趋势，主要发生区在沿岸，发生种类带有区域性，同时出现了一些新的赤潮种。福建沿海的赤潮发生特点归纳如下：

1）赤潮频次呈升高趋势

许翠娅等（2010）统计了1962—2009年赤潮发生的频次，福建沿海每年发生赤潮次数的范围在1~30次/年。1962—2001年每年发生赤潮的次数都在10次以下，2002—2009年福建沿海赤潮发生频次升高，每年发生赤潮次数都在10次以上，高峰期出现在2003年，达30次。

2）赤潮生物类群变化多

2000—2009年，福建沿海共发生159起赤潮。赤潮以甲藻赤潮为主，共发生84起，占54.5%。硅藻赤潮67起，呈快速上升趋势，占赤潮总数的43.5%。引发赤潮的生物类群发生了较大变化。2000年前后主要赤潮生物类群比较结果表明，2000年之前从未记录过中肋骨条藻赤潮（含双相和多相赤潮）、角毛藻赤潮（含双相和多相赤潮）和具齿原甲藻赤潮（含双相和多相赤潮）；而2000年后则分别发生了40起、35起和32起上述种类的赤潮，占各类赤潮总比例的首位、第三位和第四位。2000年之前的夜光藻赤潮退居第二位。福建沿海其他赤潮类群发生较少，偶尔发生了红海束毛藻赤潮、金藻赤潮和原生动物中蛤虫赤潮，但发生一、二次后就再没有发生。

3）富营养型赤潮多

福建沿海引发的赤潮生物优势种绝大多数是沿岸富营养性种类。如硅藻类的中肋骨条藻、角毛藻（未定种）、旋链角毛藻、聚生角毛藻、地中海指管藻等，以及甲藻门中的夜光藻、短凯伦藻、原甲藻属和裸甲藻属的一些种类。这些种类主要分布于河口、近岸、海湾。特别是中肋骨条藻（富营养性种、过富营养性种），在福建沿海富营养区频频出现。上述藻类的赤潮，都与水体富营养化有密切关系。

4）区域特点

赤潮多发区较集中，福建沿海赤潮多发区主要分布在4个区域：一是厦门海域（厦门西海域赤潮最高达38起、同安湾发生15起）；二是宁德沿岸海域（四礵列岛海域发生15起、三沙湾发生12起、福宁湾发生12起）；三是平潭沿岸海域（发生27起）；四是连江海域（发生16起）。其他港湾赤潮发生次数相对较少。东山湾和沙埕港的赤潮相对较少，发生赤潮起数分别为8起和6起。其他海域如泉州湾、兴化湾、台山列岛海域、闽江口等海域赤潮发生率较低（在5次以下）。

此外，厦门西海域引发赤潮的生物基本上属于硅藻，主要赤潮生物有中肋骨条藻、角毛藻等。相反，北部沿岸海多发生甲藻赤潮，如具齿原甲藻、米氏凯伦藻和夜光藻等。平潭海域频繁出现夜光藻赤潮，偶尔发生多纹膝沟藻、三角原甲藻、微小原甲藻等甲藻赤潮；连江海域的主要赤潮生物有中肋骨条藻、米氏凯伦藻和东海原甲藻，夜光藻、柔弱拟菱形藻、球形棕囊藻等也曾引发过赤潮。

5）春夏季为赤潮多发季节

福建沿海主要赤潮生物的季节分布明显，主要时间出现在春、夏季的4—7月，高发期在5—6月，这段时间赤潮生物出现的数量最多、发生赤潮的次数最多。

6）危害严重的有毒赤潮生物多

1980—1999年，20年共发生有毒赤潮15起。2000—2009年，10年间发生了28起有毒赤潮。有毒赤潮事件，对福建水产养殖业造成了严重损失。

3.3.1.3 赤潮发生原因

福建近岸海域近年来，赤潮发生的频率增加，持续的时间变长，其具体成因和影响因素较为复杂，除了有赤潮生物本身的因素，自然过程和人为因素引起海洋环境的恶化，使赤潮具备暴发的客观条件也是重要诱因（许珠华等，2006）。一般认为，产生浮游生物藻华的因素有两个，自然过程，如循环、上升与下降流、风生流、降雨、锋面、聚集、径流入海及全球气候变化等非人为因素；人为因素如人类活动加重环境负荷，近岸海域的污染而导致的富营养化等。由于赤潮的发生有别于一般的水华，尤其是外海的水华，赤潮主要是近岸海域频发的一种自然灾害，根据福建近岸海域独特的自然条件及自然过程，结合福建沿岸的生产建设等人类社会、经济活动的具体内容和相关资料，分析认为福建海域赤潮发生的主要原因有以下几个方面：

1）赤潮生物

赤潮生物是引发赤潮的内在因素，据调查资料的统计，福建沿海潜在的赤潮生物有124种，引发过赤潮的种类有27种，已发生的赤潮180多起，经常引发赤潮的种类有硅藻门的中肋骨条藻、角毛藻，甲藻门的夜光藻、东海原甲藻、米氏凯伦藻、裸甲藻和金藻门的球形棕囊藻等。其中有有些是本地种，有些是外来种。福建沿海有很多大型港口，如厦门、泉州、漳州等海港，轮船压舱水可能带来的外来赤潮生物，水产养殖中新品种引进也是外来赤潮生物传播的途径。

2）陆源污染物入海

福建省沿海人口密集，居住人口2 668万人。沿海城镇的生活污水排放加重了港湾的污染其主要污染物是：无机氮、活性磷酸盐、镉、砷、铅、滴滴涕等。从目前赤潮发生的区域来看，陆源污染对赤潮产生的影响最大，如厦门西海域的水产养殖退出以后，该海域发生赤潮的次数不仅没有减少，短时间内发生赤潮的次数反而多了（Agrawal，1998；Delgado et al.，1999）。

陆源污染物入海的主要途径为径流输入，福建省从北到南有11条主要河流和50多条小河流入海。这不但带来了大量的悬浮物，而且汇集了沿河两岸排放的工业废水、生活污水、农业污水及倾倒的固体废弃物，这些物质最终进入海域，对入海口和邻近海域的环境质量有很大的影响。福建沿海工业排污口直接排污入海的有91个，工业废水、污水主要排放行业有食品制造业、纺织制造业、木材加工业、石油加工业、化学原料制造业、皮革、毛皮加工业、冶炼加工业、交通运输制造业等有的污水未达标排放，有的超标排放，有的排污口设置不够科学、合理，港湾自净能力有限，超出港湾的环境容量，造成近岸海域污染（许珠华等，2006）。

3）海洋水文条件的影响

海流对于入海污染物的扩散、输送、稀释起着重要的作用，福建沿海污染物的输运，主要受浙闽沿岸流影响，其次是粤东沿岸流和台湾海峡暖流水，南海水团和黑潮入侵水混合进入台湾海峡的作用。受潮汐和海流的影响，福建沿海污染物浓度等值线几乎与岸线平行，且浓度自沿岸向外海降低。福建沿岸强潮河口潮流为往复流，来回运移污染物，水质交叉恶化。这是福建省近岸海域污染较严重的原因之一（林昱等，1994；Lehtimali et al.，1997）。

4）沉积物的影响

福建省潮间带（包括河口）和沿岸海域沉积类型繁多，共有18种。沉积物的类型和粒度组成与沉积物中的污染物特别是有机物、重金属、农药和石油烃含量关系密切（Lehtimali，1997；陆斗定等，2000；颜天等，2000）。近岸沉积物倾向于累积大量的陆源污染物，易受波浪、上升流的作用产生重悬浮，重返水体产生二次污染。此外，沉积物存在的赤潮藻类休眠孢囊，一旦环境条件适宜，也可重返水体产生赤潮。

5）围填海的影响

围填海破坏海洋生物的产卵场和索饵场，使滩涂湿地受到比较严重的破坏，使海区潮流流速减弱，影响了对海底冲淤的能力，导致部分浅滩的淤积和局部航道的淤积。围填海导致海洋水动力改变，影响港湾纳潮量，使海水交换能力下降，稀释扩散能力大为减弱，环境容量也大为降低，造成海湾的污染和富营养化加剧，海域环境遭受到破坏。

6）海水养殖业的影响

近年来，福建沿海海水养殖发展快速，海水养殖面积达 $12.07\times10^4\ hm^2$，由于海域养殖布局不合理，主要是部分海域网箱养殖高密度集中，海水养殖自身污染和养殖污水废水排放加重了海域的污染和富营养化，使海洋生态系统结构与功能失调，也是赤潮发生的次数增多的原因之一。然而也有的观点认为合理的海水养殖布局，有利于减轻海水的富营养化，因为据目前的监测资料表明，主要海水养殖区发生赤潮的次数并不多。据此推测某些特定海区的水产养殖业可能不是该海区赤潮发生的主要诱因，而陆源的污染起着主要的作用。

综上所述，福建省近岸海域赤潮频发的原因有多方面复杂的因素，既有自然因素，也有人为的因素。显然人口增长过快，资源需求量急剧增加，陆域污染源排海量日益增多，导致福建近岸环境水域富营养化程度增加，为赤潮发生提供了客观的物质基础。此外，全民海洋环境保护意识淡薄，海洋开发活动无序、无度、无偿，以及海洋环境保护法制不够健全等也与赤潮频发有着一定的关系。

7）全球气候变化的影响

全球气候变化对海洋生态系统的影响也是近年来赤潮频发的主要诱因（Imai et al.，

1999；颜天等，2002）。气候变暖可能导致全球海水温度带向北推移。有报道表明，1998 年我国东南沿海的大赤潮期间海洋等温线向北移动了 200 km。在“厄尔尼诺”背景下，福建省出现少见的暖冬气候。1997 年 11 月福建省厦门以南直至广东沿海暴发了棕囊藻赤潮，因此福建赤潮也有气候影响的因素。近年来，厦门湾已经记录到冬季赤潮，其中不乏气候变暖的因素。虽然气候变化是全球性的问题，但具体到福建的自然地理条件，加上人为干扰的因素和影响，在多种因素综合作用下，客观上为赤潮的发生提供了条件。

3.3.2 外来物种入侵

3.3.2.1 外来物种入侵的现状

福建省地处我国东南部，海湾众多、浅海滩涂广阔，海洋生物多样性丰富；互花米草和沙筛贝已经成功入侵福建省海域，其中互花米草遍布福建省大多数海湾滩涂，沙筛贝在许多封闭型围垦区均有发现，部分海域仍有人为种植互花米草和养殖沙筛贝的现象。福建省对外贸易发达，大型港口遍布沿海各地，海上航运繁忙，船舶压舱水携带的浮游动植物及海洋生物幼体进入福建省海域；海水养殖历史长、面积大、品种多，部分引进品种可能具有入侵性，省内养殖苗种交流频繁，外来养殖品种及可能携带的病原体扩散到全省大多数海水养殖区；与海洋生物为主的观赏游览业发达，拥有厦门海底世界等几个大型海洋馆，还有散布各地的小型海洋水族馆和观赏鱼商店，部分品种为外来引进种，存在逃逸和人为放生造成外来物种入侵风险。

3.3.2.2 典型外来物种类型、分布及危害程度

福建省典型海洋外来物种主要有互花米草、沙筛贝、有意引进养殖或观赏生物、压载水生物等四种类型。

1）典型外来物种分布

（1）互花米草

“908 专项”调查期间，福建省 13 个重点海域及主要港湾（沙埕港、三沙湾、罗源湾、闽江口、福清湾、兴化湾、湄洲湾、泉州湾、深沪湾、厦门湾、旧镇湾、东山湾、诏安湾）中仅 3 个港湾（福清湾、深沪湾、诏安湾）未发现互花米草，全省互花米草入侵区域面积为 9 924 hm^2。2007 年 6 月对重点海域的调查结果表明，泉州湾互花米草平均生物量和密度分别为 13.287 kg/m^2 和 157 株/m^2；三沙湾分别为 7.527 kg/m^2 和 137 株/m^2（表 3.20）。

表 3.20 福建省沿海互花米草分布区域与面积

沿海地级市	宁德	福州	莆田	泉州	厦门	漳州	合计
面积/hm^2	6 629	1 691	58	851	16	679	9 924

调查期间，互花米草在沿海港湾的主要分布区域为牙城湾、福宁湾、三沙湾、罗源湾、闽江口（包括敖江口）、泉州湾、厦门湾（包括安海湾、围头湾、大嶝海域、同安湾、九龙江口等）、东山湾；沙埕港、晴川湾、兴化湾、湄洲湾、佛昙湾、旧镇湾少量分布；福清湾、

诏安湾、宫口湾未发现互花米草；大港湾、深沪湾沿岸为沙质滩涂，不适合互花米草生长，没有发现互花米草（表3.21）。

表3.21 福建省主要港湾的互花米草分布面积

主要港湾	沙埕港	三沙湾	罗源湾	闽江口	福清湾	兴化湾	湄洲湾
面积/hm^2	3	6 245	1 064	577	0	64	46
主要港湾	泉州湾	深沪湾	厦门湾	旧镇湾	东山湾	诏安湾	/
面积/hm^2	664	0	543	30	275	0	/
其他港湾	牙城湾	福宁湾	佛昙湾	/	/	/	/
面积/hm^2	191	184	19	/	/	/	/

注：在"908专项"调查之后，2009年福清湾也发现零星互花米草入侵，并迅速扩张，2010年分布面积约为19 hm^2。

福建省沿海主要的河口湿地生态保护区为闽江口湿地保护区、泉州湾河口湿地自然保护区（省级）、龙海九龙江口红树林自然保护区（省级）、云霄漳江口红树林自然保护区（国家级）。这些保护区均有大面积的互花米草分布，互花米草的入侵对本地湿地植物构成严重威胁。福建省沿海的河流入海口大多有互花米草分布，目前仅福清龙江、莆田木兰溪和诏安东溪3条主要河流的入海口尚未发现互花米草（表3.22）。

表3.22 福建省主要河口湿地生态保护区所在海域的互花米草分布面积

河口湿地保护区	闽江口	泉州湾	九龙江口	漳江口（东山湾）
主要河流	闽江、敖江	晋江、洛阳江	九龙江	漳江
分布面积/hm^2	577	664	355	275

（2）沙筛贝

沙筛贝在福建省沿海的宁德后陂塘垦区、罗源松山垦区和白水垦区、惠安百崎"五一"垦区、厦门马銮湾和筼筜湖、龙海卓歧垦区、东山八尺门西侧海区等处已经大量繁殖并成为当地优势种群（表3.23）。

表3.23 福建省沿海沙筛贝分布区域与面积

分布区域	后陂塘垦区	松山垦区	白水垦区	百崎垦区	马銮湾	筼筜湖	卓歧垦区	八尺门西侧
面积/hm^2	198.5	2 045	800	264	322	139	202	445

在已发现沙筛贝大量繁殖附着的港湾垦区内，沙筛贝的密度高达217.6×10^3个/m^2（马銮湾，1996）、34.4×10^3个/m^2（八尺门西侧，1996）；马銮湾挂板（季板）最高密度达16.374×10^3个/m^2。在其他未设置挂板的垦区，沙筛贝在附着绳上均呈多层附着成团的现象。

沙筛贝在入侵海域大量自然繁殖必须具备水体相对封闭、有淡水大量注入等特定条件，有些港湾和垦区，即使水体也较为封闭，水体内也有大量的沙筛贝投入，但因没有淡水注入，沙筛贝无法大量繁殖成为优势种。如东山西埔湾垦区、莆田后海垦区等。在一些河口半咸水海域，如漳江口、九龙江口，虾池进排水渠道上可以偶尔发现有少量的沙筛贝附着，但不能确认是否已成为自然繁殖的种群。

（3）有意引进养殖或观赏生物

海水养殖生物：福建省引进的23种海水养殖生物主要在围垦池塘、工厂化养殖场、海水网箱进行养殖生产，多数品种还开展人工育苗。由于对引进生物缺乏有效监管，在养殖和育苗生产过程中不可避免地出现逃逸现象，目前眼斑拟石首鱼（美国红鱼）、凡纳滨对虾（南美白对虾）、尼罗罗非鱼等已在自然水体出现。像美国红鱼由于其生长速度快、适应能力强、食性广泛等特性，1991年引进后在我国迅速得到了推广。但由于缺乏有效管理，美国红鱼逃逸事故不断发生，目前我国沿海均发现其踪迹，由于其侵略性与扩张性的生态特性，其危害难于估计。现在福建省大量养殖的美国红鱼，由于喜食其他鱼类，可能对海湾的生物结构造成一定程度的影响（表3.24）。

表3.24 福建省引进养殖外来物种情况

种名	来源地	引进时间	引进地区	生态习性	现状描述
眼斑拟石首鱼（美国红鱼）(*Sciaenops ocellatus*)	美国 中国台湾	1995	漳州市 厦门市 泉州市 莆田市 福州市 宁德市	广盐广温 耐低氧 抗病力强 生长迅速 杂食凶猛	网箱12 500口 池塘834 hm^2 产量6 875 t
红鳍东方鲀(*Fugu rubripes*)	日本	1997	漳州市 莆田市 宁德市	暖温广盐 不耐高温	面积280 hm^2 产量1 395 t
漠斑牙鲆(*Paralichthys lethostigma*)	美国	2004	漳州市 厦门市	广盐广温 耐高温	育苗阶段 少量养成
犬齿牙鲆（大西洋牙鲆）(*Paralichthys dentatus*)	美国	2004	厦门市 福州市	广盐广温	试养1万尾 育苗阶段
大菱鲆（多宝鱼）(*Scophthalmus maximus*)	英国	2002	漳州市 莆田市	冷水鱼类 不耐高温	网箱200口 面积1.3 hm^2 产量5 t
欧洲鳎(*Solea solea Linnaeus*)	欧洲	2006	漳州市 福州市	低温广盐	工厂化养殖33万尾
鞍带石斑鱼（龙胆石斑）(*Epinephelus lanceolatus*)	中国台湾	2002	漳州市 厦门市 泉州市 莆田市 宁德市	珊瑚礁鱼类 不耐低温	面积2 hm^2 产量12 t
驼背鲈（老鼠斑）(*Chromileptes altivelis*)	越南	2003	漳州市	高盐 不耐低温	亲鱼100多尾

续表 3.24

种名	来源地	引进时间	引进地区	生态习性	现状描述
繁殖试验中 棕点石斑鱼（老虎斑） (*Epinephelus fuscoguttatus*)	海南	不明	漳州市	广盐 不耐低温	面积 19 hm^2 产量 80 t
条纹锯鮨 （美洲黑石斑） (*Centropristis striata*)	美国	2006	漳州市 福州市 宁德市	广盐广温	苗种 40 万尾 养殖试验中
欧鳗 (*Anguilla anguilla* L.)	法国 英国	1991	漳州市 厦门市 泉州市 莆田市 福州市 宁德市	广盐广温	面积 1 468 hm^2 产量 31 663 t
真鲷 (*Pagrus major*)	日本	2004	漳州市 莆田市 福州市 宁德市	广温 不耐低盐	网箱 12 900 口 产量 6 373 t
罗非鱼 (*Tilapia*)	非洲	1972	漳州市 厦门市 泉州市 莆田市 福州市 宁德市	广盐 不耐低温	面积 7 158 hm^2 产量 22 640 t
斑节对虾 (*Penaeus monodon*)	中国台湾	1988	漳州市 厦门市 泉州市 莆田市 福州市 宁德市	喜低盐度 不耐低温	面积 2 131 hm^2 产量 5 390 t
凡纳滨对虾 （南美白对虾） (*Litopenaeus vannameis*)	美国	1994	漳州市 厦门市 泉州市 莆田市 福州市 宁德市	广盐 不耐低温	面积 8 000 hm^2 产量 28 200 t
南美蓝对虾 (*Penaeus stylirostris*)	美国	2001	漳州市	广盐 不耐低温	试养少量

续表 3.24

种名	来源地	引进时间	引进地区	生态习性	现状描述
长牡蛎（太平洋牡蛎）（*Ostrea gigas*）	日本 中国台湾 澳大利亚	1982	漳州市 莆田市 福州市 宁德市	广盐广温	面积 4 870 hm^2 产量 291 500 t
日本黑鲍（*Haliotis cracherodii*）	日本	2003	漳州市 福州市 宁德市	不耐低盐	面积 153 hm^2 产量 880 t
日本盘鲍（*Haliotis discus discus*）	日本	2005	漳州市 莆田市 福州市	喜高盐度 不耐高温	面积 46 hm^2 产量 778 t
九孔鲍（*Haliotis diversicolor supertexta*）	中国台湾	1999	漳州市 莆田市 福州市 宁德市	喜高盐度 耐高温	面积 153 hm^2 产量 1 860 t
西氏鲍（*Haliotis sieboldii*）	日本	2003	漳州市 福州市	喜高盐度 不耐高温	面积 1 hm^2
红鲍（*Haliotis rufescens*）	美国	不明	莆田	不耐高温	少量试养
硬壳蛤（*Mercenaria mercenaria*）	美国	不明	莆田 连江	广盐广温	面积 303 hm^2 产量 4 540 t

海洋观赏生物品种：厦门海底世界（海洋水族馆）近年来共引进观赏生物 91 种，均在室内饲养，未发生逃逸。

（4）压舱水生物

对停泊于厦门港、福州新港（江阴港）、马尾港等福建主要港口的 12 艘远洋货轮进行调查，从检出的外来压载水物种来看，至今尚未在福建沿海发现的有 12 种，其入侵性尚待今后进一步观察。其余物种在福建沿海都有记录，分布也较为广泛。

从 20 μm 和 77 μm 两种孔径滤网收集的滤样里鉴定出藻类 7 门 86 属 240 种，其中包括赤潮生物 60 种（含产毒种 4 种，疑似产毒种 2 种），多数是危害福建海洋生态健康与安全的赤潮常见种（表 3.25）。

表 3.25　压舱水中浮游植物名录

中文名	拉丁文名	中文名	拉丁文名
硅藻门	Bacillariophyta	诺马斜纹藻	*Pleurosigma normanii*
短柄曲壳藻	*Achnanthes brevipes*	斜纹藻 1	*Pleurosigma* sp. 1
爱氏辐环藻	*Actinocyclus ehrenbergii*	斜纹藻 2	*Pleurosigma* sp. 2
洛氏辐环藻	*Actinocyclus roperi*	斜纹藻	*Pleurosigma* spp.
辐环藻	*Actinocyclus* sp.	拟菱形藻	*Pseudonitzschia* sp.

续表 3.25

中文名	拉丁文名	中文名	拉丁文名
环状辐裥藻	*Actinoptychus annulatus*	* 成列拟菱形藻	*Pseudonitzschia seriata*
波状辐裥藻	*Actinoptychus undulatus*	* △柔弱拟菱形藻	*Pseudonitzschia delicatissima*
翼茧形藻	*Amphiprora alata*	* △尖刺拟菱形藻	*Pseudonitzschia pungens*
平滑双眉藻	*Amphora laevis*	* 翼根管藻	*Rhizosolenia alata*
* 日本星杆藻	*Asterionella japonica*	* 翼根管藻印度变型	*Rhizosolenia alata f. indica*
克氏星脐藻	*Asteromphalus cleveanus*	伯氏根管藻	*Rhizosolenia bergonii*
* 派格棍形藻（奇异棍形藻）	*Bacillaria paxillifera* = *Bacillaria paradoxa*	距端根管藻（距端假管藻）	*Rhizosolenia calcar－avis* = *Pseudosolenia calcar－avis*
优美辐杆藻	*Bacteriastrum delicatulum*	卡氏根管藻	*Rhizosolenia castracanei*
辐杆藻	*Bacteriastrum* sp.	厚刺根管藻	*Rhizosolenia crassispina*
* 锤状中鼓藻	*Bellerochea malleus*	* 钝棘根管藻半刺变种	*Rhizosolenia hebetata f. semispina*
异角盒形藻	*Biddulphia heteroceros*	透明根管藻	*Rhizosolenia hyalina*
活动盒形藻（活动齿状藻）	*Biddulphia mobiliensis* = *Odontella mobiliensis*	覆瓦根管藻	*Rhizosolenia imbricata*
钝角盒形藻	*Biddulphia obtusa*	粗根管藻	*Rhizosolenia robusta*
高盒形藻	*Biddulphia regia* = *Odontella regia*	* 刚毛根管藻	*Rhizosolenia setigera*
* 中华盒形藻（中华齿状藻）	*Biddulphia sinensis* = *Odontella sinensis*	* 笔尖根管藻	*Rhizosolenia styliformis*
盒形藻	*Biddulphia* sp.	宽型笔尖根管藻	*Rhizosolenia styliformis var. latissima*
柏氏角管藻	*Cerataulina bergonii*	钩状棒杆藻	*Rhopalodia uncinata*
紧密角管藻	*Cerataulina compacta*	* 优美施罗藻	*Schroederella delicatula*
均等角毛藻	*Chaetoceros aequatoriale*	* 中肋骨条藻	*Skeletonema costatum*
奥氏角毛藻	*Chaetoceros aurivillii*	骨条藻	*Skeletonema* sp.
* 扁面角毛藻	*Chaetoceros compressus*	* 掌状冠盖藻	*Stephanopyxis palmeriana*
* 旋链角毛藻	*Chaetoceros curvisetus*	塔形冠盖藻	*Stephanopyxis turris*
* 柔弱角毛藻	*Chaetoceros debilis*	泰晤士扭鞘藻	*Streptotheca thamesis*
密连角毛藻	*Chaetoceros densus*	领形双菱藻	*Surirella collare*
* 细齿角毛藻	*Chaetoceros denticulatus f. denticulatus*	美丽双菱藻挪威变种	*Surirella elegans var. norvegica*
* 双突角毛藻	*Chaetoceros didymus*	华状双菱藻	*Surirella fastuosa*
远距角毛藻	*Chaetoceros distans*	流水双菱藻	*Surirella fluminensis*
异角角毛藻	*Chaetoceros diversus*	芽形双菱藻	*Surirella gemma*
印度角毛藻	*Chaetoceros indicum*	库氏双菱藻	*Surirella kurtzii*
* 垂缘角毛藻	*Chaetoceros laciniosus*	双菱藻	*Surirella* spp.
罗氏角毛藻	*Chaetoceros lauderi*	尖针杆藻	*Synedra acus*
* 洛氏角毛藻	*Chaetoceros lorenzianus*	肘状针杆藻	*Synedra ulna*
* 秘鲁角毛藻	*Chaetoceros peruvianus*	针杆藻	*Synedra* spp.

续表 3.25

中文名	拉丁文名	中文名	拉丁文名
* 拟旋链角毛藻	*Chaetoceros pseudocurvisetus*	* 菱形海线藻	*Thalassionema nitzschioides*
角毛藻	*Chaetoceros* sp.	菱形海线藻小形变种	*Thalassionema nitzschioides* var. *parva*
* 冕孢角毛藻	*Chaetoceros subsecundus*	细长列海链藻	*Thalassiosira leptopus*
卵形藻	*Cocconeis* sp.	海链藻 1（偏心型组）	*Thalassiosira* sp. 1
小环毛藻（豪猪棘冠藻）	*Corethron hystrix*	海链藻 2（线型组）	*Thalassiosira* sp. 2
非洲圆筛藻	*Coscinodiscus africanus*	海链藻 3	*Thalassiosira* sp. 3
蛇目圆筛藻（有光圆筛藻）	*Coscinodiscus argus*	海链藻 4	*Thalassiosira* sp. 4
* 星脐圆筛藻	*Coscinodiscus asteromphalus*	* 细弱海链藻	*Thalassiosira subtilis*
有翼圆筛藻	*Coscinodiscus bipartitus*	* 佛氏海毛藻	*Thalassiothrix frauenfeldii*
* 中心圆筛藻	*Coscinodiscus centralis*	长海毛藻	*Thalassiothrix longissima*
弓束圆筛藻	*Coscinodiscus curvatulus*	地中海海毛藻	*Thalassiothrix mediterranea*
小型弓束圆筛藻	*Coscinodiscus curvatulus* var. *minor*	海毛藻	*Thalassiothrix* sp.
多束圆筛藻	*Coscinodiscus divisus*	范氏海毛藻	*Thalassiothrix vanhoeffenii*
* 格氏圆筛藻	*Coscinodiscus granii*	蜂窝三角藻	*Triceratium favus*
强氏圆筛藻	*Coscinodiscus janischii*	甲藻门	Pyrrophyta
* 琼氏圆筛藻	*Coscinodiscus jonesianus*	* △链状亚历山大藻	*Alexandrium catenella*
光亮圆筛藻	*Coscinodiscus nitidus*	亚历山大藻	*Alexandrium* sp.
小眼圆筛藻	*Coscinodiscus oculatus*	偏转角藻	*Ceratium deflexum*
虹彩圆筛藻	*Coscinodiscus oculus – iridis*	* 叉状角藻	*Ceratium furca*
* 辐射圆筛藻	*Coscinodiscus radiatus*	* 梭角藻（纺锤角藻）	*Ceratium fusus*
有棘圆筛藻	*Coscinodiscus spinosus*	膨角藻	*Ceratium inflatum*
维凹圆筛藻	*Coscinodiscus subconcavus*	* 马西里亚角藻	*Ceratium massiliense*
细弱圆筛藻	*Coscinodiscus subtilis*	美丽角藻	*Ceratium pulchellum*
* 威氏圆筛藻	*Coscinodiscus wailesii*	角藻	*Ceratium* spp.
维廷圆筛藻	*Coscinodiscus wittianus*	* 三叉角藻	*Ceratium trichoceros*
苏氏圆筛藻	*Coscinodiscus thorii*	* 三角角藻	*Ceratium tripos*
圆筛藻 1	*Coscinodiscus* sp. 1	* △具尾鳍藻	*Dinophysis caudata*
圆筛藻 2	*Coscinodiscus* sp. 2	* △膝沟藻	*Gonyaulax* sp.
圆筛藻 3	*Coscinodiscus* sp. 3	* △裸甲藻	*Gymnodinium* sp.
圆筛藻 4	*Coscinodiscus* sp. 4	* 夜光藻	*Noctiluca scintillans*
圆筛藻	*Coscinodiscus* spp.	多甲藻	*Peridinium* sp.
小环藻	*Cyclotella* spp.	* 海洋原甲藻	*Prorocentrum micans*
扭曲小环藻	*Cyclotella stelligera*	* 叉形原多甲藻	*Protoperidinium divergens* = *Peridinium divergens*
* 条纹小环藻	*Cyclotella striata*	原多甲藻	*Protoperidinium* spp.
柱状小环藻	*Cyclotella stytorum*	绿藻门	Chlorophyta

续表 3.25

中文名	拉丁文名	中文名	拉丁文名
* 新月筒柱藻	*Cylindrotheca closterium*	韩氏集星藻	*Actinastrum Hantzschii*
披针桥弯藻	*Cymbella lanceolata*	纤维藻	*Ankistrodesmus* sp.
* 地中海指管藻	*Dactyliosolen mediterraneus*	镰形纤维藻	*Ankistrodesmus falcatus*
蜂腰双壁藻	*Diploneis bombus*	锥刺四棘鼓藻	*Arthrodesmus subulatus*
新西兰双壁藻	*Diploneis novaeseelandiae*	绿星球藻	*Asterococcus* sp.
* 布氏双尾藻	*Ditylum brightwellii*	小球藻	*Chlorella* sp.
太阳双尾藻	*Ditylum sol*	厚顶新月藻	*Closterium dianae*
* 短角弯角藻	*Eucampia zoodiacus*	新月藻	*Closterium* sp.
脆杆藻	*Fragilaria* spp.	拟新月藻	*Closteriopsis longissima*
* 柔弱几内亚藻	*Guinardia delicatula* = *Rhizosolenia delicatula*	小星空藻	*Coelastrum microporum*
* 萎软几内亚藻	*Guinardia flaccida*	华美十字藻	*Crucigenia lauterbornei*
* 斯氏几内亚藻	*Guinardia striata* = *Rhizosolenia stolterfothii*	四角十字藻	*Crucigenia quadrata*
长尾布纹藻	*Gyrosigma macrum*	双射盘星藻	*Pediastrum biradiatum*
簇生布纹藻	*Gyrosigma fasciola*	比韦盘星藻	*Pediastrum biwae*
簇生布纹藻弧形变种	*Gyrosigma fasciola var. arcuata*	二角盘星藻纤细变种	*Pediastrum duplex var. gracillimum*
中华半管藻	*Hemiaulus sinensis*	单角盘星藻	*Pediastrum simplex*
楔形半盘藻	*Hemidiscus cuneiformis*	盘星藻	*Pediastrum* sp.
黄埔水生藻	*Hydrosera whampoensis*	尖细栅藻	*Scenedesmus acuminatus*
* 北方娄氏藻（环纹劳德藻）	*Lauderia borealis*	爪哇栅藻	*Scenedesmus javaensis*
* 丹麦细柱藻	*Leptocylindrus danicus*	龙骨栅藻	*Scenedesmus cavinatus*
* 地中海细柱藻	*Leptocylindrus mediterraneus* = *Datyliosolen mediterraners*	齿牙栅藻	*Scenedesmus denticulatus*
短楔形藻	*Licmophora abbreviata*	二型栅藻	*Scenedesmus dimorphus*
波状石丝藻	*Lithodesmium undulatum*	斜生栅藻	*Scenedesmus obliquus*
颗粒直链藻	*Melosira granulata*	裂孔栅藻	*Scenedesmus perforatus*
颗粒直链藻最窄变种	*Melosira granulata* var. *angustissima*	四尾栅藻	*Scenedesmus quadricauda*
冰岛直链藻	*Melosira islandica*	极大四尾栅藻	*Scenedesmus quadricauda var. maxmus*
尤氏直链藻	*Melosira juergensii*	弓形藻	*Schroederia setigera*
* 念珠直链藻	*Melosira moniliformis*	螺旋弓形藻	*Schroederia spiralis*
直链藻	*Melosira* sp.	水绵 1	*Spirogyra* sp. 1
* 具槽直链藻	*Melosira sulcata*	水绵 2	*Spirogyra* sp. 2
点状舟形藻	*Navicula maculata*	角星鼓藻	*Staurastrum* sp.
串珠舟形藻	*Navicula monilifera*	二叉四角藻	*Tetraedron bifureatum*
喙头舟形藻	*Navicula rhynchocephala*	单棘四星藻	*Tetrastrum hastiferum*
舟形藻	*Navicula* sp. 1	韦氏藻	*Westella botryoides*

续表 3.25

中文名	拉丁文名	中文名	拉丁文名
钝头菱形藻	*Nitzschia obtusa*	粗刺微芒藻	*Micractinium crassisetum*
颗粒菱形藻	*Nitzschia granulata*	香味网绿藻	*Dictyochloris fragrans*
长菱形藻	*Nitzschia longissima*	蓝藻门	Cyanophyta
洛伦菱形藻（洛氏菱形藻）	*Nitzschia lorenziana*	粘球藻	*Gloeocapsa* sp.
洛伦菱形藻密条变种	*Nitzschia lorenziana* var. *densestriata*	平裂藻	*Merismopedia* sp.
琴氏菱形藻	*Nitzschia panduriformis*	螺旋藻	*Spirulina* sp.
弯菱形藻	*Nitzschia sigma*	颤藻	*Oscillatoria* sp.
纤细菱形藻	*Nitzschia subtilis*	* 红海束毛藻	*Trichodesmium erythraeum*
菱形藻	*Nitzschia* spp.	* 铁氏束毛藻	*Trichodesmium thiebautii*
哈德半盘藻	*Hemidiscus hardmannianus* = *Palmeria hardmanniana*	金藻门	Chrysophyta
端尖斜纹藻	*Pleurosigma acutum*	* 小等刺硅鞭藻	*Dictyocha fibula*
艾希斜纹藻	*Pleurosigma aestuarii*	裸藻门	Euglenophyta
柔弱斜纹藻	*Pleurosigma delicatulum*	长尾扁裸藻	*Phacus longicauda*
镰刀斜纹藻	*Pleurosigma falx*	黄藻门	Xanthophyta
飞马斜纹藻	*Pleurosigma finmarchia*	黄丝藻	*Tribonema* sp.
海洋斜纹藻	*Pleurosigma pelagicum*	头状黄管藻	*Ophiocytium capitatum*
舟形斜纹藻微小变型	*Pleurosigma naviculaceum f. minuta*		

注：* 为赤潮生物；△为有毒或潜在有毒种。

从 160 μm 和 77 μm 两种孔径滤网收集的滤样里记录浮游动物 5 门 30 属 52 种（包括 16 种通常无法鉴定到种的浮游动物幼体和无脊椎动物卵）（见表 3.26）。

表 3.26 压舱水中浮游动物名录

中文名	拉丁文名	中文名	拉丁文名
锥形宽水蚤	*Temora turbinata*	**浮游幼体**	**Pelagic larva**
海洋伪镖水蚤	*Pseudodiaptomus marinus*	短尾类蚤状幼体	*Brachyura zoea larva*
刷状伪镖水蚤	*Pseudodiaptomus penicillus*	纺锤水蚤幼体	*Acartia* larva
火腿许水蚤	*Schmackeria poplesia*	唇角水蚤幼体	*Labidocera* larva
星叶剑水蚤	*Sapphirina stellata*	角水蚤幼体	*Pontellina* larva
细长腹剑水蚤	*Oithona attenuata*	胸刺水蚤幼体	*Centropages* larva
隐长腹剑水蚤	*Oithona decipiens*	华哲水蚤幼体	*Sinocalanus* larva
拟长腹剑水蚤	*Oithona similis*	伪镖水蚤幼体	*Pseudodiaptomus* larva
近缘大眼剑水蚤	*Corycaeus affinis*	长腹剑水蚤幼体	*Oithona* larva
美丽大眼剑水蚤	*Corycaeus speciosus*	大眼剑水蚤幼体	*Corycaeus* larva
东亚大眼剑水蚤	*Corycaeus asiaticus*	桡足类无节幼体	*Copepoda nauplius larva*
平大眼剑水蚤	*Corycaeus dahli*	桡足幼体	*Copepodite larva*

续表 3.26

中文名	拉丁文名	中文名	拉丁文名
大眼剑水蚤	*Corycaeus* sp.	莹虾幼体	*Lucifer* larva
尖额真猛水蚤	*Euterpina acutifrons*	藤壶无节幼虫	*Balanus nauplius larva*
挪威小毛猛水蚤	*Microsetella norvegica*	多毛类幼体（环节动物门）	*Polychaeta larva* (Annelida)
背突隆剑水蚤	*Oncaea clevei*	阔沙蚕幼体（环节动物门）	*Platynereis* larva (Annelida)
节糠虾	*Siriella* sp.	长尾类幼体	*Macruran larva*
尾索动物门	**Urochorda**	无脊椎动物卵	*Invertebrate eggs*
异体住囊虫	*Oikopleura dioica*		

2）典型外来物种危害程度

（1）互花米草

互花米草对河口湿地生态系统形成危害，逐渐挤占本地滩涂植物如红树林、芦苇、咸水草（短叶江芏）、南方碱蓬的生长区域，对这些区域的生物多样性产生严重威胁。互花米草的入侵，导致了原有滩涂底栖生物栖息环境的改变，对底栖生物的生物量分布、群落结构和多样性指数产生较大影响。

互花米草入侵主要在港湾的泥质和泥沙质潮间带的中高潮区，对养殖业的影响比较大，造成周边地区农村居民渔业收入的减少。互花米草侵占的滩涂大多原来为周边渔民从事增养殖或讨小海的场所，互花米草的入侵造成以这些滩涂谋生的大量劳动力闲置、失业或改行，给社会带来一定程度的就业压力。

互花米草对养殖环境造成一定危害，但它在消浪护滩，防止水土流失，净化水质等方面也具有积极作用，因此对于互花米草入侵和危害，需要客观评价，以遏其害而扬其利。

（2）沙筛贝

在沙筛贝大量繁殖海域，几乎占据了全部海岸基石和养殖设施表面，排挤原有数量很大的藤壶、牡蛎等当地生物。目前，沙筛贝大量生长繁殖，其代谢产物增加了海水的有机污染和耗氧，限制了其他生物的生存空间，严重影响原生物种的生长繁殖，对当地生态系统造成巨大打击。

沙筛贝生活力和繁殖力极强，生长迅速，能与其他养殖的贝类争夺附着基和饵料以及生活空间，导致养殖贝类减产，当地的贝类养殖的经济效益下降。

（3）有意引进养殖或观赏生物

从国外和国内异地有意引种养殖或观赏生物，加大了外来海洋物种影响本地生态系统的可能。引种过程中，可能无意中带入了其他外来有害海洋生物，对本地生态系统造成很大威胁。在人工育苗、养殖以及由于人为或自然原因造成的逃逸中，外来的养殖或观赏个体很容易进入野生自然群体，对其遗传结构和多样性产生影响。

外来物种在迁移的过程中极可能携带病原生物，而由于当地的动植物对它们几乎没有抗性，因此很容易引起养殖病害流行，造成严重的经济损失。

（4）压舱水生物

由于缺少足够的生物学和生物地理学资料，目前中国海域记录的浮游动植物物种绝大多数无法考证其原产地，无法判定外来压舱水物种的入侵危害程度。但压舱水带来的外来赤潮生物，可能引发赤潮，从而对海域原有生物群落和生态系统的稳定性构成威胁。

3.3.3 海洋突发性污染灾害

3.3.3.1 营养盐污染灾害

根据近年来的监测资料的分析表明，福建省13个主要海湾普遍存在的富营养化的状况，海湾海水环境质量超二类海水水质标准的主要因子为无机氮、活性磷酸盐、石油类以及部分重金属。无机氮和活性磷酸盐含量在多数海湾海水中超二类标准，甚至不同程度地超四类标准；2008年的监测结果表明，福建省68%的海湾处于富营养化状态，49%的海湾为严重富营养化。

诏安湾和湄洲湾是两个水环境质量较好的海湾。罗源湾、闽江口和兴化湾次之，氮、磷超标现象较为普遍。沙埕港、三沙湾和泉州湾不仅氮、磷超标现象十分普遍。福清湾及海坛峡、深沪湾、厦门湾、旧镇湾和东山湾海水中无机氮、活性磷酸盐是主要的超标因子，其他超标因子相对较多。厦门市陆源入海排污仍是厦门市海域污染的主要原因之一，主要为城市生活污水和畜禽养殖所排污水。福建省主要海湾环境的污染特征见表3.27。

表3.27 福建主要海湾环境的污染特征

港湾名称	主要污染物			环境状况
	水环境	沉积物	生物体	
沙埕港	无机氮、活性磷酸盐、石油类		铜、镉	轻微污染
三沙湾	活性磷酸盐、无机氮、石油类	有机碳、铜、铅、锌	铅、镉、砷、滴滴涕	轻微污染
罗源湾	活性磷酸盐、无机氮、石油类	石油类、铜	铅	轻微污染
闽江口	活性磷酸盐、无机氮、汞	镉、汞	铅、镉	中度污染
福清湾及海坛峡	活性磷酸盐、无机氮、汞	汞	铅、砷	中度污染
兴化湾	无机氮、活性磷酸盐	硫化物、锌	铜、铅	中度污染
湄洲湾	无机氮	锌	铅、砷	中度污染
泉州湾	无机氮、活性磷酸盐、石油类	铜、铅	铅、砷、滴滴涕	中度污染
深沪湾	无机氮、铅、铜、锌、汞	硫化物、石油类、锌	镉、砷	轻微污染
厦门湾	无机氮、活性磷酸盐、汞、铅、镉	有机碳、石油类、铜、锌	铜、铅、锌	中度污染
旧镇湾	无机氮、石油类、汞	石油类、铅	铅、砷、滴滴涕	中度污染
东山湾	无机氮、活性磷酸盐、石油类		砷、滴滴涕	中度污染
诏安湾	活性磷酸盐	锌	铅、镉、滴滴涕	轻微污染

营养盐污染除了诱发突发性的赤潮灾害之外，通常情况下水体交换差或封闭的水域往往导致蓝藻和原生动物等大量繁殖，生物病原滋生，水体透明度降低、海区原有的生物群落被完全替换，海洋景观、娱乐和居住功能全部破坏，营养盐污染水域水体恶臭，蚊虫滋生。富营养水域不适合进行各种养殖生产和娱乐活动。福建省频繁暴发过虾、鱼、扇贝、牡蛎、江珧病害。

富营养化在夏季的危害特别严重。营养盐污染水域促进外来物种的发生，福建省多个海湾互花米草大量生长，侵占养殖滩涂，堵塞航道，改变区域的渔业生产模式。河口区雨季大量水葫芦入海，影响海洋正常的活动。这些外来物种的生长均与水体富营养盐化有密切的关系。

3.3.3.2 工业废水污染

2004年福建沿海工业排污口直接排污入海的有91个，废水量42.33×10^8 t。有食品制造业、纺织制造业、木材加工业、石油加工业、化学原料制造业、皮革、毛皮加工业、冶炼加工业、交通运输制造业等。有的未达标排放，有的超标排放，有的排污口设置不够科学、合理，港湾自净能力有限，超出港湾的环境容量，造成浅海渔业水域污染（许珠华，2005）。

2004年石狮市蚶江镇水头村蛏苗培育区海水受高浓度铜的影响，导致缢蛏苗收成失败，其他超标污染物还有铅、锌、挥发性酚、多氯联苯等。引起缢蛏苗绝产的污染物主要来自晋江市混合污水排污沟、晋江市西滨混合污水排污沟等。进入晋江市混合排污沟中的污染源有制革、造纸、电镀等企业排放的污水。

2008年，全省重点排污口入海排污总量约23.7×10^8 t，主要污染物总量约15.8×10^4 t。其中：悬浮物约12.3×10^4 t、化学需氧物质约3.2×10^4 t、氨氮约0.2×10^4 t、活性磷酸盐约195.1 t、石油类约151.1 t、重金属约47.2 t。2008年，重点排污口邻近海域符合海洋功能区水质要求的海域面积较2007年有所增加。但仍有45%的排污口邻近海域水环境质量处于差和极差状态，59.5%的监测区域海水质量为四类或劣四类。

污染海水的重金属来源主要有金属矿山、电镀、农药、医药、油漆、工业燃料、燃气机的尾气排放等。环境中常见的重金属污染有汞、铅、锰、镉等。重金属污染是一种蓄积性的慢性污染。在自然环境中存在的各种重金属元素，在很低的浓度下也会对大部分生物产生危害。

现阶段海洋陆源污排放严重，具体表现：第一，工业排污数量巨大。随着现代工业化进程，未经处理或者处理不够充分的工业废渣、废料、废水或者有毒化学品无度倾入海洋，在海洋中积累，造成污染。第二，放射性废物、砷化物等危险性垃圾被封存于容器中后被抛弃于海洋中。排放或废弃的结果是海水和沉积物中的重金属含量不断升高，水质环境不断恶化，在海洋生物和食物链的富集作用下，一些生物可能致病，造成海区生产力低下，严重的导致水域养殖生物突发性死亡。

3.3.3.3 金属污染

重金属污染是指比重大于5或4以上的金属或其化合物所造成的环境污染。重金属污染由自然因素（如土壤、岩石风化和火山爆发等）引起，但主要是采矿、制造、污水灌溉和使用重金属制品或含金属污染物等人为因素所致。重金属不能被生物降解，进入海洋后，在水体中重新分配，部分重金属进入食物链，在生物放大作用下，成千万倍地富集在贝类和鱼类等海洋食品中，最后进入人体。

虽然现在没有关于福建沿海食用贝类和鱼类重金属中毒的事故和报告，但福建沿海养殖生物质量不容乐观。《2005年福建省海洋环境状况公报》显示，福建省海洋污染仍比较严重。沿海22个重点贝类养殖区葡萄牙牡蛎、太平洋牡蛎、泥蚶、缢蛏、菲律宾蛤仔等贝类体内存留的镉、砷、铅、滴滴涕、石油烃等含量均超过国家的相关标准。与2004年相比，污染物残留增加，生物质量下降。云霄东厦、莆田平海、福清壁头、莆田兴化湾、晋江深沪湾、连江道澳等养殖区贝类均有相关超标物质，宁德贝类体内的镉含量有上升趋势。

2006 年 3 月—2007 年 8 月陆秋艳等（2009）对沿海区域莆田、泉州、厦门、连江等地的水产品进行重金属蓄积量检测。结果表明，各种重金属在水产品中都有检出，并且有不同程度的富集。虽然各类水产品中铅、镉、铬富集量均值未超国家标准限值，但除软体类，部分水产品中存在着部分样品重金属超标现象，其中贝类和甲壳类中重金属铅、镉、铬超标率较高，尤其是镉的超标率尤为突出。贝类水产品中重金属铅、镉的平均蓄积量最高。贝类及甲壳类水产品具有较强的生物富集性，重金属富集量主要原因是水环境污染。提示沿海部分水体已受到重金属铅、镉、铬污染威胁。福建省地处沿海，居民具有食用水产品的习惯，长期处于使用污染的水产品的状态下，人体可能出现有害效应。为保障食用者健康，控制水产品中重金属富集量，最为有效的方法是加强养殖区及捕捞区内生活与工业废水监督管理，从源头上控制重金属污染物进入海洋和养殖水体。

3.3.3.4 海洋溢油

石油类不仅是全球也是我国海洋环境中最主要的污染物之一。其主要来源于工业含油废水排放，船舶作业、海上石油开采和溢油事故等。海上溢油是石油污染的主要来源之一，其次是石油平台发生的溢油事故。此外，小型船只海上捕捞和运输活动排除的油污废水也是重要的油类污染的来源。

海上溢油灾害主要是海上作业和航行过程中的溢油造成的海上污染灾害，是近海油类污染的一个重要来源。海上溢油直接污染海水，另一方面漂浮在海面的油体，阻挡了海洋与大气之间的物质和能量交换，造成海水的“沙漠化”，海洋生物窒息死亡。重大溢油事故发生的海域也出现在福建省。1996 年福建省轮船公司油运分公司所属 6×10^4 t 级“安福”号油轮，装载 5.7×10^4 t 大庆原油由大连港返回湄洲湾，途中在乌丘屿附近航道上触及不明物体，船体破损。2004 年湄洲湾两艘装载原油 12×10^4 t 的“海角”号和“骏马输送者”号发生碰撞，导致溢油。2009 年莆田平海角附近水域发生海洋溢油 1 起，溢油量 132 t，对海洋环境造成污染。

溢油导致福建沿海水质处于较差水平。泉州市首次发布的海洋环境质量公报（2003）指出，大部分水域的水质情况良好，但近岸部分海域受到污染，其中后渚港和安海湾局部海域水质污染较严重，三种主要污染物包括了石油类；湄洲湾、大港湾、泉州湾局部海域石油类含量偏高，已达到轻度污染程度。泉州市废水排放量为 $35\,403\times10^4$ t，其中携带石油类的污染物 17 t。这些石油类污染物中，82.94% 来自于泉州市 36 家直接排海的工业企业。新发布的公报表明，工业废水排放量仍在增加之中。

4 海洋经济与海洋产业

自建设海峡西岸经济区以来，福建经济进入了平稳发展阶段，地区生产总值连续10年保持两位数的增幅，“十五”、“十一五”计划预定的指标绝大多数都完成或超额完成。但与我国沿海地区相比，无论在GDP总量还是人均值均处于较低的水平。

福建省海洋经济蓬勃发展，全省海洋生产总值增速高于同期地区生产总值增速，海洋产业增加值占地区生产总值比重不断提升。海洋三次产业结构持续优化，海洋交通运输业、滨海旅游业、海洋渔业、海洋工程建筑业、海洋船舶工业五大主导海洋产业增加值之和达1 030.03亿元，占全省海洋经济总量的75.1%，海洋支柱产业已经形成。

4.1 海洋经济概况

2009年，福建省海洋生产总值2 989亿元，比上年增长11.2%。海洋第一产业增加值284.6亿元，比上年增长12.9%；海洋第二产业增加值1 227.3亿元，比上年增长11.8%；海洋第三产业增加值1 477.1亿元，比上年增长10.4%。2009年，海洋交通运输业、滨海旅游业、海洋渔业、海洋工程建筑业、海洋船舶工业5大主导海洋产业增加值之和达1 030.03亿元，占全省海洋经济总量的75.1%，分别占到全省海洋经济总量的7.5%、24.3%、33.5%、7.1%和2.7%①。

目前福建省临海工业涉及工业行业15大类，占全省现有工业行业的1/3。福州经济技术开发区、琅岐经济开发区、元洪投资区、融侨工业区、秀屿开发区、湖里工业区、海沧台商投资区，一大批以港口为依托的新兴工业集聚地逐步形成。随着石化、冶金、电力、造纸、汽车、船舶修造、海产品加工和工程机械等八大重点临港工业的快步发展，形成了临港重化工业雏形。以湄洲湾、泉州港和厦门海沧为中心的临港石化产业集群；以福州和厦门为中心的汽车及零部件产业集群；以泉州、厦门、福州、宁德为重点的修造船工业和以漳州招银港区为重点的港口工程机械产业集群；以及在沿海地区形成的能源产业、原材料加工等临海工业集聚区已经成为经济发展的领头雁。

4.2 主要海洋产业

4.2.1 海洋渔业

2006年渔业总产值达1 000.11亿元，增加值达537.20亿元，其中第一产业（即水产品

① 数据来源：海洋与渔业厅网站

和苗种生产）产值为481.23亿元，增加值为273.93亿元，分别占渔业经济总量的48.12%和50.99%；第二产业（即渔业工业和建筑业，包括水产品加工、饲料和渔机制造等）产值为270.13亿元，增加值为144.30亿元，分别占渔业经济总量的27.01%和26.86%；第三产业（即渔业流通和服务业，包括水产流通、运输和休闲渔业）产值为248.75亿元，增加值为118.97亿元，分别占渔业经济总量的24.87%和22.15%。水产品总产值达481.23亿元，增加值达273.93亿元，其中海洋捕捞产值和增加值分别为145.52亿元和83.55亿元；海水养殖产值和增加值分别为207.28亿元和119.01亿元。2006年全省水产品总产量达602.02 $\times 10^4$ t，为全国第三位，人均水产品占有量在全国率先突破170 kg。

在渔业发展战略上，水产养殖业积极推广健康养殖技术、培育优势产业带和优势产品，规模化、产业化水平进一步提高，水产养殖产量占水产品总产量的比重提高到60%。远洋渔业获得长足发展，2006年全省远洋渔船达203艘，总吨位达57 162 t，总功率达87 258 kW。福建省外海捕捞渔船具备在八级风的海区作业，新开辟了闽东北、彭钓、东沙3个外海渔场和省外的海南岛渔场、济州渔场等，沿海14个县（市）参与发展远洋渔业，组建50多家不同经济类型的远洋渔业企业，先后涉足西非、南美、北太、南太、南亚、波斯湾等海域，与10个国家开展渔业合资、合作，形成了一支具有较强能力的远洋渔业船队和远洋渔业生产管理体系。2006年远洋捕捞总产量达12.88 $\times 10^4$ t，占当年海洋捕捞产品产量的5.94%。

2006年全省渔业固定投资总额达338 834.77万元，其中来源于中央的资金5 758万元，占1.70%；来源于地方的资金40 633.21万元，占11.99%；来源于自筹的资金292 443.56万元，占86.31%。新增固定资金为84 022.26万元。渔港建设固定资产投资额达7 822万元；捕捞生产固定资产投资额达92 655.58万元，其中远洋捕捞船只固定资产投资额达1 913万元，占2.06%；水产加工固定资产投资额达100 699万元。海洋捕捞渔船34 517艘，总吨位达62.26 $\times 10^4$ t，总功率达182.73 $\times 10^4$ kW；其中600 HP以上的捕捞渔船311艘，总吨位达6.35 $\times 10^4$ t，总功率达15.74 $\times 10^4$ kW，占总数的0.90%；61～599 HP的捕捞渔船9 356艘，总吨位达44.49 $\times 10^4$ t，总功率达131.71 $\times 10^4$ kW，占总数的27.11%；60 HP以下的捕捞渔船24 850艘，总吨位达11.42 $\times 10^4$ t，总功率达35.28 $\times 10^4$ kW，占总数的71.99%。

4.2.2 海洋工程建筑业

2008年，全国海洋工程建筑业实现增加值411亿元，福建省海洋工程建筑业增加值居全国首位，占全国海洋工程建筑业增加值的18.2%。完成港航固定资产投资61.2亿元，新增万吨级以上泊位10个。初步形成了厦门国际航运枢纽港和福州、湄洲湾（南、北岸）主枢纽港，大中小港口相配套的格局。港口腹地通道建设取得飞跃性发展，同三高速公路贯穿全省沿海，漳龙、京福高速公路建成通车。初步建成千里沿海防护堤和防护林体系、中尺度灾害性天气预警系统，加大了渔港避风港体系建设，防灾减灾能力得到加强。目前沿海工程建设中的水产养殖工程和码头建设工程的比例比较高，其中，福州、厦门、泉州的工程建设项目所占的比重较高。

4.2.3 海洋交通运输业

截至2005年底，全省港口拥有生产性泊位509个，万吨级以上泊位66个。2006年港口货物吞吐量增至3.39 $\times 10^8$ t集装箱吞吐量达588.15 $\times 10^4$ TEU。2005年福州港货物吞吐量为7 423 $\times 10^4$ t，居全国第12位，集装箱吞吐量80.4 $\times 10^4$ TEU，居全国第10位；厦门港集装箱吞吐量达 334 × 10^4 TEU，居全国第 7 位。目前全省沿海各类港口企业共有 226 家，共开辟 63 条国际集装箱班轮（含港澳台地区）航线，与世界 100 多个港口有货运往来，参与福建省国际集装箱班轮运输的船公司月平均有 700 多个国际航班停靠福建省港口作业。已初步形成了厦门国际航运枢纽港和福州、湄洲湾主枢纽港，大中小港口相配套的格局。

4.2.4 滨海旅游业

滨海旅游业已经成为福建省旅游业的主要部分，接待境外游客占全省旅游业 70% 以上，国内游客占 70%，旅游总收入占 80% 以上。滨海旅游业增加值占海洋产业总增加值的比重不断上升，已成为全省 5 大海洋支柱产业之一。福鼎的太姥山、霞浦的杨家溪、宁德的三都澳等，在省内外有较高的知名度。宁德支提寺、福鼎大嵛山岛、霞浦的高罗、大京、外浒等滨海沙滩有待进一步开发利用。泉州市许多滨海旅游景点已为省内外闻名，如石狮黄金海岸旅游区、崇武滨海旅游区等。还有六胜塔、洛阳桥、安平桥、深沪湾古森林、惠安青山湾沙滩和半月湾沙滩等也有不同程度的开发。莆田市湄州岛已开发成为国家旅游度假区。厦门市滨海旅游资源十分丰富，在国内外已有很高的知名度，如鼓浪屿—万石岩、集美旅游区、南普陀寺、胡里山炮台、厦门景州乐园等都得到较好开发。还有青礁慈济宫、海沧大桥旅游区、大嶝英雄三岛战地观园、同安北辰山旅游区、白鹭洲公园、环岛路旅游带等也得到不同程度的开发。福州市滨海旅游资源集中在福州以及平潭、福清、连江、长乐等县市，许多历史古迹、纪念地、自然景观等旅游资源已经构成了一批在省内外知名度较高的旅游区（点），如平潭海坛风景区、平潭坛南湾沙滩、平潭龙王头沙滩、福州罗星塔公园、长乐大鹤滨海森林公园等。漳州市滨海旅游资源集中在漳州市区以及东山、漳浦、龙海等县市，已经构成了一批在省内外知名度较高的旅游景区（点），如东山的金銮湾、马銮湾沙滩、风动石景区、龙海隆教湾沙滩，漳州滨海火山国家级地质公园等。

4.2.5 海洋矿业

滨海石英砂、花岗石材、叶蜡石及高岭土等是滨海具有优势的非金属矿产。沿海石材开采现有大小工厂 3 000 多家，年产量近 3 000 × 10^4 m^2，居全国第一位；高岭土和叶蜡石是福建省陶瓷工业的主要原料，近 10 年来，福建省陶瓷工业就是依托高岭土和叶蜡石而得到迅速发展；砂产品有 10 多种，主要分布在平潭、惠安、晋江、漳浦、东山和诏安等沿海地区，已在玻璃、水泥、冶金、机械、石化等工业得到广泛应用。精选玻璃砂、水泥标准砂、铸造型砂、各类海砂产量基本满足本省的需要并外销省外或出口。目前开发的金属矿主要是铝矾土矿、钼矿以及少量的重金属矿。在福州、漳州等地地热资源陆续被发现和探明，每年地热和矿泉水两项产值超亿元。福建省近海石油、天然气亦具有一定的发展潜力，海峡西部海域油气资源已进行相应的勘探工作，但开发条件目前尚未成熟。

4.2.6 海洋盐业

全省盐场主要有漳浦县旧镇竹屿盐田、湄洲湾中部西侧的山腰盐田、泉港区潘南盐田、惠安县的辋川盐田、东桥盐田和埕边盐田、秀屿区莆田盐场、平潭火烧港盐田、晋江市晋江盐田、东山县向阳盐田、西港盐田和双东盐田。这些大多为国营盐场或规模较大的乡镇企业，是福建省盐业生产的主要基地。近年来，福建的盐业产品市场竞争能力较差，已经逐步实现盐田转产，有的实施水产养殖、或耕种农作物，有的回填成陆地用于道路、城镇等工程建设或临海工业用地。

4.2.7 海洋船舶工业

至2006年福建省共有大小修造船企业220家，主要分布在福州（23家）、厦门（3家）、宁德（27家）、漳州（15家）、泉州（8家），其中大中型船厂主要有福建省船舶工业集团公司下属的马尾造船股份有限公司、东南造船厂、厦门船舶重工股份有限公司、龙海国安船业有限公司等。共有船台17座，总造船能力达到62.4×10^4 t，最大造船能力的船台容量为8.5×10^4 t；船坞16座，总造船能力达到51×10^4 t，造船能力最高的船坞为闽东丛贸船业公司的17.2×10^4 t；干船坞4座，总造船能力36×10^4 t，而福建冠海造船工业有限公司的干船坞的造船能力就达到30×10^4 t。福建省船舶工业已具备设计、制造、修理7×10^4吨级以下各类船舶，改装10万吨级以下船舶，以及部分船舶配套设备制作的能力，全省基本形成沿“三江（闽江、白马江、九龙江）、两港（厦门港、泉州港）”布局而发展壮大的格局。2005年，福建省的船舶工业总产值41.07亿元，在沿海十大省中居于第6位的中等水平。

4.2.8 海洋化工业

目前福建省主要的海洋化工企业有4家，主要以化工产品为主，生产琼脂、离子溴烧碱、液氯、高纯盐酸、环氧丙烷、聚醚、加碘日晒盐、散装加碘一级盐。总产量89 182.93 t，总产品销量收入63 919.46万元。在全国中处于末流水平，在中国海洋统计年鉴中甚至忽略不计。

4.3 其他海洋产业

4.3.1 海洋科研

目前福建省海洋科技有较强的力量，拥有15家从事海洋生产开发的民营科技队伍，主要海洋单位有集美大学水产学院、集美大学航海学院厦门大学海洋与环境学院下设的厦门大学亚热带海洋研究所、海洋学系、环境科学与工程系、环学研究中心、近海海洋环境科学国家重点实验室、厦门海岸带可持续发展国际培训中心等。海洋科技人员近2 000人，约占全国的1/3，海洋中人才拥有数居全国第二位，海洋科技进步对海济发展的贡献率已达到50%。

4.3.2 海洋环保

目前福建省沿海地区共设置有国家级海洋自然保护区3处，分别是泉州的深沪湾海底古森林遗迹自然保护区、厦门的珍稀物种自然保护区以及漳州的漳江口红树林自然保护区；省级海洋自然保护区5个，分别是福鼎台山列岛自然保护区、长乐海蚌资源繁殖保护区、泉州湾河口湿地省级自然保护区、龙海红树林自然保护区、东山珊瑚自然保护区；市级海洋保护区2个，分别是福鼎台山列岛自然保护区、莆田平海海滩、沙丘岩自然保护区；县级海洋保护区1个，保护区总面积达846.33 km^2。

2006年福建省沿海地区排污企业数为3 133家，直接排入海污染物$56\,615.2\times10^4$ t。海洋污染治理项目当年完成投资128 820万元，其中大部分用于治理废水。

5 海洋管理

海洋管理是一门涉及多层面、多方面的综合性管理学科，本章主要侧重于海洋资源管理与海洋环境管理。海洋环境管理因不同的管理对象和地域可划分为不同的类型。我国当前的海洋环境管理基本任务主要按危害海洋环境的主要因素来划分，分为以下四个方面：陆源污染物管理、海洋倾废管理、海洋石油勘探开发防污染管理和海洋工程建设防污染管理。

近年来福建省共制定各类有关海洋资源环境保护的法律、法规和规章制度30多件。2002年12月1日福建率先颁布实施了全国第一部海洋环保地方性法规，即《福建省海洋环境保护条例》，并先后制定颁布实施了《福建省海域使用管理条例》、《福建省浅海滩涂水产增养殖条例》等，对海域使用实行了使用证制度和有偿使用制度，为依法管海治海提供了法律依据。海洋监测监察、资源环境保护、海域使用、防灾减灾等海洋综合管理工作逐步走上了法制化轨道。

5.1 基本概念

所谓海洋管理是指政府以及海洋开发主体对海洋资源、海洋环境、海洋开发利用活动、海洋权益等进行调查、决策、计划、组织、协调和控制工作。现代海洋管理指的是国际社会和沿海国家普遍接受并广为实践的依法管海的行政活动。海洋管理的最终目的是要在充分兼顾各方面利益基础上达到海洋事业的平衡、协调发展，乃至整个社会经济的协调发展。

5.2 法规与管理体制

5.2.1 法律和法规

联合国第三次海洋法会议通过的《联合国海洋法公约》（以下简称《公约》），构成了现代海洋法律制度的基础。中国的海洋法律制度由不同法律法规和条例组成，并不属于某个单一的部门。中国的海洋法律制度涉及海洋权益、资源开发、海上交通、环境保护和海域使用管理等诸多方面。

5.2.1.1 海洋生态环境保护的国际公约

国际社会重点关注的海洋生态环境问题主要有两个方面：一是陆源污染、航运船舶污染和海洋倾废。为了减轻和防治这类污染，国际社会通过了一系列的公约和制度。《公约》是其中具有广泛约束力的基本法律框架。《公约》规定，各国有保护和保全海洋环境的一般义务，并具体规定了各国有义务采取一切必要措施，以防止、减少和控制任何来源的海洋环境污染。二是生物多样性的保护问题，旨在保护和保全濒危物种、稀有或脆弱的生态系统以及生物的生存环境。针对生物多样性保护的全球性公约有《生物多样性公约》、《濒危野生动植物国际贸易公约》、《养护野生动物移栖物种公约》以及《国际捕鲸公约》，等等。

目前，中国已缔结和参加国际公约50多个，其中涉及海洋环境保护的国际公约主要有（表5.1）：

表5.1　中国参加的国际环境公约

序号	公约名称	交存文书时间	对中国生效时间
1	《1969年国际油污损害民事责任公约》	1980.1.30	1980.4.30
2	《1973/1978年国际防止船舶造成污染公约》	1983.7.1	1983.10.2
3	《防止倾倒废物和其他物质污染海洋的公约》	1985.11.14	
4	《控制危险废物越境转移及其处置的巴塞尔公约》	1991.12.17	1992.5.5
5	《关于特别是作为水禽栖息地的国际重要湿地公约》	1992.3.31	1992.7.31
6	《生物多样性公约》	1992.6.11	1993.1.5
7	《关于环境保护的南极条约议定书》	1994.8.2	1998.1.14
8	《联合国海洋法公约》	1996.6.7	1996.7.7
9	《1990年国际油污防备、反应和合作公约》	1998.3.30	1998.6.30
10	《修正1969年国际油污损害民事责任公约的1992年议定书》	1999.1.5	2000.1.5
11	《〈防止倾倒废物和其他物质污染海洋的公约〉1996年议定书》	2006.9.29	2006.10.29

除了以上国际公约，中国政府还参加了其他海洋生态环境保护方面的重要协定，包括《保护海洋环境免受陆源污染全球行动计划》。

此外，中国还积极加强与沿海国家海洋环境保护的双边合作。在双边合作领域，中国先后与美国、朝鲜、加拿大、印度、韩国、日本、蒙古、俄罗斯、德国、澳大利亚、乌克兰、芬兰、挪威、丹麦、荷兰等国家签订了20多项环境保护双边协定或谅解备忘录。

5.2.1.2　中国的海洋环境资源保护法律制度

中国的海洋环境资源保护工作起步并不算晚，大致经历了资源养护、污染防治和生态保护等阶段，现在强调对海洋生态、资源和环境的全面保护。海洋资源保护首先关注的是渔业资源（见表5.2）。

表5.2　中国渔业资源保护法律法规

序号	名称	公布时间	公布机关
1	关于渤海、黄海及东海机轮拖网渔业禁渔区的命令	1955年6月	中华人民共和国国务院
2	水产资源繁殖保护暂行条例（草案）	1957年4月	原中华人民共和国水产部
3	水产资源繁殖保护条例	1979年2月	中华人民共和国国务院
4	渔业法	1986年1月	中华人民共和国全国人民代表大会常务委员会
5	水生野生动物保护实施条例	1993年	中华人民共和国国务院

进入20世纪80年代，中国海洋环境保护制度迅速建立和完善，尤其是1982年制定到

1999年修订的《中华人民共和国海洋环境保护法》，反映了中国海洋环境保护理念的转变和保护工作的逐步完善：从强调具体活动（如防治海岸工程、海洋石油勘探开发、陆源污染物、船舶和倾倒废弃物）对海洋环境的污染损害，转变为更加宏观的海洋环境监督管理和海洋生态环境的保护。从修订后的章节变化也可以看出中国海洋环境保护工作的完善，陆源污染物对海洋环境的污染损害已经成为防治工作的重点。随后国家又出台了《中华人民共和国海域使用管理法》（2001－10）、《中华人民共和国野生动物保护法》（2004－8－28）、《中华人民共和国海岛保护法》（2009－12－26）等一系列法律。

为贯彻实施《中华人民共和国海洋环境保护法》，中国先后颁布实施了7个配套法规（表5.3）。同时，也出台了一系列相关标准，相关标准包括：《海水水质标准》、《渔业水质标准》、《海洋生物质量标准》、《海洋沉积物质量标准》、《船舶污染物排放标准》、《含油污水排放标准》、《污水综合排放标准》和《污水海洋处置工程综合排放标准》以及《海洋功能区划》、《近岸海域环境功能区划》等规范性文件。

表5.3 与《中华人民共和国海洋环境保护法》配套的7个条例

序号	名称	发布时间
1	中华人民共和国海洋石油勘探开发环境保护管理条例	1983年
2	中华人民共和国海洋倾废管理条例	1985年
3	中华人民共和国防止拆船污染环境管理条例	1988年
4	中华人民共和国防治陆源污染物污染损害海洋环境管理条例	1990年
5	中华人民共和国防治海洋工程建设项目污染损害海洋环境管理条例	2006年
6	中华人民共和国防治海岸工程建设项目污染损害海洋环境管理条例	2007年
7	中华人民共和国防治船舶污染海洋环境管理条例	2009年

5.2.1.3 福建省的海洋环境资源保护法律制度

近年来全省共制定各类有关海洋资源环境保护的法律、法规和规章制度30多件。2002年12月1日福建率先颁布实施了全国第一部海洋环保地方性法规，即《福建省海洋环境保护条例》，并先后制定颁布实施了《福建省海域使用管理条例》、《福建省浅海滩涂水产增养殖条例》等，对海域使用实行了使用证制度和有偿使用制度，为依法管海治海提供了法律依据。海洋监测监察、资源环境保护、海域使用、防灾减灾等海洋综合管理工作逐步走上了法制化轨道。

5.2.2 海洋管理体制

海洋管理体制是国家为了维护海洋权益、发展海洋经济、保护海洋环境和资源、协调涉海部门之间关系而建立的管理组织结构和运行制度。科学、合理的海洋管理体制可以达到有效管理海洋事务，促进海洋经济发展的目的。不同的海洋管理体制是不同阶段海洋事业发展的需要和结果。由于各国整治体制不同，地理条件各异，海洋发展阶段有别，世界各国的海洋管理体制也就不尽相同。

世界沿海国家的海洋管理体制有多种类型。按管理机构、职能是否集中和统一，大致可以分为3种管理形式：一是集中管理型。这种类型的国家具有国家级的统一、高效的海洋管理职能机构；有全国性的综合海洋管理法规和政策，具有相对统一的海上执法队伍。二是半集中管理型或称为相对集中管理型。这些国家中的海洋管理分属于国家和地方各部门；大多数国家没有全国海洋管理的职能部门，主要靠协调机构来实施海洋管理，或者虽然有的国家也建有全国海洋管理职能部门，但主要由地方进行管理。三是分散管理型。此种类型的海洋管理的国家没有全国性的统一的海洋管理职能机构或协调机构；海洋管理分散在政府有关涉海部门和地方政府，管理力度不大；没有全国的综合性的海洋管理法律、规划和政策，没有统一的海洋执法队伍。中国目前的海洋管理体制类型属于半集中管理型，是海洋行政管理与分部门分级管理相结合的国家海洋管理体制。

5.2.2.1 中国海洋管理机构及其职能

半个世纪以来，中国的海洋管理工作经历了重大的发展与变革。中国的海洋管理体制经历了从行业性管理到行业管理加海洋环境复合管理，再向到海洋综合管理过渡的发展历程。特别是1992年召开的联合国环境与发展大会和《联合国海洋法公约》的生效，正式提出了可持续发展和海洋综合管理的概念后，中国海洋管理体制有了较快的发展。在中央与地方相结合的海洋管理体制的建立和不断完善过程中，海洋综合管理逐步加强，宏观管理能力有了一定的提高，对全国海洋开发的宏观调控和海洋综合管理的总体框架已基本形成。

1）主要涉海部门

经过几十年的演变，逐步形成了以海洋综合管理与分部门、分行业管理相结合为主要特点的管理体制。目前，国家海洋局专门从事海洋行政管理，另外涉及海洋工作的职能部门还有交通运输部、农业部、国土资源部、环境保护部等，涉海的石油、盐业、旅游等行业，也是重要的海洋产业，相关管理部门也承担部分海洋管理的任务。

国家海洋局：国家海洋局为国家海洋行政主管部门，隶属中华人民共和国国土资源部，主要负责海域使用管理、海洋环境保护、海洋权益维护、海洋科技发展等工作，并在黄海、渤海、东海、南海建立了3个直属的海区管理机构（分局），还设有专门的海监执法队伍。大陆沿海11个省（市、区）都建立了省、市、县三级海洋管理机构和海监队伍，自上而下基本形成了四级海洋管理与执法体系。

中华人民共和国农业部：农业部渔业局（中华人民共和国渔政渔港监督管理局）主要负责研究提出渔业发展战略、规划计划、技术进步措施和重大政策建议；起草相关法律、法规、规章，并监督实施；负责渔业行业管理，指导渔业产业结构和布局调整；研究拟定渔业科研、技术推广规划和计划并监督实施，组织重大科研推广项目的遴选及实施；研究拟定保护和合理开发利用渔业资源、渔业水域生态环境的政策措施及规划，并组织实施；负责水生野生动植物管理；代表国家行使渔政、渔港和渔船检验监督管理权，负责渔船、船员、渔业许可和渔业电信的管理工作；协调处理重大的涉外渔业事件；研究提出渔业行政执法队伍建设规划和措施并指导实施；参与组织制定并监督执行国家渔业公约和多边、双边渔业协定，组织开展国家渔业交流和合作；负责远洋渔业规划、项目审核和协调管理。

中华人民共和国交通运输部：交通运输部海事局是在原中华人民共和国港务监督局（交通安全监督局）和原中华人民共和国船舶检验局（交通部船舶检验局）的基础上，合并组建而成的。海事局为交通部直属机构，实行垂直管理体制。根据法律、法规的授权，海事局负责行使国家水上安全监督和防止船舶污染、船舶及海上设施检验、航海保障管理和行政执法，并履行交通部安全生产等管理职能。海事局现仍继续以“中华人民共和国港务监督局”和“中华人民共和国船舶检验局”的名义对外开展执法管理工作。

中华人民共和国公安部：公安部边防管理局，负责对全国公安边防部队的统一组织、指挥、管理。公安边防部队（亦称中国人民武装警察边防部队）是国家部署在演变沿海地区和口岸的一支重要武装执法力量，隶属公安部，实行武警现役体制。公安边防部队在省、自治区、直辖市设公安边防总队，在边境和沿海地区（市、州、盟）设公安边防支队，在县（市、旗）设公安边防大队，在沿边沿海地区乡镇设边防派出所，在内地通往边境管理区的主要干道上设边防公安检查站；在沿海地区设海警支队、大队；北部湾海上边界巡逻监督，管辖在海上发生的刑事案件，管辖在沿海地区发生的组织他人偷越国（边）境案、运送他人偷越国（边）境案、偷越国（边）境案和破坏界碑、界桩以及在沿海地区查获的走私、贩卖、运输毒品和走私制毒物品等案件，防范、打击沿海各种违法犯罪。

中华人民共和国海关：中国海关是国家的进出境监督管理机关，实行垂直管理体制，在组织机构上分为 3 个层次：第一层次是海关总署；第二层次是广东分署，天津、上海 2 个特派员办事处，41 个直属海关；第三层次是各直属海关下辖的 562 个隶属海关机构。此外，在布鲁塞尔、莫斯科、华盛顿以及香港等地设有派驻机构。中国海关现有关员（含海关缉私警察）合 4.8 万余人，共有国家批准的海、陆、空一类口岸 253 个，此外还有省级人民政府原理批准的二类口岸近 200 个。海关总署是中国海关的领导机关，是中华人民共和国国务院下属的正部级直属机构，统一管理全国海关。海关总署机关内设 15 各部门，并管理 6 个直属事业单位、4 个社会团体和 3 个驻外机构。中央纪委监察部在海关总署派驻纪检组监察局。依照《中华人民共和国海关法》等有关法律、法规，中国海关主要承担 4 项基本任务：监管进出境运输工具、货物、物品；征收关税和其他税、费；查缉走私；编制海洋统计和办理其他海关业务。根据这些任务主要履行通关监管、税收征管、加工贸易和保税监管、海关统计、海关稽查、打击走私、口岸管理等职责。

中华人民共和国环境保护部：环境保护部职责是加强环境政策、规划和重大问题的统筹协调职责；加强环境治理和对生态保护的指导、协调、监督的职责；加强落实国家减排目标、环境监管的职责。环境保护部主要负责建立健全环境保护基本制度；负责重大环境问题的统筹协调和监督管理；承担落实国家减排目标的责任；承担从源头上预防、控制环境污染和环境破坏的责任；负责环境污染防治的监督管理；指导、协调、监督生态保护工作；负责核安全和辐射安全的监督管理；负责提出环境保护领域固定资产投资规模和方向、国家财政资金安排的意见，按国务院规定权限，审批、核准国家规划内和年度计划规模内固定资产投资项目，并配合有关部门做好组织实施和监督工作。

2）地方海洋管理机构及管理模式

海洋分级管理包括了海洋综合管理和行业管理。目前，沿海 11 个省、市、自治区都建立了厅局海洋行政管理机构，53 个地市、139 个县市设立了海洋管理部门。地方海洋管理机构设置和海洋管理职能主要有以下 3 种模式：

海洋与渔业管理结合模式：在全国 15 个沿海省（区、市）和计划单列市当中，有 10 个是属于海洋与渔业合并在一起的管理模式。自北向南分别是：辽宁、山东、青岛、江苏、浙江、宁波、福建、厦门、广东、海南。管理机构名称一般为海洋与渔业厅（或局）。海洋与渔业厅（或局）兼有海洋和渔业的两种管理职能，受国家海洋局和农业部渔业局的双重领导。在海上执法过程中，既有海监管理的执法任务，又有渔政监督管理职能。因此，这种管理模式是把海洋和渔业管理紧密结合在一起的模式。

国土资源管理机构模式：河北省、天津市、广西壮族自治区 3 个省（区、市）在机构改革中，遵循中央机构改革模式，将地矿、国土、海洋合并在一起，成立了国土资源厅（或局），其中海洋部门负责海洋综合管理和海上执法工作。

专职海洋行政管理：上海市地方海洋管理机构在改革过程中，与国家海洋局东海分局合并，这种管理模式在全国属于特例。

3）福建省海洋管理特色

福建海洋综合管理的特色可以总结为三个“注重”：

一是注重制度创新。在全国率先出台《福建省海域使用补偿办法》，建立失海渔民保障机制，维护失海渔民利益；率先出台《福建省海域使用权抵押登记管理办法》，促进海域使用权合理流转；率先创立乡镇海管站和村级协管员制度，延伸管理链条，方便基层、服务群众。

二是注重管理创新。在全国率先开展海域使用权抵押贷款登记工作；率先实施“海湾围填海规划的战略环境评价”；率先定成省内海域勘界和海岸线修测工作，明确了海洋行政管理区域范围；厦门率先在全国实施海岸带综合管理，并成为联合国的示范模式之一。

三是注重政策创新。在全国率先制定出台《关于进一步提高海域使用审批效率的若干意见》、《关于扩大内需促进经济平稳较快发展的若干意见》，进一步简化程序、改进工作、提高效率。

5.2.2.2 工作进展及成就

1）科学有效配置资源

福建坚持以《海域使用管理法》《福建省海洋功能区划》《福建省海湾数模研究成果》为依据，科学合理地审核批准用海。《海域使用管理法》实施以来，全省共批准用海 16 008 宗，面积 21.09×10^4 hm^2，其中围填海项目用海 2.5×10^4 hm^2，有效地保证了全省工业、能源、交通等重点项目建设及渔业养殖、滨海旅游等的用海需求。

以保证有限资源发挥最大效益为目标，福建积极探求创新海域资源市场化运作模式，出台了《福建省招标拍卖挂牌出让海域使用权办法》等制度，部分沿海县市成立了海域使用权交易中心、海域使用权流转服务中心等服务机构，推动海域资源市场化配置工作从无到有、从小到大发展，逐渐呈现以点带面、全面推进的良好态势。近 10 年来，福建通过招标、拍卖、挂牌出让海域使用权 350 宗，面积 14 148 hm^2，海域使用出让金突破 3 亿元，海域资源市场化配置工作走在全国前列。

2）加强海洋资源环境保护

通过持续加大资源与生态环境监管力度，大力实施海洋环境整治与生态修复，全面推进海洋特别保护区建设，海洋资源和生态环境保护成效明显，2011年全省近岸海域清洁和较清洁水质面积占全省近岸海域面积的比例已发达61.6%，高于全国平均水平。

探索建立海陆统筹、海陆一体化的海洋环境保护模式。开展全省沿海陆源入海排污口调查登记，实施海洋污染源溯源追究制度试点，探索海洋环境监测数据资料交换、入海污染物总量控制、联合执法监督等办法，推动建立海陆联动环保协调机制。从2004年起，福建率先在全国开展排污口监测，对陆源入海排污口及其邻近海域环境、重点涉海工程的施工和营运、闽东沿岸生态监控区、主要海水增养殖区和海洋保护区进行生态环境监测，有效监控陆源污染物入海和重点海域环境变化。从2008年起，福建对全省重点海湾定期开展综合监测，并率先在新闻媒体发布，服务于群众的生产生活和政府的决策管理。高度重视近岸海域环境污染的治理，推进全省海漂垃圾治理示范区、重点景观海滩污染的整治和保洁。

高度重视海洋生态建设与修复。先后建立了12个海洋自然保护区和3个海洋生态特别保护区，保护面积达13.53万公顷。实施厦门海洋生态修复和“中国南部沿海生物多样性管理东山—南澳省际合作项目”，获得全球环境基金和联合国开发计划署的赞誉并在全球推广。实施泉州湾生态修复、东山八尺门海域生态修复等一批重点项目，主要采取截流治污、种植红树林、布设人工鱼礁和增殖放流等措施，修复海洋生态，扩大海洋环境容量，提升海洋环境承载力。

积极开展海岛保护管理工作。组织沿海市、县（区）开展海岛调查，完成了海岛命名和立碑工作，确定了福建省第一批开发利用无居民海岛名录50个。编制《福建省海岛保护规划》，制定《福建省无居民海岛使用申请审批试行程序》等相关配套制度，为海岛的开发保护提供依据和保障。积极开展无居民海岛整治修复工作，2007年以来，已对27个无居民海岛实施封岛栽培、增殖放流等措施，取得良好成效。

3）推进防灾减灾能力建设

福建地处海峡西岸，由于台湾海峡的狭管效应和海上交通的繁忙，因此成为海上交通事故和台风等海洋灾害多发地区。福建省委省政府大力实施以百个渔港建设、千里岸线减灾、万艘渔船安全应急为内容的海洋防灾减灾“百千万工程”，海上安全生产形势日益好转。

百个渔港建设。2008年，福建出台《关于加快标准渔港建设的若干意见》，进一步加大省级财政投入力度，中心渔港和一级渔港省财政按中央补助金额给予1:1配套。自此各地渔港建设有力推进，截至目前，全省有200多个各类渔港已建、在建或即将建设，渔船就近避风率由“十五”期间的45%上升至65%。

千里岸线减灾。福建通过多年努力在台湾海峡构建了目前国内最先进的、运行时间最长的区域性实时立体监测示范系统，研发了风暴潮预警辅助决策系统、海上突发事故应急辅助决策系统、赤潮灾害预警系统等，并通过网站、广播、电视、手机、渔港电子显示屏等途径向公众发布海洋预警报信息，在海上安全生产和海洋防灾减灾决策服务等方面发挥了重要作用。

万艘渔船安全应急。近年来投入近1.5亿元建设海上渔业安全应急指挥、渔船自动识别和渔船信息化管理系统，并基本实现了“三系统合一”，建成省、市、县及重点渔港个指挥平台的海上安全应急救助系统。该平台运行两年多来，共组织海难救助173起，救起841人。同时实施“小改大、木改钢”项目，提高渔船安全生产性能。并安排1 000万元专项资金鼓励渔船间的互救互助。

大力推进渔业保险。具体做法是，将渔船和渔工保险作为政策性保险列入为民办实事项目，由省、市、县三级财政和船东、渔工分担保费，大大提高了船东和渔工投保的自觉性。目前，全省渔业保险投保率、理赔率均居全国前列。

4）加大海洋执法力度

随着海洋开发的深入推进，海洋违法行为也随之而来，执法任务随之加重。2004 年，福建省委、省政府率先在海洋与渔业系统进行行政综合执法改革试点，将原有的 8 家机构合并组建成参照公务员法管理的副厅级事业单位，同时将市、县 65 家执法机构纳入参照公务员管理行列，去年沿海 30 个县（市、区）又挂牌成立 1997 年执法中队，核定编制 403 名，大大增强了海洋执法力量。

开展海峡两岸海洋联合执法。台湾海峡是海峡两岸人民生产活动频繁区域，为了维护台湾海峡和谐气氛，保护两岸人民生命财产安全和台湾海峡海洋生物资源环境，福建始终把台湾海峡维稳执法监管作为一项重要任务来抓。2009 年，福建联合台湾海巡署，在厦金海域首次组织开展打击海上违法采砂、违法倾废、电炸毒鱼等海洋违法行为的专项行动，实现了 60 年来海峡两岸首次联合执法。近年来，海峡两岸海洋联合执法已趋于常态化。

首创岸线巡查制度。改变以往单一的接警出动执法的模式，通过加强日常岸线的巡查巡防，提高海洋违法行为的发现率和案件的查处力度，将一些违法行为消灭在萌芽状态。通过这种执法模式，福建高效开展了“海盾”“碧海”“护渔”等执法行动，严厉打击了非法用海、海洋污染和非法捕捞等行为，实现了为海洋经济发展保驾护航。

5.3 海洋功能区划

海洋功能区划是海洋综合管理的一项重要制度，是科学用海、持续发展海洋经济、协调各涉海部门用海矛盾，使海洋开发活动获得最佳资源、经济、社会和环境效益的科学基础。福建省海洋功能区划是全国海洋功能区划的重要组成部分，是国家海洋局“九五”期间的工作重点。海洋功能区划工作完成后，对福建省海洋经济发展、建设海洋大省、实施海洋经济可持续发展战略将起到重要的推动和保障作用，也将是福建省全面实施海洋管理工作的重要基础。

5.3.1 海洋功能区划的概念

海洋功能区的含义：海洋功能区是指根据海域及其相邻陆域的自然资源条件、环境状况和地理区位，并考虑到海洋开发利用现状和经济社会发展的需要而划定的具有特定主打功能、有利于资源的合理开发利用、能够发挥经济、社会和生态综合最佳效益的区域。

海洋功能区划是指按各类海洋功能区的标准（或称指标标准）把某一海域划分为不同类型的海洋功能区单元的一项开发与管理的基础性工作。海洋功能区划概念具有 4 项含义：第一，所划定的区域具备一定的自然属性条件，即自然资源条件、环境状况和地理区位；第二，所划定的区域具备一定的社会属性条件，即海洋开发利用现状和经济社会发展的需求；第三，所划定的区域具有特定的主导功能，而不是所有的可以利用的一般功能；第四，其目的是促使做划定区域能够发挥经济、社会和生态环境的综合效益，既能保证所划海域自然资源与环境客观价值的充分发挥，又能保证国家或地区经济与社会可持续发展的需要。

5.3.2 海洋功能区划的目的和意义

5.3.2.1 海洋功能区划的目的

海洋功能区划是根据待区划的海洋区域的自然属性，结合社会需求，确定各功能区域的主导功能和功能顺序，为海洋管理部门对各海区的开发和保护所进行的管理和宏观指导提供依据，实现海洋资源的可持续开发和保护。海洋功能区划的目的主要是：为制定海洋发展战略、编制各类海洋规划、计划，强化海洋综合管理提供基础性科学依据；宏观指导海洋开发活动，建立良好的开发秩序，优化海洋产业结构和生产力布局，提高开发的整体和综合效益；为协调海洋开发和环境保护间的关系，避免或减轻开发活动对海洋生态环境的污染和破坏提供服务；为保护海洋环境，确定海洋水质管理类型，维持良好的海洋生态环境提供依据和指导；为实施海域有偿使用，建立海域使用许可制度，制定海洋使用金标准提供客观依据等。

总之，海洋功能区划是为海洋综合管理建立一种行为规范，其目的在于为海域使用管理和海洋环境保护工作提供依据，为国民经济和社会发展提供用海保障。

5.3.2.2 海洋功能区划的意义

1）海洋功能区划成果是我国制定海洋政策、计划规划和海洋经济发展战略的重要依据

国家计划委员会、国家科学技术委员会和国家海洋局根据国家计委（国土［1991］94号）文件精神联合制定的《全国海洋开发规划》就是在充分利用全国海洋功能区划成果的基础上编制的，得到了国务院的批准实施。1998年国务院机构改革中，国务院又明确地把编制海洋功能区划作为国家海洋局的主要职能，证明了我国开展海洋功能区划是成功的，得到了国务院的认同。各沿海省市根据全国海洋功能区划成果制定了海洋开发规划、海洋开发战略等，如辽宁、河北、上海、海南等省、市。上海市于1993年完成的《上海市海洋开发规划》，经专家认真评审后认为："规划是在海洋功能区划的基础上，对上海海域进行了较为合理和科学的规划。"

2）海洋功能区划使海洋基础资料调查成果转化为海洋管理行为成为可能

改革开放以来，我国开展了多项全国性的海洋科研调查，如1980—1986年开展的海岸带和海涂资源综调查、1989—1996年开展的全国海岛资源综合调查和开发实验、1998—2000年开展的全国海洋污染基线调查等。但这些科研调查所获得的资料在实际开展海洋管理工作中缺乏可操作性。海洋功能区划的核心是保证海洋经济可持续发展和海洋资源最高整体效益，从根本上解决海洋管理的科学依据问题，使海域使用中的"无序、无度、无偿"状态得到根本改善。可以说，海洋功能区划既充分利用里海洋各类调查成果，使这些成果成为海洋功能区划编制基础，又能为海洋管理提供基础依据，从而使海洋基础资料调查成果转化为海洋管理行为成为可能。

3）海洋功能区是海域使用管理的依据

海域使用管理是指在海岸线至领海外线之间的区域（包括水面、水体、海床和底土）内，对使用某一特定海域3个月以上的排他性用海活动的管理行为。其目的是为了加强海洋综合管理，实现海域的合理开发和可持续利用，维护国家海域所有权和海域使用者的合法权益。其核心是海域使用审批和有偿使用制度。而实施海域使用审批制度的关键是海洋功能区划制度的建立。2002年1月1日开始实施的《中华人民共和国海域使用管理法》已专门将海洋功能区划作为一章，对海洋功能区划的编制、审批等都作了规范，从而使其能真正地作为海域使用管理的依据。

4）海洋功能区划是海洋环境保护的依据

海洋环境保护是指在我国管辖的内海、领海及其他海域内进行的防止污染损害、保护生态平衡的管理行为。1990年，国务院办公厅转发《国务院机构改革办公室对国家环保总局、国家海洋局有关海洋环境保护职责分工意见通知》（国办法［1990］534号）中明确指出："划分海洋功能区……由国家海洋局会同沿海省、自治区、直辖市和有关部门进行。沿海省、自治区、直辖市环保部门在近海海域进行的环境功能区划工作，应纳入海洋功能区划系列，互相衔接和协调……"修订完善的《中华人民共和国海洋环境保护法》也进一步明确了海洋功能区划在海洋环境保护工作中的法律地位。实际上，我国海洋功能区划成果已成为海洋环境保护工作的主要依据。我国划分的各类型自然保护区，基本上都是依据海洋功能区划进行确定的。目前，全国所划定的59个海洋自然保护区基本上都属于全国海洋功能区划中划定221个自然保护区之内。

5）海洋功能区划是协调各涉海行业海洋开发活动之间关系的依据

任何海洋开发都是由具体的涉海行业或专门机构进行的，如海洋航运交通、渔业、盐业、油气开发、旅游、陆源污染物排放倾倒等。这些涉海行业或专门机构都有各自的任务和开发项目的安排，在岸段和海域的选择上往往从本部门的需要出发，对海域的使用方向作出了片面的决定，因此多会发生局部与整体、个别与综合之间。

5.3.3 海洋功能区划的法律地位

对于海洋功能区的地位和作用，最早以法律形式颁布在《中华人民共和国海洋环境保护法》（以下简称《海洋环境保护法》）（1999）中。而在2001年10月27日颁布的《中华人民共和国海域使用管理法》（以下简称《海域使用管理法》）对海洋功能区划的编制原则、编制和审批的程序及其地位作了全面、明确的规定。

5.3.3.1 《海洋环境保护法》有关海洋功能区划的规定

1999年12月25日，全国人大常委会通过修改的《海洋环境保护法》，首次赋予海洋功能区划以法律职责。该法第六条规定："国家海洋行政主管部门会同国务院有关部门和沿海省、自治区、直辖市人民政府拟定全国海洋功能区划，报国务院批准。沿海地方各级人民政府应当根据全国和地方海洋功能区划，科学合理地使用海域。"第七条规定："国家根据海洋功能区划制定全国海洋环境保护规划和重点海域区域性海洋环境保护规划。”第二十四条规定：“开发利用海洋资源，应当根据海洋功能区划合理布局，不得造成海洋生态环境破坏。”第三十条规定：“入海排污口位置的选择，应当根据海洋功能区划、海水动力条件和有关规定，经科学论证后，报设区的市级以上人民政府环境保护行政主管部门审查批准……设置陆源污染物深海离岸排放排污口，应当根据海洋功能区划、海水动力条件和海底工程设施的有关情况确定，具体办法由国务院规定。”第四十七条规定：“海洋工程建设项目必须符合海洋功能区划、海洋环境保护规划和国家有关环境保护标准，在可行性研究阶段，编报海洋环境影响报告书，由海洋行政主管部门核准，并报环境保护行政主管部门备案，接受环境保护行政主管部门监督。”

5.3.3.2 《海域使用管理法》有关海洋功能区划的规定

《海域使用管理法》第一张总则第四条明确规定：“国家实行海洋功能区划制度，海域使用必须符合功能区划。”对海洋功能区划，该法又单列为一章（第二章），用六条作了进一步规定。这不仅是继《海洋环境保护法》之后，对海洋功能区划又一次给予了法律地位的确定，而且是近几年来海洋功能区划工作实践的总结和发展，尤其是有关海洋功能区划编制的原则（第十一条），既有很深的科学内涵，又有很强的指导性和现实意义。其第十五条规定：“养殖、盐业、交通、旅游等行业规划涉及海域使用，应当符合海洋功能区划。沿海土地利用总体规划、城市规划、港口规划涉及海域使用的，应当与海洋功能区划相衔接。”《海域使用管理法》第十条规定：“沿海县级以上地方人民政府海洋行政主管部门会同本级人民政府有关部门，依据上一级海洋功能区划，编制地方海洋功能区划。”第十二条规定了海洋功能区划实行分级审批制度，规定“沿海市、县海洋功能区划，经该市、县人民政府审核同意后，报所在省、自治区、直辖市人民政府批准，报国务院海洋行政主管部门备案。”第十三条规定：“海洋功能区划的修改，由原编制机关会同同级有关部门提出修改方案，报原批准机关批准；未经批准，不得改变海洋功能区划确定的海域功能。经国务院批准，因公共利益、国防安全或者进行大型能源、交通等基础设施建设，需要改变海洋功能区划的，根据国务院的批准文件修改海洋功能区划。”第十四条规定：“海洋功能区划批准后，应当向社会公布；但是，涉及国家秘密的部门除外。”上述这些规定将会有力地改变用海无序、无度的状况。

《国务院关于全国海洋功能区划的批复》（国函［2002］77号）明确指出：海洋功能区划是海域使用管理和海洋环境保护的依据，具有法定效力，必须严格执行。各省、自治区、直辖市人民政府要根据《区划》确定的目标，制定重点海域的使用调整计划，明确不符合海洋功能区划的已用海项目停工、拆除、迁址或关闭的时间表，并提出恢复项目所在海域环境的整治措施。

5.3.4 福建省海洋功能区划

福建省海洋功能区划是根据福建省海域和海岸带的自然属性、结合社会发展的需求划分各功能区，确定各功能区域的主导功能和功能顺序，科学合理地安排各功能区域的资源开发和环境保护等内容。目的在于为海洋管理部门对海洋开发和保护进行综合管理和宏观指导提供依据，提高海洋开发的整体效益，实现海洋资源效益、经济效益、社会效益和生态环境效益相统一，实现海洋资源的可持续利用。

根据2005年修编的《福建省海洋功能区划》，区划海域总面积36 400 km^2（海岸线以下领海范围内，但金门和马祖周围海域暂不列入区划）。共划定各种类型海洋功能区616个，分属于10个一级类、31个二级类。其中港口航运区133个，渔业资源利用和养护区159个，矿产资源利用区6个，旅游区39个，海水资源利用区20个，海洋能利用区1个，工程利用区63个，海洋保护区42个，特殊功能区35个，保留区118个。福建省已基本建立了省市县三级区划管理体系，形成了项目用海预审管理和监督检查制度，规范了海域使用申请审批工作（见表5.4）。

表5.4 福建省海洋功能区分类、功能区数量及面积

一级类			二级类			三级类		
代码及名称	个数	面积/hm^2	代码及名称	个数	面积/hm^2	代码及名称	个数	面积/hm^2
1港口航运区	133	103 629	1.1港口区	58	18 922			
			1.2航道区	19	52 267			
			1.3锚地区	56	32 440			
2渔业资源利用和养护区	159	432 246	2.1渔港和渔业设施基地建设区	28				
			2.2养殖区	112	310 028	2.2.1滩涂养殖区	28	88 825
						2.2.2浅海养殖区	32	152 827
						2.2.3围垦养殖区	39	39 302
						2.2.4限养区	13	30 074
			2.3增殖区	12	68 530			
			2.4捕捞区	1				
			2.5重要渔业品种保护区	6	53 688			
3矿产资源利用区	6	3 330	3.1油气区	0				
			3.2固体矿产区	4	3 330			
			3.3其他矿产区	2				
4旅游区	39	33 904	4.1风景旅游区	21	18 868			
			4.2度假旅游区	18	15 036			
5海水资源利用区	20	6 892	5.1盐田区	11	6 310			
			5.2特殊工业用水区	1				
			5.3一般工业用水区	8				
6海洋能利用区	1	1 661	6.1潮汐能区	1	1 661			
			6.2潮流能区	0				
			6.3波浪能区	0				
			6.4温差能区	0				
7工程利用区	63	10 079	7.1海底管线区	24	51 km			
			7.2石油平台区	0				
			7.3围海造地区	6	4 145			
			7.4海岸防护工程区	5	198 km			
			7.5跨海桥梁区	19	1 273			
			7.6其他工程用海区	9	4 661			

续表 5.4

一级类			二级类			三级类		
代码及名称	个数	面积/hm^2	代码及名称	个数	面积/hm^2	代码及名称	个数	面积/hm^2
8 海洋保护区	42	132 054	8.1 海洋和海岸自然生态保护区	16	58 311			
			8.2 生物物种自然保护区	3	34 000			
			8.3 自然遗迹和非生物资源保护区	15	4 018			
			8.4 海洋特别保护区	8	36 505			
9 特殊功能区	35	19 205	9.1 科学研究试验区	4	665			
			9.2 军事区	0				
			9.3 排污区	24				
			9.4 倾倒区	4	15 040			
			9.5 米草整治区	3	3 500			
10 保留区	118	48 386	10.1 预留区	109	44 136	10.1.1 港口航运预留区	29	14 849
						10.1.2 旅游预留区	8	3 984
						10.1.3 特殊工业用水区	1	
						10.1.4 海底管线预留区	4	503
						10.1.5 围填海预留区	19	7 790
						10.1.6 跨海桥梁预留区	11	564
						10.1.7 核电站备选址预留区	6	
						10.1.8 其他工程用海预留区	14	11 046
						10.1.9 保护区预留	1	5 400
						10.1.10 排污区预留	12	
						10.1.11 倾倒区预留	4	
			10.2 功能待定区	9	4 250			
合计	616	791 386						

5.4 海洋自然保护区

海洋经济高速发展的同时加大了海洋生态环境的压力，使海洋生态环境问题日益突出。实践表明，加强海洋自然保护区建设是保护海洋自然资源、生物多样性以及防止海洋生态环境恶化的最有效途径之一。我国海洋自然保护区的建立，在保护海洋环境、物种资源，维护海洋生态平衡，促进沿海地区经济发展等方面发挥了不可估量的作用。

5.4.1 海洋自然保护区的含义

海洋保护区又称海洋自然保护区，是指以保护海洋自然环境和自然资源为目的，依法对具有特殊保护价值的包括保护对象在内的海域、海岸、河口湿地、岛屿及其他需要加以特殊保护的海域划出一定面积予以特殊保护和管理的区域。海洋自然保护区的概念是于1962年世界国家公园大会首次被提出。

世界自然保护联盟将海洋保护区界定为："潮间或低潮地带的任何区域，连同所覆盖的水域及相关植物、动物、历史和文化特点，以法律和其他有效手段加以保留，以保护部分或全部封闭环境"（Kelleher & Kenchington，1991）。目前世界各国对海洋自然保护区的定义和分类存在不一致的情况，多数国家按国际惯例将建于海岛、沿岸、海域的保护区均称为海洋自然保护区；而少数国家只把建于海上的保护区定义为海洋自然保护区。另外国际上对海洋类型的海洋自然保护区名称也多样化，如国家公园，海洋公园，海洋保护区，海滨、海岸、沿海、河口或沼泽保护区等等。目前，世界上已建的海洋生物保护区有河口型，珊瑚礁型、海洋型、岛礁型和海岸型等5种类型，保护的对象各不相同。目前，我国海洋管理部门和大多数学者认可的海洋自然保护区定义是："是指以海洋自然环境和自然资源保护为目的，依法把包括保护对象在内的一定面积的海岸、河口、岛屿、湿地或海域划出来，进行特殊保护和管理的区域"。根据《中华人民共和国自然保护区条例》（1994年10月9日发布）自然保护区可分为核心区、缓冲区和实验区，其中自然保护区内保存完好的天然状态的生态系统以及珍稀、濒危动植物的集中分布地，应当划为核心区；核心区外围可以划定一定面积的缓冲区；缓冲区外围划为实验区。

5.4.2 中国海洋自然保护区发展现状

海洋自然保护区是国家为保护海洋环境和海洋资源而划出界线加以特殊保护的具有代表性的自然地带，是保护海洋生物多样性，防止海洋生态环境恶化的措施之一。20世纪70年代初，美国率先建立国家级海洋自然保护区，并颁布《海洋自然保护区法》，使建立海洋自然保护区的行动法制化；中国自80年代末开始海洋自然保护区的选划，5年之内建立起7个国家级海洋自然保护区。建立海洋自然保护区的意义在于保持原始海洋自然环境，维持海洋生态系统的生产力，保护重要的生态过程和遗传资源。

1963年在渤海建立的蛇岛自然保护区，是中国海域建立的第一个与海洋有关的自然保护区。在此之后，各有关部门陆续建立了一批国家级和地方级海洋自然保护区。到2005年底，中国已建立了各具特色的海洋自然保护区157个，面积 792×10^4 hm^2（不包括香港澳门和台湾）。其中国家级海洋自然保护区27个，面积 22×10^5 hm^2，占27%，省级海洋自然保护区面积 3×10^6 hm^2，占39%，市县级海洋自然保护区面积 26×10^5 hm^2，占33%。这些保护区有的以保护中国海域的珍稀物种为目标，如保护儒艮、海龟、金丝燕、丹顶鹤以及文昌鱼等珍稀动物的保护区；有的以保护珊瑚礁、红树林、海岛、滩涂和海口等生态系统为目标。2006年监测结果显示，中国多数海洋保护区生态环境质量总体保持良好，生物多样性有所提高。海洋自然保护区核心区、缓冲区海水和沉积物质量基本符合保护对象的栖息与生存要求。

5.4.3 福建省海洋自然保护区发展现状

福建沿海地区人口众多、城镇密集，受人为破坏影响严重，生态环境较为脆弱。自然保护区的建立是针对由于自然资源遭到过度开发，生态环境恶化，为了维护长远利益而采取的战略措施。开创和发展海洋自然保护区事业，保护好有重要价值的水域、河口、湿地和岛屿等，是福建省自然保护区事业的重要组成部分。

至2004年底，福建省已建海洋自然保护区14个（表5.5），面积155 668.9 hm^2，其中国家级海洋自然保护区3个，面积38 150 hm^2；省级海洋自然保护区5个，面积58 017.9 hm^2；市级海洋自然保护区3个，面积47 301 hm^2；县级海洋自然保护区2个，面积12 200 hm^2。

按照1993年国家环境保护局和国家技术监督局联合发布的自然保护区分类标准，至2004年底，福建省在已建的14个海洋自然保护区中海洋与海岸生态系统类型7个，面积61 874.9 hm^2；野生动物类型5个，面积89 754 hm^2；古生物遗迹类型1个，面积2 700 hm^2；地质遗迹类型1个，面积1 340 hm^2。由海洋与渔业部门管理的有6个，面积70 434 hm^2；由林业部门管理的有6个，面积52 124.9 hm^2；由环境保护部门管理的1个，面积33 090 hm^2；由地质矿产部门管理的有1个，面积20 hm^2。至今福建省在已建的海洋自然保护区中，有8个设有管理机构，配有管理人员89个，其中专业技术人员31个。

表5.5 福建海洋自然（特别）保护区

序号	保护区名称	位置	面积/hm^2	保护对象	级别	类别
1	深沪湾海底古森林遗迹自然保护区	晋江深沪	2 700	古树状遗迹、古牡蛎礁、变质岩、红土台地等典型地质景观	国家级	自然遗迹
2	厦门珍稀海洋物种自然保护区	厦门海域	12 000	中华白海豚、文昌鱼、白鹭	国家级	野生动物
3	漳江口红树林自然保护区	云霄东厦镇	1 300	红树林生态	国家级	自然生态系统
4	宁德官井洋大黄鱼繁殖保护区	宁德管井洋	31 464	大黄鱼	省级	野生动物
5	长乐海蚌资源繁殖保护区	长乐梅花至江田海域	4 660	牡蛎	省级	野生动物
6	龙海红树林自然保护区	龙海浮宫、紫泥、角尾、港尾	200	红树林生态	省级	自然生态系统
7	东山珊瑚自然保护区	东山马銮湾、金銮湾	3 570	珊瑚	省级	野生动物
8	泉州湾河口湿地自然保护区	泉州湾	7 093	湿地、鱼类、红树林、珍稀鸟类	省级	自然生态系统
9	福鼎台山列岛自然保护区	福鼎台山列岛	7 300	森林植被、生物资源	市级	自然生态系统
10	莆田平海海滩岩、沙丘岩自然保护区	平海	20	海滩岩、沙丘岩	市级	自然遗迹
11	漳浦县莱屿列岛自然保护区	漳浦海域	2 680	红菜、海胆、龙虾、大黄鱼等	县级	水生野生动物

续表 5.5

序号	保护区名称	位置	面积/hm^2	保护对象	级别	类别
12	莆田市湄州岛海洋生态特别保护区	湄洲岛及周围海域	9 990	海蚀地貌、滨海沙滩，岛屿、红树林、淡水生态系统	市级	自然生态系统
13	福州平潭岛礁海洋特别保护区	龙王头、海坛岛、牛头岛、东甲列岛、山洲列岛、塘屿列岛等	16 300	坛紫菜、仙女蛤、中国鲎、厚壳贻贝、海滨沙滩、各种海螺等	市级	自然生态系统
14	宁德市海洋生态特别保护区	闽东海域，包括6个相对独立、生态结构和功能各异、保护重点不同的保护区	89 400	海洋生态自然景观（福瑶列岛、日屿岛），大黄鱼，中华白海豚，福宁湾尖刀蛏，西洋岛龟足、台山列岛厚壳贻贝等	市级	自然生态系统

参 考 文 献

2006 年福建水资源公报 .

《江厦潮汐试验电站志》编纂委员会编著 . 2008. 江厦潮汐试验电站志（1969—2005）[M] . 北京：中国电力出版社 .

陈达熙 . 1992. 渤、黄、东海海洋图集——水文分册 [M] . 北京：海洋出版社 .

陈国海 . 浙江省潮汐资源开发利用研究 [M] . 中国可再生能源学会海洋能专业委员会成立 .

陈家金，陈惠，马志国，等 . 2007. 福建农业气候资源时空分布特征及其对农业生产的影响 [J] . 中国农业气象，28 (1)：1 - 4

陈其焕，陈兴群，张明 . 1996. 福建沿岸叶绿素及初级生产力的分布特征 [J] . 海洋学报 . 18 (6)：99 - 105.

陈千盛，陈和，林洵彦，等 . 1987. 福建沿海的风能资源分析 [J] . 台湾海峡，6 (2) .

陈宗镛 . 1980. 潮汐学 [M] . 北京：科学出版社 .

大会暨第一届学术讨论会论文集 .

戴天元 . 2004. 福建海区渔业资源生态容量和海洋捕捞业管理研究 [M] . 北京：科学出版社，9 - 10, 65.

福建海洋研究所 . 1988. 台湾海峡中、北部海洋综合调查研究报告 [M] . 北京：科学出版社 .

福建省海岸带和海涂资源综合调查领导小组办公室 . 1990. 福建省海岸带和海涂资源综合调查报告 [M] . 北京：海洋出版社 .

福建省海岛资源综合调查编委会 . 1996. 福建省海岛综合调查研究报告 [M] . 北京：海洋出版社 .

福建省平潭县地方志编纂委员会 . 2000. 平潭县志 [M] . 北京：方志出版社 .

福建省人民政府 . 2005. 福建省海洋功能区划报告 [M] .

福建省统计年鉴 . 2007.

福建省志地方志编纂委员会 . 2002. 福建省志：海洋志 [M] . 北京：方志出版社 .

福建省志地方志编纂委员会 . 1996. 福建省志：气象志 [M] . 北京：方志出版社 .

福建省志地方志编纂委员会 . 1999. 福建省志：普通地图集 [M] . 福州：福建省地图出版社 .

管秉贤 . 1957. 中国沿岸的表层海流与风的关系的初步研究 [J] . 海洋与湖沼，1 (1)：95 - 116.

国家地图集编纂委员会 . 1999. 中华人民共和国国家自然地图集 [M] . 北京：中国地图出版社 .

国家海洋局“908 专项”办公室 . 2006. 海洋生物生态调查技术规程 [M] .

国家海洋局“908 专项”办公室 . 2006. 我国近海海洋综合调查与评价专项—近海可再生能源调查技术规范 [M] .

国家海洋信息中心编绘 . 2005. 南海海洋图集——水文分册 [M] . 北京：海洋出版社 .

国家海洋信息中心编绘 . 2005. 南海海洋图集——水文分册 [M] . 北京：海洋出版社 .

洪华生，丘书院，阮五崎，等 . 1991. 闽南—台湾浅滩渔场上升流区生态系研究 [M] . 北京：科学出版社 .

黄良敏，李军，张雅芝，等 . 2010. 闽江口及附近海域渔业资源现存量评析 . 热带海洋学报，29 (5)：142 - 148.

黄良敏，谢仰杰，张雅芝，等 . 2010. 厦门海域渔业资源现存量评析 . 集美大学学报（自然科学版），15 (2)：81 - 87.

黄荣祥 . 1989. 台湾海峡中、北部海域上升流现象 [J] . 海洋湖沼通报，4：8 - 12.

黄宗国 . 2004. 海洋河口湿地生物多样性 [M] . 北京：海洋出版社 .

黄宗国 . 2008. 中国海洋生物种类组成与分布 [M] . 北京：海洋出版社 .

李立，李达 . 1989. 台湾浅滩西侧水道夏季的水文特征与上升流 [J] . 台湾海峡，3 (4)：353 - 358.

李荣冠．2003. 中国海陆架及邻近海域大型底栖生物［M］．北京：海洋出版社．
林更名，杨清良．2007. 台湾海峡小型浮游植物的物种多样性和分布特征．生物多样性，15（1）：31－45.
林俊辉，李荣冠，等．2007. 同安湾春季大型底栖生物的群落结构特征，厦门大学学报，46（增刊1）：155－160.
鹿世瑾．1999. 福建气候［M］．北京：气象出版社．
南海海洋水文气象环境图集编委会．2004. 南海海洋水文气象环境图集［M］．（内部）．
宋德众，陈千盛．1996. 福建省海岛资源综合调查研究报告［M］．北京：海洋出版社．
苏纪兰主编．2005. 中国近海水文［M］．北京：海洋出版社．
孙湘平，苏玉芬，修树孟．1996. 台湾岛东西两岸的海流［J］．黄渤海海洋，14（2）：9－17
孙湘平．2006. 中国近海区域海洋［M］．北京：海洋出版社．
唐启升．2006. 中国专属经济区海洋生物资源与栖息环境［M］．北京：科学出版社，522－530.
王传昆，陆德超，等．1989. 中国沿海农村海洋能资源区划［M］．
王传崑，卢苇．2009. 海洋能资源分析方法及储量评估［M］．北京：海洋出版社．
王钦乐，柯志峰．福建省潮汐能利用情况调查及几点看法．调查报告．
王寿景．1989. 台湾海峡西部海域潮流和余流的特征［J］．台湾海峡，8（3）：207－210.
王占坤．2003. 海水资源综合利用现状［J］．海洋信息，1：17－20.
吴滨，施能，李玲．2007. 福建近44年雾日趋势变化特征及可能影响因素［J］．应用气象学报，18（4）：497－505
吴培木．1995. 福建沿岸及其岛屿的海洋能资源探讨［J］．台湾海峡，14（1）．
吴培木．1996. 福建省海岛资源综合调查研究报告［M］．北京：海洋出版社．
伍伯瑜．1988. 福建近岸海洋能资源——论福建海洋开发［M］．福州：福建科学技术出版社．
厦门潮汐资源综合利用预可行性研究小组．1988. 厦门潮汐资源综合利用预可行性研究报告［M］．
厦门市老科技工作者协会海洋与渔业专委会项目组．2009. 厦门海洋能资源调查与开发利用对策研究［M］．
肖晖，蔡淑惠，曾刚．1988. 台湾海峡西部海域温、盐度时间变化［J］．台湾海峡，7（4）：347－354.
肖晖，蔡淑惠．1988. 台湾海峡西部海域温、盐度分布特征［J］．台湾海峡，7（3）：228－233.
肖晖．1988. 台湾海峡西部沿岸上升流研究［J］．台湾海峡，7（2）：135－142.
徐丽君，于银亭，殷丽，等．1999. 我国21世纪海水化学资源综合利用技术发展战略［J］．海湖盐与化工，28（6）：21－25.
颜文彬．1991. 台湾海峡的温度跃层［J］．台湾海峡，10（4）：334－337.
杨顺良．1997. 台湾海峡北口潮汐观测与分析［J］．热带海洋，16（1）：16－22.
曾刚，肖晖．1988. 台湾海峡西部海域温、盐度跃层初步分析［J］．台湾海峡，7（2）：143－150.
中海油新能源投资有限责任公司．2009. 中国可再生能源中长期发展规划（2020年、2030年、2050年）——海洋能子专题［M］．
中华人民共和国国家标准．2007. GB/T 12763. 6—2007，海洋调查规范第6部分：海洋生物调查．
周仲怀，于延芳，徐丽君，等．1997. 试论我国海水（含卤水）提钾技术的研究与开发［J］．海湖盐与化工，27（1）：20－25.
周仲怀．1978. 海水化学资源的综合利用［J］．海洋科学，（1）：41.
朱伟强．2006. 福建省沿海风力资料特性分析［J］．电力勘测设计，2：33－36.